“十三五”职业教育国家规划教材

PHP 动态网站开发

◎ 赵增敏　主　编

電子工業出版社
Publishing House of Electronics Industry
北京 • BEIJING

内 容 简 介

本书从 Adobe Dreamweaver CS6 可视化设计与手工编码的结合上详细地讲述了基于 Apache 服务器、PHP 语言和 MySQL 数据库的动态网站开发技术。本书采用项目引领和任务驱动的教学方法组织教学，全书共 10 个项目，主要内容包括配置 PHP 开发环境、PHP 语言快速入门、PHP 面向对象编程、PHP 数据处理、构建 PHP 交互网页、PHP 文件处理、PHP 图像处理、MySQL 数据库管理、通过 PHP 访问 MySQL 和开发新闻发布系统。

本书坚持以就业为导向、以能力为本位的原则，突出实用性、适用性和先进性，结构合理、论述准确、内容翔实，注重知识的层次性和技能培养的渐进性，遵循难点分散的原则，合理安排各章的内容，降低学生的学习难度，通过丰富的实战演练来引导使用者学习，旨在培养实践动手能力和创新精神，每个项目后面均配项目思考和项目实训。

本书可作为职业院校移动互联技术应用专业或 PHP 培训班的教材，也可作为 PHP 爱好者和动态网站开发维护人员的参考书。

图书在版编目（CIP）数据

PHP 动态网站开发 / 赵增敏主编. —北京：电子工业出版社，2017.12

ISBN 978-7-121-32883-1

Ⅰ. ①P… Ⅱ. ①赵… Ⅲ. ①网页制作工具—PHP 语言—程序设计—职业教育—教材 Ⅳ. ①TP393.092.2 ②TP312.8

中国版本图书馆 CIP 数据核字（2017）第 247866 号

策划编辑：关雅莉
责任编辑：杨　波
印　　刷：涿州市京南印刷厂
装　　订：涿州市京南印刷厂
出版发行：电子工业出版社
　　　　　北京市海淀区万寿路 173 信箱　邮编　100036
开　　本：787×1 092　1/16　印张：21.25　字数：571 千字
版　　次：2017 年 12 月第 1 版
印　　次：2022 年 2 月第 7 次印刷
定　　价：39.80 元

凡所购买电子工业出版社图书有缺损问题，请向购买书店调换。若书店售缺，请与本社发行部联系，联系及邮购电话：（010）88254888，88258888。

质量投诉请发邮件至 zlts@phei.com.cn，盗版侵权举报请发邮件至 dbqq@phei.com.cn。

本书咨询联系方式：（010）88254617，luomn@phei.com.cn。

前言

随着计算机网络技术的迅猛发展和日益普及，计算机程序设计的重点已经从传统的桌面程序设计转移到 Web 应用程序设计，各种动态网站开发正在受到越来越多的关注。在各种动态网站开发技术中，Apache + MySQL + PHP 组合以其开源性和跨平台性而著称，被誉为黄金组合并得到广泛应用。本书从 Dreamweaver CS6 可视化设计与手工编码的结合上详细地讲述了基于 Apache 服务器、PHP 语言及 MySQL 数据库的动态网站开发技术。

传统的 PHP 动态网站开发通常都是采用手写代码方式来进行的，这种编程模式不仅效率低，而且代码不规范，难以调试，无法满足企业应用的实际需要。Adobe Dreamweaver CS6 对 PHP 技术提供了很好的支持，使用它不仅可以方便快捷地进行 Web 页面设计，而且很容易创建数据库连接，并在同一站点的所有 PHP 页中使用；通过 HTML 5 新功能和各种 Spry 表单验证控件可以对提交的表单数据进行有效性检查，或者通过可视化操作可以快速生成记录集并分页显示数据库记录，添加记录集导航条和记录集计数器；通过各种功能强大的服务器行为可以快速生成具有查询记录、添加记录、更新记录和删除记录的 PHP 数据访问页，也可以快速生成具有用户注册、登录及限制访问等功能的 PHP 动态网页。本书从可视化编辑与手工编码的结合上讲述使用 Adobe Dreamweaver CS6 开发基于 PHP 技术和 MySQL 数据库的动态网站，既可以通过各种可视化设计工具提高开发效率，也可以通过手工编码灵活控制程序的执行流程。

本书根据教育部颁布的《中等职业学校专业教学标准（试行）信息技术类（第一辑）》中的相关教学内容和要求编写。本书结合现代职业教育的特点和社会用人需求，采用项目引领和任务驱动的教学方法，通过大量的实战演练详细地讲述了 PHP 动态网站开发技术及其应用。在编写过程中，坚持以就业为导向、以能力为本位的原则，力求突出教材的实用性、适用性和先进性。

本书共 10 个项目，详细地讲述了使用 PHP 技术开发动态网站的基本知识和设计技巧。项目 1 介绍用于 PHP 开发的各个组件并通过 phpStudy 套件部署 PHP 开发环境；项目 2 讲述 PHP 语言的基础性内容，包括 PHP 基本知识、数据类型、变量与常量、运算符与表达式、流程控制语句及函数；项目 3 介绍 PHP 面向对象编程方面的内容；项目 4 讲述 PHP 数据处理，包括字符串、日期/时间及数组处理；项目 5 讨论如何构建 PHP 交互网页，内容包括获取表单变量、表单验证、获取 URL 参数、页面跳转、会话管理及 Cookie 应用；项目 6 讨论了如何通过 PHP 代码进行文件操作、目录操作和文件上传；项目 7 讲述 PHP 图像处理方面的内容，包括配置 GD 库、图像基本操作、绘制基本图形及在图像中写入文本；项目 8 介绍 MySQL 数据库管理方面的内容，包括 MySQL 应用基础、创建和维护数据库、创建和维护表、数据查询与操作、其他数据库对象及安全性管理；项目 9 介绍如何通过 PHP 访问 MySQL 数据库，首先介绍如何创建数据库连接，然后介绍如何通过编程方式或 Dreamweaver 服务器行为实现 PHP 数据访问功能，包括查询记录、添加记录、更新记录和删除记录；作为前面各个项目技能的综合应用，项目 10 给出一个新闻发布系统项目的完整开发过程，首先介绍系统功能、数据库设计与创建和 PHP 动态站点的构建，然后讲解网站导航条的制作和各个系统功能模块的实现。

本书中的所有源代码均在 Apache 2.4.23 Web 服务器上测试通过，所用操作系统平台为 Windows 7 旗舰版 Service Pack 1，Web 编程语言为 PHP 5.4.45，PHP 动态网站开发工具为 Dreamweaver CS6，后台数据库服务器为 MySQL 5.5.53，MySQL 管理工具为 MySQL Front5.3 等。

本书中用到的一些人名、电话号码和电子邮件地址均属虚构，如有雷同，实属巧合。

本书由赵增敏主编，段丽霞参与本书的编写、代码测试等。此外还有许多同志对本书的编写提供了很多帮助，在此一并致谢。

由于作者水平所限，书中疏漏和错误之处在所难免，欢迎广大读者提出宝贵意见。

为了方便教师教学，本书还配有教学指南、电子教案和习题答案（电子版）。请有此需要的教师登录华信教育网（http://www.hxedu.com.cn）免费注册后进行下载。

编　者

2017 年

目录

项目 1

配置 PHP 开发环境

PHP 开发环境主要由 Apache 服务器、PHP 语言引擎及 MySQL 数据库服务器等组成，配置这个开发环境的过程颇为烦琐，而且很容易出错，还会带来安全隐患。为了简化 PHP 开发环境的配置过程，通常采用各种套件来配置 PHP 开发环境，phpStudy 就是一个常用的 PHP 环境部署套件。通过本项目的实施将学会通过安装 phpStudy 程序包来部署 PHP 开发环境，能够配置 phpStudy 并在 Dreamweaver 中创建 PHP MySQL 站点。

项目目标

★ 了解 phpStudy 及其组成
★ 掌握 phpStudy 的安装方法
★ 掌握配置 Apache 服务器的方法
★ 掌握配置 MySQL 服务器的方法
★ 掌握在 DW 中创建 PHP MySQL 站点的方法

任务 1.1 安装 phpStudy

phpStudy 是一个 PHP 开发调试环境的程序集成包，它集成了最新的 Apache+PHP+MySQL+ phpMyAdmin+ZendOptimizer，所有组件可以一次性安装，无须配置即可使用，是一种方便好用的 PHP 开发调试环境。它不仅包括 PHP 调试环境，还包括了开发工具和开发手册等。通过本任务将学会通过安装 phpStudy 来快速配置 PHP 开发环境。

任务目标

★ 理解 PHP 开发环境的组成

★ 掌握安装 phpStudy 的方法步骤

1.1.1 PHP 开发环境的组成

要开发 PHP 动态网站，首先需要配置好 PHP 开发环境。PHP 开发环境通常由 Apache 服务器、PHP 语言引擎、MySQL 数据库服务器、MySQL 数据库管理工具 phpMyAdmin 及 PHP 代码优化工具 ZendOptimizer 等组成。下面对这些组成部分进行介绍。

1. Apache 服务器

Apache 是 Apache HTTP Server 的简称，是 Apache 软件基金会（Apache Software Foundation，ASF）开发的一款开放源代码的 Web 服务器。Apache 是当今世界上最流行的 Web 服务器软件之一，占据了互联网应用服务器 70%以上的份额。它可以跨平台使用，几乎运行在所有计算机平台，且安全性出色、功能强大、性能稳定，而且可以免费下载和使用。如果准备选择一款 Web 服务器软件，Apache 无疑是一个最佳选择。

Apache 服务器具有以下主要特点。

（1）支持最新的 HTTP/1.1 通信协议；

（2）拥有简单而强有力的基于文件的配置过程；

（3）支持通用网关接口（CGI）；

（4）支持基于 IP 和基于域名的虚拟主机；

（5）支持多种方式的 HTTP 认证；

（6）集成 Perl 处理模块；

（7）集成代理服务器模块；

（8）支持实时监视服务器状态和定制服务器日志；

（9）支持服务器端包含指令（SSI）；

（10）支持安全 Socket 层（SSL）；

（11）提供用户会话过程的跟踪；

（12）支持 FastCGI；

（13）通过第三方模块可以支持 JavaServlets。

2. PHP 语言

PHP 是一种通用开源脚本语言。PHP 在语法上吸收了 C、Java 和 Perl 语言的特点，易于学习，广泛应用于 Web 开发领域。PHP 是将程序嵌入 HTML 文档中执行的，执行效率比完全生成 HTML 标记的 CGI 要高很多；PHP 还可以执行编译后代码，通过编译可以实现加密和优化代码运行，使代码运行更快。

PHP 语言具有以下主要特点。

（1）跨平台性。PHP 可以在 Windows、Macintosh、UNIX、Linux Mac OS 及 Android 等操作系统平台上运行，而且可以与 Apache、IIS 等主流 Web 服务器一起使用。更为难能可贵的是，PHP 代码不需要做任何修改即可在不同的 Web 服务器平台之间移植，这也正是 PHP 能大行其道、备受人们青睐的重要原因之一。

（2）开放性源代码。PHP 所有源代码完全公开，这种开源策略使无数业内人士欢欣鼓舞。新函数库的不断加入，使得 PHP 具有强大的更新能力，从而在 Win32 或 UNIX 平台上拥有更多新功能。PHP 是完全免费的，所有源代码和文档均可免费下载、复制、编译、打印和分发。

（3）运行于服务器端。与 ASP 一样，PHP 脚本也是在服务器端运行的。PHP 脚本可以嵌入 HTML 文档中，并由 Web 服务器识别出来交给 PHP 脚本引擎解释执行，从而完成一定的功能，执行结果以 HTML 代码形式返回客户端浏览器。在客户端虽然可以看到 PHP 脚本执行的结果，但看不到 PHP 脚本代码本身。

（4）执行效率高。与其他解释性语言相比，PHP 消耗的系统资源比较少，当使用 Apache 作为 Web 服务器并将 PHP 作为该服务器的一部分时，不需要调用外部二进制程序即可运行 PHP 脚本，解释执行 PHP 脚本不会增加额外的负担。

（5）数据库访问功能。通过 PHP 可以访问多种数据库格式，包括 SQL Server、MySQL、Oracle、Informix、Sybase 及通用的 ODBC 等。如果要使用 Adobe Dreamweaver 来开发 PHP 动态网站，PHP 语言与 MySQL 数据库更是一对黄金搭档。

（6）图像处理功能。通过在 PHP 中调用 GD 图像库中的函数，可以很方便地创建和处理 Web 上最为流行的 GIF、PNG 和 JPEG 等格式的图像，并直接将图像流输出到浏览器。GD 是一个用于动态生成图像的开源代码库，GD 库文件包含在 PHP 安装包中。

（7）面向对象编程。PHP 支持面向对象编程，提供了类和对象，支持构造函数和抽象类等，完全可以用来开发大型商业程序。PHP 5.0 于 2004 年 7 月 13 日正式发布，该版本在面向对象编程方面有了重要变化，主要包括：对象克隆，访问修饰符（公共、私有和受保护的），接口、抽象类和方法，及扩展重载对象等。

（8）可伸缩性。网页中的交互作用可以通过 CGI 程序来实现，但 CGI 程序的可伸缩性不理想，因为需要为每一个正在运行的 CGI 程序创建一个独立进程。解决的方法就是将 CGI 语言的解释器编译进 Web 服务器。PHP 也可以通过这种方式来安装，这种内嵌的 PHP 具有更好的可伸缩性。

（9）语言简单易学。PHP 的语法利用了 C、Java 和 Perl 并吸取了这些语言的精华，PHP 语言很容易学习，只要了解一些编程的基本知识，就可以开始 PHP 编程。PHP 语言的主要目标是用于快速编写动态网页，读者完全可以一边学习 PHP 一边做动态网站。

3．MySQL 数据库

MySQL 是一款最流行的关系型数据库管理系统应用软件，由瑞典 MySQL AB 公司开发，目前属于 Oracle 旗下产品。MySQL 将数据保存在不同的表中，而不是将所有数据放在一个大仓库内，这样就增加了速度并提高了灵活性。

MySQL 所使用的 SQL 语言是用于访问数据库的最常用标准化语言。MySQL 软件采用双授权政策，分为社区版和商业版，由于其体积小、速度快、总体拥有成本低，尤其是开放源码这一特点，一般中小型网站的开发通常都选择 MySQL 作为网站后台数据库。由于 MySQL 社区版的性能卓越，搭配 PHP 和 Apache 可以组成良好的开发环境。

MySQL 数据库服务器具有以下特点。

（1）快速、可靠、易于使用。MySQL 服务器最初是为处理大型数据库而开发的，与已有的解决方案相比，它的速度更快。多年以来，MySQL 已成功用于众多要求很高的生产环境。MySQL 一直在不断发展，目前 MySQL 服务器已能提供丰富的有用功能。MySQL 具有良好的连通性、速度和安全性，这使得它非常适合于用作网站的后台数据库。

（2）工作在客户端/服务器模式下或嵌入式系统中。MySQL 是一种客户端/服务器数据库管理系统，它由一个多线程 SQL 服务器、数种不同的客户端程序和库、众多管理工具及广泛的应用编程接口 API 组成。MySQL 符合 GNU 规则，可以为用户提供 C、C++、Java（JDBC）、Perl、PHP 等 API 接口。

（3）真正的多线程。MySQL 是一种多线程数据库产品，它采用核心线程的完全多线程，如果有多个 CPU，它可以方便地使用这些 CPU。MySQL 使用多线程方式运行查询，可以使每个用户至少拥有一个线程，这对于多 CPU 系统来说，查询的速度和所能承受的负荷都将高于其他系统。

（4）跨平台性。MySQL 能够工作在各种不同的平台上，这些平台包括 Solaxis、SunO、SBSDI、SGIIRIX、AIX、DECUNIX、FreeBSD、SCOOPenSer、verNetBSD、OpenBSD、HPUX 及 Windows 系列等。由于 MySQL 和 PHP 都具有跨平台性，两者可以在多种不同平台上配合使用。

（5）数据类型丰富。MySQL 提供的数据类型很多，包括带符号整数和无符号整数、单字节整数和多字节整数、FLOAT、DOUBLE、CHAR、VARCHAR、TEXT、BLOB、DATE、TIME、DATETIME、TIMESTAMP、YEAR、SET、ENUM 及 OpenGIS 空间类型等。

（6）安全性好。MySQL 采用十分灵活和安全的权限和密码系统，允许基于主机的验证。当连接到服务器时，所有的密码传输均采用加密形式，从而保证了密码安全。

（7）处理大型数据库。用 MySQL 服务器可以处理包含 5 亿条记录的数据库。据报道，有些用户已将 MySQL 用于含 60 000 个表和约 50 亿条记录的数据库。

（8）连接性好。在任何操作系统平台上，客户端均可使用 TCP/IP 协议连接到 MySQL 服务器。在 Windows 系统中，客户端可以使用命名管道进行连接。在 Unix 系统中，客户端可使用 Unix 域套接字文件建立连接。Connector / ODBC（MyODBC）接口为使用 ODBC 连接的客户端程序提供了 MySQL 支持。

4．数据库管理工具 phpMyAdmin

phpMyAdmin 是一个用 PHP 编写的 MySQL 数据库管理工具，它基于 Web 方式部署在网站服务器上。由于 phpMyAdmin 与其他 PHP 页面在同一服务器上运行，所以在任何地方都可以借助 phpMyAdmin 提供的 Web 界面对 MySQL 数据库进行远程管理，既可以创建、修改、删除数据库，也可以创建、修改和删除数据表，还可以在数据表中添加、修改和删除记录，并完成大量数据的导入及导出。

5．PHP 代码优化工具 Zend Optimizer

Zend Optimizer（简称 ZO）用优化代码的方法来提高 PHP 应用程序的执行速度，其实现的原理是对那些在被最终执行之前由运行编译器（Run-Time Compiler）产生的代码进行优化。

一般情况下，执行使用 ZO 的 PHP 程序比不执行使用 ZO 的 PHP 程序要快 40%～100%。这意味着网站的访问者可以更快地浏览网页，从而完成更多的事务，创造更好的客户满意度。更快的反应同时也意味着可以节省硬件投资，并增强网站所提供的服务。所以，使用 ZO 就等于提高了电子商务的盈利能力。

ZO 能给 PHP 用户带来很多益处，特别是那些运营网站的人。快速运行 PHP 程序可以显著降低服务器的 CPU 负载，并可以减少一半的反应时间，也就是从访问者点击链接到服务器开始读取页面之间的时间。

1.1.2 phpStudy 的安装

从 1.1.1 中可以知道，PHP 开发环境由多个组件构成。要配置 PHP 开发环境，就需要对这些组件逐一进行安装和配置，按照环境搭建方法一步一步地按照流程操作，整个过程不仅烦琐，而且很容易出错，还会带来安全隐患。为了简化这个过程，建议选择一款合适的 PHP 环境部署套件一键完成配置。常用的 PHP 环境部署套件有 phpStudy、WampServer、upupw、Apmserv 及 phpnow 等。

在本书中选择 phpStudy 作为 PHP 环境部署套件。phpStudy 软件版本很齐全，它支持自定义 PHP 版本，适合所有场景；软件功能强大，同时支持 IIS 和 Apache 服务器，并且拥有支持 Linux 的版本；软件包经过精简压缩，程序绿色小巧，并且支持个人 PC，很容易上手，容易学习使用。

phpStudy 软件包的下载网址为 http://www.phpstudy.net。phpStudy 软件压缩包只有 35.6MB。下载后进行解压，可得到安装程序 phpStudy 20161103（EXE 可执行文件）和一个使用手册 manual（CHM 帮助文件）。通过双击安装程序即可开始安装，此时将弹出如图 1.1 所示的对话框，输入或选择解压目标文件夹，然后单击 OK 按钮。

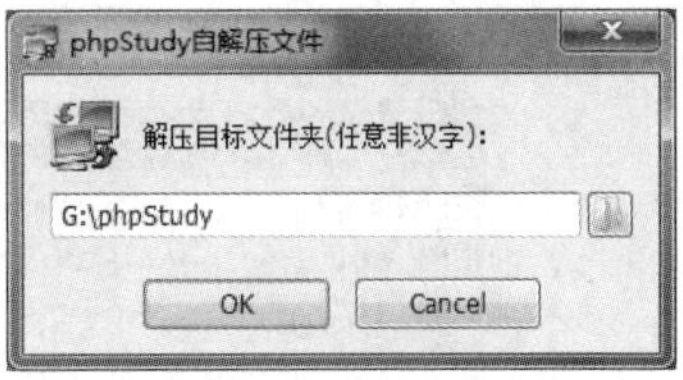

图 1.1　选择目标文件夹

完成 phpStudy 安装包解压缩后，目标文件夹的内容如图 1.2 所示。

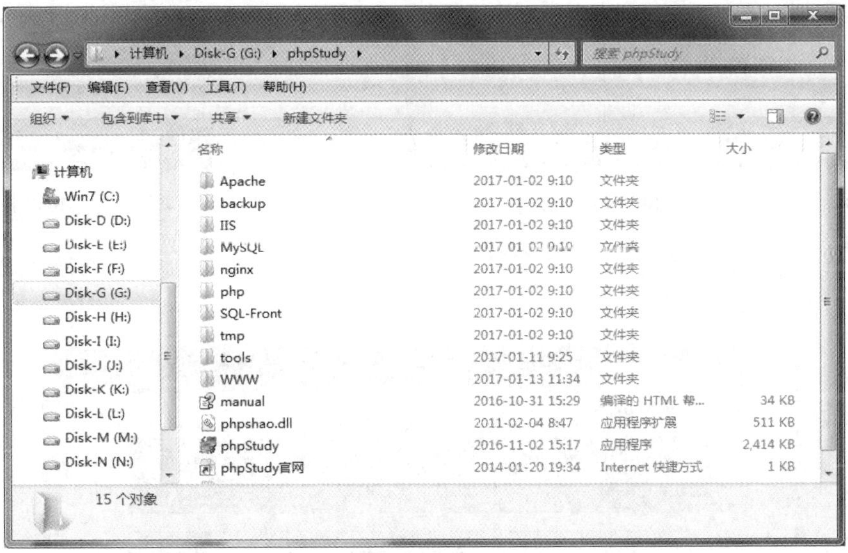

图 1.2　phpStudy 安装文件夹

phpStudy 安装文件夹主要包含以下内容。

Apache 文件夹：包含 Apache 服务器安装文件。

backup 文件夹：用于存放备份文件。

IIS 文件夹：主要包含一些用于控制 IIS 服务器运行的批处理文件。

MySQL 文件夹：包含 MySQL 数据库的安装文件。

nginx 文件夹：包含 nginx 服务器安装文件。

php 文件夹：包含 PHP 语言引擎支持文件。

SQL-Front 文件夹：包含 MySQL 数据库可视化图形工具 SQL-Front 的安装文件。

tmp 文件夹：用于存放临时文件。

tools 文件夹：包含一些工具软件。

WWW 文件夹：站点主目录。

manual.chm 文件：phpStudy 软件包使用手册。

phpStudy.exe 文件：phpStudy 控制面板主程序。

默认情况下，完成 phpStudy 安装后会自动打开控制面板（图 1.3），并在 Windows 任务栏通知区域显示一个图标。

用鼠标右键单击该图标即可弹出 phpStudy 控制菜单，如图 1.4 所示。

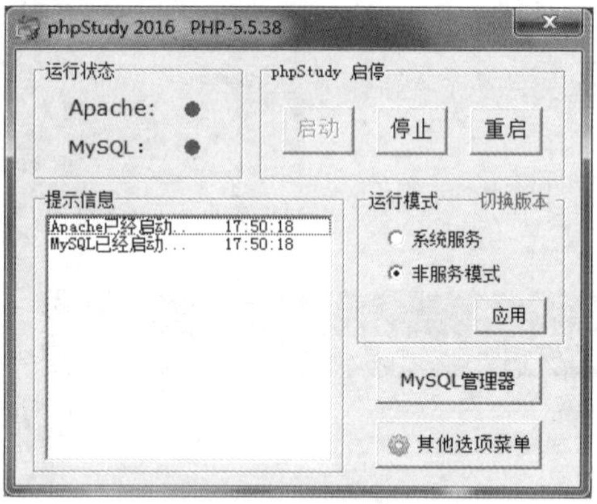

图 1.3 phpStudy 控制面板

图 1.4 phpStudy 控制菜单

在 phpStudy 控制菜单中单击“查看 phpinfo”命令，即可在浏览器中打开 PHP 服务器的配置信息页，如图 1.5 所示。

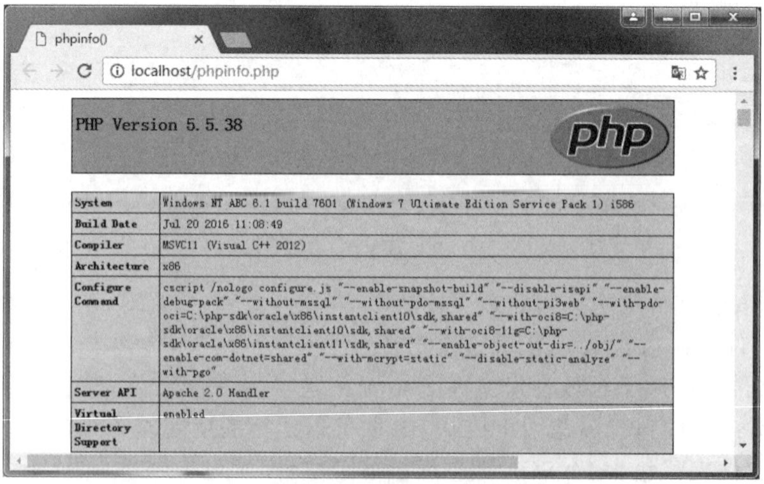

图 1.5 PHP 服务器配置信息页

任务 1.2　配置 phpStudy

phpStudy 是一款绿色软件，对压缩包解压后即可运行 phpStudy 控制面板。通过本任务的实施将学会使用控制面板对 phpStudy 环境进行配置，能够设置 phpStudy 的运行模式、切换 PHP 版本、配置站点域名、创建虚拟目录及设置 MySQL 密码等。

任务目标

★ 掌握设置 phpStudy 运行模式的方法
★ 掌握切换 PHP 版本的方法
★ 掌握配置 Apache 服务器的方法
★ 掌握创建虚拟目录的方法
★ 掌握配置 MySQL 服务器的方法

1.2.1　设置 phpStudy 运行模式

phpStudy 的运行模式实际上是指 Apache 和 MySQL 的运行模式，分为系统服务模式和非服务模式。如果使用服务模式，则开机后会自动启用相关服务；如果使用非服务模式，则开机后不会启动相关进程。

若要设置 phpStudy 的运行模式，可执行以下操作。

（1）打开 phpStudy 控制面板。

（2）在“运行模式”下选择“系统服务”或“非服务模式”，如图 1.6 所示。

（3）单击“应用”按钮。

选择“系统服务”模式后，可以在 Windows 服务管理器中查看和控制相关服务的运行状态，如图 1.7 所示。

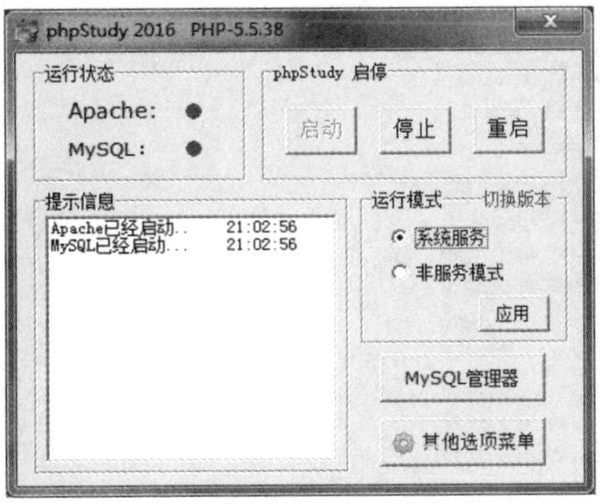

图 1.6　设置 phpStudy 的运行模式

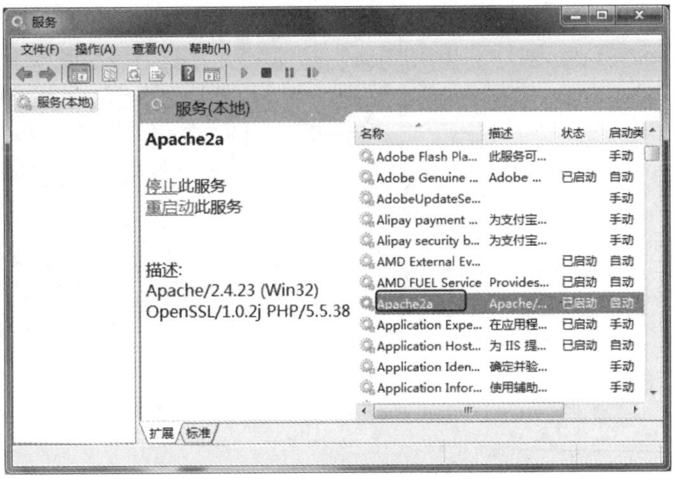

图 1.7　Windows 服务管理器中的 Apache 服务

在 phpStudy 控制面板中，可以控制 Apache 和 MySQL 的运行状态。

当 Apache 和 MySQL 都处于运行状态时，通过用鼠标左键单击“停止”按钮，可以停止 Apache 和 MySQL 的运行；通过用鼠标左键单击“重启”按钮，可以先停止而后再启动 Apache 和 MySQL 的运行。

当 Apache 和 MySQL 都处于停止状态时，通过用鼠标左键单击“启动”按钮，可以使 Apache 和 MySQL 进入运行状态。

如果要单独控制某个服务器的运行或停止，可以用鼠标右键单击相应按钮，然后在弹出菜单中选择所需要的命令。例如，当 Apache 和 MySQL 都处于运行状态时，如果要停止 Apache 的运行，可以用鼠标右键单击“停止”按钮，然后选择“停止 Apache”命令，如图 1.8 所示。

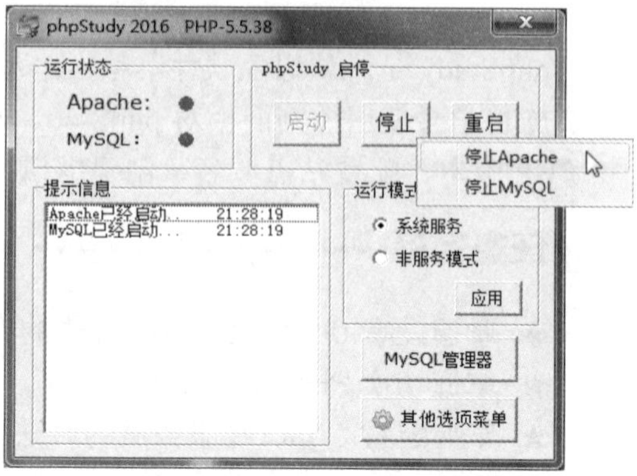

图 1.8 单独停止 Apache 运行

如果 phpStudy 以系统服务模式运行，则可以使用控制面板或服务管理器来控制 Apache 和 MySQL 的运行状态。此外，在 Windows 服务管理器中还可以设置相应服务的启动类型，可选项包括“自动（延迟启动）”“自动”、“手动”及“禁用”。

1.2.2 切换 PHP 版本

作为一种开放源代码的 Web 编程语言，PHP 当前仍处在不断改进之中，其版本经常会进行升级，每次升级都会带来一些新的变化。

使用 phpStudy 配置 PHP 开发环境时，可以根据需要来切换 PHP 的版本，操作方法如下。

（1）打开 phpStudy 控制面板。

（2）单击绿色文字“切换版本”，从弹出菜单中选择所需要的 PHP 版本，如图 1.9 所示。

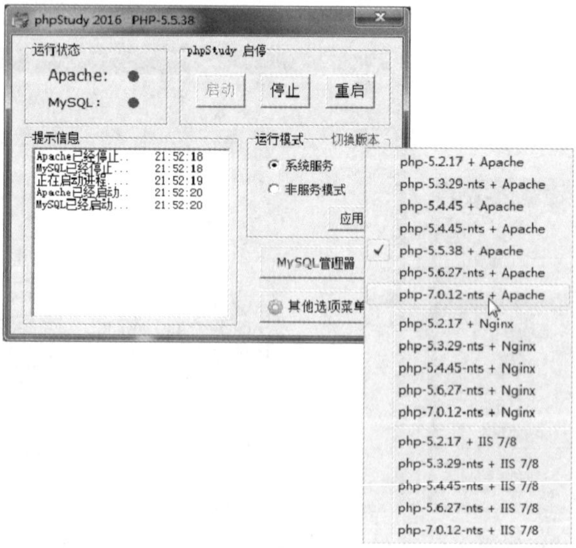

图 1.9 切换 PHP 版本

每当选择新的 PHP 版本时，phpStudy 都会自动重启。此时可以在 phpStudy 控制菜单中单击“查看 phpinfo”命令，然后在 PHP 服务器配置信息页中查看当前的版本号。

1.2.3 站点域名管理

安装 phpStudy 后，默认的站点主目录为 phpStudy 安装目录中的 WWW 文件夹，默认的端口号为 80。也可以利用 phpStudy 控制面板更改这些默认设置，具体操作方法如下。

（1）打开 phpStudy 控制面板。

（2）用鼠标右键单击任务栏通知区域的 phpStudy 图标并选择“站点域名管理”命令，如图 1.10 所示。

（3）在如图 1.11 所示的“站点域名设置”对话框中，输入网站的域名、网站目录和网站端口。如果不填写端口，则默认为 80。

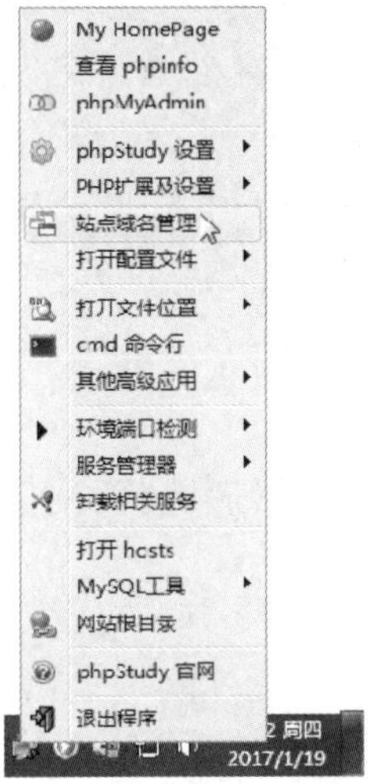

图 1.10 选择“站点域名管理”命令

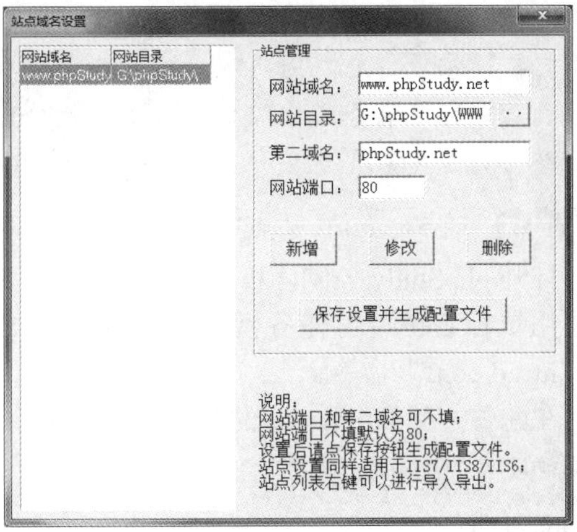

图 1.11 站点域名设置

（4）单击“保存设置并生成配置文件”按钮。保存成功后，将自动重启程序，以使所做的设置生效。

（5）如果要删除站点，可以用鼠标右键单击该站点并选择“删除站点”命令。

（6）如果要导入导出站点信息，可以用鼠标右键单击站点列表并选择“导出全部站点”或“导入站点”命令。站点信息以纯文本文件保存在 phpStudy 安装位置的 backup 文件夹中。

提示

> Apache 站点域名设置信息保存在配置文件 httpd.conf 中。站点的主目录使用 DocumentRoot 指令指定，Apache 监听的 IP 地址和端口则使用 Listen 指令指定。

1.2.4 创建虚拟目录

通过站点发布信息时，通常应将相关文件保存在站点主目录中。如果希望在主目录之外的其他位置保存文件，则应在站点中创建虚拟目录。phpStudy 并未提供创建虚拟目录的功能。如果要创建虚拟目录，可以打开 Apache 配置文件 httpd.conf，然后添加一条 Alias 指令。

Alias 指令用于映射指向文件系统某个物理目录的 URL，也就是在 Apache 网站中创建一个虚拟目录。语法格式如下：

```
Alias URL-path file-path|directory-path
```

其中，参数 URL-path 表示虚拟路径，参数 file-path 或 directory-path 表示本地文件系统中的物理路径。

Alias 指令使文档可以被存储在 DocumentRoot 以外的本地文件系统中，并使以 URL-path 路径（%已经被解码的）开头的 URL 可以被映射到以 directory-filename 开头的本地文件。

注意

如果参数 url-path 中包含后缀“/”，则 Apache 服务器要求使用后缀“/”来扩展此别名。例如，使用 Alias /icons/ /usr/local/apache/icons/并不能对/icons 实现别名。用 Alias 指令创建一个虚拟目录后，可以用<Directory>指令对目标目录的访问权限进行设置。创建虚拟目录之后，必须重启服务器才能生效。如果指令出现错误，则服务器不能正常启动。关于<Directory>指令的具体用法，请参阅有关资料。

实战演练 在 Apache 站点中创建一个虚拟目录。操作步骤如下：

（1）打开 phpStudy 控制面板。

（2）用鼠标右键单击任务栏通知区域中的 phpStudy 图标，然后选择“打开配置文件”→“httpd.conf”命令。

（3）在配置文件 httpd.conf 的末尾输入以下内容。

```
Alias /demo/ "D:/phpdocs/"
<Directory "D:/phpdocs/">
   Order allow,deny
   Allow from all
</Directory>
```

在这里，使用 Alias 指令将 D:盘的 phpdocs 文件夹映射为别名为 demo 的虚拟目录，然后使用<Directory>指令对该虚拟目录的访问权限进行了设置，即先检查禁止设定，没有禁止的全部允许，允许所有访问。

（4）重启 Apache 服务器。此时，如果客户端浏览器通过网址 http://localhost/demo/test.php 对 Apache 服务器发出请求，则该服务器将返回 D:/phpdocs/test.php 文件。

1.2.5 配置 MySQL 服务器

若要对 MySQL 服务器进行配置，可执行以下操作。

（1）打开 phpStudy 控制面板。

（2）用鼠标右键单击任务栏通知区域中的 phpStudy 图标，然后选择“MySQL 工具”→“设置或修改密码”命令。

（3）在如图 1.12 所示的“phpStudy 设置”对话框中，设置端口、最大连接数及字符集并选择数据库引擎，然后

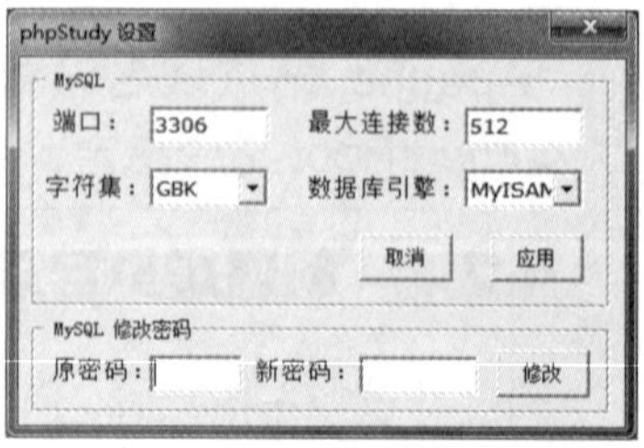

图 1.12 配置 MySQL 服务器

单击“应用”按钮。这些设置将保存到 MySQL 配置文件 my.ini 中。

提示

> 在上述对话框中设置 MySQL 字符集时，只有 utf8 和 GBK 两个选项可供选择。若要设置其他字符集（如 gb2312），可在 phpStudy 控制菜单中选择“打开配置文件”→“mysql-ini”命令，以打开 MySQL 配置文件 my.ini，然后对 default-character-set 和 character-set-serve 两个项的值进行设置。

（4）如果要修改 root 用户访问 MySQL 服务器的登录密码，可以输入原密码和新密码，然后单击“修改”按钮。假如忘记了 MySQL 服务器登录密码，则可以在 phpStudy 控制菜单中选择“MySQL 工具>重置密码（忘记时）”，然后输入新的密码。

完成 MySQL 服务器登录密码设置或重置后，可以通过以下 3 种方式对密码进行验证。

① 使用 MySQL 命令行工具。在 phpStudy 控制菜单中选择“MySQL 工具”→“MySQL 命令行”命令，当出现提示信息“Enter password:”时输入登录密码，如果登录成功将出现提示符“mysql>”，如图 1.13 所示。

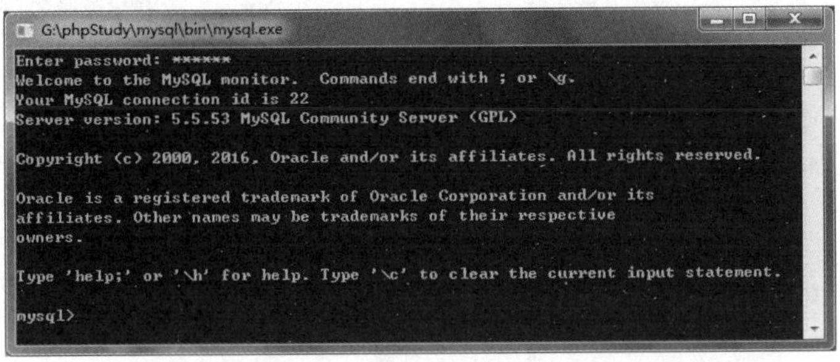

图 1.13　MySQL 命令行工具

② 运行 phpMyAdmin 管理工具。在 phpStudy 控制菜单中选择“phpMyAdmin”，然后在 phpMyAdmin 登录页中输入用户名和密码，接着单击“执行”按钮，如图 1.14 所示。

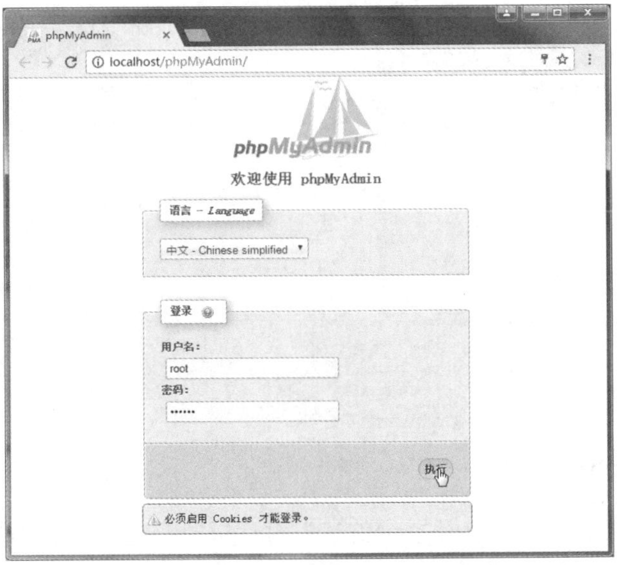

图 1.14　在 phpMyAdmin 中登录 MySQL

登录成功后将进入 phpMyAdmin 首页，如图 1.15 所示。

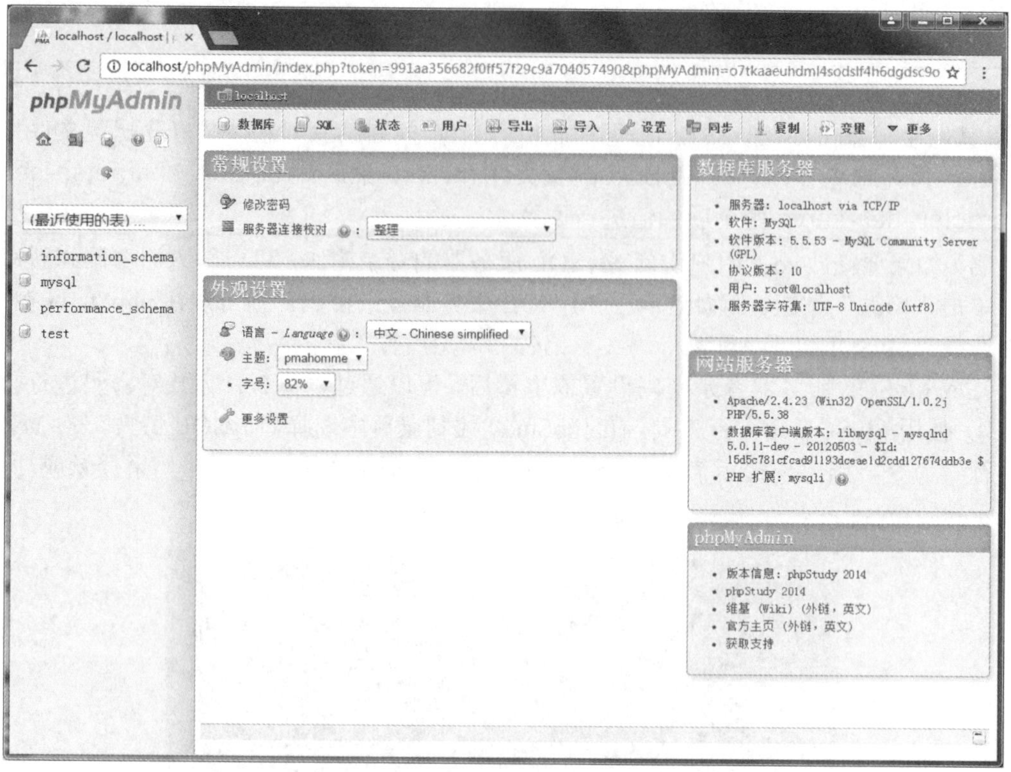

图 1.15　phpMyAdmin 首页

③ 运行 MySQL 可视化管理工具 MySQL-Font。在 phpStudy 控制面板中单击“MySQL 管理器”，然后从弹出菜单中选择“MySQL-Front”命令，如图 1.16 所示；此时将启动 MySQL-Front 程序并出现“添加信息”对话框，在此输入登录名称、要连接的主机、用户名、密码和连接的数据库，然后单击“确定”按钮，如图 1.17 所示。

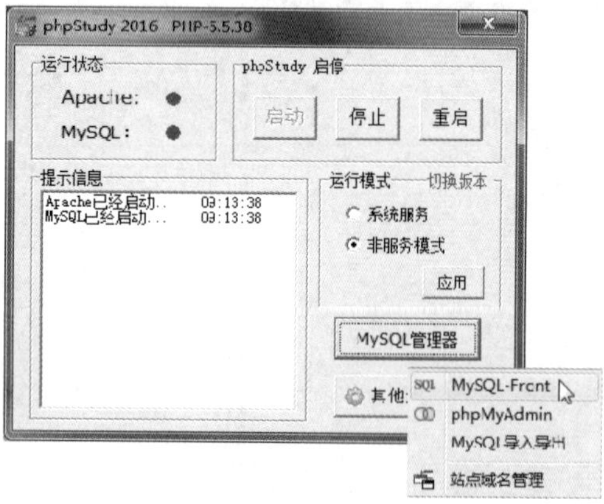

图 1.16　启动 MySQL-Front

图 1.17　“添加信息”对话框

当出现如图 1.18 所示的“打开登录信息”对话框时，选择已添加的登录名称，然后单击“打开”按钮。登录成功后将进入 MySQL-Front 程序窗口，如图 1.19 所示。

图 1.18 “打开登录信息”对话框

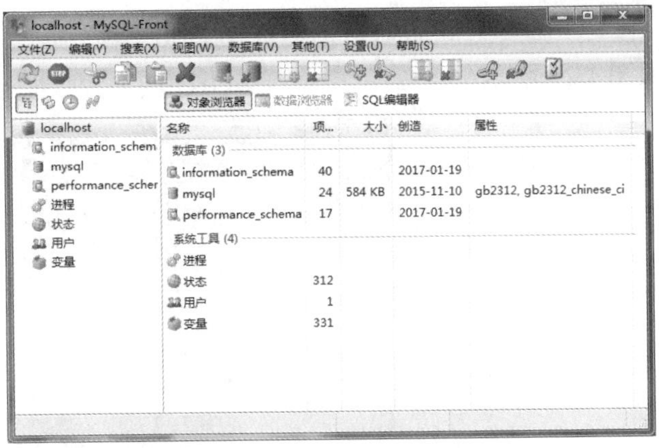

图 1.19 MySQL-Front 程序窗口

任务 1.3 创建 PHP MySQL 站点

完成 PHP 环境配置后，可以选择 Adobe Dreamweaver CS6（以下简称为 Dreamweaver 或 DW）作为开发工具来创建 PHP 动态网站。通过本任务中将学会在 DW 中创建一个基于 PHP MySQL 服务器模型的动态站点，并能够创建一个 PHP 测试文档。

任务目标

★ 掌握创建 PHP MySQL 站点的方法步骤

★ 掌握创建 PHP MySQL 测试文档的方法步骤

1.3.1 设置 PHP MySQL 站点

要在 DW 中创建基于 PHP MySQL 服务器模型的动态站点，可执行以下操作。

（1）启动 DW，选择“站点”→“新建站点”命令。

（2）在如图 1.20 所示的对话框中，设置站点名称和站点本地文件夹（应为站点主目录）。

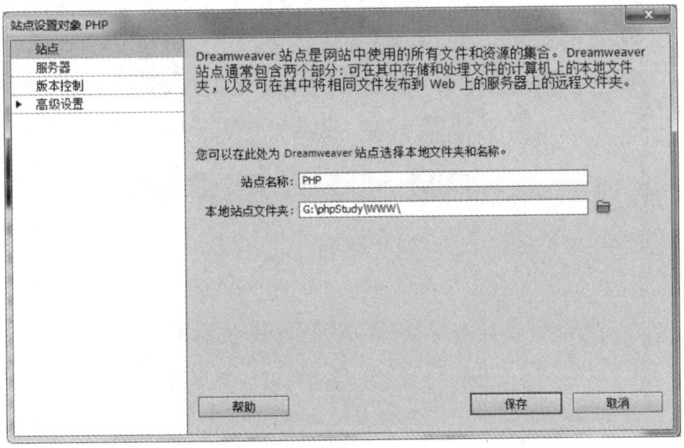

图 1.20 指定站点名称和本地站点文件夹

（3）在站点设置对话框中选择“服务器”类别，然后单击按钮，以添加新服务器，如图 1.21 所示。

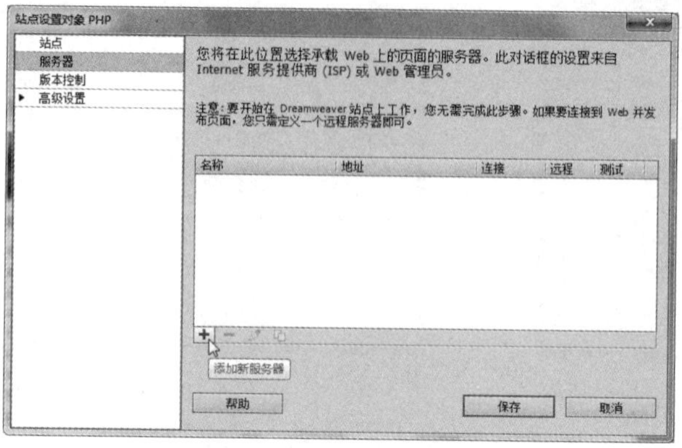

图 1.21　添加新服务器

（4）在服务器设置对话框中选择“基本”选项卡，设置服务器名称（如 PHP）、连接方法（如“本地/网络”）、服务器文件夹（应为站点主目录或虚拟目录）及 Web URL，如图 1.22 所示。

（5）在服务器设置对话框中选择“高级”选项卡，从“服务器模型”列表中选择“PHP MySQL”，然后单击“保存”按钮，如图 1.23 所示。

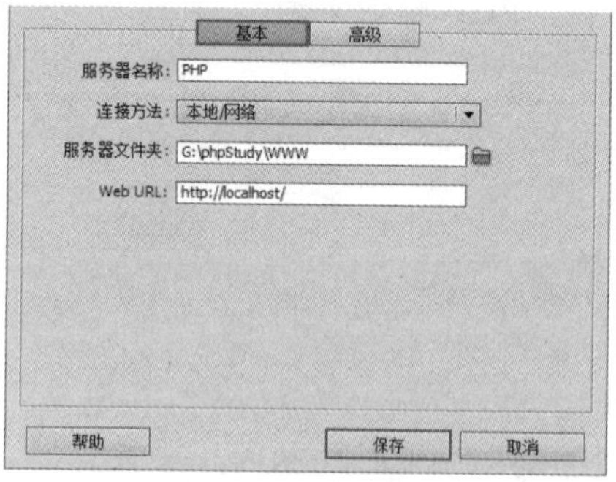

图 1.22　设置服务器基本信息

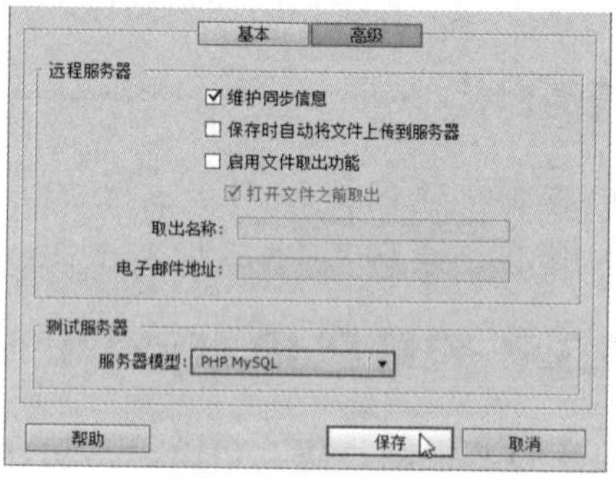

图 1.23　设置服务器模型

（6）返回站点设置对话框，选中站点列表中的“测试”复选框，如图 1.24 所示。

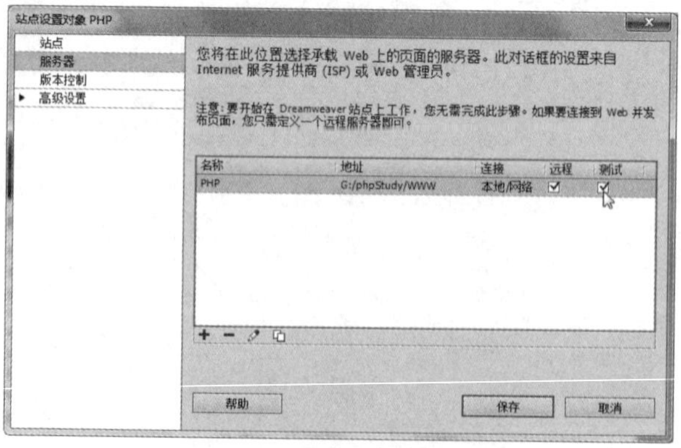

图 1.24　启用测试服务器

（7）单击“保存”按钮。

1.3.2 创建 PHP 动态网页

在 DW 中创建 PHP MySQL 动态站点后，即可在该站点中创建 HTML 静态网页，也可以创建 PHP 动态网页。根据需要，还可以在该站点中创建一些文件夹，用于保存不同类别的资源文件（如图像、音频和视频等）。

1. 设置首选参数

在创建 PHP 动态网页之前，还需要对 DW 程序的相关首选参数进行设置。为此，可从“编辑”菜单中选择“首选参数”命令，然后在“首选参数”对话框中选择“新建文档”类别，设置默认文档为“PHP”，默认文档类型为“HTML 5”，默认编码为“简体中文（GB2312）”，单击“确定”按钮，如图 1.25 所示。

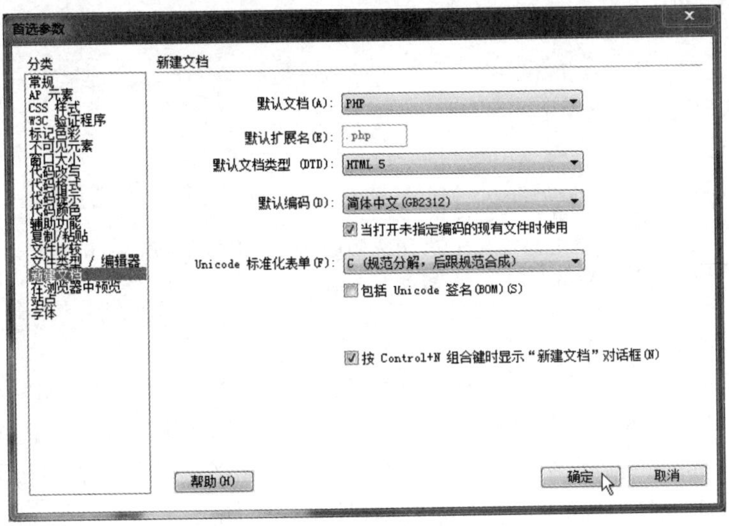

图 1.25　设置 DW 首选参数

2. 新建文件夹

如果要在站点中创建文件夹，可以用鼠标右键单击站点根目录或其他目录，然后从弹出菜单中选择“新建文件夹”命令，并对文件夹名称进行设置。

3. 新建文件

如果要在站点中创建 PHP 动态网页，可以用鼠标右键单击目标文件夹，然后从弹出菜单中选择“新建文件”命令，并对新文件进行命名。默认情况下，文件扩展名为“.php”。双击该文件名，即可在 DW 文档窗口中打开该文件，然后在代码视图或设计视图中编辑文档，也可以在实时视图中查看 PHP 动态网页的运行结果。如果要在浏览器中查看 PHP 动态网页的运行结果，按 F12 键即可。

如果要创建 HTML 静态网页，将文件扩展名改为“.html”即可。

实战演练 在 DW 中创建一个基于 PHP MySQL 服务器模型的动态站点，然后在该站点中创建一个 PHP 动态网页，通过 PHP 脚本连接到 MySQL 数据库，操作步骤如下。

（1）启动 DW，创建一个新站点，在站点设置对话框中设置以下选项。

- 站点名称和服务器名称：PHP；
- 本地站点文件夹和服务器文件夹：G:\phpStudy\WWW；
- 连接方法：本地/网络；
- Web URL：http://localhost/；
- 服务器模型：PHP MySQL。

（2）在站点根目录中创建一个文件夹并命名为 01；在该文件夹中创建一个 PHP 动态网页并命名为 01-01.php。

（3）打开 01-01.php 文件；在文档工具栏上单击“代码”按钮，以切换到代码视图，然后在<body>与</body>标记之间编写 HTML 和 PHP 代码。文档源代码如下：

```
<!doctype html>
<html>
<head>
<meta charset="gb2312">
<title>PHP MySQL 测试文档</title>
</head>

<body>
<h3>连接 MySQL 数据库</h3>
<hr>
<?php
$link=mysql_connect("localhost", "root", "123456") or die("无法连接到 MySQL 服务器". mysql_error());
echo "成功连接到 MySQL 数据库服务器！ ";
mysql_select_db("mysql", $link) or die("未能选择指定数据库". mysql_error());
echo "<p>成功连接到 mysql 数据库！！ </p>";
mysql_close($link);
?>
</body>
</html>
```

在上述源代码中，“<?php”和“?>”是 PHP 定界符，位于两者之间的是 PHP 代码。在 PHP 代码中，mysql_connect()函数用于打开一个到 MySQL 服务器的新连接，传入的 3 个参数分别指定服务器名称、用户名和密码；or 是逻辑或运算符，如果两个操作数至少有一个为 true，则运算结果为 true，如果第一个操作数为 true，则不再计算第二个操作数；die()函数输出一条由参数指定的消息并退出当前脚本；echo 语言结构用于输出一个或多个字符串；mysql_error()函数返回最近一次 MySQL 操作产生的错误信息；英文句点“.”表示字符串连接运算符；mysql_select_db()函数用于更改连接的默认数据库；mysql_close()函数关闭由指定连接标识所关联的到 MySQL 服务器的连接。

（4）按 F12 键，在浏览器中查看该页面的运行结果，如图 1.26 所示。

图 1.26　PHP MySQL 测试文档的运行结果

项目思考

一、选择题

1. 在下列各项中，（　　）不是 phpStudy 的组成部分。
   A. Apache 服务器　　B. PHP 语言引擎
   C. MySQL 数据库服务器　　D. Server SQL 数据库服务器
2. MySQL 数据库服务器的管理员账号是（　　）。
   A. admin　　B. root　　C. sys　　D. sa
3. 在下列各项中，（　　）不是 Apache 的特点。
   A. 不提供用户会话过程的跟踪
   B. 支持最新的 HTTP/1.1 通信协议
   C. 支持基于 IP 和基于域名的虚拟主机
   D. 支持实时监视服务器状态和定制服务器日志
4. 要在 Apache 服务器中创建虚拟目录，应使用（　　）指令。
   A. Alias　　B. DirectoryIndex
   C. ServerName　　D. DocumentRoot

二、判断题

1. （　　）通过 phpStudy 配置的 Apache 和 MySQL 只能以系统服务模式运行。
2. （　　）使用 phpStudy 可以在不同的 PHP 版本之间切换。
3. （　　）Apache 服务器配置文件是 httpd.conf。
4. （　　）Listen 指令仅指定 Apache 监听的端口。
5. （　　）通过 Apache 服务器发布的文件只能保存在站点主目录中。
6. （　　）MySQL 数据库服务器配置文件是 mysql.ini。
7. （　　）在 DW 中可通过设置首选参数指定新文档的默认类型和编码。
8. （　　）在 DW 中按 F9 可以在浏览器查看网页。
9. （　　）“<” 和 “>” 是 PHP 的定界符。

三、简答题

1. phpStudy 集成包由哪些组件组成？
2. Apache 服务器有哪些主要特点？
3. PHP 语言有哪些主要特点？
4. MySQL 数据库有哪些主要特点？
5. phpStudy 有哪两种运行模式？
6. 在 phpStudy 中如何单独启动或停止 Apache 和 MySQL？
7. 在 phpStudy 中管理 MySQL 有哪几种方式？
8. 在 phpStudy 中如何设置站点主目录和端口？
9. 如何在 Apache 站点中创建虚拟目录？
10. 在 DW 中创建 PHP MySQL 站点有哪些主要步骤？

项目实训

1. 在 D:盘上创建一个名为 phpdocs 的文件夹，然后利用 phpStudy 将该文件夹设置为站点的主目录。

2. 在 E:盘上创建一个名为 phpDemo 的文件夹，然后通过修改 Apaceh 配置文件将该文件夹设置为站点中的一个虚拟目录。

3. 在 phpStudy 中切换不同的 PHP 版本并查看 PHP 服务器配置页 phpinfo。

4. 利用 phpStudy 设置 root 用户访问 MySQL 的登录密码，并分别通过 MySQL 命令行工具、phpMyAdmin 管理工具及 MySQL-Front 管理工具验证登录密码。

5. 在 DW 中创建一个 PHP MySQL 动态站点，然后创建一个 PHP 动态网页，通过编写代码连接到 MySQL 数据库服务器。

项目 2

PHP 语言快速入门

PHP 语言主要用于编写服务器端脚本程序；通过在 HTML 文档中嵌入 PHP 代码块即可构成 PHP 动态网页，以完成任何其他 CGI 程序能够完成的工作，例如接收和处理用户请求、访问数据库等。通过本项目的实施将掌握 PHP 编程语言的基础性内容，了解 PHP 基本知识并能够使用数据类型、变量与常量、运算符与表达式、流程控制语句及函数。

项目目标

★ 了解 PHP 基本知识
★ 掌握 PHP 数据类型的用法
★ 掌握常量与变量的用法
★ 掌握运算符与表达式的用法
★ 掌握流程控制语句的用法
★ 掌握函数的用法

任务 2.1 了解 PHP 基本知识

创建 PHP 动态网页之前，首先需要了解 PHP 编程的一些基本知识，例如 PHP 动态网页由哪些内容构成，如何创建 PHP 代码块和 PHP 注释，如何使用 PHP 与 HTML、JavaScript 一起工作等。通过本任务将对这些基础知识有所了解。

任务目标

★ 理解 PHP 动态网页的组成
★ 掌握创建 PHP 代码块的方法
★ 掌握编写 PHP 注释的方法

★ 掌握 PHP 与 HTML 混合编码的方法
★ 掌握 PHP 与 JavaScript 协同工作的方法

2.1.1 PHP 动态网页的组成

PHP 动态网页是混合使用 PHP 和 HTML 编写的 Web 页面，也就是扩展名为.php 的 HTML 文档，实际上就是纯文本文件。它可以通过记事本程序或任何文本编辑器来创建和编辑，而且必须保存到 Apache 网站主目录或虚拟目录中。

PHP 动态网页主要由几个方面的内容组成。

（1）HTML 标签。PHP 文件中可以包含各种标准的 HTML 标签，例如<html>...</html>、<head>...</head>、<title>...</title>、<p>...</p>、
、<form>...</form>及<input>等，通过这些 HTML 标签可以构建 HTML 文档结构并添加各种内容。

（2）CSS 样式表。在 PHP 文件中可以包含 CSS 样式定义，用于设置网页的外观。既可以在文档首部通过<style>...</style>嵌入 CSS 样式定义，也可以通过<link>标记链接外部 CSS 样式表文件，此外，还可以在 HTML 标签中通过 style 属性设置 CSS 样式。

（3）客户端脚本。一般情况下可以在文档首部通过<script>...</script>标签来添加基于 JavaScript 脚本语言的客户端脚本程序，用于执行表单数据检查等操作。

（4）PHP 定界符。用于区分 PHP 代码与其他内容。关于 PHP 定界符的更多信息，请参阅 2.1.2 节“创建 PHP 代码块”。

（5）PHP 代码。符合 PHP 语法的各种语句，这些语句运行于服务器端，用来执行各种各样的操作，例如收集表单数据、发送/接收 Cookies 及访问数据库等。

与 HTML 静态网页一样，PHP 动态网页也存储在网站服务器上，客户端可以通过 HTTP 协议来访问这些资源，其格式为“http://虚拟路径”。对于存储在本地服务器上的 HTML 静态网页，还可以通过 FILE 协议来访问，其格式为“file:///物理路径”。在 PHP 动态网站开发过程中，同一台计算机往往既是服务器又是客户端计算机。即使在这种情况下，也必须通过 HTTP 协议来访问 PHP 动态网页，为此可在浏览器地址栏输入以“http://”开头的页地址。

服务器对 HTML 静态网页和 PHP 动态网页的处理过程是有所不同的。当访问者通过客户端浏览器发出 HTML 页请求时，Apache 服务器将直接将该页送回到客户端浏览器。当访问者通过客户端浏览器发出 PHP 页请求时，Apache 服务器首先将 PHP 代码转发给 PHP 语言引擎进行处理，然后将其执行结果和原有的 HTML 代码合成一个完整的 HTML 文档并送回到客户端浏览器。

2.1.2 创建 PHP 代码块

PHP 动态网页是将 PHP 代码块嵌入 HTML 文档中而构成的。为了将 PHP 代码与其他内容加以区分，就需要用到 HTML 定界符和 PHP 定界符。HTML 定界符由一个小于号“<”和大于号“>”组成，PHP 定界符则有以下 4 种形式。

（1）<?php...?>：这是 PHP 定界符的标准形式，建议读者使用这种形式。在 Dreamweaver 中，可以利用插入面板快速插入 PHP 定界符，如图 2.1 所示。

（2）<?...?>：这是<?php...?>定界符的简写形式。若要在文档中使用这种类型的定界符，必须在配置文件 php.ini 中设置 short_open_tag =On，然后重启 Apache 服务器。

（3）<%...%>：这是 ASP 语言的定界符。若要在 PHP 文件中使用这种形式的定界符，必须在配置文件 php.ini 中设置 asp_tags=On，然后重启 Apache 服务器。

（4）<script language="php">...</script>：这是一个 HTML 标签，其作用是指定由 PHP 语言引擎来解释<script>与</script>标记之间的脚本。

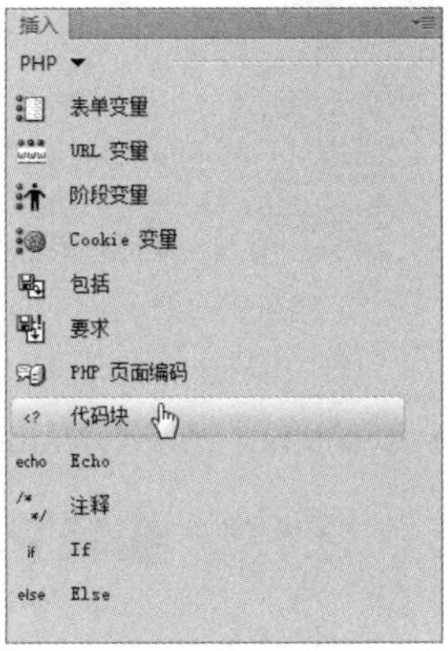

图 2.1　插入面板

如果要使用第二种和第三种形式的定界符，也可以利用 phpStudy 控制面板来设置，具体操作方法如下。

（1）打开 phpStudy 控制面板。

（2）单击“其他选项菜单”，然后在“PHP 扩展及设置”→“参数开关设置”子菜单中复选“short_open_tag”或“asp_tags”选项，如图 2.2 所示。

图 2.2　设置参数开关

（3）重启 Apache 服务器，使所做的修改生效。

在 PHP 代码中，每个语句以分号结束；所有用户自定义函数、类和关键词（如 if、else、

echo 等）都对大小写不敏感。在下面的例子中，所有 echo 语句都是合法的：

```
<?php
ECHO "Hello World!<br>";
echo "Hello World!<br>";
Echo "Hello World!<br>";
?>
```

在 PHP 代码中，变量名均以$符号开头，而且所有变量都对大小写敏感。例如，$username、$UserName 和$USERNAME 分别表示不同的变量。

2.1.3 编写 PHP 注释

在 PHP 语言中，可以使用以下 3 种注释方式。

（1）C++风格的单行注释“//”：注释从“//”开始，到行尾结束，这种方式主要用于添加一行注释。若要添加多行注释，则应在每行前面都添加“//”。例如：

```
// 这是一行注释文字
```

（2）UNIX Shell 风格的单行注释“#”：与单行注释“//”相同。例如：

```
# 这是另一行注释文字
```

单行注释“//”或“#”仅注释到行末或者当前的 PHP 代码块，这意味着在“// ... ?>”或“# ... ?>”之后的 HTML 代码将被显示出来，“?>”标记的作用是跳出 PHP 模式并返回 HTML 模式，“//”或“#”并不能影响这一点。

（3）C 风格的多行注释“/*...*/”：注释从“/*”开始，到“*/”结束，可以用于添加多行注释文字。例如：

```
/*
这是一行注释文字
这是另一行注释文字
*/
```

不能嵌套这种形式的注释。试图把一大块代码变成注释时很容易出现这种错误。例如：

```
/*
echo "这是一个测试。";                /* 这个注释将出现问题 */
*/
```

2.1.4 PHP 与 HTML 混合编写

PHP 语句在语法上是完全独立的单元，但也可以使一个语句跨越两个 PHP 代码块，并在这两个代码块之间包含 HTML 代码或其他非 PHP 代码，此时 PHP 将直接输出上一个结束标记与下一个开始标记之间的任何非 PHP 代码。当需要输出大量 HTML 内容时，退出 PHP 解析模式比使用 echo()、print()或此类函数输出这些内容更为有效。

实战演练 在 PHP 动态网页中实现 PHP 与 HTML 混合编写。源文件为/02/02-01.php，源代码如下。

```
<!doctype html>
<html>
<head>
<meta charset="gb2312">
<title>PHP 与 HTML 混合编写示例</title>
</head>
```

```
<body>
<?php
date_default_timezone_set("Asia/Shanghai");      //设置默认时区
?>
<p>当前时间是：<b><?php echo date("H:i:s"); ?></b></p>
<?php
$time=localtime();                               //用 localtime 函数获取本地时间，返回值是一个数组
$hour=$time[2];                                  //从数组中获取小时数
if ($hour>=6 && $hour<12) {                      //若当前时间在早上 6 点以后中午 12 点以前
?>
<p>上午好！</p>
<?php } elseif ($hour>=12 && $hour<18) {         //若当前时间在中午 12 点以后下午 6 点以前 ?>
<p>下午好！</p>
<?php } elseif ($hour<23) {                      //若当前时间在 23 点之前 ?>
<p>晚上好！</p>
<?php } ?>
</body>
</html>
```

上述内容中包含一个 if...elseif 语句，它跨越了 4 个 PHP 代码块，其 3 个分支分别是一个 HTML 段落，用于在不同时间段将显示出不同的问候语。网页运行结果如图 2.3 所示。

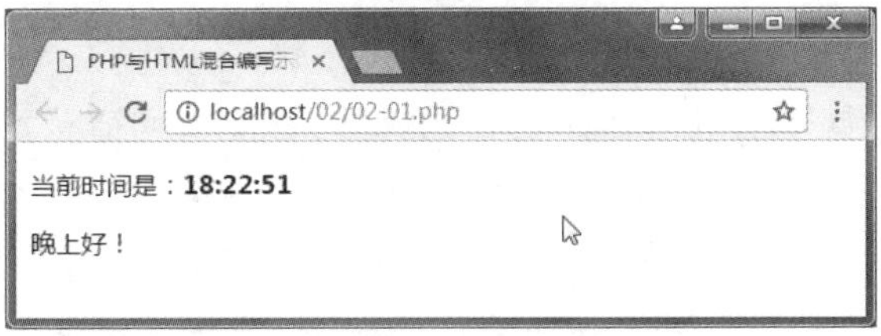

图 2.3　分时段显示问候语

2.1.5 PHP 与 JavaScript 协同工作

PHP 动态网页中可以同时包含 PHP 服务器端脚本和 JavaScript 客户端脚本，而且这两种脚本可以协同工作。当访问者通过客户端浏览器发出对某个 PHP 动态网页的请求后，由 PHP 在运行中按照 HTML 的语法格式动态生成页面，并由服务器将整个页面的数据发送给客户端浏览器，该页面中可能包含<script>标签，由此动态生成由浏览器执行的客户端 JavaScript 脚本。使用 PHP 生成或操作客户端脚本，可以增强其有效性。例如，可以编写服务器端脚本，根据服务器特有的变量、用户浏览器类型或 HTTP 请求参数对客户端脚本加以组合。

通过将 PHP 服务器端脚本语句包含在 JavaScript 客户端脚本中，可以在请求时动态初始化和更改客户端脚本。如下面的模板所示：

```
<script type="text/javascript">
var js_var=<?php echo 服务器定义值; ?>;
...
//在此处编写 JavaScript 客户端脚本
<?php 用于生成客户端语句的 PHP 服务器端脚本 ?>
//在此处编写 JavaScript 客户端脚本
...
</script>
```

创造性地运用这项技术还可以减少往返次数和服务器处理。

实战演练　创建一个 PHP 动态网页，用于演示如何实现 PHP 与 JavaScript 协同工作。

源文件为/02/02-02.php，源代码如下。

```
<!doctype html>
<html>
<head>
<meta charset="gb2312">
<title>PHP 与 JavaScript 协同示例</title>
</head>

<body>
<?php
date_default_timezone_set("Asia/Shanghai");          //设置默认时区
$now=date("Y-m-d H:i:s");                            //获取当前系统时间
?>
<script type="text/javascript">
document.writeln("当前服务器时间是：<?php echo $now; ?>");
</script>
<?php
echo "<script type='text/javascript'>\n";
echo "alert('欢迎您访问本网站！                      //n 当前服务器时间是：". $now. "')";
echo "</script>";
?>
</body>
</html>
```

在上述代码中通过两种方式引用了服务器端变量$now 的值。首先在 JavaScript 脚本中嵌入 PHP 代码块<?php echo $now; ?>以引用该变量的值，然后在由 PHP 代码生成的 JavaScript 脚本中直接引用该变量的值。该页面的运行结果如图 2.4 所示。

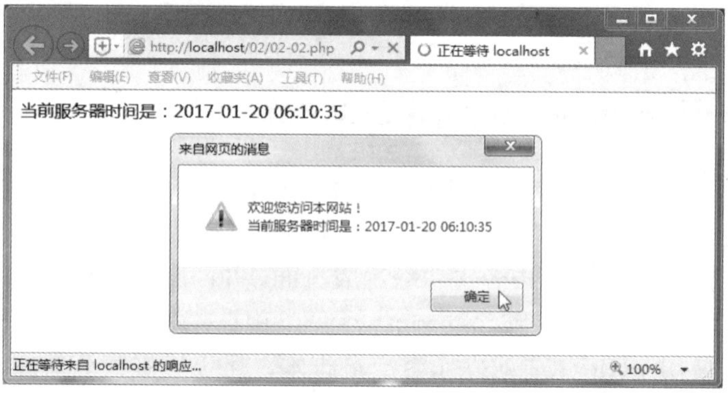

图 2.4　PHP 与 JavaScript 协同示例

任务 2.2　使用 PHP 数据类型

PHP 语言支持 8 种原始数据类型和 3 种伪类型。原始数据类型包括 4 种标量类型、2 种复合类型和 2 种特殊类型。4 种标量类型包括布尔型（boolean）、整型数（integer）、浮点数（float）和字符串（string）；2 种复合类型是数组（array）和对象（object）；2 种特殊类型包括资源（resource）和空值（NULL）。3 种伪类型包括即混合类型（mixed）、数字类型（number）和回调类型（callback）。通过本任务的实施将着重掌握各种标量数据和特殊类型的用法。

任务目标

★ 掌握 4 种标量类型的用法
★ 掌握 2 种特殊类型的用法

2.2.1 使用整型数

整型数是集合 $Z = \{\cdots, -2, -1, 0, 1, 2, \cdots\}$ 中的一个数。整型数包括正整数、负整数和零。一个整型数可以用 10 进制，16 进制或 8 进制符号表示，前面可以加上可选的符号（-或+）。若用 8 进制，则必须在数字前加上前缀 0；若用 16 进制，则必须在数字前加上前缀 0x。

整型数的字长和平台有关。在 32 位操作系统中，整型数的取值范围是-2 147 483 648～+2 147 483 647。若一个数超出了整型数的范围，则将被解释为浮点数；当运算结果超出了整型数范围时，也会返回浮点数。PHP 不支持无符号整数。

下面给出整型数的例子。

```
<?php
$a=456;                    //10 进制数
$b=-126;                   //一个负数
$m=0356;                   //8 进制数（等于 10 进制的 238）
$n=0x2AE;                  //16 进制数（等于 10 进制的 686）
?>
```

2.2.2 使用浮点数

浮点数也称为双精度数或实数，其取值范围和精度远远大于整型数。在 32 位操作系统中，浮点数的取值范围为 1.7E-308～1.7E+308（1.7×10^{-308}～1.7×10^{308}）。浮点数可以用小数形式或科学计数法表示，在科学计数法中用 E 或 e 表示以 10 为底的幂。

下面给出一些浮点数的例子。

```
<?php
$x=1.236;
$y=1.2e8;
$z=5E-10;
?>
```

2.2.3 使用字符串

在 PHP 语言中，字符串是由一系列字符组成的，一个字符占用一个字节，一共有 256 种不同字符的可能性。从语法上讲，字符串可以通过以下 3 种方式来定义。

1. 用单引号定义字符串

用单引号（'）括起字符串是表示一个字符串的最简单方法。在用单引号定义的字符串中，如果要表示一个单引号，需要用反斜线（\）进行转义，即表示为“\'”；如果要在单引号之前或字符串结尾需要出现一个反斜线，则需要用两个反斜线（\\）表示。如果试图转义任何其他字符，反斜线本身也会被显示出来。与下面的两种语法有所不同，在单引号字符串中出现的变量名不会被变量值替代，转义序列也不会被解释。

2. 用双引号定义字符串

如果用双引号（"）括起字符串，则会使 PHP 处理更多特殊字符的转义序列。如果试图转义任何其他字符，反斜线本身也会被显示出来。在用双引号定义的字符串中，变量名会被变量值替代，有时使用花括号将变量名括起来，以便于变量解析。转义字符在表 2.1 列出。

表 2.1 PHP 转义字符

转义序列	含　义
\n	换行（LF 或 ASCII 字符 0x0A（10））
\r	回车（CR 或 ASCII 字符 0x0D（13））
\t	水平制表符（HT 或 ASCII 字符 0x09（9））
\\	反斜线
\$	美元符号
\"	双引号
\[0-7]{1,3}	此正则表达式序列匹配一个用八进制符号表示的字符
\x[0-9A-Fa-f]{1,2}	此正则表达式序列匹配一个用十六进制符号表示的字符

3. 用定界符定义字符串

在处理长字符串时，也可以使用定界符语法（“<<<”）来定义字符串，即在“<<<”之后提供一个标识符，接着是字符串的内容，然后用同样的标识符来结束字符串。语法如下：

```
<<<标识符
  字符串内容
标识符
```

注意

结束标识符必须从行的第一列开始。标识符必须遵循 PHP 标识符的命名规则：只能包含字母、数字和下画线，而且必须以下画线或非数字开始。

与双引号字符串一样，使用定界符定义字符串时，在字符串中包含的变量名运行时将被变量值替代。此外，在这种字符串中，可以直接包含单引号和双引号，而不必进行转义。

实战演练 创建一个 PHP 动态网页，用于演示如何使用不同方式定义字符串。源文件为/02/02-03.php，源代码如下。

```
<!doctype html>
<html>
<head>
<meta charset="gb2312">
<title>字符串应用示例</title>
</head>

<body>
<h3>字符串应用示例</h3>
<hr>
<?php
$nl="<br>\n"; // 用双引号定义字符串并将其赋给变量

echo '<ol><li><b>用单引号（\'）定义的字符串</b>'.$nl;
echo '在单引号中，\' 和 \\ 不能转义其他字符（如\n）。'. $nl;
echo '变量名 $nl 也不会被变量值替换。</li>';
```

```
echo "<li><b>用双引号（\"）定义的字符串</b>". $nl;
echo "在双引号中，变量名 \$nl 将被变量值 $nl 替换。". $nl;
echo "在 PHP 中变量名必须以美元符号\$开头。</li>";

echo <<<STR
<li><b>用标识符定义的字符串</b> $nl
在这个字符串中可直接使用单引号（'）和双引号（"）$nl 而不必进行转义<br>
变量名 \$nl 也将被变量值 $nl 替换掉。</li></ol>
STR;
?>
</body>
</html>
```

在上述源代码中分别通过单引号、双引号和标识符定义了一些字符串，它们在使用转义字符和变量名时效果各有不同。网页运行结果如图 2.5 所示。

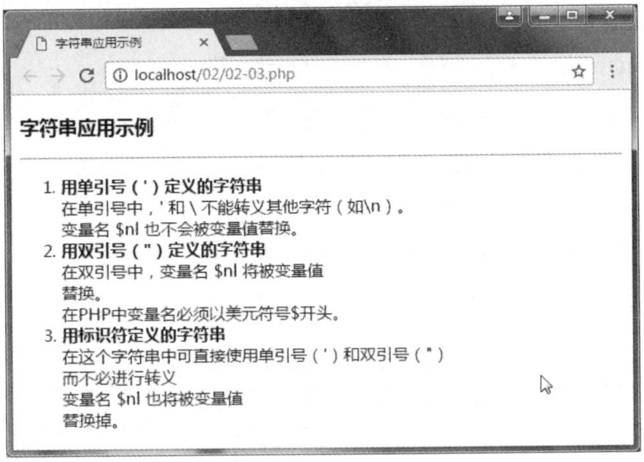

图 2.5　字符串应用示例

2.2.4 使用布尔型

布尔型用于表示真值，其取值可以是 true 或 false。布尔值通常用于控制程序的执行流程。

如果要定义一个布尔值，可以使用关键字 true 或 false，这两个关键字是不区分大小写的，因此也可以使用 True 和 False，或者使用 TRUE 和 FALSE。例如：

```
<?php
$b1=true;
$b2=false;
?>
```

2.2.5 使用特殊类型

在 PHP 语言中，有以下两种特殊类型。

1. 资源

资源是一种特殊变量，保存了对外部资源的一个引用。资源是通过专门的函数来建立和使用的。由于资源类型变量保存为打开文件、数据库连接、图形画布区域等的特殊句柄，因此无法将其他类型的值转换为资源。

2. NULL

特殊的 NULL 值表示一个变量没有值。NULL 类型只有一个值，就是大小写敏感的关键字 NULL。例如：

```
<?php
$var=NULL;
?>
```

在下列情况下，一个变量被认为是 NULL：被赋值为 NULL；尚未被赋值；通过调用函数 unset()而被销毁。

2.2.6 数据类型转换

在 PHP 编程中，可以根据需要将一种数据类型转换为另一种数据类型。数据类型转换分为自动转换和强制转换两种形式。

1. 强制类型转换

在 PHP 语言中，要将一个值转换为其他数据类型，可以在该值前面添加一个目的类型关键字并通过圆括号将该关键字括起来，语法如下：

```
(type)value
```

其中 value 表示要转换的值，type 指定目标类型。

可用的类型关键字在表 2.2 中列出。

表 2.2 强制类型转换

类型关键字	类型转换	类型关键字	类型转换
(int)、(integer)	将值转换为整型	(array)	将值转换为数组
(float)、(double)、(real)	将值转换为浮点型	(object)	将值转换为对象
(bool)、(boolean)	将值转换为布尔型	(string)	将值转换为字符串

2. 整型转换

如果要显式示地将一个值转换为整型，则可以使用(int)或(integer)进行强制转换，还可以通过函数 intval 将一个值转换成整型。不过，在大多数情况下都不需要强制转换，因为当运算符、函数或流程控制需要一个整型参数时，值会自动转换。

将其他数据类型转换为整型时，遵循以下规则。

（1）从布尔值转换时，false 转换为 0，true 转换为 1。

（2）当从浮点数转换成整数时，将丢弃小数位，即数字将被取整。若浮点数超出了整数范围，则结果不确定，因为没有足够的精度使浮点数给出一个确切的整数结果。

3. 字符串转换

在 PHP 中，可以用(string)标记或者 strval 函数将一个值转换为字符串。当某个表达式需要字符串时，字符串的转换会在表达式范围内自动完成，例如当使用 echo 或 print 语句、或将一个变量值与一个字符串进行比较的时候就是这样。

将一个值转换为字符串时，遵循以下规则。

（1）布尔值 true 将被转换为字符串"1"，而值 false 将被表示为 ""（空字符串，用 echo 语句输出时看不到结果）。

（2）整数或浮点数数值在转换成字符串时，字符串由表示这些数值的数字字符组成，浮点数还包含有指数部分。

（3）数组将被转换成字符串 "Array"，将无法通过 echo 或 print 语句来输出数组的内容。

（4）对象将被转换成字符串 "Object"。

（5）资源类型总是以 "Resource id #1" 的格式被转换成字符串，其中，1 是 PHP 在运行时给资源指定的唯一标识。如果要获取资源的类型，可以使用函数 get_resource_type。

（6）NULL 将被转换成空字符串。

当一个字符串被当作数字来求值时，根据以下规则来决定结果的类型和值。

（1）如果包括“.”、“e”或“E”中任何一个字符的话，字符串被当作浮点数来求值，否则就被当作整型数。

（2）该值由字符串最前面的部分决定。如果字符串以合法的数字数据开始，则用该数字作为其值，否则其值为 0。合法数字数据由可选的正负号开始，跟着一个或多个数字，后面跟着可选的指数。指数是一个“e”或者“E”后面跟着一个或多个数字。

4. 布尔转换

如果要将一个值转换成布尔值，可以用 (bool) 或 (boolean) 来强制转换。不过，在很多情况下不需要用强制转换，因为当运算符、函数或者流程控制需要一个布尔型参数时，该值会被自动转换。当转换为布尔型时，下列各种值均被视为 false。

（1）整型值 0（零）；

（2）浮点型值 0.0（零）；

（3）空白字符串和字符串“0”；

（4）没有成员变量的数组；

（5）没有单元的对象（仅适用于 PHP 4）；

（6）特殊类型 NULL（包括尚未设定的变量）。

所有其他值都被认为是 true（包括任何资源）。

5. 测试数据类型

在 PHP 语言中，可以使用 gettype()函数来测试一个值的数据类型，语法如下：

```
string gettype(mixed $var)
```

其中，参数 var 表示待测试的数据，关键字 mixed 表示“混合”伪类型，说明该参数可以接受多种不同的数据类型。gettype()函数返回参数值的类型，返回的字符串的可能值为：“boolean”、“integer”、“double”（由于历史原因，如果是 float，则返回“double”而非“float”）、“string”、“array”、“object”、“resource”、“NULL”。

实战演练 创建一个 PHP 动态网页，用于演示如何测试数据类型。源文件为 /02/02-04.php，源代码如下。

```
<!doctype html>
<html>
<head>
<meta charset="gb2312">
<title>测试数据类型</title>
</head>

<body>
```

```
<h3>测试数据类型</h3>
<hr>
<?php
$a="PHP";
$b=12345;
$c=123.436;
$d=true;
$e=array(1,2,3);                //定义数组
$f=NULL;
echo "<ol>";
echo "<li>变量 \$a 的类型：<i>" . gettype($a) . "</i></li>";
echo "<li>变量 \$b 的类型：<i>" . gettype($b) . "</i></li>";
echo "<li>变量 \$c 的类型：<i>" . gettype($c) . "</i></li>";
echo "<li>变量 \$d 的类型：<i>" . gettype($d) . "</i></li>";
echo "<li>变量 \$e 的类型：<i>" . gettype($e) . "</i></li>";
echo "<li>变量 \$f 的类型：<i>" . gettype($f) . "</i></li>";
echo "</ol>";
?>
</body>
</html>
```

网页运行结果如图 2.6 所示。

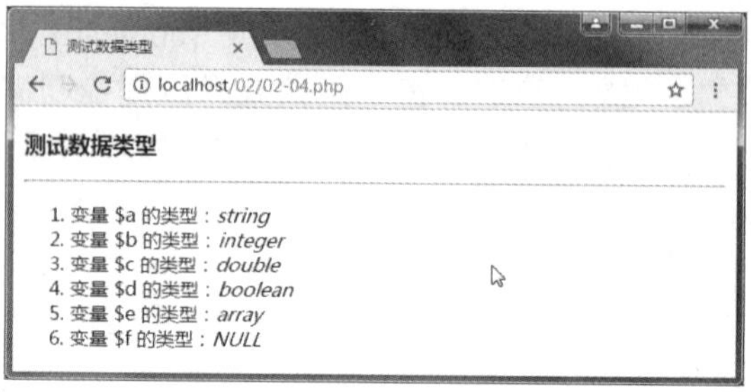

图 2.6　测试数据类型

任务 2.3　使用变量与常量

变量是一种用于访问计算机内存地址的占位符，该地址存储程序运行时可更改的数据。使用变量不需要了解变量在内存中的地址，通过变量名即可查看或设置变量的值。常量是一个简单值的标识符，其值在程序执行期间不能改变。通过本任务将掌握变量和常量的用法。

任务目标

★ 掌握定义、检测和显示变量的方法
★ 掌握可变变量和变量引用的用法
★ 掌握自定义常量和预定义常量的用法

2.3.1　定义变量

在 PHP 语言中规定，变量用一个美元符号（$）后面跟变量名来表示，而且变量名是

区分大小写的。变量名与其他标识符一样都遵循相同的命名规则：一个有效的变量名由字母或下画线开头，后面可以跟上任意数量的字母、数字或下画线。

命名变量通常与变量赋值操作一起进行。下面给出一些变量命名的例子。

```
<?php
$username="李明";                    //合法变量名，以字母开头
$_2site="www.mysite.com.cn";         //合法变量名，以下画线开头
$my 站点="www.mysite.net";           //合法变量名，可以用中文
$9site="www.mysite.com";             //非法变量名，以数字开头
num=123;                             //无效变量名，未加$前缀
?>
```

在 PHP 中，可以在同一个变量中存储不同类型的数据。例如，可能首先把一个整型数存储在某个变量中，然后又把一个字符串存储到该变量中。在实际应用中，常常需要了解变量值所属的数据类型，这可以通过调用下列 PHP 函数来实现。

（1）使用下列函数可以检查变量或对象是否属于某种数据类型，如果是则返回 true，否则返回 false。

is_int()：检查变量是否为整型。

is_float()：检查变量是否为浮点型。

is_numeric()：检查变量是否为数值型。

is_string()：检查变量是否为字符串。

is_bool()：检查变量是否为布尔型。

is_array()：检查变量是否为数组。

is_object()：检查变量是否为对象。

（2）使用 gettype()函数测试一个变量的数据类型。请参阅 2.2.6“测试数据类型”。

（3）使用 var_dump()函数显示变量的相关信息，语法如下：

```
void var_dump ( mixed $expression[, mixed$expression[, $...]] )
```

var_dump()函数显示关于一个或多个表达式的结构信息，包括表达式的类型与值。数组将递归展开值，通过缩进显示其结构。

（4）使用 print_r()函数显示关于变量的信息，语法如下：

```
bool print_r ( mixed $expression[, bool $return=false] )
```

print_r()函数显示关于一个变量的易于理解的信息。如果给出的参数是字符串、整型数或浮点数，则打印变量值本身。如果给出的是数组，则按照一定格式显示键和元素。对象与数组类似。若要捕捉 print_r()的输出，可将 return 参数设置为 true，此时 print_r()将不显示结果，而是返回其输出内容。

2.3.2 检查变量是否被设置

为了保证PHP代码的安全运行，使用一个变量之前最好检查一下该变量是否已被定义。下面介绍两个相关的函数。

（1）empty()函数。用于检查一个变量是否为空，语法如下：

```
bool empty ( mixed $var )
```

如果参数 var 是非空或非零的值，则 empty()函数返回 false。空字符串（""）、0、"0"、NULL、false、array()、var $var; 及没有任何属性的对象都将被认为是空的。如果参数 var 为空，则

empty()函数返回 true。

（2）isset()函数。用于检测变量是否被设置，语法如下：

```
bool isset ( mixed $var[, mixed $var[, $...]] )
```

如果参数 var 存在则返回 true，否则返回 false。isset()函数只能用于变量，传递任何其他参数都将造成解析错误。

如果使用 isset()函数测试一个被设置成 NULL 的变量，将返回 false。同时要注意，一个 NULL 字节（"\0"）并不等同于 PHP 的 NULL 常数。

实战演练 创建一个 PHP 动态网页，用于演示如何定义变量并对其进行检测。源文件为/02/02-05.php，源代码如下。

```
<!doctype html>
<html>
<head>
<meta charset="gb2312">
<title>定义和检测变量</title>
</head>

<body>
<h3>定义和检测变量</h3>
<hr>
<?php
$x=12356;
$y="PHP 动态网页设计";
$z=false;

echo "<ul><li>变量\$x：";
var_dump($x);
if (!empty($x)) {
  echo "，不为空";
} else {
  echo "，为空";
}

echo "<li>变量\$y：";
var_dump($y);
if (!empty($y)) {
  echo "，不为空";
} else {
  echo "，为空";
}

echo "<li>变量\$z：";
var_dump($z);
if (isset($z)) {
  echo "，已被设置";
} else {
  echo "，未被设置";
}

echo "<li>变量\$t：";
if (!empty($t)) {
  echo "不为空；";
} else {
  echo "为空；";
}
if (isset($t)) {
   echo "已被设置";
```

```
} else {
    echo "未被设置";
}
?>
</body>
</html>
```

在上述代码中定义了一些变量，然后使用 empty()函数检查变量是否为空，使用 isset()函数检查变量是否已被设置，使用 var_dump()函数显示变量的相关信息。对于未定义变量而言，由于它本身并不存在，检查结果总是空并且未被设置。网页运行结果如图 2.7 所示。

图 2.7　定义和检测变量

2.3.3 可变变量与变量引用

在 PHP 中，除了用标识符表示变量名外，也可以使用一个变量的值来表示另一个变量的名称，这就是所谓可变变量，也称为动态变量。此外，还允许使用不同的变量名称来引用同一变量的内容，这就是变量的引用。

1. 可变变量

如果要动态地创建一个变量名，则可以使用“可变变量”语法来实现，即在其值要作为变量名使用的变量前面加一个美元符号$。如果在一个变量名前面放两个美元符号$，则 PHP 将取右面变量的值作为变量名。例如：

```
<?php
$x="str";
$$x="demo";            //$$x 等效于$str
echo "$x $str";        //输出结果为“str demo”
?>
```

注意

使用花括号还能够构造出用于表示变量名的更复杂的表达式，在此表达式中甚至可以包含函数调用。PHP 会求出位于花括号内的表达式的值，并将该值作为一个变量名。

2. 变量引用

在 PHP 中，通过变量引用可以使不同变量指向同一个内容。如果要引用一个变量，则可以在该变量名前面加一个&符号。例如：

```
<?php
$a=1;
$b=2;
$a=&$b;                //使$a 和$b 指向同一个变量
$a=3;                  //改变$a 时$b 随之而变
echo "$a $b";          //输出结果为“3 3”
?>
```

提示

如果想把一个变量传递给一个函数，并且希望保留在函数内部对该变量值的修改，则在定义函数时应指定它接受一个传递引用而不是传递值的变量作为参数，然后将变量引用传递给函数。详情请参阅 3.2.2 节。

2.3.4 使用常量

常量是用一个标识符（名字）表示的简单值。在脚本执行期间不能改变常量的值。默认情况下常量为大小写敏感，按照惯例常量标识符总是用大写字母来表示的。在 PHP 中，常量分为自定义常量和预定义常量。

1. 自定义常量

在 PHP 语言中，可以用 define()函数来定义常量。语法如下：

```
bool define(string $name, mixed $value[, bool $case_insensitive=false])
```

其中，参数 name 指定常量名，应遵循 PHP 标识符命名规则，即以字母或下画线开始，后跟任何字母、数字或下画线；参数 value 指定常量的值；参数 case_insensitive 指定常量名是否区分大小写，如果设置为 true，则不区分大小写。成功时该函数返回 true，失败时返回 false。

使用自定义常量时，应注意以下几点。

（1）常量只能用 define()函数定义，而不能通过赋值语句定义。

（2）一个常量一旦被定义，就不能再改变或者取消定义。

（3）常量只能包含标量数据，即 boolean、integer、float 和 string。

（4）不要在常量名前面加上美元符号$。

（5）如果常量名是动态的，也可以用函数 constant()来读取常量的值。

（6）用函数 get_defined_constants()可以获得所有已定义的常量列表。

（7）如果只想检查是否定义了某个常量，可以调用 defined()函数。

（8）常量可以在任何地方定义和访问。

下面给出定义和使用常量的例子。

```
<?php
define("USER", "root");     //定义常量，默认区分大小写
echo USER;                  //输出“root”
echo User;                  //输出 User 时出错
?>
```

在 PHP 5.3.0 以后，可使用 const 关键字在类定义的外部定义常量。语法如下。

```
const 常量名=值;
```

例如，常量 USER 也可以使用 const 关键字定义如下。

```
const USER="root";
```

2. 预定义常量

PHP 提供了大量的预定义常量，可以在脚本中直接使用。不过，很多常量都是由不同的扩展库定义的。它们只有在加载了这些扩展库时才会出现，或者在动态加载后或者在编

译时已经包括进去了。在预定义常量中，有 5 个特殊的常量不区分大小写，而且会根据它们使用的位置而改变其值，这些常量称为魔术常量。例如，__LINE__的值就依赖于它在脚本中所处的行来决定。

下面给出 PHP 中的一些预定义常量，其中前 7 个是魔术常量。

（1）__LINE__：返回文件中的当前行号。

（2）__FILE__：返回文件的完整路径和文件名。如果用在包含文件中，则返回包含文件名。自 PHP 4.0.2 起，__FILE__总是包含一个绝对路径，而在此之前的版本有时会包含一个相对路径。

（3）__DIR__：文件所在的目录。

（4）__FUNCTION__：返回函数名称。自 PHP 5 起该常量返回该函数被定义时的名称（区分大小写）。在 PHP 4 中该值总是小写字母的。

（5）__CLASS__：返回类的名称。自 PHP 5 起该常量返回该类被定义时的名称（区分大小写）。在 PHP 4 中该值总是采用小写字母形式。

（6）__METHOD__：返回该方法被定义时的名称（区分大小写）（PHP 5.0.0 新增）。

（7）__NAMESPACE__：当前命名空间的名称（大小写敏感）。这个常量是在编译时定义的（PHP 5.3.0 新增）。

（8）PHP_VERSION：返回 PHP 的版本号。

（9）PHP_OS：返回执行 PHP 解析器的操作系统名称。

实战演练 创建一个 PHP 动态网页，用于演示如何使用自定义常量和预定义常量。源文件为/02/02-06.php，源代码如下。

```
<!doctype html>
<html>
<head>
<meta charset="gb2312">
<title>常量应用示例</title>
</head>

<body>
<h3>常量应用示例</h3>
<hr>
<?php
const NL="\n";          //声明自定义常量
echo "<ol>" . NL;
echo "<li>当前操作系统：" . PHP_OS;
echo "<li>PHP 版本号：" . PHP_VERSION . NL;
echo "<li>当前目录：" . __DIR__ . NL;
echo "<li>当前文件：" . __FILE__ . NL;
echo "<li>当前代码行号：" . __LINE__ . NL;
echo "</ol>" . NL;
?>
</body>
</html>
```

在上述代码中声明了一个自定义常量，然后通过预定义常量输出当前操作系统、PHP 版本号、当前目录、当前文件及当前行号等信息。网页运行结果如图 2.8 所示。

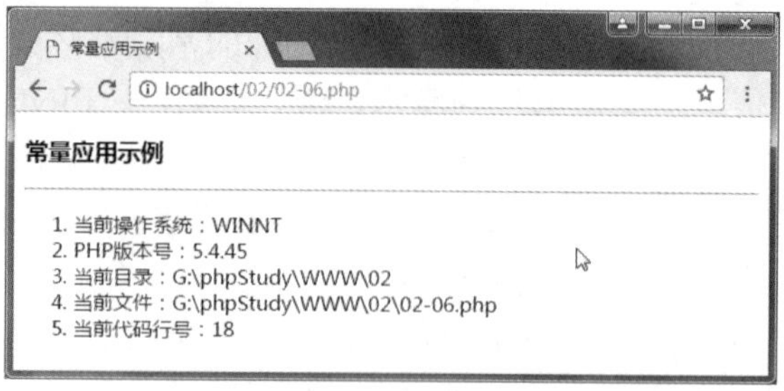

图 2.8　常量应用示例

任务 2.4　使用运算符与表达式

PHP 语言提供了丰富的运算符，可用来进行各种各样的运算。运算符与变量、常数、文本、属性、函数的返回值等值元素组合在一起形成表达式，它将产生一个新值。运算符通过执行计算、比较或其他运算来处理值元素。通过本任务将掌握运算符和表达式的用法。

任务目标

★ 掌握算术运算符和赋值运算符的用法
★ 掌握递增和递减运算符的用法
★ 掌握字符串运算符和位运算符的用法
★ 掌握比较运算符、条件运算符和逻辑运算符的用法
★ 掌握表达式的用法和运算符的优先级

2.4.1　使用算术运算符

算术运算符包括加号（+）、减号（−）、乘号（*）、除号（/）和取模运算符（%），分别用于执行加、减、乘、除及求余数运算。

其中“−”除了作为减号使用外，也可以作为一元运算符（负号）使用，即对一个数取相反数；除号（“/”）总是返回浮点数，即使两个运算数是整数或由字符串转换成的整数也是如此。当被除数$a 为负值时，取模$a % $b 的结果也是负值。

下面给出使用算术运算符的例子。

```
<?php
$a=32;
$b=6;
echo $a+$b;                    //输出 38
echo $a-$b;                    //输出 26
echo $a*$b;                    //输出 192
echo $a/$b;                    //输出 5.3333333333333
echo $a%$b;                    //输出 2
?>
```

2.4.2 使用赋值运算符

基本的赋值运算符是“=”，其作用是把右边表达式的值赋给左边的运算数。

赋值运算表达式的值就是所赋的值。例如，“$a=3”的值是 3。这样，一个赋值运算表达式也可以用在其他表达式中，例如：

```
$a=($b=2)+6;          //执行赋值操作后，$b 等于 2，$a 等于 8
```

除了基本的赋值运算符外，还可以将其他运算符与赋值运算符组合起来构成复合赋值运算符。常用的复合赋值运算符在表 2.3 中列出。

表 2.3　常用复合赋值运算符

运　算　符	语　　法	等 价 形 式
+=	$x += $y	$x = $x + $y
-=	$x -= $y	$x = $x - $y
*=	$x *= $y	$x = $x * $y
/=	$x /= $y	$x = $x / $y
%=	$x %= $y	$x = $x % $y
.=	$x .= $y	$x = $x.$y

实战演练 创建一个 PHP 动态网页，用于演示如何使用基本赋值运算符和复合赋值运算符。源文件为/02/02-06.php，源代码如下。

```
<!doctype html>
<html>
<head>
<meta charset="gb2312">
<title>赋值运算符应用示例</title>
<style>
<style type="text/css">
ol {
  margin-top: 0;
}
</style>
</head>

<body>
<h3>赋值运算符应用示例</h3>
<hr>
<?php
echo '假设$x=' . ($x=200) . '，$y=' . ($y=300) . '，则';  //基本赋值运算符=
echo '<ol>';
echo '<li>执行$x+=$y 后：$x=' . ($x+=$y);          //复合赋值运算符+=
echo '<li>执行$x-=$y 后：$x=' . ($x-=$y);          //复合赋值运算符-=
echo '<li>执行$x*=$y 后：$x=' . ($x*=$y);          //复合赋值运算符*=
echo '<li>执行$x/=$y 后：$x=' . ($x/=$y);          //复合赋值运算符/=
echo '<li>执行$x%=$y 后：$x=' . ($x%=$y);          //复合赋值运算符%=
echo '</ol>';
?>
</body>
</html>
```

网页运行结果如图 2.9 所示。

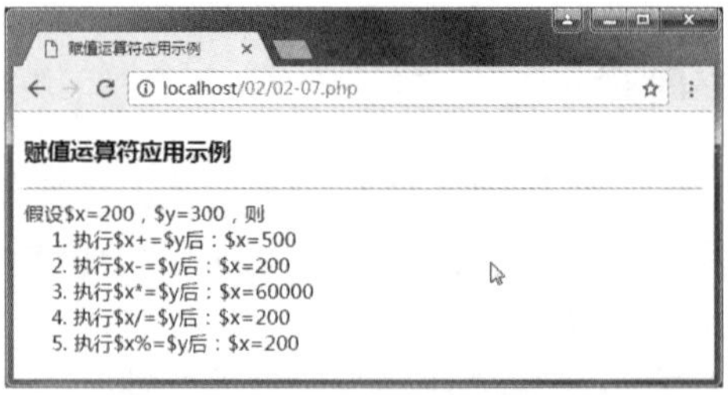

图 2.9　赋值运算符应用示例

2.4.3 使用递增/递减运算符

PHP 支持 C 风格的前/后递增运算符（++）和递减运算符（--），这些运算符都是单目运算符，它们经常用在循环语句中。递增/递减运算符在表 2.4 中列出。

表 2.4　递增/递减运算符

运 算 符	语　　法	说　　明
++（递增）	++$x（前加）	首先在$x 的值上加 1，然后返回$x
	$x++（后加）	首先返回$x，然后在$x 的值上加 1
—（递减）	—$x（前减）	首先在$x 的值上减 1，然后返回$x
	$x—（后减）	首先返回$x，然后将$x 的值减 1

递增/递减运算符对布尔值没有影响。递减 NULL 值也没有效果，递增 NULL 的结果是 1。

实战演练 创建一个 PHP 动态网页，用于演示如何使用递增/递减运算符。源文件为/02/02-08.php，源代码如下。

```
<!doctype html>
<html>
<head>
<meta charset="gb2312">
<title>递增/递减运算符应用示例</title>
<style type="text/css">
ol {
  margin-top: 0;
}
</style>
</head>

<body>
<h3>递增/递减运算符应用示例</h3>
<hr>
<?php
echo '假设 $x 的原值为' . ($x=100) .'，则：';
echo '<ol>';
$y=$x++;
echo '<li>执行$y=$x++后：$x='.$x.', $y=' .$y;
$y=++$x;
echo '<li>执行$y=++$x 后：$x='.$x.', $y=' .$y;
$y=$x--;
echo '<li>执行$y=$x--后：$x='.$x.', $y=' .$y;
$y=--$x;
echo '<li>执行$y=--$x 后：$x='.$x.', $y= ' .$y;
echo '</ol>';
?>
```

```
</body>
</html>
```

网页运行结果如图 2.10 所示。

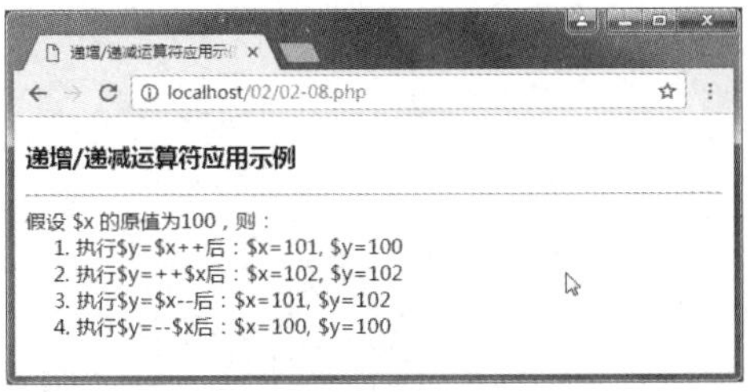

图 2.10　递增/递减运算符应用示例

2.4.4 使用字符串运算符

在 PHP 中有两个字符串运算符：一个是连接运算符（“.”），它返回两个操作数连接后的字符串；另一个是连接赋值运算符（“.=”），它将右边操作数附加到左边的操作数之后。

下面给出字符串运算符的例子。

```
<?php
$a="Hello "; $b=$a . "World!";          //现在变量 b 包含字符串"Hello World!"
$a="Hello "; $a .= "World!";            //现在变量 a 包含字符串"Hello World!"
?>
```

2.4.5 使用位运算符

位运算符允许对整型数中指定的位进行置位，即对二进制位从低位到高位对齐后进行运算。执行位运算时会将操作数转换为二进制整数，然后按位进行相应的运算，运算的结果以十进制整数表示。如果两个运算数都是字符串，则位运算符将对字符的 ASCII 值进行操作。PHP 提供的位运算符在表 2.4 列出。

表 2.4　位运算符

运　算　符	语　　法	说　　明
&（按位与）	$x & $y	把$x 和$y 中都为 1 的位设置为 1
|（按位或）	$x | $y	把$x 或$y 中为 1 的位设置为 1
^（按位异或）	$x ^ $y	把$x 和$y 中不同的位设置为 1
~（按位取反）	~$x（单目运算符）	把$x 中为 0 的位设置为 1，为 1 的位设置为 0
<<（向左移位）	$x << $y	把$x 中的位向左移动$y 次（每一次移动都表示“乘以 2”）
<<（向右移位）	$x >> $y	把$x 中的位向右移动$y 次（每一次移动都表示“除以 2”）

实战演练 创建一个 PHP 动态网页，用于演示如何使用各种位运算符。源文件为/02/02-09.php，源代码如下。

```
<!doctype html>
<html>
<head>
<meta charset="gb2312">
<title>位运算符应用示例</title>
<style type="text/css">
ol {
```

```
    margin-top: 0;
  }
  </style>
  </head>

  <body>
  <h3>位运算符应用示例</h3>
  <hr>
  <?php
  echo "<ol>";
  echo "<li>3 & 5=".(3 & 5);          //00000011&00000101=00000001
  echo "<li>3 | 5=".(3 | 5);          //00000011|00000101=00000111
  echo "<li>3 ^ 5=".(3 ^ 5);          //00000011^00000101=00000110
  echo "<li>~3=".(~3);                //~00000011=11111100
  echo "<li>3 << 2=".(3 << 2);        //00000011<<10=00001100
  echo "<li>32 >> 2=".(32 >> 2);      //00100000>>10=00001000
  echo "</ol>";
  ?>
  </body>
  </html>
```

网页运行结果如图 2.11 所示。

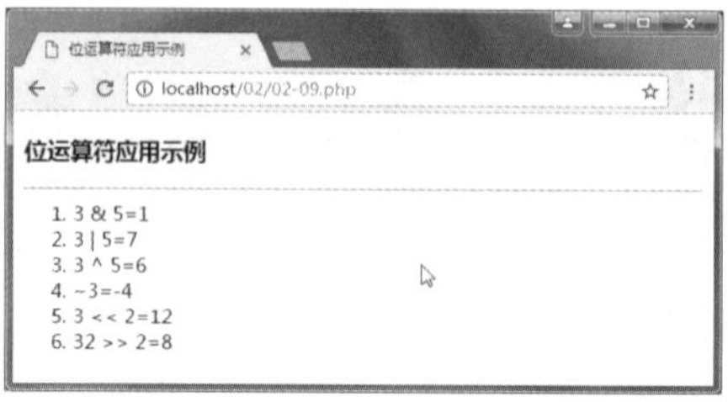

图 2.11　位运算符应用示例

2.4.6　使用比较运算符

比较运算符用于比较两个值的大小，通过比较运算符连接操作数将构成比较表达式，比较表达式的值为布尔值 true 或 false。PHP 提供的比较运算符在表 2.5 中列出。

表 2.5　比较运算符

运　算　符	语　　法	说　　明
==（等于）	$x == $y	若$x 等于$y，则为 true；否则为 false
===（全等）	$x === $y	若$x 等于$y 且两者类型相同，则为 true；否则为 false
!=（不等于）	$x != $y	若$x 不等于$y，则为 true；否则为 false
<>（不等于）	$x <> $y	若$x 不等于$y，则为 true；否则为 false
!==（非全等）	$x !== $y	若$x 不等于$y 或两者类型不同，则为 true；否则为 false
<（小于）	$x < $y	若$x 小于$y，则为 true；否则为 false
>（大于）	$x > $y	若$x 大于$y，则为 true；否则为 false
<=（小于或等于）	$x <= $y	若$x 小于或等于$y，则为 true；否则为 false
>=（大于或等于）	$x >= $y	若$x 大于或等于$y，则为 true；否则为 false

2.4.7　使用条件运算符

在 PHP 中还有一个条件运算符，即“ ? : ”。这是一个三元运算符，通过它连接 3 个运算数可以构成一个条件表达式，语法如下：

```
(expr1) ? (expr2) : (expr3)
```

条件表达式 (expr1) ? (expr2) : (expr3) 的值按照以下规则计算：

当表达式 expr1 的值为 true 时，条件表达式的值为 expr2；在 expr1 求值为 false 时，条件表达式的值为 expr3。

条件运算符用于快速构造条件语句，可以视为 if...else 语句的简写形式。

例如，可以利用条件运算符来计算一个数的绝对值，即：

```
$abs=$x>0 ? $x : (-$x);
```

实战演练 创建一个 PHP 动态网页，用于演示如何使用比较运算符和条件运算符。源文件为/02/02-10.php，源代码如下。

```
<!doctype html>
<html>
<head>
<meta charset="gb2312">
<title>比较运算符和条件运算符应用示例</title>
<style type="text/css">
ol {
   margin-top: 0;
}
</style>
</head>

<body>
<h3>比较运算符和条件运算符应用示例</h3>
<hr>
<?php
echo '假设 $x=' .($x=200).'，$y= '.($y=300) .'，则：';
echo '<ol>';
echo '<li>$x==$y? ' . ($x==$y ? 'true' : 'false');
echo '<li>$x===$y? ' . ($x===$y ? 'true' : 'false');
echo '<li>$x<>$y? ' . ($x<>$y ? 'true' : 'false');
echo '<li>$x!=$y? ' . ($x!=$y? ' true' : 'false');
echo '<li>$x!==$y? ' . ($x!==$y ? 'true' : 'false');
echo '<li>$x<$y? ' . ($x<$y ? 'true' : 'false');
echo '<li>$x>$y? ' . ($x>$y ? 'true' : 'false');
echo '<li>$x<=$y? ' . ($x<=$y ? 'true' : 'false');
echo '<li>$x>=$y? ' . ($x>=$y ? 'true' : 'false');
echo '</ol>';
?>
</body>
</html>
```

网页运行结果如图 2.12 所示。

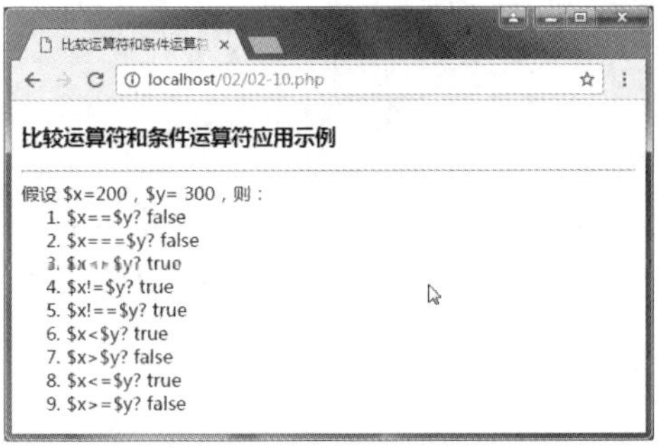

图 2.12　比较运算符和条件运算符应用示例

2.4.8 使用逻辑运算符

逻辑运算符用于连接布尔表达式并构成逻辑表达式，逻辑天的值为布尔值 true 或 false。在 PHP 语言中，逻辑运算符包括逻辑与、逻辑或、逻辑异或和逻辑非，这些逻辑运算符在表 2.6 中列出。

表 2.6 逻辑运算符

运 算 符	语 法	说 明
and（逻辑与）	$x and $y	若$x 和$y 均为 true，则为 true
or（逻辑或）	$x or $y	若$x 或$y 任一为 true，则为 true
xor（逻辑异或）	$x xor $y	若$x 或$y 任一为 true 但不同时为 true，则为 true
!（逻辑非）	! $x	若$x 为 true，则为 false
&&（逻辑与）	$x && $y	若$x 和$y 均为 true，则为 true
||（逻辑或）	$x || $y	若$x 或$y 任一为 true，则为 true

“逻辑与”和“逻辑或”都有两种不同形式的运算符，原因是它们运算的优先级不同。

实战演练 创建一个 PHP 动态网页，用于演示如何使用各种逻辑运算符。源文件为/02/02-11.php，源代码如下。

```
<!doctype html>
<html>
<head>
<meta charset="gb2312">
<title>逻辑运算符应用示例</title>
<style type="text/css">
ol {
   margin-top: 0;
}
</style>
</head>

<body>
<h3>逻辑运算符应用示例</h3>
<hr>
<?php
echo '假设 $a=' .($a=3) .',$b=' .($b=6) .',$c=' .($c=8) .',则: ';
echo '<ol>';
echo '<li>$a>0 && $b*$b-4*$a*$c>0? ';
echo ($a>0 && $b*$b-4*$a*$c>0) ? 'true' : 'false';
echo '<li>$a+$b>$c || $a-$b<$c? ';
echo ($a+$b>$c || $a-$b<$c) ? 'true' : 'false';
echo '<li>$a>$b xor $b<$c? ';
echo ($a>$b xor $b< $c) ? 'true' : 'false';
echo '<li>!($a>$c)? ';
echo !($a>$c)? 'true' : 'false';
echo '</ol>';
?>
</body>
</html>
```

网页运行结果如图 2.13 所示。

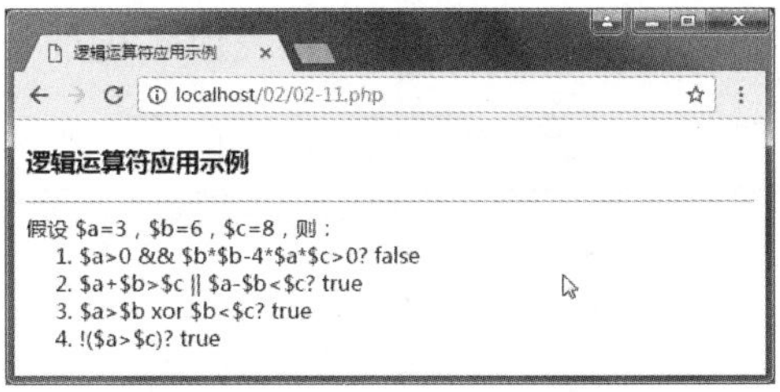

图 2.13　逻辑运算符应用示例

2.4.9 使用表达式

表达式是 PHP 语言的重要基础之一。通过在表达式后面添加一个分号（;）将构成一个语句。最基本的表达式形式是常量和变量，稍微复杂的表达式是函数。在 PHP 中，表达式可以说是无处不在的。除了常见的算术表达式之外，还有各种各样的其他表达式。

下面来看一个简单的赋值语句。

```
$x=100;
```

请问上述语句包含几个表达式呢？

十分明显，在赋值运算符“=”的左边，变量 *x* 是一个表达式；在该运算符的右边，“10”是一个整型常量，这也是一个值为 100 的表达式。赋值之后，变量 *x* 的值变成 100，因此它就是一个值为 100 的表达式。这样就有两个表达式。

实际上，在这个例子中还有一个表达式，这就是位于分号“;”左边的“$x=100”，这是一个赋值表达式，其值也是 100。在该赋值表达式右边添加一个分号，表示语句的结束，由此构成一个赋值语句。

赋值表达式也可以出现在另一个赋值语句中。例如：

```
$y=($x=100);
```

执行这个语句后，变量 *x* 和 *y* 都变为 10。赋值运算符具有右结合性，即赋值操作的顺序是由右到左的。因此，上述语句也可以写成以下形式：

```
$y=$x=100;
```

一个常用的表达式类型是比较表达式，这些表达式的值为 false 或 true。PHP 支持各种比较运算符，通过这些运算符构成的比较表达式经常用在条件判断语句中。通过逻辑运算符连接比较表达式可以构成逻辑表达式，用来表示更为复杂的条件。

通过三元条件运算符（? :）可以构成条件表达式。例如：

```
$condition ? $expr1 : $expr2
```

若表达式 condition 的值是 true（非零），则计算表达式 expr1 的值，并将其值作为整个条件表达式的值；否则，将表达式 expr2 的值作为条件表达式的值。

2.4.10 运算符优先级

前面介绍了 PHP 中的各种运算符。在实际应用中，一个表达式中通常包含多种运算符，在这种情况下，运算符的优先级决定计算的先后顺序，运算符的结合方向也对表达式的计算有影响，此外还可以使用圆括号来提高某些优先级低的运算符。

表 2.7 从高到低列出了 PHP 中各种运算符的优先级。同一行中的运算符具有相同优先

级，此时它们的结合方向决定求值顺序。左联表示表达式从左向右求值，右联则相反。

表 2.7　运算符优先级

结合方向	运 算 符	结合方向	运 算 符
非结合	new	左	^
右	[	左	|
非结合	++ --	左	&&
非结合	! ~ - (int) (float) (string) (array) (object) @	左	||
左	* / %	左	? :
左	+ - .	右	= += -= *= /= .= %= &= |= ^= <<= >>=
左	<< >>	左	and
非结合	< <= > >=	左	xor
非结合	== != === !==	左	or
左	&	左	,

任务 2.5　使用流程控制语句

流程控制语句用于控制程序执行的流程，使用这些语句可以编写制定决策或重复操作的代码。通过本任务将掌握各种流程控制语句的用法，能够使用选择语句、循环语句、跳转语句及包含文件语句。

任务目标

★ 掌握选择语句的用法
★ 掌握循环语句的用法
★ 掌握跳转语句的用法
★ 掌握包含文件语句的用法

2.5.1　使用选择语句

当需要在 PHP 代码中进行两个或两个以上的选择时，可以通过测试条件来选择要执行的一组语句。PHP 提供的选择语句包括 if 语句和 switch 语句。

1．使用 if 语句

if 语句是最常用的选择语句，它根据表达式的值来选择要执行的语句，基本语法如下：

```
if (expr)
    statements
```

当执行上述 if 语句时，首先对表达式 expr 求布尔值。若 expr 的值为 true，则执行语句 statements；若 expr 的值为 false，则将忽略语句 statements。statements 可以是单条语句或多条语句；若是多条语句，则应使用花括号（{}）将这些语句括起来以构成语句组。

若要在满足某个条件时选择一组语句，而在不满足该条件时执行另一组语句，可以使用 else 来扩展 if 语句，语法如下：

```
if (expr)
   statements
else
   elsestatements
```

当执行上述语句时，首先对表达式 expr 求布尔值；若表达式 expr 的值为 true，则执行语句 statements；否则，将执行语句 elsestatements。其中 statements 和 elsestatements 可以是单条语句或是语句组。

若要同时判断多个条件，则需要使用 elseif 来扩展 if 语句，语法如下：

```
if (expr1)
   statements
elseif (expr2)
   elseifstatements
else
   elsestatements
```

当执行上述语句时，首先对表达式 expr1 求布尔值；若 expr1 的值为 true，则执行语句 statements；否则，对表达式 expr2 求布尔值。若 expr2 的值为 true，则执行语句 elseifstatements；否则，执行语句 elsestatements。其中 statements、elseifstatements 和 elsestatements 都可以是单条语句或语句组。

根据需要，也可以将一个 if 语句嵌套在其他 if 语句中。

实战演练 创建一个 PHP 动态网页，用于演示如何使用 if 语句进行选择判断。源文件为/02/02-12.php，源代码如下。

```
<!doctype html>
<html>
<head>
<meta charset="gb2312">
<title>判断是否构成三角形</title>
</head>

<body>
<h3>判断是否构成三角形</h3>
<hr>
<?php
$a=3;
$b=4;
$c=5;
echo '<p>假设 a=' .$a .'， b=' .$b .',c=' .$c .',则</p>';
if ($a+$b>$c && $b+$c>$a && $c+$a>$b) {
   echo '<p>以 a、b、c 为边可以构成三角形</p>';
} else {
   echo '<p>以 a、b、c 为边不能构成三角形</p>';
}
?>
</body>
</html>
```

在上述代码中，根据变量 a、b、c 的值判定它们能否构成一个三角形并输出判定结果。网页运行结果如图 2.14 所示。

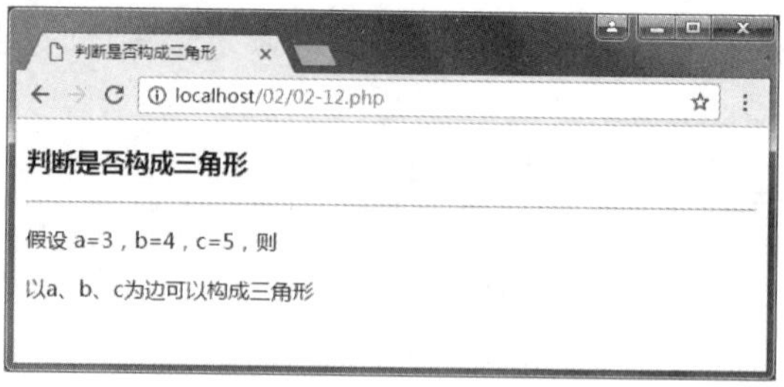

图 2.14　判断是否构成三角形

2．使用 switch 语句

如果要将同一个变量或表达式与多个不同的值进行比较，并根据它等于哪个值来执行不同的代码，则可以使用 switch 语句来实现，语法如下：

```
switch (expr) {
   case expr1:
      statements1
      break;
   case expr2:
      statements2
      break;
   ...
   default:
      defaultstatements
      break;
}
```

执行 switch 语句时，首先计算表达式 expr 的值；如果 expr 的值等于 expr1 的值，则执行语句 statements1，直到遇到第一个 break 语句或 switch 结构结束；否则，检查 expr 的值是否等于 expr2 的值；如果两者相等，则执行语句 statements2，直到遇到第一个 break 语句或 switch 结构结束，以此类推；如果表达式 expr 的值不等于表达式 expr1、expr2 等的值，则执行语句 defaultstatements，然后结束 switch 结构。

注意

使用 switch 语句时，如果不在 case 的语句段后面写上 break 的话，PHP 将继续执行下一个 case 分支中的语句段。

实战演练　创建一个 PHP 动态网页，用于演示如何使用 switch 语句进行多分支选择。源文件为/02/02-13.php，源代码如下。

```
<!doctype html>
<html>
<head>
<meta charset="gb2312">
<title>switch 应用示例</title>
</head>

<body>
<h3>switch 应用示例</h3>
<hr>
<?php
date_default_timezone_set("Asia/Shanghai");        //设置默认时区
echo "今天是" . date("Y 年 n 月 d 日") . " ";
$d=date("D");
```

```
switch ($d) {    //将英文星期转换成中文星期
  case "Mon":
    echo "星期一";
    break;
  case "Tue":
    echo "星期二";
    break;
  case "Wed":
    echo "星期三";
    break;
  case "Thu":
    echo "星期四";
    break;
  case "Fri":
    echo "星期五";
    break;
  case "Sat":
    echo "星期六";
    break;
  case "Sun":
    echo "星期日";
    break;
}
?>
</body>
</html>
```

在上述 PHP 代码块中，通过调用 date()函数格式化一个本地日期，传递给该函数的参数即格式字符串。在这个格式字符串中，Y 表示 4 位数的年份；n 表示不带前导 0 的月份；d 表示月份中的第几天，是带有前导零的两位数字；D 表示星期中的第几天，用 3 个英文字母的文本表示，例如，星期一表示为“Mon”。使用 switch 语句将英文星期转换为中文，网页运行结果如图 2.15 所示。

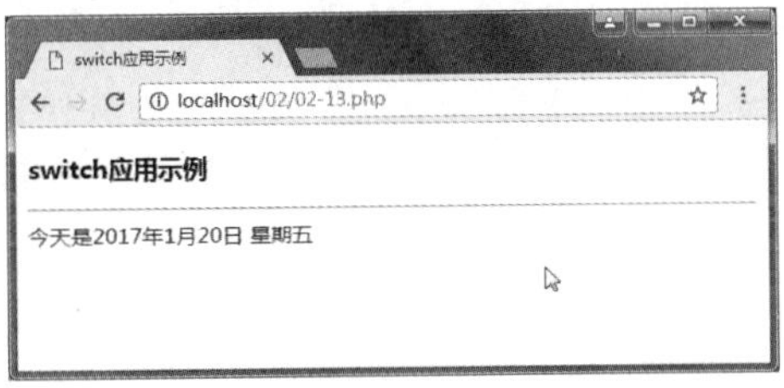

图 2.15　switch 语句应用示例

2.5.2 使用循环语句

PHP 语言提供了 4 种形式的循环结构，包括 while 语句、do-while 语句、for 语句和 foreach 语句，分别适用于不同的情形。

1. 使用 while 语句

while 语句根据指定的条件将一组语句执行零遍或若干遍，语法如下：

```
while (expr)
    statements
```

当执行 while 语句时，只要表达式 expr 的值为 true 就重复执行嵌套中的循环语句，直到该表达式的值变为 false 时结束循环。表达式的值在每次开始循环时检查，即使这个值在循环语句中改变了，语句也不会停止执行，直到本次循环结束。在某些情况下，如果 while 表达式的值一开始就是 false，则循环语句一次都不会执行。statements 可以是单个语句或语句组。对于语句组应使用花括号（{}）括起来。

2．使用 do-while 语句

do-while 语句根据指定的条件将一组语句执行一遍或若干遍，语法如下：

```
do {
   statements
} while (expr);
```

do-while 与 while 语句十分相似，区别在于表达式 expr 的值是在每次循环结束时而不是在开始时检查，因此 do-while 的循环语句至少会执行一次。

实战演练 创建一个 PHP 动态网页，用于演示如何使用 while 和 do-while 循环语句。源文件为/02/02-14.php，源代码如下。

```
<!doctype html>
<html>
<head>
<meta charset="gb2312">
<title>while 和 do-while 循环语句应用示例</title>
</head>

<body>
<h3>while 和 do-while 循环语句应用示例</h3>
<hr>
<?php
$i=1;
$sum=0;
while ($i<=100) {
   $sum=$sum+$i;
   $i++;
}
echo '<p>1+2+3+...+99+100=' .$sum .'</p>';

$i=1;
$sum=0;
do {
   $sum=$sum+$i;
   $i+=2;
} while ($i<=199);
echo '<p>1+3+5+...+197+199=' .$sum .'</p>';
?>
</body>
</html>
```

在上述 PHP 代码块中，通过 while 循环语句计算前 100 个自然数之和，通过 do-while 语句计算前 100 个奇数之和，网页运行结果如图 2.16 所示。

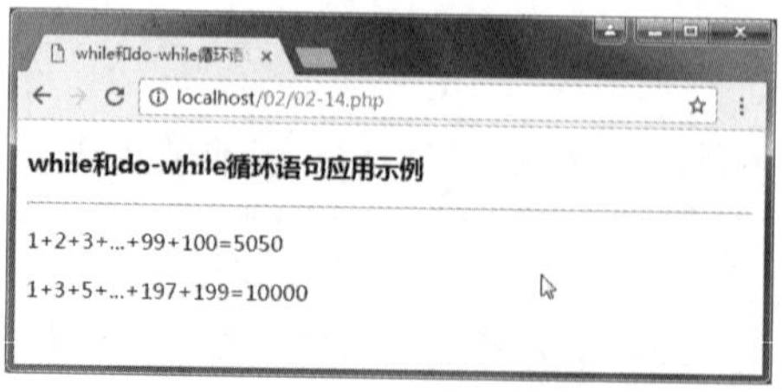

图 2.16　while 和 do-while 循环语句应用示例

3．使用 for 语句

for 语句是 PHP 中最为复杂、使用频率最高的循环结构。在事先知道循环次数的情况下，使用 for 语句是比较方便的。for 语句的语法如下：

```
for (expr1; expr2; expr3)
  statements
```

其中表达式 expr1 在循环开始前无条件求值一次；表达式 expr2 在每次循环开始前求值，若其值为 true，则继续循环，执行嵌套的循环语句 statements；若其值为 false，则终止循环；表达式 expr3 在每次循环之后执行。

在上述语法格式中，3 个表达式都可以为空。如果表达式 expr2 为空，则意味着将无限循环下去，因为与 C 语言一样，PHP 认为其值为 true。在这种情况下，通常会希望使用 break 语句来结束循环而不是用 for 的表达式真值进行判断。

实战演练 创建一个 PHP 动态网页，用于演示如何使用双重结构的 for 循环语句。源文件为/02/02-15.php，源代码如下。

```
<!doctype html>
<html>
<head>
<meta charset="gb2312">
<title>for 循环语句应用示例</title>
<style type="text/css">
table {
  border-collapse: collapse;
  margin: 0 auto;
}
caption {
  font-size: large;
  font-weight: bold;
  margin-bottom: 16px;
}
td {
  padding: 10px;
  text-align: center;
}
</style>
</head>

<body>
<?php
echo '<table border="1">';
echo '<caption>用 for 循环语句动态生成表格</caption>';
for ($row=1; $row<=5; $row++) {
  echo '<tr>';
  for ($col=1; $col<=5; $col++) {
    echo '<td>第' .$row . '行第' .$col . '列</td>';
  }
  echo '</tr>';
}
echo '</table>';
?>
</body>
</html>
```

在上述 PHP 代码块中，通过双重 for 循环语句动态生成了一个 5 行 5 列的表格。外层 for 循环执行一次生成表格中的一行，内层 for 循环执行一次生成表格行中的一个单元格。

网页运行结果如图 2.17 所示。

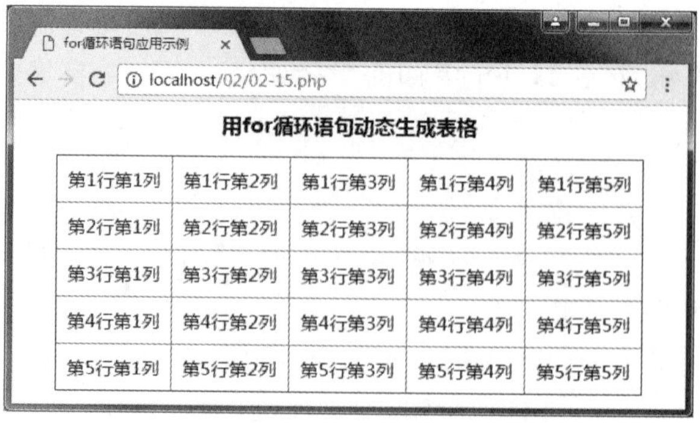

图 2.17　用 for 循环语句动态生成表格

2.5.3　使用跳转语句

在 PHP 语言中，break 和 continue 是两个常用的跳转语句，它们可以用在 switch 语句和各种循环语句中，以增加对程序流程的控制。

1．使用 break 语句

break 语句结束当前 for、foreach、while、do-while 或 switch 语句的执行，在该语句可以添加一个可选的数字参数，以决定跳出几重循环。

2．使用 continue 语句

continue 语句用在各种循环结构中，用来跳过本次循环中剩余的代码并在条件求值为真时开始执行下一次循环。continue 也可以用在 switch 语句中。在 continue 语句中，可以使用一个可选的数字参数，以决定跳过几重循环到循环结尾。

实战演练　创建一个 PHP 动态网页，用于演示如何在循环结构中使用跳转语句改变执行流程。源文件为/02/02-16.php，源代码如下。

```
<!doctype html>
<html>
<head>
<meta charset="gb2312">
<title>跳转语句应用示例</title>
<style type="text/css">
span {
   display: inline-block;
   width: 2.5em;
   margin-left: 6px;
   margin-bottom: 6px;
   padding: 3px;
   background-color: green;
   color: white;
   text-align: center;
   font-weight: bold;
}
</style>
</head>

<body>
<h3>跳转语句应用示例</h3>
```

```
<hr>
<?php
$i=0;
while(true) {                                        //这个循环貌似无限循环，因为循环条件恒为真
  $i++;
  if ($i==20 || $i==40) continue;                    //若遇到数字 20 和 40，则结束本次循环
  if ($i!=1 && ($i-1)%10==0) echo "<br>";           //若遇到 10 的倍数，则添加一个换行标记
  if ($i>50) break;                                  //若数字大于 50，则结束整个 while 循环
  echo "<span>$i</span>";
}
?>
</body>
</html>
```

在上述源文件中，while 语句以 true 作为循环条件，是无法正常结束的。在循环体中对变量值进行检查，如果变量值变为 20 或 40，则结束本次循环，跳过剩余的语句，继续执行下一次循环；如果变量值变为大于 50，则结束整个 while 循环。网页运行结果如图 2.18 所示。

图 2.18　跳转语句应用示例

2.5.4　包含文件语句

PHP 提供了一组包含文件语句，包括 include()、include_once()、require() 和 require_once()。使用这些语句可以在一个 PHP 文件中包含并运行指定的其他文件，从而可以实现代码的可重用性，并简化代码结构。

1. include 语句

include 语句用于包含并运行指定文件。语法如下：

```
include filepath;
include(filepath);
```

其中参数 filepath 是一个字符串，用于指定被包含文件的路径。被包含文件既可以是 PHP 文件，也可以是其他类型的文件。

搜索被包含文件的顺序是：首先在当前工作目录的相对的 include_path 下查找，然后在当前运行脚本所在目录相对的 include_path 查找。例如，假如 include_path 设置为“.”，当前工作目录是/www/，在脚本中要包含文件 include/a.php，并且该文件中有一句 include "b.php"，则搜索 b.php 的顺序是：首先查看/www/，然后查看/www/include/。如果文件名以“./”或者“../”开始，则只在当前工作目录相对的 include_path 下查找。

include_path 是 php.ini 文件中的一个配置选项，用于指定一组目录的列表，指示 require() 和 include 语句搜索被包含文件的先后顺序。这个选项的格式与系统的 PATH 环境变量类似，

在 Windows 下用分号分隔各个目录。

例如，在 Windows 下可以把 include_path 设置为：

```
include_path=";d:\php\includes"
```

在包含路径中允许相对路径，可以使用“.”表示当前目录，使用“..”表示上一级目录。

include 语句在开发 PHP 动态网站时非常有用。在一个网站中，大多数页面的页眉和页脚都是相同的，为了避免在每个页面中编写同样的代码，可以将页眉和页脚的内容分别放在 header.php 和 footer.php 中，然后在其他页面中包含这两个文件。此外，还可以把一些经常要调用的函数放在专门的文件中，通过包含该文件即可调用其中的所有函数。

使用 include 语句时，应注意以下几点。

（1）当一个文件被包含时，PHP 语法解析器在目标文件开头脱离 PHP 模式并进入 HTML 模式，到文件结尾处恢复。因此，如果要在目标文件中编写 PHP 代码，则必须包括在有效的 PHP 定界符之间。

（2）当使用 include 语句包含一个文件时，如果找不到指定的文件，则会产生一个警告信息，同时继续运行脚本。

（3）在被包含的文件中，可以使用 return()语句来终止该文件中程序的执行并返回调用它的脚本，也可以从被包含文件中返回一个值。在 include 语句调用脚本中，可以像普通函数一样获得 include 调用的返回值。

（4）include 语句是一个特殊的语言结构，其参数两端的括号不是必需的。不过，如果要使用 include 调用的返回值，则必须用括号把整个 include 语句括起来。

（5）若要在条件语句中使用 include 语句，则必须将其放在语句组中，即放在花括号中。

实战演练 创建两个 PHP 动态网页，一个是主文件，另一个是被包含文件，用于演示如何使用包含文件。被包含文件为/includes/vars.php，源代码如下。

```
<?php
$domain="www.myphp.org";            //定义一个变量
$email="admin@myphp.org";           //定义另一个变量
return "OK";                        //设置返回值
?>
```

主文件为/02/02-17.php，源代码如下：

```
<!doctype html>
<html>
<head>
<meta charset="gb2312">
<title>包含文件应用示例</title>
<style type="text/css">
div, p {
   text-align: center;
}
div {
   font-family: "华文隶书";
   font-size: 46px;
   color: red;
   height: 100px;
   line-height: 100px;
   text-shadow: 5px 5px 5px grey;
}
</style>
</head>
```

```
<body>
<div>欢迎光临本网站！</div>
<hr>
<footer>
<p><small>
<?php
if ((include "../includes/vars.php")=="OK") {
   echo "版权所有；";
   echo "域名：" .$domain;
   echo "；电子信箱：" .$email;
}
?>
</small></p>
</footer>
</body>
</html>
```

主文件运行结果如图 2.19 所示。

图 2.19　包含文件应用示例

2．include_once 语句

include_once 语句用于在脚本执行期间包含并运行指定文件，其功能与 include 语句类似，唯一的区别在于：如果该文件中的代码已经被包含了，则不会再次包含。如同此语句名称暗示的那样，只会包含一次。

include_once 语句应该用于在脚本执行期间同一个文件有可能被包含超过一次的情况下，确保它只被包含一次，以避免函数重定义，变量重新赋值等问题。

include_once()的返回值与 include()相同。如果指定文件已被包含，则返回 true。

3．require 语句

require 语句用于包含并运行指定文件。语法如下：

```
require filename;
require ( filename );
```

require 语句与 include 语句功能类似，唯一的区别在于：如果找不到文件，则 include 语句产生一个警告，而 require 语句则导致一个致命错误。如果想在丢失文件时停止处理页面，则应该使用 require 语句。

下面给出使用 require 语句的例子。

```
<?php
require "prepend.php";
require $somefile;
require ("somefile.txt");
?>
```

4．require_once 语句

require_once 语句用于在脚本执行期间包含并运行指定文件，其功能与 require 语句类似，所不同的是，如果该文件中的代码已经被包含了，则不会再次包含。

在脚本执行期间同一个文件有可能被包含超过一次，在这种情况下，若要确保文件只被包含一次，以避免函数重定义，变量重新赋值等问题，则应该使用 require_once 语句。

任务 2.6 使用函数

函数是拥有名称的一组语句，调用函数时可以向它传递一些参数，当函数执行完毕后还可以向调用代码返回一个值。在 PHP 应用开发中，既可以直接使用内部函数来完成某项功能，也可以将需要多次执行的程序代码定义成一个函数。通过本任务将掌握函数的用法。

任务目标

★ 了解 PHP 内部函数类型
★ 掌握自定义函数的用法
★ 掌握函数参数的用法
★ 掌握函数返回值的用法
★ 掌握可变函数和匿名函数的用法

2.6.1 了解 PHP 内部函数

PHP 提供了丰富的标准函数和语言结构，这些标准函数称为内部函数或内置函数。大多数内部函数都可以在代码中直接使用。按照功能可将 PHP 内部函数分为以下类别。

- 影响 PHP 行为的扩展
- 音频格式操作
- 身份认证服务
- 日历和事件相关扩展
- 命令行特有的扩展
- 压缩与归档扩展
- 信用卡处理
- 加密扩展
- 数据库扩展
- 文件系统相关扩展
- 国际化与字符编码支持
- 图像生成和处理
- 邮件相关扩展
- 数学扩展
- 非文本内容的 MIME 输出
- 进程控制扩展
- 其他基本扩展
- 其他服务
- 搜索引擎扩展
- 面向服务器的扩展
- Session 扩展
- 文本处理
- 与变量和类型有关的扩展
- Web 服务
- Windows 平台下的扩展
- XML 操作

有一些内部函数需要与特定的 PHP 扩展模块一起进行编译，否则在使用它们的时候将会出现一个致命的“未定义函数”错误。例如，若要使用 mysql_connect()函数连接 MySQL

数据库，则需要在编译 PHP 的时候加上 MySQL 支持。又如，若要使用图像函数 imagecreatetruecolor()创建一个真彩色图像，就需要在编译 PHP 的时候加上 GD 库的支持。

为了有效地使用内部函数，在调用函数之前可以对可用函数信息进行检测。

1. 检查函数是否存在

用 function_exists()函数可以检查指定的函数是否存在，语法如下：

```
bool function_exists ( string $function_name )
```

其中，参数 function_name 指定要检查的函数名。通过调用 function_exists 函数可以检查已定义函数的列表，其中包含内部函数和用户自定义函数。如果指定的函数存在，则返回 true，否则返回 false。

2. 检查模块中包含的函数

用 get_extension_funcs()函数可以获取一个模块中的所有函数名组成的数组，语法如下：

```
array get_extension_funcs ( string $module_name )
```

其中，参数 module_name 指定模块名，必须用小写形式表示。

例如，下面的代码用于显示 XML 和 GD 模块所包含的函数：

```
print_r(get_extension_funcs("xml"));
print_r(get_extension_funcs("gd"));
```

3. 检查所有已定义函数

用 get_defined_functions()函数可以获取包含所有已定义函数的一个数组，语法如下：

```
array get_defined_functions ( void )
```

本函数返回一个多维数组，其中包含所有已定义函数，包括内部函数和用户自定义函数。内部函数可以通过键名“internal”访问，用户自定义函数可以通过键名“user”访问。

实战演练 创建一个 PHP 动态网页，说明如何对 PHP 内部函数进行检测。源文件为/02/02-18.php，源代码如下。

```
<!doctype html>
<html>
<head>
<meta charset="gb2312">
<title>检测 PHP 函数相关信息</title>
<style type="text/css">
h3 {
  text-align: center;
}
div {
  column-count: 3;                    /* 分 3 列显示 div 元素 */
  column-rule: thin dashed gray;      /* 设置分隔线样式 */
  column-gap: 36px;                   /* 设置列间距 */
}
ul, ol {
  margin-top: 0;
  margin-left: 12px;
  padding-left: 6px;
}
</style>
</head>

<body>
```

```
<h3>检测函数相关信息</h3><hr>
<div>
<?php
echo "<ul>";
echo "<li>函数 mysqli_connect" . (function_exists("mysqli_connect") ? "已" : "不") . "存在";
echo "<li>函数 no_exist" . (function_exists("no_exist") ? "已" : "不") . "存在";
echo "<li>GD 模块中包含 " . count(get_extension_funcs("gd")) ." 个函数";
$arr=get_defined_functions();            //获取包含所有已定义函数的数组
$n=count($arr["internal"]);              //count 函数返回数组中元素的数目
sort($arr["internal"]);                  //对数组中的元素按字母进行升序排序
echo "<li>PHP ".PHP_VERSION." 提供了 {$n} 个内部函数：";
echo "<ol>";
foreach($arr["internal"] as $v){
    echo "<li>$v";
}
?>
</div>
</body>
</html>
```

在上述 PHP 代码块中检测函数 mysqli_connect 和 no_exist 是否存在，还检测了 GD 模块中包含的函数数目并列举了当前 PHP 版本提供的所有内部函数。网页运行结果如图 2.20 所示。

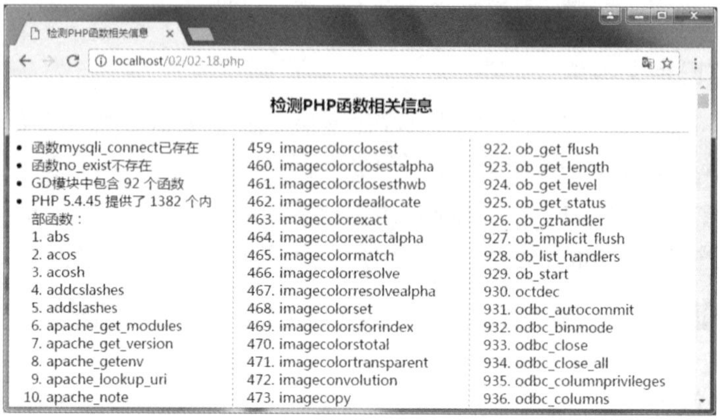

图 2.20　检测 PHP 函数相关信息

2.6.2 使用自定义函数

在 PHP 语言中，通过关键字 function 来定义函数，语法如下：

```
function function_name ( $arg1, $arg2, ...$argN ) {
    statements
    return expr;
}
```

其中，function_name 是要创建函数的名称。命名函数时应遵循与变量命名相同的规则，但函数名不能以美元符号（$）开头。函数名不区分大小写，不过在调用函数的时候，通常使用其在定义时相同的形式。

$arg1～$argN 是函数的参数，通过这些参数可向函数传递信息。一个函数可以有多个参数，它们之间用逗号分隔。不过，函数的参数是可选的，也可以不为函数指定参数。参数可以是各种数据类型，例如整型、浮点型、字符串及数组等。statements 表示在函数中执行的一组语句，称为函数体。任何有效的 PHP 代码都可以在函数内部使用，甚至包括其他函数和类的定义。

return 语句用于立即结束此函数的执行并将它的参数作为函数的值返回，也用于终止脚本文件的执行。任何类型都可以返回，其中包括列表和对象。这导致函数立即结束它的运行，并且将控制权传递回它被调用的行。return()是语言结构而不是函数，仅在参数包含表达式时才需要用括号将其括起来。

实战演练 创建一个 PHP 动态网页，说明如何声明和调用用户自定义函数。源文件为 /02/02-19.php，源代码如下。

```
<!doctype html>
<html>
<head>
<meta charset="gb2312">
<title>用户自定义函数应用示例</title>
</head>

<body>
<h3>用户自定义函数应用示例</h3>
<hr>
<?php
//声明用户自定义函数 show_text，其功能是在页面指定位置上显示文字信息
//函数的参数分别指定文字内容、x 和 y 坐标、字体、字号和文字颜色
function show_text ($text, $x, $y, $font_name, $font_size, $color) {
   $str='<div style="position: absolute; ';
   $str.='top: ' . $y . 'px; left: ' . $x . 'px; ';
   $str.='font-family: ' . $font_name . '; ';
   $str.='font-size: ' . $font_size . 'px; ';
   $str.='text-shadow: 3px 3px 3px grey; ';
   $str.='color: ' . $color . ';">' . $text . '</div>';
   echo $str;
}

//调用函数
show_text ("phpStudy", "60", "90", "华文隶书", "36", "red");
show_text ("PHP MySQL 动态网页设计", "100", "120", "华文中宋", "32", "green");
?>
</body>
</html>
```

在上述 PHP 代码块中，声明了一个名为 show_text 的用户自定义函数，其功能是在页面指定位置上显示文字信息。该函数包含 6 个参数，分别用于指定要显示的文字、x 和 y 坐标、字体、字号和文字颜色。完成函数定义后，连续两次调用该函数，在不同位置上显示不同的文字信息。网页运行结果如图 2.21 所示。

图 2.21　用户自定义函数应用示例

2.6.3 传递函数的参数

通过函数的参数列表可以将信息传递到函数，参数列表就是以逗号作为分隔符的表达式列表。PHP 支持按值传递参数（默认）、通过引用传递及默认参数。在 PHP 4 和后续版本中还支持可变长度参数列表。

1．通过引用传递参数

在默认情况下，函数参数通过值传递，这意味着即使在函数内部改变参数的值，也不会改变函数外部的值。如果希望允许函数修改它的参数值，则必须通过引用传递参数。如果要使函数的一个参数通过引用传递，则可以在函数定义中该参数的前面预先加上引用符号“&”。

下面给出一个通过引用传递函数参数的例子。

```
<?php
function add_some_extra (&$string) {
   $string.=" World!";
}
$str="Hello";
add_some_extra($str);
echo $str;        //变量$str 已被修改，输出结果为："Hello World!"
?>
```

2．设置参数的默认值

定义函数时，还可以为函数的参数设置默认值。默认值既可以是标量类型，也可以是数组和特殊类型，例如数组和 NULL。但默认值必须是常量表达式，而不能是变量、类成员或函数调用。当使用默认参数时，任何默认参数必须放在任何非默认参数的右侧；否则函数可能不会按照预期的情况工作。自 PHP 5 起，默认值可以通过引用传递。

下面给出一个在函数中使用默认参数的例子。

```
<?php
function fruit ($name, $color="红") {  //为参数$color 设置了默认值
   return "这是一个$color $name。";
}
echo fruit ("苹果");                    //输出结果为："这是一个红苹果。"
echo fruit ("苹果", null);              //输出结果为："这是一个苹果。"
echo fruit ("apple", "green");          //输出结果为："这是一个绿苹果。"
?>
```

3．使用可变长度参数列表

从 PHP 4 起，在用户自定义函数中可以使用可变长度参数列表。定义可变长度参数列表时，可以使用下列函数获取参数的信息。

（1）使用 func_num_args()函数返回传递给函数的参数数目，语法如下：

```
int func_num_args ( void )
```

这个函数返回传递给当前用户自定义函数的参数数目。

（2）使用 func_get_arg()函数从参数列表中获取一个参数，语法如下：

```
mixed func_get_arg ( int $arg_num )
```

其中，arg_num 指定参数在参数列表中的偏移量，第一个参数的偏移量为 0。如果 arg_num 大于实际传递的参数数目，则产生一个警告，而且 func_get_arg()将返回 false。

（3）使用 func_get_args()函数返回一个由函数参数列表组成的数组，语法如下：

```
array func_get_args ( void )
```

这个函数返回一个数组，该数组中的每个元素都是当前用户自定义函数的参数列表中的对应成员的一个拷贝，但不考虑那些默认参数。

注意

上述函数不能用作函数的参数。如果要传递一个值，可以将结果赋给一个变量，然后向函数中传递该变量。此外，当在自定义函数外部调用这些函数时，将产生一个警告。

实战演练 创建一个 PHP 动态网页，演示如何通过引用传递参数、设置参数的默认值及创建可变参数列表。源文件为/02/02-20.php，源代码如下。

```
<!doctype html>
<html>
<head>
<meta charset="gb2312">
<title>设置函数参数示例</title>
</head>

<body>
<h3>设置函数参数示例</h3>
<hr>
<?php
//声明函数 swap，其功能是交换两个参数的值
function swap (&$x, &$y) {
  $t=$x;
  $x=$y;
  $y=$t;
}
//声明函数 show_text，其功能是显示文本
function show_text ($text, $font_size="14px", $color="black") {
  echo "<span style=\"font-size:{$font_size};color:{$color}\">{$text}</span>";
}
//声明函数 sum，其功能是计算一组参数之和
function sum () {
  $numargs=func_num_args ();          //获取参数个数
  if ($numargs>=2) {                  //若参数个数大于或等于 2
    $arg_list=func_get_args();        //获取参数数组
    $sum=0;                           //变量初始化
    for($i=0; $i<$numargs; $i++) {    //对所有参数求和
      $sum+=$arg_list[$i];
    }
  }
  return $sum;
}

$a=200;
$b=300;
echo "<ol>";
echo "<li>通过引用传递参数：交换变量<br>";
echo "交换前：\$a={$a}，\$b={$b}<br>";
swap($a, $b);
echo "交换后：\$a={$a}，\$b={$b}<br>";
echo "<li>设置参数的默认值：指定文本的字号和颜色<br>";
show_text("PHP");
show_text("动态网页", "22px");
show_text("设计", "26px", "red");
echo "<li>使用可变长度参数列表：求和<br>";
echo "100+200+300+400=" . sum(100, 200, 300, 400) . "<br>";
```

```
echo "100+200+300+400+500+600=" . sum(100, 200, 300, 400, 500, 600);
?>
</body>
</html>
```

在上述 PHP 代码块中，定义了 3 个函数，即 swap、show_text 和 sum。在 swap 函数中通过引用传递参数，其目的是实现两个参数值的交换；show_text 函数一共有 3 个参数，对后面两个参数设置了默认值，调用该函数时若未传递这两个参数，则在函数中使用其默认值；sum 函数用于计算一组参数之和，虽然参数数目不定，但是总能顺利完成求和任务。网页运行结果如图 2.22 所示。

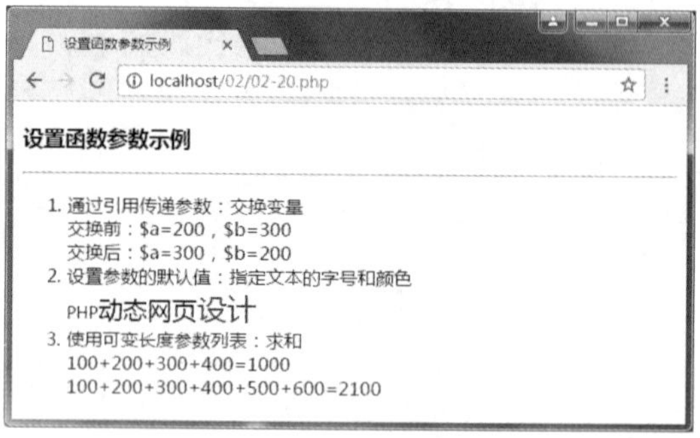

图 2.22　设置函数参数示例

2.6.4　设置函数的返回值

函数的返回值通过使用可选的 return 语句返回。返回值可以是任何类型，其中包括列表和对象。执行 return 语句时，函数立即结束运行并将控制权传递回它被调用的行。如果在一个函数中调用 return 语句，将立即结束此函数的执行，并将 return 语句的参数作为函数的值返回给调用代码。

下面给出一个设置和使用函数返回值的例子。

```
<?php
function square ($x) {
  return $x*$x;
}
echo square(3);                          //输出："9"
?>
```

不能从函数返回多个值，但可以通过返回一个数组来得到类似的效果。具体例子如下。

```
<?php
function small_numbers(){
  return array(0, 1, 2);                 //返回一个数组
}
list($zero, $one, $two)=small_numbers(); //调用 list 函数把数组中的值赋给一些变量
echo $zero .', ' .$one .', ' .$two;      //输出："0, 1, 2"
?>
```

若要从函数返回一个引用，则必须在函数声明和指派返回值给一个变量时都使用引用操作符&。例如：

```
<?php
function &test (&$x) {                   //声明函数时在函数名前加&，并以引用方式传递参数 x
  $x++;
  return $x;                             //从函数中返回对参数$x 的引用
}
```

```
$a=100;
$b=&test($a);                    //调用函数时在函数名前加&，使变量 b 指向变量 a 的内容
test($b);                        //不使用函数返回值，改变$b 的同时也改变了 a
echo $a .', ' .$b;               //输出："102, 102"
?>
```

实战演练 创建一个 PHP 动态网页，演示如何设置函数的返回值。源文件为 /02/02-21.php，源代码如下。

```
<!doctype html>
<html>
<head>
<meta charset="gb2312">
<title>计算最大公约数</title>
</head>

<body>
<h3>计算最大公约数</h3>
<hr>
<?php
function gcd($x,$y) {
   if ($x<$y) {
      $t=$x; $x=$y; $y=$t;
   }
   while($y!=0){
      $t=$x%$y; $x=$y; $y=$t;
   }
   return $x;
}
echo "<ul>";
echo "<li>21 和 56 的最大公约数是 " .gcd(21, 56);
echo "<li>600 和 1500 的最大公约数是 " .gcd(600, 1500);
?>
</body>
</html>
```

在上述 PHP 代码块中，定义了一个名为 gcd 的函数，其功能是计算传入参数的最大公约数。网页运行结果如图 2.23 所示。

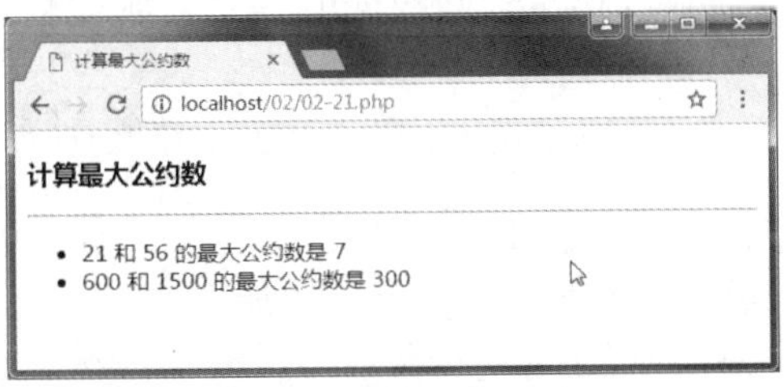

图 2.23 设置函数返回值示例

2.6.5 使用变量作用域

变量作用域即变量定义的上下文背景，也就是变量的生效范围。

（1）变量的作用域与包含文件。大多数 PHP 变量不仅在当前 PHP 文件中生效，其作用域也将包含 include 和 require 引入的文件。例如：

```
<?php
$a=1;
include "another.php";
?>
```

在这里，变量 a 也将在包含文件 another.php 中生效。

（2）局部变量。在用户自定义函数中，将引入一个局部函数范围。在默认情况下，任何用于函数内部的变量将被限制在局部函数范围内，这种变量称为局部变量。例如：

```
<?php
$a=1;                          //在函数外定义的是全局变量
function test() {
    echo $a;                   //在这里引用的是局部变量
}
test();                        //不会产生任何输出
?>
```

在这里，由于 echo 语句引用了一个局部版本的变量$a，但在函数内部并未对该变量赋值，因此上述代码块不会有任何输出。

（3）全局变量。在任何函数外部定义的变量是全局变量。若要在函数内部使用全局变量，可以先用 global 关键字来声明全局变量，然后对全局变量进行访问。例如：

```
<?php
$a=1;
$b=2;
function sum() {
    global $a,$b;              //声明全局变量 a、b
    $b=$a+$b;                  //结果：b 的值为 3
}
sum()
echo $b;                       //输出全局变量
?>
```

在函数内部，也可以直接通过预定义数组 GLOBALS 来访问全局变量。在 GLOBALS 数组中，每一个变量为一个元素，键名对应变量名，值对应变量的内容。GLOBALS 之所以在全局范围内存在，是因为 GLOBALS 是一个超全局变量。上述例子也可以写成如下形式。

```
<?php
$a=1;
$b=2;
function sum(){
  $GLOBALS["b"]=$GLOBALS["a"]+$GLOBALS["b"];     //通过 GLOBALS 数组引用全局变量
}
sum();
echo $b;                                          //输出全局变量
?>
```

（4）使用静态变量。静态变量使用关键字来 static 来声明，它仅在局部函数域中存在，但当程序执行离开此作用域时，其值并不丢失。例如：

```
<?php
function test() {
    static $a=0;                                  //声明静态变量
    echo $a."<br>";
    $a++;
}                                                 //离开函数作用域时保留 a 的值
test();                                           //输出：0
test();                                           //输出：1
test();                                           //输出：2
?>
```

2.6.6 使用可变函数

PHP 语言支持可变函数的概念。这意味着如果一个变量名后有圆括号，PHP 将寻找与变量的值同名的函数，并且尝试执行它。可变函数也称为变量函数，它可以用来实现包括回调函数、函数表在内的一些用途。可变函数不能用于语言结构，例如 echo()、print()、unset()、isset()，empty()、include()、require()及类似的语句。

实战演练 创建一个 PHP 动态网页，演示如何使用可变函数。源文件为/02/02-22.php，源代码如下。

```
<!doctype html>
<html>
<head>
<meta charset="gb2312">
<title>可变函数应用示例</title>
</head>

<body>
<h3>可变函数应用示例</h3>
<hr>
<?php
function f1() {
  return "函数 f1() 输出的内容";
}
function f2($var) {
  return "函数 f2() 输出的内容: $var";
}
function f3($var1, $var2) {
  return "函数 f3() 输出的内容: $var1, $var2";
}
echo "<ul>";
$func="f1"; echo "<li>" . $func();
$func="f2"; echo "<li>" . $func("Hello");
$func="f3"; echo "<li>" . $func("Hello", "PHP");
?>
</body>
</html>
```

在上述 PHP 代码块中，分别定义了 3 个函数，然后使用同一个变量 func 依次指定这些函数，并通过该变量来调用这些函数。网页运行结果如图 2.24 所示。

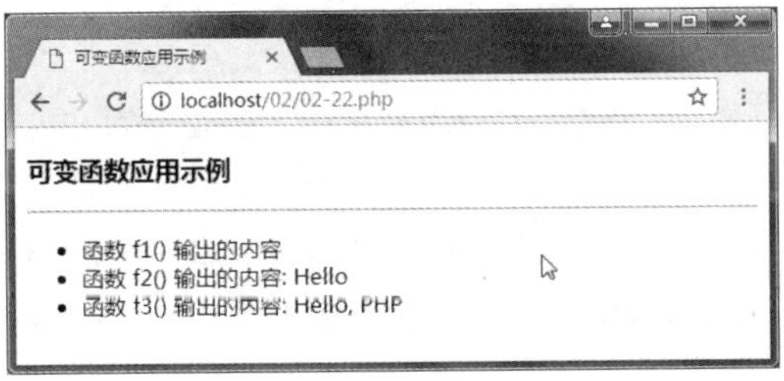

图 2.24 可变函数应用示例

2.6.7 使用匿名函数

匿名函数也称为闭包函数，它允许临时创建一个没有指定名称的函数。匿名函数经常用作回调函数的参数。当然，也有其他应用的情况。匿名函数仅在 PHP 5.3.0 及以上版本有效。

匿名函数也可以作为变量的值来使用。PHP 会自动将表达式转换成内置类 Closure 的对象实例。将一个 Closure 对象赋值给一个变量的方式与普通变量赋值的语法是一样的，最后也要加上分号。

下面给出一个使用匿名函数对变量赋值的例子。

```
<?php
$greet=function($name) {
   echo "Hello $name";
};
$greet("World");        //输出："Hello World"
$greet("PHP");          //输出："Hello PHP"
?>
```

项目思考

一、选择题

1. 访问 PHP 动态网页可通过（　　）协议来实现。

A. FTP　　B. FILE　　C. HTTP　　D. NETBEUI

2. 在下列各项中，（　　）不属于 PHP 定界符。

A. <%...%>　　B. <#...#>　　C. <?...?>　　D. <?php...?>

3. 函数调用 gettype(1.23)的返回值是（　　）。

A. boolean　　B. string　　C. integer　　D. double

4. 通过调用（　　）函数可检查变量是否为字符串。

A. is_int()　　B. is_string()　　C. is_numeric()　　D. is_float()

5. 使用魔术常量（　　）可返回当前文件的完整路径和文件名。

A. __CLASS__　　B. __DIR__　　C. __FILE__　　D. __LINE__

二、判断题

1. （　　）使用单引号定义字符串时，字符串中的变量名运行时会被变量值替代。
2. （　　）若要创建动态变量，可在其值作为变量名使用的变量前面加一个@符号。
3. （　　）若要引用一个变量，可在该变量名前添加一个&符号。
4. （　　）在 PHP 中，“不等于”运算符用≠表示。
5. （　　）while 语句根据条件将一组语句执行一次或多次。
6. （　　）do-while 语句根据条件将一组语句执行零次或多次。
7. （　　）continue 语句可结束整个循环语句的执行，break 语句可跳过剩余语句结束本次循环的执行。
8. （　　）使用函数的默认参数时，任何默认参数必须放在任何非默认参数的右侧。
9. （　　）使用 get_defined_functions()函数可获取所有用户自定义函数。

三、简答题

1. PHP 文件包含的主要内容是什么？
2. 服务器对 HTML 静态网页和 PHP 动态网页的处理过程有什么不同？
3. 在 PHP 中定义字符串有哪三种方法？
4. $x++与++$x 有什么区别？
5. 条件运算符（?:）的运算规则是什么？
6. include 语句与 include_once 语句有什么异同？
7. require 语句与 include 语句有什么区别？
8. 局部变量与全局变量有什么区别？

项目实训

1. 创建一个 PHP 动态网页，要求用 3 种不同格式定义字符串并显示在页面上。

2. 创建一个 PHP 动态网页，要求使用预定义常量获取当前操作系统名称、PHP 版本号、当前目录、当前文件及当前行号并显示在页面上。

3. 创建一个 PHP 动态网页，利用 if 语句判别给定的 3 个数字能否构成一个三角形。

4. 创建一个 PHP 动态网页，利用 switch 语句将英文星期转换中文星期。

5. 创建一个 PHP 动态网页，分别通过 while 和 do-while 语句计算前 100 个奇数之和。

6. 创建一个 PHP 动态网页，通过双重 for 循环创建一个 10 行 10 列的表格。

7. 创建两个 PHP 文件，要求在其中一个文件定义两个变量，在另一个文件中包含变量文件并显示这些变量的值。

8. 创建一个 PHP 动态网页，要求通过用户自定义函数在页面指定位置上以指定字体、字号和颜色显示一个字符串。

9. 创建一个 PHP 动态网页，要求定义和调用下列函数：（1）用于交换两个变量值的函数；（2）用于设置文本的字体和颜色的函数；（3）用于计算若干个数字之和的函数。

项目 3

PHP 面向对象编程

面向对象编程是一种计算机编程架构，其基本原则是计算机程序是由单个能够起到子程序作用的对象组合而成。面向对象编程达到了软件工程的三个主要目标，即重用性、灵活性和扩展性。为了实现整体运算，每个对象都能够接收信息、处理数据和向其他对象发送信息。PHP 5 引入了新的对象模型，完全重写了 PHP 处理对象的方式，允许更佳性能和更多特性。通过本项目的实施将掌握 PHP 面向对象编程方面的知识，能够在 PHP 中使用类和对象并实现继承与多态。

项目目标

★ 掌握类与对象的用法

★ 掌握实现继承与多态的方法

任务 3.1 使用类和对象

类和对象是面向对象编程中的基本概念。类是一些内容的抽象表示形式。在类中主要封装了两类内容，一类是对象包含的信息，称为类的属性；另一类是对象可执行的操作，称为类的方法。属性和方法均称为类的成员。类是对象的蓝图或模板，对象则是类所表示内容的可用实例；基于一个类可创建多个具有不同属性的对象。面向对象编程的基本内容是定义类并为其添加各种成员，然后基于类创建对象并实现对象的各种操作。掌握这些内容正是本任务要达到的目的。

任务目标

★ 掌握声明和使用类的方法

★ 掌握添加和使用类成员的方法

★ 掌握设置和使用静态成员的方法
★ 掌握构造方法和析构方法的用法
★ 掌握迭代、比较和复制对象的方法

3.1.1 创建类和对象

类是 PHP 中的一种复合数据类型，也是功能最为强大的数据类型。面向对象编程的基本步骤是：首先通过类定义数据类型的数据和行为，然后基于此类创建对象，并通过设置对象的属性或调用对象的方法来完成所需操作。

在 PHP 语言中，可以使用关键字 class 来声明一个类，语法如下：

```
class class_name {
  //在此处定义类的属性和方法
}
```

其中，class_name 表示类名，可以是任何非 PHP 保留字的名字；在花括号之间包含类的成员定义，类的成员主要包括属性、方法和常量。不能将一个类定义分隔到多个文件或 PHP 代码块中。

类是对象的模板，通过类的实例化可以创建对象，对象占用一定的存储空间。被创建的对象称为类的一个实例。在 PHP 中，可以使用 new 运算符来创建对象，语法如下：

```
$instance=new class_name();
```

其中，new 表示申请空间操作符，class_name 表示类名。上述赋值语句创建类的一个对象实例，并将该对象的一个引用赋给变量 instance。可用类型运算符 instanceof 来确定一个变量是否属于某个类的实例。

创建一个对象后，可以使用以下语法格式来访问该对象的属性和方法：

```
$instance->property
$instance->method()
```

其中，instance 为对象变量，指向用 new 运算符创建的对象；“->”为对象成员访问符号，用在对象与其成员之间；property 表示对象的属性，method 表示对象的方法（可能包含参数）。

实战演练 创建一个 PHP 动态网页，说明如何检测一个对象是否属于某个类的实例。源文件为/03/03-01.php，源代码如下。

```
<!doctype html>
<html>
<head>
<meta charset="gb2312">
<title>检测类实例</title>
</head>

<body>
<h3>检测类实例</h3>
<hr>
<?php
class OneClass {                    //定义一个类
}
class TwoClass {                    //定义另一个类
}
$obj=new OneClass();                //创建 OneClass 类的一个实例并以变量$obj 指向该实例
var_dump($obj instanceof OneClass); //检测变量$obj 是否属于 OneClass 类的实例
echo "<br>";
```

```
var_dump($obj instanceof TwoClass);          //检测变量$obj 是否属于 TwoClass 类的实例
?>
</body>
</html>
```

网页运行结果如图 3.1 所示。

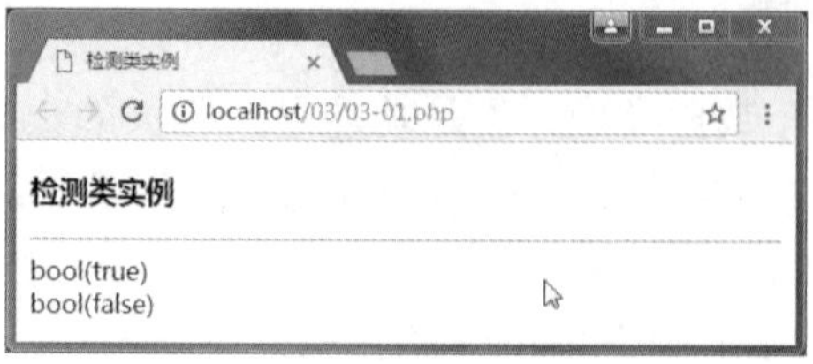

图 3.1　检测类实例

3.1.2 为类添加成员

在类定义中，通常要包含变量成员和函数成员，前者称为类的属性，后者称为类的方法。除属性和方法外，还可以在类中定义常量，称为类常量。

1. 为类添加属性

属性声明是由关键字 public、protected 或 private 开头、后跟一个变量和位于赋值号右边的初始化表达式组成的。语法如下：

```
class class_name {
    public | protected | private $property_name[=initializer];
}
```

其中，public、protected 和 private 都是成员访问修饰符，指定什么代码可以访问这个属性；property_name 表示属性名称；initializer 为初始化表达式，其值必须是常量。

对类成员(属性或方法)的访问控制是通过在前面添加关键字 public、protected 或 private 来实现的。由 public 所定义的类成员可以在任何地方被访问；由 protected 所定义的类成员可以被其所在类的派生类和父类访问，该成员所在的类当然也可以访问；由 private 定义的类成员只能被其所在类访问。

注意

为了兼容 PHP 4，PHP 5 声明属性依然可以直接使用关键字 var，或者放在 public、protected 或 private 之前。但是 var 并不是必须的。如果直接使用 var 声明属性，而没有 public、protected 或 private，则 php 5 会认为该属性为 public。

2. 为类添加方法

与普通函数一样，类的方法也可以用 function 关键字来定义，但在声明类的方法时应当在 function 关键字前面使用访问修饰符 public、protected 或 private。语法如下：

```
class class_name {
    [ public | protected | private] function method_name ( [mixed $args[,$...]] ) {
        //在此处编写方法体代码
    }
}
```

其中，public、protected 和 private 为可选的访问修饰符，指定什么代码可以访问这个方法；如果未指定访问修饰符，则该方法会被设置成默认的 public；method_name 表示方法名称；args 表示方法的参数。如果参数类型为对象，可在参数前加上对象所属的类，称为类型提示。

在类的成员方法中，可以通过$this->member_name 语法来访问类的属性和方法，其中$this 是一个伪变量，它表示调用该方法的实例化对象引用。不过，要访问类的静态属性或在静态方法中却不能使用这种语法，而是使用 self::$member_name。请参阅 4.1.4。

3．为类添加常量

类常量不同于属性变量，命名时不要在其名称前面冠以美元符$。类常量可按照以下语法来声明：

```
const constant_name=value;
```

其中，constant_name 表示类常量的名称，value 表示类常量的值。常量的值必须是一个固定值，不能是变量、类属性或其他操作（如函数调用）的结果。

在类的方法成员内部，不能使用伪变量$this 和箭头运算符“->”来引用类常量，而必须使用 self::constant_name 语法来引用；在类的外部可通过 class_name::constant_name 形式来引用类常量。

实战演练 创建一个 PHP 动态网页，说明如何定义类并为其添加属性和方法成员。源文件为/03/03-02.php，源代码如下。

```
<!doctype html>
<html>
<head>
<meta charset="gb2312">
<title>计算圆的周长和面积</title>
</head>

<body>
<h3>计算圆的周长和面积</h3>
<hr>
<?php
class Circle{                                          //声明 Circle 类
  public $radius;                                      //类的属性，表示圆半径
  public function getPerimeter() {                     //类的方法，用于计算圆周长
    return(2*$this->radius*pi());                      //设置方法的返回值，其中函数 pi()返回圆周率
  }
  public function getArea() {                          //类的方法，用于计算圆面积
    return($this->radius*$this->radius*pi());          //设置方法的返回值
  }
}
$c1=new Circle();                                      //创建一个 circle 对象
$c1->radius=32;                                        //设置对象的属性
echo "<ol>";
echo "<li>当圆半径=".$c1->radius ."时,";
echo "圆面积=" . round($c1->getArea(),2) .",";          //函数 round()对浮点数进行四舍五入
echo "圆周长=" . round($c1->getPerimeter(), 2)

$c2=new Circle();                                      //创建另一个 Circle 对象
$c2->radius=236;
echo "<li>当圆半径=".$c2->radius."时,";
echo "圆面积=" . round($c2->getArea(),2) .",";
echo "圆周长=" . round($c2->getPerimeter(), 2);
?>
</body>
</html>
```

在上述 PHP 代码块中，定义一个 Circle 类，用来表示圆；为 Circle 类添加了一个属性成员 radius，用于设置和获取圆的半径；此外还为 Circle 类添加了两个方法成员，即 getArea 和 getPerimeter，它们分别用于获取圆的面积和周长。基于 Circle 类创建了两个对象，分别计算了圆的面积和周长。网页运行结果如图 3.2 所示。

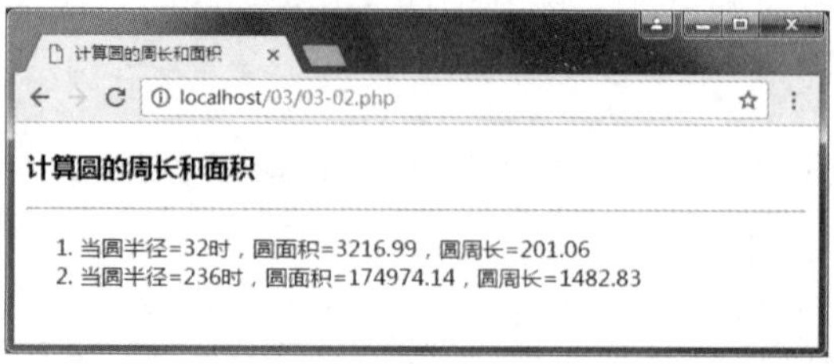

图 3.2　用类计算圆的面积和周长

3.1.3　为类添加构造方法和析构方法

构造方法和析构方法是类中的两个特殊方法成员。前者在每次创建对象时自动调用，后者在某个对象的所有引用都被删除或者当对象被显式销毁时执行。

1．为类添加构造方法

在 PHP 5 中，可以在一个类中定义一个函数作为构造方法。具有构造方法的类会在每次创建对象时先调用此方法，所以非常适合在使用对象之前做一些初始化工作。

构造方法的语法格式如下：

```
void __construct ( [mixed $args[, $...]] ) {
   //在此处编写方法体的代码
}
```

其中，__construct 为构造方法的名称，该名称以两个下画线开头；args 表示要传递给构造方法的参数。

为了实现向后兼容性，如果 PHP 5 在类中找不到 __construct()函数，它就会尝试寻找旧式的构造函数，也就是与类同名的函数。

2．为类添加析构方法

类似于其他面向对象的语言（如 C++），PHP 5 引入了析构方法的概念。析构方法会在到某个对象的所有引用都被删除或者当对象被显式销毁时执行。

析构方法的语法如下：

```
void __destruct ( void ) {
    //在此处编写方法体的代码
}
```

其中，__destruct 为析构方法的名称，该名称以两个下划线开头；析构方法没有参数，也没有返回值。

在 PHP 中，可以使用语言结构 unset 来销毁给定的变量。语法如下：

```
void unset ( mixed $var [, mixed $var [, $...]] )
```

使用 new 关键字创建类的实例后，可以使用 unset()将该实例销毁。

析构方法可以用于记录调试信息或关闭数据库连接，也可以执行其他扫尾工作。析构方法在脚本关闭时调用，此时所有的头信息已经发出。

3.1.4 为类添加静态成员

使用 static 关键字可以将类的属性或方法声明为静态的，这样，无需对类进行实例化即可访问这些属性或方法。一个声明为静态的属性不能由类的实例化对象来访问，但可以由对象通过“->”操作符来访问静态方法。静态属性和静态方法不能在派生类中重新定义。

声明静态成员时，static 关键字必须放在访问修饰符之后。为了与 PHP 4 保持兼容，如果未指定访问修饰符，则类的属性和方法默认为 public。

由于静态方法不需要通过对象即可调用，所以伪变量$this 在静态方法中不可用。

静态属性不可以由对象通过->操作符来访问。如果要在静态方法内部访问静态属性，则可以使用以下语法来实现：

```
self::$property
```

其中::（一对半角冒号）是范围解析操作符，可以在未声明任何实例的情况下访问类中的函数或者基类中的属性或方法。关键字 self 指向当前类，用于在类的内部对成员或方法进行访问。

在类定义的外部，可以通过以下语法来访问类的静态属性或静态方法：

```
class_name::$property
class_name::method()
```

实战演练 创建一个 PHP 动态网页，演示如何为类添加构造方法、析构方法及静态成员。源文件为/03/03-03.php，源代码如下。

```
<!doctype html>
<html>
<head>
<meta charset="gb2312">
<title>构造函数、析构函数与静态成员应用示例</title>
<style type="text/css">
h3 {
   text-align: center;
}
table {
   border-collapse: collapse;
   width: 416px;
   margin: 0 auto;
}
th, td {
   padding: 6px;
   text-align: center;
   width: 50%;
}
</style>
</head>

<body>
<h3>构造函数、析构函数与静态成员应用示例</h3>
<?php
class User {                                    //定义 User 类
   private static $count = 0 ;                  //静态属性，表示用户数量.
   private $id;                                 //私有属性，表示用户编号
   private $username;                           //私有属性，表示用户名

   public function __construct($username) {     //类的构造方法，创建类实例时调用
      self::$count++;                           //设置静态属性（加 1）
```

```
        $this->id=self::$count;                                        //设置私有属性（用户编号）
        $this->username=$username;                                     //设置私有属性（用户名）
    }

    public static function getCount() {                                //类的静态方法，返回用户数量
        return self::$count;                                           //以静态属性的值作为返回值
    }

    public function getId() {                                          //类的实例方法，返回用户编号
        return $this->id;                                              //以私有属性的值作为返回值
    }

    public function getName() {                                        //类的实例方法，返回用户名
        return $this->username;                                        //以私有属性的值作为返回值
    }
    public function __destruct() {                                     //类的析构方法，销毁类实例时调用
        self::$count--;                                                //设置静态属性（减 1）
    }
}
$user1=new User("张迪");                                               //创建类实例，会调用构造方法
$user2=new User("李明");                                               //创建类实例，会调用构造方法
$user3=new User("王强");                                               //创建类实例，会调用构造方法
echo "<table border=1>";
echo "<caption>用户信息表（共" . User::getCount() . "人）</caption>";//调用类的静态方法
echo "<tr><th>用户编号</th><th>用户名</th></tr>";
echo "<tr><td>" . $user1->getId() . "</td><td>" . $user1->getName() . "</td></tr>";
echo "<tr><td>" . $user2->getId() . "</td><td>" . $user2->getName() . "</td></tr>";
echo "<tr><td>" . $user3->getId() . "</td><td>" . $user3->getName() . "</td></tr>";
echo "</table>";
unset($user2);                                                         //销毁类实例，会调用析构方法
echo "<p style=\"text-align: center;\">现在有 " . User::getCount(). " 个用户</p>";
?>
</body>
</html>
```

在上述 PHP 代码块中，为 User 类定义了一个静态属性和两个实例属性。它们在类内部的引用方法有所不同，静态属性通过 self::$property 形式引用，实例属性则通过 $this->property 形式引用。还为 User 类定义了一个静态方法和两个实例方法，它们在类外部的引用方法也有所不同，静态方法通过 class_name::method()形式引用，实例方法则通过 $obj->method()形式引用。此外，还为 User 类定义了构造方法和析构方法，这些方法会在代码中自动调用，不需要显式调用，前者在创建类实例时自动调用，后者在销毁实例时自动调用。网页运行结果如图 3.3 所示。

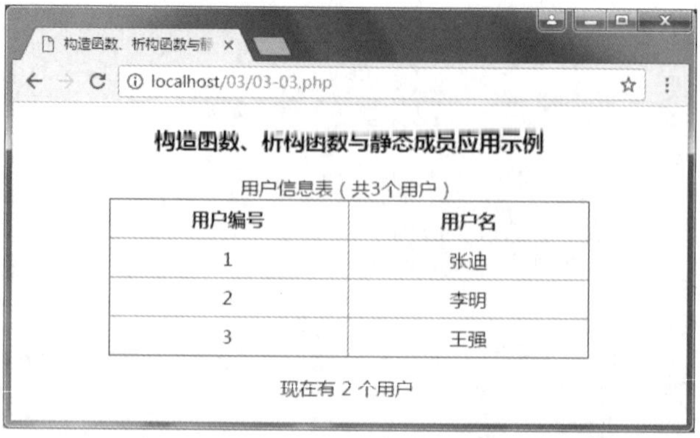

图 3.3　类的构造方法、析构方法和静态成员应用示例

3.1.5 自动加载对象

在应用开发中，通常要对每个类的定义建立一个 PHP 源文件。这样一来，就不得不在每个脚本开头编写一个长长的包含文件列表，以包含所需的类文件。在 PHP 5 中，可以定义一个__autoload 函数，它会在试图使用尚未被定义的类时自动调用。这个函数被称为魔术函数，通过调用它，脚本引擎在 PHP 出错失败前有了最后一个机会来加载所需的类。

__autoload 函数尝试加载未定义的类，语法如下：

```
void __autoload ( string $class_name )
```

其中，class_name 表示待加载的类名。

通过定义__autoload 函数可以启用类的自动加载。这个函数没有返回值。

实战演练 创建两个 PHP 动态网页，演示如何自动加载某个类。主文件为/03/03-04.php，源代码如下。

```
<!doctype html>
<html>
<head>
<meta charset="gb2312">
<title>自动加载类文件示例</title>
</head>

<body>
<h3>自动加载类文件示例</h3>
<hr>
<?php
function __autoload($classname) {                    //定义魔术函数
   $filename = "./". $classname .".php";             //设置类文件名
   include_once($filename);                          //包含一次类文件
}
$obj=new DemoClass();                                //创建 DemoClass 类的实例
?>
</body>
</html>
```

在上述 PHP 代码块中定义了魔术函数__autoload，其参数用于指定要加载的类名称。接着创建 DemoClass 类的实例，该类必须在 DemoClass.php 文件中定义，其源代码如下：

```
<?php
class DemoClass {
   public function __construct() {
      echo "DemoClass 类初始化成功！！！";
   }
}
?>
```

主文件运行结果如图 3.4 所示。

图 3.4 自动加载类文件

3.1.6 迭代对象

PHP 5 提供了一种迭代对象的功能，就像使用数组那样，可以通过 foreach 循环语句来遍历对象中的属性。语法格式如下：

```
foreach ( $obj as $key=>$value) {
  //每次循环中对象的属性名和属性值
  //分别被赋给变量$key 和$value
}
```

如果在类方法中内部进行迭代，则可以使用伪变量$this 来指向当前对象，此时将得到所有属性的值；如果在类外部对对象进行迭代，则只能得到外部可见的那些属性的值。

实战演练 创建两个 PHP 动态网页，演示如何在类内部和类外部实现对象迭代。源文件为/03/03-05.php，源代码如下。

```
<!doctype html>
<html>
<head>
<meta charset="gb2312">
<title>迭代对象示例</title>
<style type="text/css">
div {
  column-count: 2;
  column-rule: thin dotted grey;
}
ol {
  margin-top: 0;
}
</style>
</head>

<body>
<h3 style="text-align: center;">迭代对象示例</h3>
<hr>
<?php
class MyClass {                                  //定义类
  public $prop1="公有属性 1";                    //定义一组公有属性
  public $prop2="公有属性 2";
  public $prop3="公有属性 3";

  protected $protected="保护属性";               //定义一个保护属性

  private $private="私有属性";                   //定义一个私有属性

  public function iterateVisible() {             //定义一个方法
    foreach($this as $key=>$value) {             //在类内部实现对象迭代
      echo "<li>$key=>$value";
    }
  }
}
$obj=new MyClass();
echo "<div>";
echo "<p>在类内部进行迭代：</p>";
echo "<ol>";
$obj->iterateVisible();
echo "</ol>";
echo "<p>在类外部进行迭代：</p>";
echo "<ol>";
foreach($obj as $key=>$value){
```

```
    echo "<li>$key=>$value";
  }
  echo "</ol>";
  echo "</div>";
  ?>
  </body>
  </html>
```

在上述 PHP 代码块中，定义了一个 MyClass 类，并为其定义了一组公有属性、一个保护属性和一个私有属性；在类内部还定义了一个名为 iterateVisible 的方法，用于实现对象迭代。基于 MyClass 类创建对象之后，通过调用该对象的 iterateVisible 方法实现对象迭代，再通过 foreach 循环语句实现对象迭代。网页运行结果如图 3.5 所示。

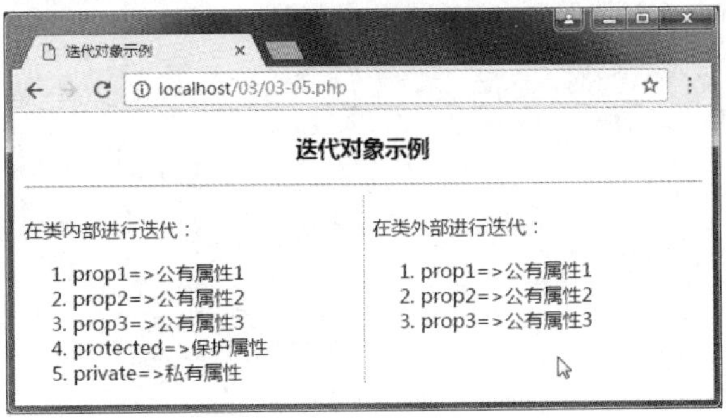

图 3.5　迭代对象示例

3.1.7 克隆对象

在 PHP 中，对象赋值总是通过引用形式实现的。当把一个对象已经创建的实例赋给一个新变量时，通过新变量可以访问同一对象实例。当通过新变量更改对象的属性值时，原变量所引用对象的属性值随之发生变化。

如果要生成对象的一个副本，则应以克隆方式来实现。语法如下：

```
$copy_of_object=clone $object;
```

此时，变量 copy_of_object 引用的对象将独立于变量 object 引用的对象。

对象克隆是 PHP 5 的新特性之一。克隆对象时将调用对象正本的__clone()方法，而对象的__clone 方法是不能够直接被调用的。当创建对象的副本时，PHP 5 将会检查__clone()方法是否存在。如果存在，则调用该方法，否则调用默认的__clone()方法，复制对象的所有属性。通过定义__clone()方法，可以设置对象副本的属性值，使其不同于对象正本。

实战演练 创建两个 PHP 动态网页，说明如何实现对象克隆。源文件为/03/03-06.php，源代码如下。

```
<!doctype html>
<html>
<head>
<meta charset="gb2312">
<title>克隆对象示例</title>
</head>

<body>
<h3>克隆对象示例</h3>
<hr>
```

```
<?php
class Person {                                      //定义 Person 类
    private $name;                                  //私有属性，表示名字
    private $age;                                   //私有属性，表示年龄
    //定义类的构造方法
    function __construct($name, $age) {             //两个参数分别表示名字和年龄
        $this->name = $name;                        //用传入的参数值设置私有属性（名字）
        $this->age = $age;                          //用传入的参数值设置私通属性（年龄）
    }
    //定义类的方法成员，用于显示名字和年龄
    function say() {
        echo "<p>我的名字叫" . $this->name;
        echo "，我的年龄是" . $this->age . "。</p>";
    }
    //定义类的__clone()方法，用于改写对象正本的属性
    function __clone() {
        $this->name="克隆" . $this->name;
        $this->age+=10;
    }
}

$p1=new Person("张三", 26);                         //创建对象正本
$p1->say();                                         //调用对象正本的方法
$p2=clone $p1;                                      //通过克隆得到对象副本，自动调用__clone()方法
$p2->say();                                         //调用对象副本的方法
?>
</body>
</html>
```

在上述 PHP 代码块中，定义了一个名为 Person 的类并为其定义了__clone()方法，在该方法中修改了对象正本的 name 和 age 属性值。因此，克隆出来的对象与对象正本在名字和年龄上都有所不同。网页运行结果如图 3.6 所示。

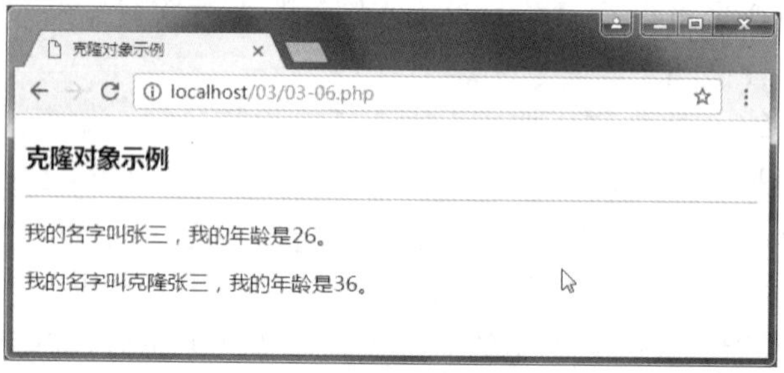

图 3.6　克隆对象示例

3.1.8 比较对象

在 PHP 4 中，对象比较的规则十分简单：如果两个对象是同一个类的实例，并且它们有相同的属性和值，则这两个对象相等。这个比较规则适用于用相等运算符（==）和全等运算符（===）对两个对象进行比较。

在 PHP 5 中，对象的比较要比 PHP 4 中复杂，也比其他面向对象语言复杂。可分为下列两种情况：

（1）当使用相等运算符（==）时，将以一种简单方式来比较对象变量，即：如果具有相同的属性和值，而且是同一个类的实例，则两个对象相同。

（2）当使用全等运算符（===）时，只有当两个对象变量引用同一个类的同一个实例

时，这两个对象变量才是相同的。

实战演练 创建一个 PHP 动态网页，说明如何比较对象。源文件为/03/03-07.php，源代码如下。

```
<!doctype html>
<html>
<head>
<meta charset="gb2312">
<title>比较对象示例</title>
<style type="text/css">
ol > li {
   float: left;
   margin-right: 2em;
   list-style: none;
}
</style>
</head>

<body>
<h3 style="text-align: center;">比较对象示例</h3>
<hr>
<?php
//定义函数 bool2，其功能是将布尔值转换为字符串
function bool2str($bool) {
   return ($bool===false ? "false" : "true");
}
//定义函数 compareObjects，其功能是比较两个对象并显示结果
function compareObjects(&$obj1, &$obj2){
   echo "<ul>";
   echo "<li>obj1==obj2 : " . bool2str($obj1==$obj2);
   echo "<li>obj1!=obj2 : " . bool2str($obj1!=$obj2);
   echo "<li>obj1===obj2 : " . bool2str($obj1===$obj2);
   echo "<li>obj1!==obj2 : " . bool2str($obj1!==$obj2);
   echo "</ul>";
}
//定义 Flag 类
class Flag {
   private $flag;
   function __construct($flag=true) {          //类的构造函数，带有默认参数
      $this->flag=$flag;
   }
}
//定义 OtherFlag 类
class OtherFlag {
   private $flag;
   function __construct ($flag=true) {          //类的构造函数，带有默认参数
      $this->flag=$flag;
   }
}

$o=new Flag();                    //创建 Flag 类的一个实例并以变量$o 来引用
$p=new Flag();                    //创建 Flag 类的另一个实例并以变量$p-来引用
$q=$o;                            //使用变量$q 指向变量$p 引用的对象
$r=new OtherFlag();               //创建 OtherFlag 类的一个实例
echo "<ol>";
echo "<li>比较同一个类的两个对象: ";
compareObjects($o, $p);           //比较同一个类的两个对象
echo "<li>比较同一个对象的两个引用: ";
compareObjects($o, $q);           //比较同一个对象的两个引用
echo "<li>比较两个不同类的对象: ";
```

```
compareObjects($o, $r);                    //比较两个不同类的对象
echo "</ol>";
?>
</body>
</html>
```

在上述 PHP 代码块中，定义两个类 Flag 和 OtherFlag，然后基于 Flag 类创建了两个对象，基于 OtherFlag 类创建了一个对象，并针对同一个类的两个对象、同一个对象的两个引用及两个不同类的对象进行了比较。网页运行结果如图 3.7 所示。

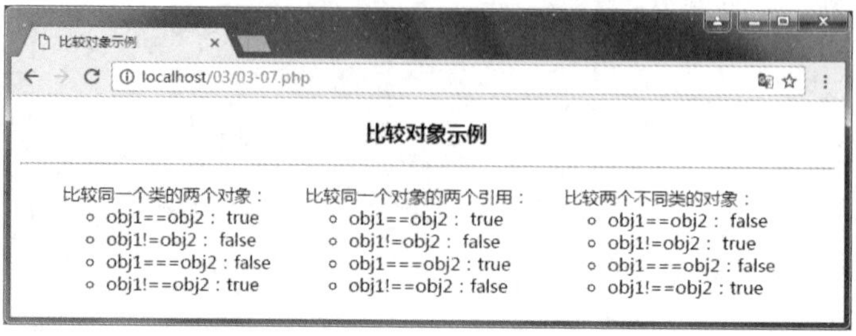

图 3.7　比较对象示例

任务 3.2　实现继承与多态

继承和多态都是面向对象编程的重要概念。继承是指从一个类可以派生出新类，新类自动拥有基类的全部属性和操作并可以有自己的特性。多态是指将同一操作作用于不同对象时可以产生不同的结果，多态性可以通过接口、继承或抽象类来实现。通过本任务的实施将了解如何在 PHP 中实现继承和多态。

任务目标

★ 掌握定义派生类的方法
★ 掌握使用抽象类的方法
★ 掌握 final 关键字的用法
★ 掌握使用接口的方法

3.2.1　实现类的继承

在面向对象编程中，通常需要生成这样一些类，这些类与其他现有的类拥有相同属性和方法。在实际应用中，可以定义一个通用类用于所有的项目，然后通过不断丰富这个类来适应每个具体项目。为了使这一点变得更加容易，类可以从其他的类中扩展出来。扩展或派生出来的类拥有其基类的所有属性和方法，并包含所有派生类中定义的部分。类中的元素不可能减少，即不能注销任何存在的方法或者属性。一个扩充类总是依赖一个单独的基类，换言之不支持多继承。

在 PHP 中，可使用关键字 extends 来扩展一个类，语法如下：

```
class derived_class extends base_class {
```

```
    //在此处定义类的成员
}
```

其中，derived_class 表示新建的类，称为派生类或子类；base_class 表示新类所继承的类，称为基类或父类。

当扩展一个类时，派生类就会继承基类的所有公有和保护方法。但是派生类的方法会覆盖基类的方法。

如果派生类中定义了构造方法，则不会暗中调用其基类的构造方法。若要执行基类的构造方法，需要在派生类的构造方法中通过以下语法来调用：

```
parent::__construct();
```

其中，parent 指的是派生类在 extends 声明中所指的基类的名字。这样做可以避免在多个地方使用基类的名字。

如果派生类中定义了析构造方法，基类的析构函数不会被 PHP 引擎暗中调用。若要执行基类的析构函数，则必须在派生类的析构方法中显式调用：

```
parent::__destruct();
```

在派生类的方法中，可以通过以下语法来调用基类的方法：

```
parent::__method();
```

实战演练 创建一个 PHP 动态网页，说明如何根据基类创建派生类。源文件为/03/03-08.php，源代码如下。

```
<!doctype html>
<html>
<head>
<meta charset="gb2312">
<title>类的继承应用示例</title>
<style type="text/css">
div {
   float: left;
   margin-right: 6em;
}
ul {
   margin-top: 0;
}
</style>
</head>

<body>
<h3>类的继承应用示例</h3>
<hr>
<?php
class Person {                                          //定义 Person 类
   protected $name;                                     //定义保护属性（姓名）
   protected $gender;                                   //定义保护属性（性别）
   public function __construct($name, $gender) {        //定义类的构造方法
      $this->name=$name;                                //设置保护属性值（姓名）
      $this->gender=$gender;                            //设置保护属性值（性别）
   }
   public function showInfo(){
      echo "<div>个人信息<ul><li>姓名：" .$this->name .    //定义类的方法，用于显示信息
         "<li>性别：" . $this->gender . "</ul></div>";
   }
}
class Student extends Person {                          //创建 Person 的派生类 Student
   private $studentId;                                  //定义私有属性（学号）
```

```
    private $age;                                              //定义私有属性（年龄）
    public function __construct($studentId, $name, $gender, $age) {   //定义类的构造方法
      parent::__construct($name, $gender);                     //调用基类的构造方法
      $this->studentId=$studentId;                             //设置私有属性值（学号）
      $this->age=$age;                                         //设置私有属性值（年龄）
    }
    public function showInfo() {                               //重写基类的方法
      echo "<div>学生个人信息<ul><li>学号:" .$this->studentId .
        "<li>姓名:" .$this->name ."<li>性别:".$this->gender .
        "<li>年龄:" .$this->age."</ul></div>";
    }
}
$p=new Person("张三丰", 26);                                   //创建基类实例
$p->showInfo();                                                //调用基类实例的方法
$stu=new Student("20170001", "李小明", "男", 17);              //创建派生类实例
$stu->showInfo();                                              //调用派生类的方法
?>
</body>
</html>
```

在上述 PHP 代码块中，首先定义了一个 Person 类，然后以 Person 作为基类定义了一个名为 Student 的派生类，并对构造方法和 showInfo 进行了重写。网页运行结果如图 3.8 所示。

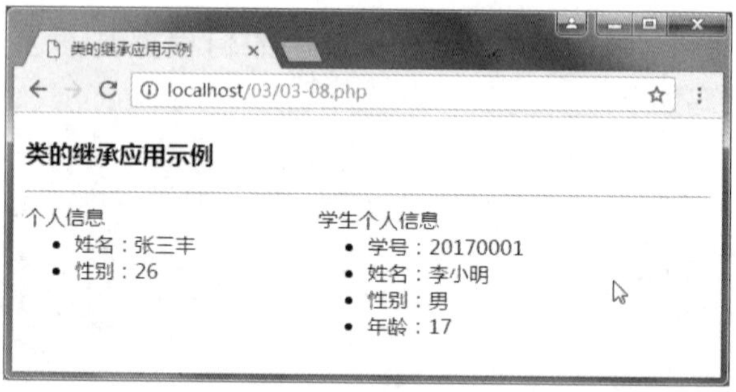

图 3.8　类的继承应用示例

3.2.2　使用抽象类

PHP 5 支持抽象类和抽象方法。抽象类不能直接被实例化，必须先继承该抽象类，然后再实例化派生类。在抽象类中至少要包含一个抽象方法。如果一个类方法被声明为抽象的，则其中就不能包括具体的功能实现。

抽象类和抽象方法使用 abstract 关键字来声明，语法如下：

```
abstract class class_name {
  [public | protected] function method_name([mixed $args[, $...]]);
  //类的其他成员（包括非抽象方法）
}
```

如果一个类中包含有抽象方法（哪怕只有一个），就必须将这个类声明为抽象的。抽象方法也是使用 abstract 关键字来声明的，但是只能声明方法的签名（或称为方法头），而能不提供方法的具体实现代码。声明抽象方法的语法不同于声明一般方法。抽象方法没有包含在花括号{}中的主体部分，并且用半角分号（;）来结束。

如果在派生类中覆盖了所有的抽象方法，则派生类就变成一个普通的类。如果没有覆盖所有的抽象方法，则派生类仍然是抽象类。

实战演练 创建一个 PHP 动态网页，说明如何根据一个抽象类创建多个派生类。源文件为/03/03-09.php，源代码如下。

```
<!doctype html>
<html>
<head>
<meta charset="gb2312">
<title>抽象类应用示例</title>
</head>

<body>
<h3>抽象类应用示例</h3>
<hr>
<?php
abstract class Shape {                                          //定义抽象类 Shape
    protected $base;                                            //定义保护属性（底）
    protected $height;                                          //定义保护属性（高）
    public function setValue($b, $h) {                          //定义非抽象方法，用于设置底和高
        $this->base=$b;
        $this->height=$h;
    }
    public abstract function getArea();                         //定义抽象方法，用于计算面积
}
class Triangle extends Shape {                                  //基于抽象类 Shape 创建派生类 Triangle
    public function getArea() {                                 //实现抽象方法 getArea
        return round((($this->base)*($this->height)/2), 2);
    }
}
class Rectangle extends Shape {                                 //基于抽象类 Shape 创建派生类 Rectangle
    public function getArea() {                                 //实现抽象方法 getArea
        return round((($this->base)*($this->height)), 2);
    }
}
echo "<ul>";
$t=new Triangle();
$t->setValue(156,99);
echo "<li>三角形面积为：" . $t->getArea();
$r=new Rectangle();
$r->setValue(215,69);
echo "<li>长方形面积为：" . $r->getArea();
?>
</body>
</html>
```

在上述 PHP 代码块中，首先定义了一个名为 Shape 的抽象类，其中包含一个抽象方法 getArea；然后基于抽象类 Shape 分别创建了两个派生类 Triangle 和 Rectangle，并在这两个派生类中实现了抽象方法 getArea。网页运行结果如图 3.9 所示。

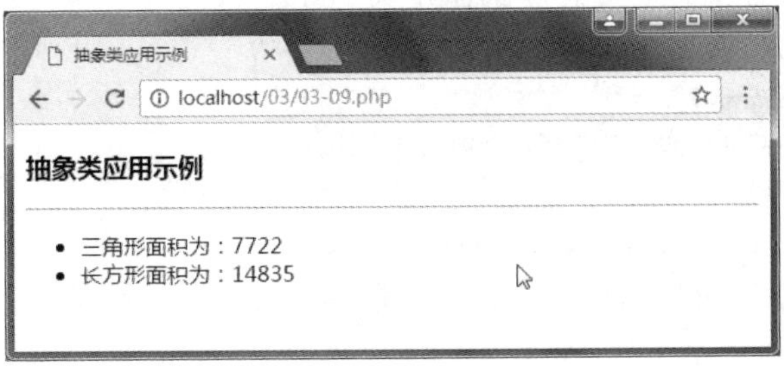

图 3.9 抽象类应用示例

3.2.3 使用 final 关键字

PHP 5 新增了一个 final 关键字。如果基类中的某个方法被声明为 final，则派生类无法覆盖该方法；如果一个类被声明为 final，则这个类就不能被继承。

如果在类定义中使用 private 关键字修饰一个属性或方法，则该属性或方法不能被继承。如果使用 protected 关键字修饰一个属性或方法，则该属性或方法可以被继承，但类的外部是不可见的。

在下面的示例中，在基类 A 中声明了一个名为 moreTesting 的 final 方法。当试图在派生类 B 中实现 moreTesting 方法时，将产生一个严重错误。

```
class A {
    public function test() {
        echo "调用 A::test()<br>";
    }
    public final function moreTesting() {
        echo "A::moreTesting()<br>";
    }
}
class B extends A {
    public function moreTesting(){
        echo "调用 B::moreTesting()<br>";
    }
}
//产生 Fatal error：Cannot override final method A::moreTesting()
```

在下面的示例中，声明了一个名为 A 的 final 类。当试图通过类 B 扩展类 A 时，将产生一个严重错误。

```
final class A {
    public function test(){
        echo "调用 A::test()<br>";
    }
    public final function moreTesting(){
        echo "调用 A::moreTesting()<br>";
    }
}
class B extends A {
}
//产生 Fatal error: Class B may not inherit from final class (A)
```

3.2.4 使用接口

使用接口可以指定某个类必须实现哪些方法，但不需要定义这些方法的具体内容。接口是通过 interface 关键字来定义的，就像定义一个标准的类一样，但其中定义所有的方法都是空的。语法如下：

```
interface interface_name {
    public function method_name([mixed $args[, $...]]);
}
```

其中，interface_name 表示接口名；method_name 表示接口中的方法名称；$args 表示接口方法的参数。接口中定义的所有方法都必须是 public，而且都是空的，即不需要定义这些方法的具体内容。

定义一个接口后，可以在定义类时使用 implements 操作符来实现该接口，语法如下：

```
class class_name implements interface_name {
```

```
    //在此处类的属性和方法
}
```

其中 class_name 表示类名；interface_name 表示通过该类要实现的接口，该接口中的所有方法必须在类体中实现，否则会报一个严重错误。通过类实现接口时，必须使用与接口中所定义的方法完全一致的方式，否则会导致致命错误。

也可以通过一个类来实现多个接口，用逗号分隔每个接口。实现多个接口时，接口中的方法不能有重名。在接口中也可以定义常量。接口也可以通过使用 extends 操作符来继承。

接口与抽象类的区别表现在以下几个方面。

（1）对接口的使用是通过关键字 implements，对抽象类的使用则是通过关键字 extends。当然接口也可以通过关键字 extends 继承。

（2）接口中不可以声明成员变量（包括类静态变量），但是可以声明类常量。抽象类中可以声明各种类型成员变量，实现数据的封装。

（3）接口没有构造函数，抽象类可以有构造函数。

（4）接口中的方法默认都是 public 类型的，而抽象类中的方法可以使用 private、protected 及 public 来修饰。

（5）一个类可以同时实现多个接口，但一个类只能继承于一个抽象类。

至于是使用抽象类还是使用接口，可根据以下原则来考虑。

（1）如果要创建一个模型，该模型将由一些紧密相关的对象使用，则使用抽象类。如果要创建将由一些不相关对象采用的功能，则使用接口。

（2）如果必须从多个来源继承行为，就使用接口。

（3）如果知道所有类都会共享一个公共的行为实现，则使用抽象类并在其中实现该行为。

实战演练 创建一个 PHP 动态网页，说明如何根据一个抽象类创建多个派生类。源文件为/03/03-10.php，源代码如下。

```
<!doctype html>
<html>
<head>
<meta charset="gb2312">
<title>接口应用示例</title>
</head>

<body>
<h3>接口应用示例</h3>
<hr>
<?php
interface User {                                    //定义接口 User
    public function getDiscount();                  //定义接口方法（获取折扣系数，未实现！）
    public function getUserType();                  //定义接口方法（获取用户类型，未实现！）
}
class VipUser implements User {                     //通过 VipUser 类实现接口
    private $discount=0.88;                         //定义私有属性（折扣系数）
    public function getDiscount() {                 //实现接口方法，获取折扣系数
        return $this->discount;
    }
    function getUserType() {                        //实现接口方法，获取用户类型
        return "VIP 用户";
    }
}
class Goods {                                       //定义 Goods 类
    public $quantity;                               //定义公有属性 quantity;
```

```
    public $price;                                   //定义公有属性 price
    private $customer;                               //定义私有属性 customer
    public function show(User $user) {               //定义公有方法 show
      $this->customer=$user;
      $money1=$this->quantity * $this->price ."元";
      $money2=$this->quantity * $this->price * $this->customer->getDiscount() ."元";
      echo "<p>商品原价：<del>" . $money1 ."</del></p>";
      echo "<p>您是" .$this->customer->getUserType() ."，应要支付" .
        $money2 ."，为您节省了" .($money1-$money2) ."元</p>";
    }
  }
  $VipUser=new VipUser();
  $goods=new Goods();
  $goods->quantity=6;
  $goods->price=1000;
  $goods->show($VipUser);
  ?>
  </body>
  </html>
```

在上述 PHP 代码块中，首先定义了一个名为 User 的接口并为其定义了两个方法，然后通过定义 VipUser 类实现了 User 接口，在该类中实现了接口的两个方法。最后定义了一个名为 Goods 的类，通过调用 VipUser 的相关方法计算出 VIP 用户应的支付货款。网页运行结果如图 3.10 所示。

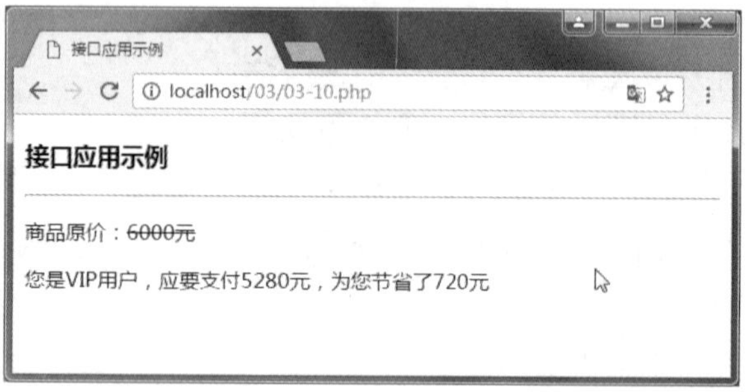

图 3.10　接口应用示例

项目思考

一、选择题

1. 使用成员访问修饰符（　　）可使类成员只能被其所在类访问。

A. var　　B. public　　C. protected　　D. private

2. 设 A 类包含一个名为$name 的非静态属性，$a 表示 A 类的一个实例化对象，则可以使用（　　）来引用$name 属性。

A. $a->name　　B. $a=>name　　C. $a->$name　　D. A::$name

3. 在 PHP 5 中，类的构造方法的名称统一为（　　）。

A. construct　　B. __construct　　C. destruct　　D. __destruct

4. 要在派生类中调用基类的构造方法，可使用（　　）语法来实现。

A. $this->__construct();　　B. $this::__construct();

C. parent::__construct();　　D. self::__construct();

5. 使用（　　）关键字可声明一个不能直接被实例化的类。

A. final　　B. protected　　C. abstract　　D. private

二、判断题

1.（　　）在 PHP 中可以使用 new 运算符来创建对象。

2.（　　）使用类型运算符 instanceof 可以确定一个变量是否属于某个类的实例。

3.（　　）具有构造方法的类会在每次销毁对象时调用此方法。

4.（　　）使用 unset 可以销毁给定的变量。

5.（　　）在类的方法成员内部可以使用伪变量$this 和箭头运算符“->”来引用类常量。

6.（　　）在静态方法中可以使用伪变量$this 表示调用该方法的实例化对象引用。

7.（　　）函数 autoload 会在试图使用尚未被定义的类时自动调用。

8.（　　）克隆对象时将调用对象正本的 clone()方法。

9.（　　）抽象类中也可以不包含任何抽象方法。

10.（　　）一个类可以同时实现多个接口，也可以从多个抽象类继承。

三、简答题

1. 类与对象有什么关系？

2. 类有哪几种成员？

3. 构造方法和析构方法有什么特点？

4. 在 PHP 5 中，如何比较两个对象？

5. 接口与抽象类有什么区别？

项目实训

1. 创建一个 PHP 动态网页，利用类和对象计算矩形的周长和面积。

2. 创建一个 PHP 动态网页，声明一个具有静态属性和静态方法的类，并在该类外部访问这些静态成员。

3. 创建一个 PHP 动态网页，声明一个具有构造方法和析构方法的类。

4. 按要求创建以下 3 个 PHP 文件：（1）文件 one.php，用于声明类 one；（2）文件 two.php，用于声明类 two；（3）文件 three.php，用于创建类 one 和 two 的实例化对象，并要求自动加载 one.php 和 two.php。

5. 创建一个 PHP 动态网页，声明一个具有公有属性、保护属性和私有属性的类，并在该类的内部和外部用 foreach 语句来遍历所有属性。

6. 创建一个 PHP 动态网页，首先声明一个 Person 类，然后在 Person 为基类创建派生类 Student，要求在派生类中增加一些新的属性。

7. 创建一个 PHP 动态网页，首先声明一个名为 Shape 的抽象类，然后以 Shape 作为基类来创建派生类 Triangle 和 Rectangle，用于计算长方形和三角形的面积。

8. 创建一个 PHP 动态网页，首先声明一个名为 iOperation 的接口，其中包含 addition 和 subtration 两个方法，然后通过类 Op 来实现 iOperation 接口，并通过 addition 和 subtration 实现加法和减法运算。

项目 4

PHP 数据处理

PHP 语言支持多种数据类型，既有标量类型，也有复合类型和特殊类型。如何对各种类型的数据进行处理，是 PHP 编程的重要内容之一。通常本项目的实施将掌握 PHP 中的常用数据类型的处理方法，能够对字符串、日期/时间及数组进行处理。

项目目标

★ 掌握字符串处理方法
★ 掌握日期/时间处理方法
★ 掌握数组处理方法

任务 4.1 字符串处理

字符串既是一种标量数据类型，也是数组等复合数据类型的构成要素。PHP 提供了很多用于字符串处理的内置函数。通过本任务将学会利用这些内置函数实现字符串的比较、查找、替换及格式化等操作。

任务目标

★ 掌握字符串的格式化输出方法
★ 了解常用字符串函数的作用
★ 掌握 HTML 文本格式化的方法
★ 掌握连接和分割字符串的方法
★ 掌握查找和替换字符串的方法
★ 掌握从字符串中取子串的方法

4.1.1 字符串的格式化输出

在 PHP 中，可以使用 echo 语句来输出包括字符串在内的各种数据，在前面的章节中已经多次用到这个语句。除 echo 语句外，还可以利用以下两个内部函数来输出字符串。

（1）使用 print()函数输出一个字符串，语法如下：

```
int print ( string $arg )
```

其中，参数 arg 指定要输出的字符串。本函数总是返回 1。

实际上，print()并不是一个真正的函数，而是一个语言结构。因此，也可以不对其参数使用括号。

（2）使用 printf()函数输出一个格式化的字符串并返回输出字符串的长度，语法如下：

```
int printf ( string $format[,mixed $args[, mixed...]] )
```

其中，args 指定要输出的参数，不同参数之间用逗号分隔；format 指定输出格式，对每个输出参数需要分别指定一个输出格式，所有的格式说明都是以%开始的：

```
%['padding_character][-][width][.precision]type
```

此处的参数'padding_character 是可选的，它将被用来填充变量直至所指定的宽度，其作用是在变量值前面进行填充。默认的填充字符是一个空格。如果指定 0 或空格，则不需要 ' 单引号作为前缀；如果指定其他字符，则必须指定 ' 作为前缀。

参数“-”指定采用左对齐，默认为右对齐。参数 width 指定变量值所占用的宽度。参数 precision 指定小数点后显示的位数。参数 type 为类型码，如表 4.1 所示。

表 4.1 常用的类型码

类 型 码	说 明
%	一个标量字符，即百分号“%”。不需要参数。即：若要想打印一个%符号，必须用%%
b	把参数处理为一个整数，并表示为二进制数
c	把参数处理为一个整数，并表示为具有对应 ASCII 值的字符
d	把参数处理为一个整数，并表示为一个十进制数
e	把参数用科学计数法表示出来，如 1.6e+2
u	把参数处理为一个整数，并表示为一个无符号的十进制数
f 和 F	把参数处理为一个浮点数表示出来
o	把参数处理为一个整数，并表示为一个八进制数
s	把参数处理为一个字符串并表示出来
x	把参数处理为一个整数，并表示为一个十六进制数，字母用小写
X	把参数处理为一个整数，并表示为一个十六进制数，字母用大写

如果要返回而不是输出一个格式化的字符串，则可以使用 sprintf()函数。

```
string sprintf (string $format[, mixed $args[,mixed $...]] )
```

其中，参数 format 和 args 的作用与 printf()函数中相同。所不同的是，执行 sprintf()函数结束时将返回一个按照参数 format 指定的格式进行处理后所生成的字符串。表 4.1 中所列出的转换字符同样适用于 sprintf()函数。

实战演练 创建一个 PHP 动态网页，说明如何对字符串进行格式化输出。源文件为

/04/04-01.php，源代码如下。

```
<!doctype html>
<html>
<head>
<meta charset="gb2312">
<title>字符串格式化输出示例</title>
<style type="text/css">
div {
    column-count: 2;
    column-gap: 56px;
    column-rule: thin dashed green;
}
ul {
    margin-top: 0;
}
</style>
</head>

<body>
<h3 style="text-align: center;">字符串格式化输出示例</h3>
<hr>
<div>
<?php
class User {
    private $username;
    private $gender;
    private $age;
    private $wages;

    public function __construct($username, $gender, $age, $wages) {
        $this->username=$username;
        $this->gender=$gender;
        $this->age=$age;
        $this->wages=$wages;
    }

    public function show_info() {
        $msg=sprintf("用户信息如下：<ul><li>姓名：%s</li><li>性别：%s</li>
            <li>年龄：%d</li><li>工资：%'#-10.2f</li></ul>\n",
            $this->username, $this->gender, $this->age, $this->wages);
        print $msg;
    }
}

$user=new User("李明", "男", 30, 3099.56);
$user->show_info();

$a=12345;
printf("整数 a 可以表示如下：<ul><li>十进制：%d</li><li>八进制：%o</li>
    <li>十六进制：%X</li><li>二进制：%b</li></ul>", $a, $a, $a, $a);
?>
</div>
</body>
</html>
```

在上述 PHP 代码块中，定义了一个 User 类并为其定义了一些私有属性，然后为该类定义了 show_info 方法，对用户信息进行格式化输出；此外，还以不同进制显示了一个变量的数值。网页运行结果如图 4.1 所示。

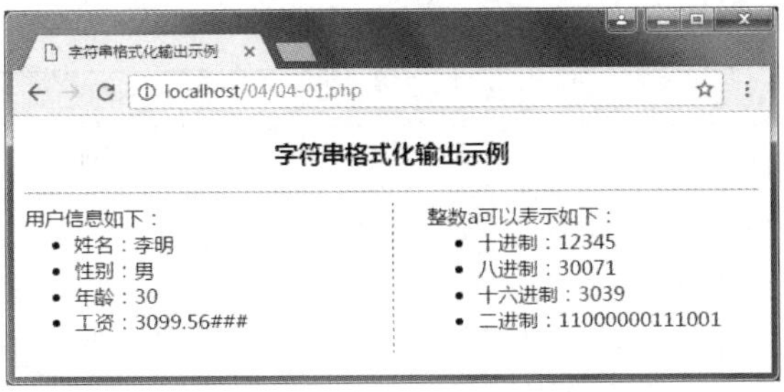

图 4.1　字符串格式化输出示例

4.1.2　了解常用字符串函数

PHP 提供了很多用于字符串处理的内置函数，为应用开发带来了很大的方便。表 4.2 中列出了一些常用的字符串函数。

表 4.2　常用的字符串函数

函　　数	说　　明
string addslashes(string $str)	使用反斜线引用字符串。返回字符串，该字符串为了数据库查询语句等的需要在某些字符前加上了反斜线
string chr(int $ascii)	返回指定的字符。返回相对应于 ascii 所指定的单个字符
array explode(string $separator,string $str [, int $limit])	使用一个字符串分割另一个字符串。返回由字符串组成的数组，每个元素均为 str 的一个子串，它们被字符串 separator 作为边界点分割出来。若设置了 limit 参数，则返回的数组包含最多 limit 个元素，而最后那个元素将包含 str 的剩余部分
string htmlentities(string $str [, int $flags[, string $encoding]])	将字符串中的一些 HTML 标签转换为 HTML 实体并返回处理后的字符串。参数 str 为待处理字符串；参数 flags 指定字符转换方式；参数 encoding 指定转换中所用字符集
string htmlspecialchars(string $str[, int $flags[, string $encoding]])	将字符串中的一些特殊字符替换为 HTML 文本实体并返回经过处理的字符串。参数 str 指定要处理的字符串；flags 指定字符转换的方式；encoding 指定转换中使用的字符集
string implode (string $glue , array $pieces)	将数组元素连接成一个字符串并返回该字符串。参数 glue 指定用于连接数组元素的符号，pieces 表示要连接成一个字符串的数组
string lcfirst (string $str)	将一个字符串的首字符转换为小写
string ltrim (string $str [, string $charlist])	去除字符串左边的空格或其他字符并返回处理后的字符串。参数 str 指定要处理的字符串，charlist 指定要去除的字符
string money_format (string $format , float $number)	将一个数字格式化为一个货币字符串。参数 format 指定货币字符串的格式，number 指定要处理的数字
string nl2br (string $str [, bool $is_xhtml])	在字符串所有新行之前插入 HTML 换行标记并返回处理后的字符串。参数 str 指定要处理的字符串，is_xhtml 指定是否使用 XHTML 兼容换行符
int ord (string $str)	返回字符串 str 中第一个字符的 ASCII 码值
void parse_str (string $str [, array &$arr])	将字符串 str 解析成变量。参数 str 指定要解析的字符串，如果提供参数 arr（数组），则变量值将成为该数组的元素
string rtrim (string $str [, string $charlist])	删除字符串末端的空白字符（或者其他字符）并返回改变后的字符串。参数 str 指定要处理的字符串，charlist 指定想要删除的字符列表
array str_getcsv (string $input [, string $delimiter [, string $enclosure [, string $escape]]])	解析 CSV 字符串为一个数组并返回一个包含读取到的字段的索引数组。参数 input 指定待解析的字符串；delimiter 指定字段界定符（仅单个字符）；enclosure 指定字段包裹字符（仅单个字符）；escape 设置转义字符（仅单个字符），默认为反斜线（\）
string str_pad (string $input , int $pad_length [, string $pad_string [, int $pad_type]])	使用字符串 pad_string 填充字符串 input 为指定长度 pad_length 并返回 input 被从左端、右端或者同时两端被填充到指定长度后的结果。若未指定可选的 pad_string 参数，则 input 将被空格字符填充，否则它将被 pad_string 填充到指定长度

（续表）

函　数	说　明
string str_repeat (string $input , int $multiplier)	重复一个字符串并返回重复后的结果。参数 input 指定待操作的字符串；multiplier 指定对 input 进行重复的次数
mixed str_replace (mixed $search , mixed $replace , mixed $subject [, int &$count])	执行子字符串替换并返回替换后的数组或者字符串。参数 search 指定查找的目标值，可为字符串或数组；replace 指定 search 的替换值，数组可用来指定多重替换；subject 指定执行替换的数组或字符串；count 指定匹配和替换的次数
str_ireplace	与 str_replace 功能相同，但忽略大小写
string str_shuffle (string $str)	随机打乱一个字符串并返回打乱后的字符串。参数 str 为输入字符串
array str_split (string $str [, int $split_length])	将字符串转换为数组。参数 str 指定待处理的字符串；split_length 指定每一段的长度。若指定了可选的 split_length 参数，则返回数组中的每个元素均为一个长度为 split_length 的字符块，否则每个字符块为单个字符
int strcmp (string $str1 , string $str2)	二进制安全字符串比较。参数 str1 为第一个字符串；str2 为第二个字符串。若 str1 小于 str2，则返回负数；若 str1 大于 str2，则返回正数；若二者相等，则返回 0
string strip_tags (string $str [, string $allowable_tags])	从字符串中去除 HTML 和 PHP 标记并返回处理后的字符串。参数 str 为输入字符串；allowable_tags 指定不被去除的字符列表
int strlen (string $str)	返回给定的字符串 str 的长度。参数 str 指定要计算长度的字符串
string strpbrk (string $haystack , string $char_list)	在 haystack 字符串中查找 char_list 中的字符并返回一个以找到的字符开始的子字符串。参数 haystack 指定在其中查找的字符串；char_list 指定要待查找的字符列表
int strpos (string $haystack , mixed $needle [, int $offset])	查找字符串首次出现的位置并以整型返回位置信息。参数 haystack 指定在哪个字符串中进行查找；needle 指定要查找的目标；offset 指定从哪个字符开始查找
int stripos (string $haystack , string $needle [, int $offset])	查找字符串首次出现的位置(不区分大小写)并返回表示该位置的数字。参数 haystack 指定在其中查找的字符串；needle 指定要查找的目标；offset 指定从哪个字符开始查找
string strrchr (string $haystack , mixed $needle)	查找指定字符串在字符串中的最后一次出现并返回字符串的一部分。参数 haystack 指定在哪个字符串中进行查找；needle 指定要查找的目标
string strrev (string $str)	反转字符串并返回反转后的字符串。参数 str 指定待反转的原始字符串
int strrpos (string $haystack , string $needle [, int $offset])	计算指定字符串在目标字符串中最后一次出现的位置（区分大小写）并以整型数返回该位置。参数 haystack 指定在哪个字符串中进行查找；needle 指定待查找的字符串；offset 指定从何处开始查找
string strstr (string $haystack , mixed $needle [, bool $before_needle])	查找字符串的首次出现并返回字符串的一部分或 false。参数 haystack 为输入字符串；needle 指定待查找的目标字符串；before_needle 为可选参数，若为 true，则返回 needle 在 haystack 中的位置之前的部分
string strtok (string $str , string $token)	标记分割字符串并返回标记后的字符串。参数 str 指定被分成若干子字符串的原始字符串；token 指定分割 str 时所使用的分界字符
string strtolower (string $str)	将字符串转换为小写并返回转换后的小写字符串。参数 str 为输入字符串
string strtoupper (string $str)	将字符串转换为大写并返回转换后的大写字符串。参数 str 为输入字符串
string strtr (string $str , string $from , string $to)	转换指定字符并返回转换后的字符串。参数 str 为待转换的字符串；from 指定源字符；to 指定目标字符
int substr_count (string $haystack , string $needle [, int $offset [, int $length]])	计算子字符串出现的次数并返回该次数。参数 haystack 指定在哪个字符串中进行搜索；needle 指定要搜索的字符串；offset 指定开始计数的偏移位置；length 指定偏移位置之后的最大搜索长度
mixed substr_replace (mixed $str ,string $replacement , int $start [, int $length])	替换字符串的子字符串并返回结果字符串或数组。参数 str 为输入字符串；replacement 指定替换字符串；start 指定从何处开始替换，若 start 为正数，则从 str 的 start 位置开始替换，若 start 为负数，则从 str 的倒数第 start 个位置开始替换；length 指定替换的子串长度
string substr (string $str , int $start [, int $length])	返回字符串的子串或 false。参数 str 为输入字符串；start 指定从何处开始提取子串；length 指定子串的长度

（续表）

函　　数	说　　明
string trim (string $str [, string $charlist])	去除字符串首尾处的空白字符（或者其他字符）并返回过滤后的字符串。参数 str 为待处理的字符串；charlist 列出所有希望过滤的字符，或用“..”列出一个字符范围
string ucfirst (string $str)	将字符串的首字母转换为大写并返回结果字符串。参数 str 为输入字符串
string ucwords (string $str)	将字符串中每个单词的首字母转换为大写并返回结果字符串。参数 str 为输入字符串

实战演练 创建一个 PHP 动态网页，说明如何使用内置函数对字符串进行处理。源文件为/04/04-02.php，源代码如下。

```
<!doctype html>
<html>
<head>
<meta charset="gb2312">
<title>字符串函数应用示例</title>
</head>

<body>
<h3>字符串函数应用示例</h3>
<hr>
<?php
$sql="SELECT * FROM 产品 WHERE 产品名称='苹果汁'";
printf("<ol><li>原始字符串：%s<br>", $sql);
printf("添加反斜线：%s", addslashes($sql));
$str="This is a book.";
printf("<li>原始字符串：%s<br>", $str);
printf("字符串长度：%d<br>", strlen($str));
printf("转换为大写：%s<br>", strtolower($str));
printf("转换为小写：%s<br>", strtoupper($str));
printf("单词首字母大写：%s", ucwords($str));
$trans=array("hello"=>"hi", "hi"=>"hello");
echo "<li>转换字符串 hello<=>hi：", strtr("hi all, I said hello", $trans);
?>
</body>
</html>
```

在上述 PHP 代码块中，演示了一些常见的字符串函数的应用，例如计算字符串长度、大小写转换等。网页运行结果如图 4.2 所示。

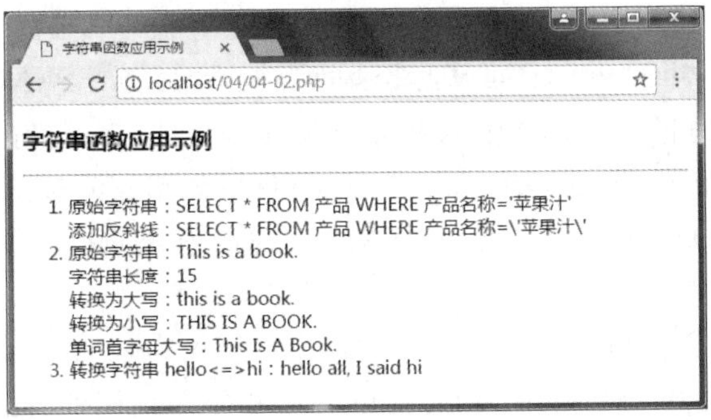

图 4.2　字符串函数应用示例

4.1.3 HTML 文本格式化

通过调用 PHP 内置函数可以对 HTML 文本进行格式化处理，例如将字符串中的换行符转换为 HTML 换行标记，在特殊字符与 HTML 实体之间相互转换，及去除所有 HTML 和 PHP 标记等。下面介绍相关函数的用法。

（1）使用 nl2br()函数可将字符串中的所有换行符（“\r\n”）转换为 HTML 换行标签并返回经过处理的字符串，语法如下：

```
string nl2br ( string $str[, bool $is_xhtml=true] )
```

其中，参数 str 指定要处理的字符串。参数 is_xhtml 指定是否使用 XHTML 兼容换行符，默认值为 true，即使用“
”形式的换行标记；如果设置为 false，则使用“
”形式的换行标记。

（2）使用 htmlspecialchars()函数可将字符串中的一些特殊字符替换为 HTML 文本实体并返回经过处理的字符串，语法如下：

```
string htmlspecialchars ( string $str[, int $flags[, string $encoding[, bool $double_encode=true]]] )
```

其中，参数 str 指定要处理的字符串。参数 flags 指定字符转换方式，可以取以下预定义常量之一：ENT_COMPAT 表示只转换双引号（默认值）；ENT_QUOTES 表示转换单引号和双引号；ENT_NOQUOTES 表示不转换任何一种引号。

参数 encoding 指定转换过程中使用的字符集。例如，ISO-8859-1 表示西欧 Latin-1 字符集，UTF-8 表示 ASCII 兼容多字节 8-bit Unicode，BIG5 表示繁体中文（主要用于中国台湾省），GB2312 表示简体中文（中国国家标准字符集），BIG5-HKSCS 表示繁体中文（Big5 的延伸，主要用于中国香港特别行政区）。

参数 double_encode 为可选参数，其取值为布尔值，用于规定是否编码已存在的 HTML 实体。默认值为 true，这意味着将对每个实体进行转换；若设置为 false，则不会对已存在的 HTML 实体进行编码。

htmlspecialchars 函数的转换结果如下：“&”→“&”；“"”→“&quot”（当参数 flags 未设置成 ENT_NOQUOTES 时）；“'”→“&#039”（仅当参数 flags 设置成 ENT_QUOTES 时）；“<”→“&lt”；“>”→“&gt”。

htmlspecialchars 函数将特殊的 HTML 字符转换为 HTML 实体并以普通文本显示出来，可以用来防止恶意脚本对网站的攻击。

（3）使用 htmlentities()函数将字符串中的一些 HTML 标签转换为 HTML 实体并返回经过处理的字符串，语法如下：

```
string htmlentities ( string $string [, int $flags[, string $encoding [, bool $double_encode=true ]]] )
```

其中，参数 str 是待处理的字符串；flags 指定字符转换方式；encoding 指定转换过程中使用的字符集。关于参数 flags 和 charset、double_encode 的取值，请参阅 htmlspecialchars 函数。

（4）使用 strip_tags()函数从字符串中去除所有 PHP 和 HTML 标签并返回经过处理的字符串，语法如下：

```
string strip_tags ( string $str[,string $allowable_tags] )
```

其中，参数 str 指定待处理的字符串；allowable_tags 指定要保留的某些 PHP 或 HTML 标签。

实战演练 创建一个 PHP 动态网页，说明如何实现 HTML 字符串的格式化处理。源文件为/04/04-03.php，源代码如下。

```
<!doctype html>
<html>
```

```
<head>
<meta charset="gb2312">
<title>HTML 文本格式化示例</title>
</head>

<body>
<h3>HTML 文本格式化示例</h3>
<hr>
<?php
error_reporting(E_ERROR | E_WARNING | E_PARSE);
$str="欢迎光临！\r\n 这是一个 PHP 动态网页。\r\n";
echo nl2br($str, false);
$str='<a href="http://www.phei.com.cn/">电子工业出版社</a>';
echo htmlspecialchars($str, ENT_QUOTES, 'GB2312');
$str='<p style="color: red;">心想事成</p>';
echo '<br>', htmlentities($str, ENT_IGNORE, 'GB2312');//ENT_COMPAT
$str='<div>这是 HTML div 元素</div><!--这里是 HTML 注释-->';
echo '<br>', strip_tags($str);
error_reporting(E_ALL);            //报告所有错误
?>
</body>
</html>
```

在上述 PHP 代码块中，使用 error_reporting()函数设置了 PHP 的报错级别，E_ERROR（值为 1）表示致命的运行错误（错误无法恢复，暂停执行脚本）；E_WARNING（值为 2）表示运行时警告（非致命的运行错误，脚本执行不会停止）；E_PARSE（值为 4）表示编译时解析错误，解析错误只由分析器产生。PHP 的默认报错级别为 E_ALL，表示所有的错误和警告；任使用“|”连接这些选项，可以报告所有需要的各级别错误。如果未调用 error_reporting()函数，则可能会导致 E_STRICT 编码标准化警告。网页的运行结果和生成的实时源代码如图 4.3 和图 4.4 所示。

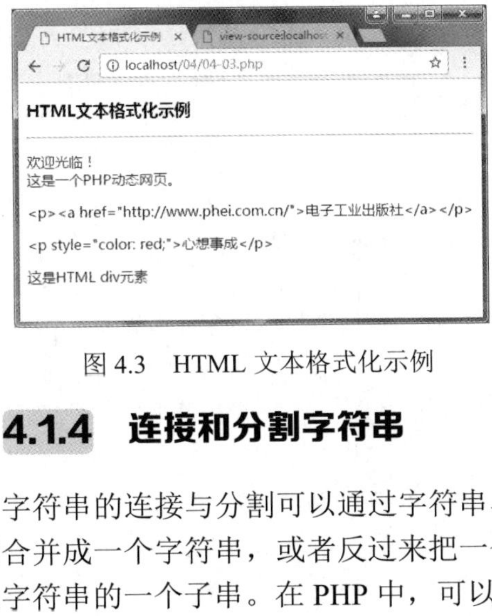

图 4.3　HTML 文本格式化示例

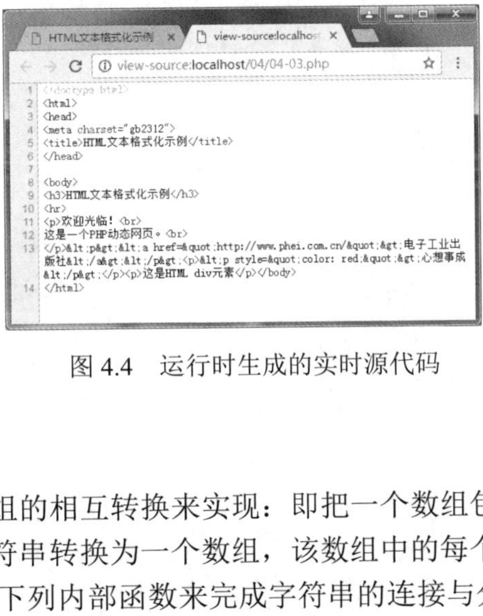

图 4.4　运行时生成的实时源代码

4.1.4 连接和分割字符串

字符串的连接与分割可以通过字符串与数组的相互转换来实现：即把一个数组包含的元素合并成一个字符串，或者反过来把一个字符串转换为一个数组，该数组中的每个元素都是字符串的一个子串。在 PHP 中，可以通过下列内部函数来完成字符串的连接与分割。

（1）使用 implode()函数将数组元素连接成一个字符串并返回该字符串，语法如下：

```
string implode (string $glue, array $pieces )
```

其中，参数 glue 指定用于连接数组元素的符号；pieces 表示要连接成一个字符串的数组。

（2）使用 explode()函数以指定字符串分割一个字符串并返回一个数组，语法如下：

```
array explode (string $separator,string $str[,int $limit] )
```

其中，参数 separator 指定分隔符。若 separator 为空字符串（""），则 explode()返回 false；若在字符串 str 中找不到 separator 所包含的值，则 explode()将返回包含字符串的单个元素的数组；若在字符串 str 中找到字符串 separator 所包含的值，则 explode()以 separator 作为分隔符对 str 进行分割并返回由字符串组成的数组，该数组中的每个元素均为字符串 str 的子串。

若设置了 limit 参数，则返回的数组最多包含 limit 个元素，而最后那个元素将包含字符串 str 的剩余部分。若 limit 参数是负数，则返回除了最后 limit 个元素之外的所有元素。

（3）使用 strtok()函数将一个字符串按另一个字符串值分割成若干个字符串，语法如下：

```
string strtok ( string $str, string $token )
```

其中，参数 str 是待分割的字符串；token 指定所使用的分隔符。

使用 strtok()函数时，被分割的字符串会按照分隔字符串中的每个字符进行分隔，而不是按照整个分隔字符串进行分割。该函数的返回值是标记后的字符串。

只有当第一次分割时，才需要通过第一个参数来指定被分割字符串。当完成第一次分割时，将自动记录第一次分割后的指针位置。如果继续调用该函数，则会从新的指针位置进行分割。因此，从第二次调用开始，可以省略第一个参数。如果想使指针返回初始状态，则应将被分割字符串作为第一个参数传递给 strtok()函数。

实战演练 创建一个 PHP 动态网页，说明如何连接和分割字符串。源文件为/04/04-04.php，源代码如下。

```
<!doctype html>
<html>
<head>
<meta charset="gb2312">
<title>连接和分割字符串示例</title>
</head>

<body>
<h3>连接和分割字符串示例</h3>
<hr>
<?php
$arr=array("Apache", "PHP", "MySQL", "DW");                //定义数组
echo '<ol type="I"><li>原始数组：';
print_r($arr);                                              //显示数组信息
$str=implode("→", $arr);                                    //用箭头连接数组元素构成一个字符串
echo "<br>将数组元素连接成一个字符串：", $str;
$str="AAA-BBB-CCC";                                         //定义字符串
$arr=explode("-", $str);                                    //以“－”为分隔符拆分字符串得到数组
echo "<li>原始字符串：", $str;
echo "<br>将字符串拆分成数组元素：";
print_r($arr);`                                             //显示数组信息
$n=1;
$str="Will convert both double and single quotes";          //定义字符串
echo "<li>原始字符串：", $str;
echo "<br>拆分成单词：";
$tok=strtok($str," ");                                      //以空格为分隔符拆分字符串
while($tok) {                                               //连续进行拆分
   echo "$n. $tok   ";                            //显示数字编号、单词和空格
   $tok=strtok(" ");                                        //省略第一个参数，继续拆分
   $n++;
}
```

```
?>
</body>
</html>
```

在上述 PHP 代码块中，首先使用“→”字符连接数组元素构成一个字符串，然后以“－”为分隔符拆分字符串得到一个数组，最后以空格为分隔符从句子中拆分出单词。网页运行结果如图 4.5 所示。

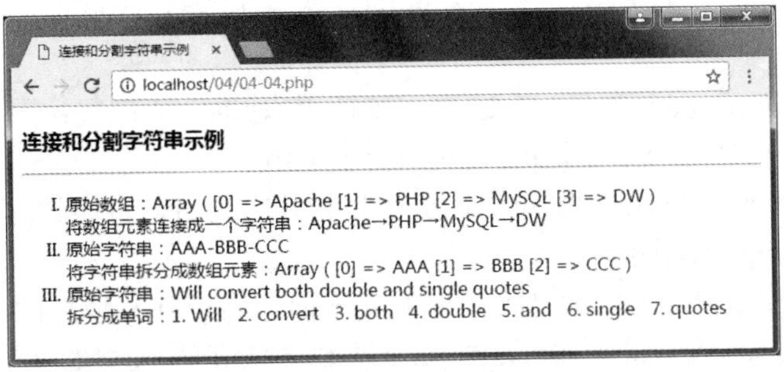

图 4.5　连接和拆分字符串示例

4.1.5 查找和替换字符串

在字符串处理过程中，经常要从一个字符串中查找另一个字符串的出现，或者在一个字符串中查找指定的内容并进行替换。在 PHP 中，可以通过调用以下内部函数来实现字符串的查找和替换。

（1）使用 strpos()函数从一个字符串中查找另一个字符串首次出现的位置，语法如下：

```
int strpos ( string $haystack, mixed $needle[,int $offset=0] )
```

其中，参数 haystack 表示被查找的字符串；参数 needle 表示要查找的字符串，如果该参数不是字符串，则它将被转换为整型并被视为字符的顺序值；参数 offset 表示要从字符串 haystack 的第 offset 个字符处开始查找，该参数值不能是负值。第一个字符的位置为 0。

如果在字符串 haystack 中找到了字符串 needle，则 strpos()函数将返回一个数字，它表示 needle 在 haystack 首次出现的位置。若未找到，则返回布尔值 false。

使用 strpos()函数执行查找时，是区分大小写的。如果希望执行查找时不区分大小写，则应使用 stripos()函数。

（2）使用 strrpos()函数在一个字符串中查找另一个字符串的最后一次出现，语法如下：

```
int strrpos(string $haystack, mixed $needle[, int $offset=0])
```

其中，参数 haystack 表示被查找的字符串；参数表示要查找的字符串，如果该参数不是字符串，它将被转换为整型并被视为字符的顺序值；参数 offset 指定从什么位置开始查找，若设置为负值，则从字符串尾部第 offset 个字符开始查找。

如果在字符串 haystack 中找到了子串 needle，则 strpos()函数将返回一个数字，表示 needle 在 haystack 中最后一次出现的位置。如果未找到，则返回布尔值 false。

（3）使用 str_replace()函数在一个字符串中查找一个子串的所有出现并使用新字符串替换该子串，语法如下：

```
mixed str_replace ( mixed $search, mixed $replace, mixed $subject[, int &$count] )
```

其中，参数 search 指定要被替换的目标字符串；replace 指定用于替换的新字符串；subject

表示原字符串；count 包含被替换的次数。

使用 str_replace()函数时，传入的前 3 个参数可以是字符串或数组，分为以下几种情况。

第一种情况：如果 search 是一个数组，而 replace 是一个字符串，则用字符串 replace 替换数组 search 的所有元素。

第二种情况：如果 search 和 replace 都是数组，则使用 replace 的元素替换 search 的对应元素，如果 replace 的元素少于 search 的元素，则 search 中的剩余元素用空字符串进行替换。

第三种情况：如果 subject 是一个数组，则使用 replace 依次替换数组 subject 每个元素中的 search 子串，此时 str_replace()函数返回一个数组。

使用 str_replace()函数执行查找时是区分大小写的。如果希望执行查找时不区分大小写，可以使用 str_irepalce()函数。

（4）使用 substr_replace()函数替换子串的文本内容并返回替换后的字符串，语法如下：

```
mixed substr_replace ( mixed $str, string $replacement, int $start[, int $length] )
```

其中，参数 str 表示原字符串；replacement 指定用来替换原有内容的新字符串；start 指定执行替换操作的起始位置；length 指定替换范围的大小，如果省略该参数，则从起始位置开始执行替换。

如果参数 start 为正数，则替换将从字符串 str 的 start 位置开始。如果参数 start 为负数，则将从字符串 str 的倒数第 start 个位置开始替换。

如果设定 length 参数为正数，则表示 str 中被替换的子字符串的长度。如果设定它为负数，则表示待替换的子字符串结尾处距离 str 末端的字符个数。如果未提供此参数，则它默认为字符串的长度 strlen(string)。如果 length 为 0，则将 replacement 插入到 string 的 start 位置处。

实战演练 创建一个 PHP 动态网页，说明如何查找和替换字符串。源文件为/04/04-05.php，源代码如下。

```
<!doctype html>
<html>
<head>
<meta charset="gb2312">
<title>字符串查找与替换示例</title>
<style type="text/css">
ol li {
   margin-bottom: 1em;
}
</style>
</head>

<body>
<h3>字符串查找与替换示例</h3>
<hr>
<?php
$str="a very beatiful way";
$needle="y";
$pos=strpos($str, $needle);
printf("<ol><li>\"%s\" 在 \"%s\" 中的第一次出现位置为：%d", $needle, $str, $pos);
$pos=strrpos($str, $needle);
printf("<li>\"%s\" 在 \"%s\" 中的最后一次出现位置为：%d", $needle, $str, $pos);
```

```
$str="<div style=\"%color%\">demo</div>";
$divtag=str_replace("%color%", "color: blue;", $str);
printf("<li>原字符串：%s<br>", htmlentities($str));
printf("执行替换后：%s", htmlentities($divtag));

$str="Hello World of PHP";
$vowels=array("a","e","i","o","u","A","E","I","O","U");
$onlyconsonants=str_replace($vowels, "", $str);
printf("<li>原字符串：%s<br>", $str);
printf("执行替换后（删除元音字母）：%s", $onlyconsonants);

$str="我喜欢 ASP 动态网站开发。";
printf("<li>原字符串：%s<br>", $str);
$str=substr_replace($str, "JSP", 6, 3);
printf("第一次替换后：%s<br>", $str);
$str=substr_replace($str, "PHP", 6, -14);
printf("第二次替换后：%s", $str);
?>
</body>
</html>
```

在上述 PHP 代码块中，首先在一个字符串中查找字母 y 的第一次和最后一次出现的位置，然后对一个 HTML 标签代码执行替换操作，接着从一个字符串中删除所有元音字母，最后对一个字符串中连续执行两次替换操作。网页运行结果如图 4.6 所示。

图 4.6　字符串查找与替换示例

4.1.6 从字符串中取子串

在处理字符串时，经常需要从一个字符串中取出一部分内容，这部分内容称为原字符串的一个子串。通过调用 PHP 提供的下列函数可以从字符串提取子串。

（1）使用 substr()函数从指定字符串中返回一个子串，语法如下：

```
string substr ( string $str, int $start[, int $length] )
```

其中，参数 str 指定原字符串；start 指定子串的起始位置，如果省略该参数，则从第一个字符开始；length 指定子串的长度，如果省略该参数或其值大于字符串 str 的长度，则返回从起始位置之后的所有字符。

如果 start 为非负数，则从第 start 个字符开始返回字符串。start 从 0 开始计算。例如，在字符串“abcdef ”中，位置 0 处的字符为“a”，位置 2 处的字符为“c”，依次类推。如果 start 为负数，则从原字符串末尾向前数 start 个字符，由此开始获取子串。如果 start 超出了字符串 str 的范围，则返回 false。

如果 length 为负数，则表示从字符串 str 末尾算起忽略的字符长度。

（2）使用 strstr()函数在一个字符串中查找一个子串的首次出现并返回字符串的一部分或 false，语法如下：

```
string strstr (string $haystack, mixed $needle[, bool $before_needle] )
```

其中，参数 haystack 表示原字符串，needle 表示要查找的子串。如果 needle 不是一个字符串，则它将被转换为一个整数并作为一个普通字符来使用。

如果在字符串 haystack 中找到了子串 needle，则 strstr()函数返回从 needle 首次出现的位置到 haystack 结束的所有字符串。如果在字符串 haystack 中找不到 needle，则返回 false。如果参数 before_needle 为 true，则返回 needle 在 haystack 中的位置之前的部分。

使用 strstr()函数执行查找时，是区分大小写的。如果要在执行查找时不区分大小写，则可以使用 stristr()函数。

（3）使用 strrchr()函数在一个字符串中查找另一个字符串的最后一次出现并返回字符串的一部分，语法如下：

```
string strrchr ( string $haystack, string $needle )
```

如果在字符串 haystack 中找到了子串 needle，则 strrchr()函数返回从 needle 最后一次出现的位置到 haystack 结束的子串。如果在字符串 haystack 中找不到 needle，则返回 false。

实战演练 创建一个 PHP 动态网页，说明如何从一个字符串中获取子串。源文件为/04/04-06.php，源代码如下。

```
<!doctype html>
<html>
<head>
<meta charset="gb2312">
<title>从字符串中取子串示例</title>
<style type="text/css">
ol li {
  margin-bottom: 1em;
}
</style>
</head>

<body>
<h3>从字符串中取子串示例</h3>
<hr>
<?php
print("<ol><li>从字符串 \"abcdefg\" 中取出不同部分：<br>");
printf("%s, ",substr("abcdefg", 1));              //bcdefg
printf("%s, ",substr("abcdefg", 1, 3));           //bcd
printf("%s, ",substr("abcdefg", 0, 10));          //abcdefg
printf("%s, ",substr("abcdefg", -3, 2));          //ef
printf("%s, ",substr("abcdefg", -2));             //fg
printf("%s, ",substr("abcdefg", -5, -2));         //cde
printf("%s, ",substr("abcdefg", 0, -3));          //abcd
printf("%s, ",substr("abcdefg", 2, -1));          //cdef
printf("%s, ",substr("abcdefg", 8, -1));          //flase（显示为空）
printf("%s",substr("abcdefg", -3, -1));           //ef

$email="jack@163.com";
$username=strstr($email, "@", true);              //返回“@”字符之前的部分
$domain=substr(strstr($email, "@"), 1);           //内层 strstr()函数调用返回“@”字符及其之后的部分
                                                  //外层 substr()函数调用返回除首字符之外的部分（即域名）
```

```
printf("<li>电子邮件地址为：%s<br>", $email);
printf("从中取出用户名：%s<br>", $username);
printf("取出域名：%s", $domain);

$path=__FILE__;                              //使用魔术变量__FILE__获取当前文件的物理路径
$filename=substr(strrchr($path, "\\"), 1);   //用 strrchr()从路径中返回最后一个"\"及其之后的部分
                                             //用 substr()从 strrchr()的结果中返回除首字符之外的部分
printf("<li>当前文件完整路径：%s<br>", $path);
printf("从路径中取出文件名：%s", $filename);
?>
</body>
</html>
```

在上述 PHP 代码块中，首先从字符串"abcdefg"中取出不同的部分，为此分别将不同的参数传入 substr()函数中；然后从一个电子邮件地址中分别取出用户名和域名部分，取出域名时将 substr()函数调用作为参数传入 substr()函数调用；最后用魔术变量__FILE 获取当前页面的物理路径，再使用 strrchr()和 substr()取出文件名。网页运行结果如图 4.7 所示。

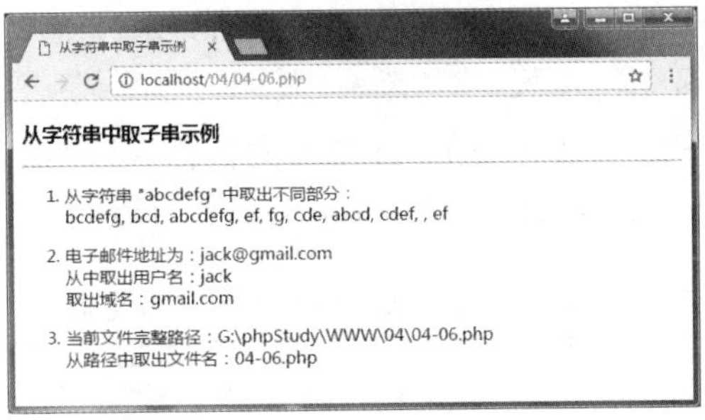

图 4.7　从字符串中取子串示例

任务 4.2 日期/时间处理

PHP 语言没有提供专用的日期/时间数据类型，但可以通过内部函数得到 PHP 所运行的服务器的日期和时间，并将日期和时间以不同的格式进行输出。相应的函数库是作为 PHP 内核的一部分出现的，不需要安装就可以直接使用。通过本任务将掌握在 PHP 中处理日期和时间的基本技能。

任务目标

- ★ 掌握设置默认时区的方法
- ★ 掌握获取日期和时间的方法
- ★ 掌握格式化日期和时间的方法

4.2.1 设置默认时区

日期和时间函数依赖于服务器的地区设置。为了获得正确的日期和时间信息，首先需要设置服务器所在的时区，这可以通过以下两种方式实现。

（1）在 php.ini 中设置 date.timezone 选项。设置中国标准时间的代码为：

```
date.timezone=PRC
```

date.timezone 选项设置对所有 PHP 脚本均有效。

（2）使用内置函数 date_default_timezone_set()来设置用于一个脚本中所有日期时间函数的默认时区，语法如下：

```
bool date_default_timezone_set ( string $timezone_identifier )
```

其中，参数 timezone_identifier 为时区标识符，例如 UTC 或 Europe/Lisbon。要使用中国标准时间，可使用以下时区标识符之一：Asia/Shanghai（亚洲/上海）；Asia/Chongqing（亚洲/重庆）；Asia/Urumqi（亚洲/乌鲁木齐）。

下面给出设置中国标准时间的代码。

```
date_default_timezone_set ("Asia/Shanghai");
```

4.2.2 获取日期和时间

使用 getdate()函数可以取得日期/时间信息，语法如下：

```
array getdate ( [int $timestamp] )
```

getdate()函数返回一个根据时间戳 timestamp 得出的包含有日期信息的关联数组。如果没有给出时间戳，则认为是当前本地时间。使用 time()函数可返回当前的 UNIX 时间戳。

表 4.3 返回的关联数组中的键名元素

键 名	说 明	返 回 值
seconds	秒的数字表示	0～59
minutes	分钟的数字表示	0～59
hours	小时的数字表示	0～23
mday	月份中第几天的数字表示	1～31
wday	星期中第几天的数字表示	0（表示星期天）～6（表示星期六）
mon	月份的数字表示	1～12
year	4 位数字表示的完整年份	例如：1999 或 2012
yday	一年中第几天的数字表示	0～365
weekday	星期几的完整文本表示	Sunday～Saturday
month	月份的完整文本表示	January～December
0	自从 Unix 纪元开始至今的秒数，与 time()的返回值及用于 date()的值类似	与系统相关，其典型值为：-2147483648～2147483647

实战演练 创建一个 PHP 动态网页，说明如何从服务器获取当前日期和时间信息。源文件为/04/04-07.php，源代码如下。

```
<!doctype html>
<html>
<head>
<meta charset="gb2312">
<title>获取服务器日期和时间</title>
</head>

<body>
<h3>获取服务器日期和时间</h3>
<hr>
<?php
```

```
    function getCHNWday($wday) {
      $chnwday="";
        switch ($wday) {
        case 0:
          $chnwday="星期日";
          break;
        case 1:
          $chnwday="星期一";
          break;
        case 2:
          $chnwday="星期二";
          break;
        case 3:
          $chnwday="星期三";
          break;
        case 4:
          $chnwday="星期四";
          break;
        case 5:
          $chnwday="星期五";
          break;
        case 6:
          $chnwday="星期六";
          break;
      }
      return $chnwday,
    }

    date_default_timezone_set("Asia/Shanghai");
    $now=getdate();
    echo "关于日期/时间的详细信息：<br>";
    print_r($now);

    printf("<p>现在时间是：%s 年%s 月%s 日  %s %s:%s:%s</p>", $now["year"],
      $now["mon"], $now["mday"], getCHNWday($now["wday"]), $now["hours"],
      ($now["minutes"]<10 ? "0" . $now["minutes"] : $now["minutes"]),
      ($now["seconds"]<10 ? "0" . $now["seconds"] : $now["seconds"]));
    printf("<p>今天是%s 年的第%s 天</p>", $now["year"], $now["yday"]+1);
    ?>
    </body>
    </html>
```

在上述 PHP 代码块中，定义了一个名为 getCHNWday 函数，其功能是将数字形式星期转换为中文星期；在显示时间部分时，通过条件运算符对 10 分和 10 秒以内的数字添加一个前缀“0”；此外，在计算一年中的第几天时，考虑到元旦是第 0 天，所以需要在计算结果中加上 1。网页运行结果如图 4.8 所示。

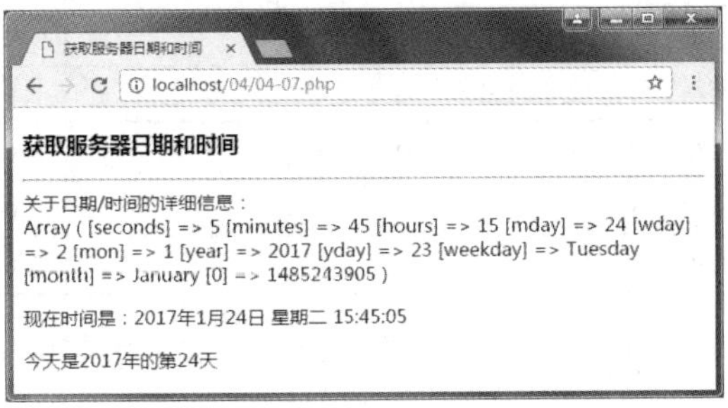

图 4.8　获取服务器日期和时间

4.2.3 格式化日期/时间

使用 date()函数可以获取一个本地日期/时间并进行格式设置，语法如下：

```
string date ( string $format[, int $timestamp] )
```

其中，参数 format 指定日期/时间的显示格式；timestamp 是一个整数，表示时间戳。

date()函数返回将整数 timestamp 按照给定格式而产生的字符串。如果没有给出时间戳，则使用本地当前时间。可选参数 timestamp 的默认值为自从 UNIX 纪元（格林尼治时间 1970 年 1 月 1 日 00:00:00）到当前时间的秒数。

一些可用于 format 参数的字符在表 4.4 中列出。

表 4.4 日期/时间格式字符

字　符	说　明	返 回 值
表示日的字符		
d	表示月份中的第几天，有前导零的两位数字	01～31
D	表示星期中的第几天，3 个字母表示的文本	Mon～Sun
j	表示月份中的第几天，没有前导零	1～31
l（L 的小写形式）	用完整的文本格式表示星期几	Sunday～Saturday
N	用数字表示的星期中的第几天	1（星期一）～7（星期日）
w	用数字表示星期中的第几天	0（星期日）～6（星期六）
z	表示年份中的第几天	0～366
表示月的字符		
F	用完整的文本格式表示月份	January～December
m	用数字表示的月份，有前导零	01～12
M	用 3 个字母缩写表示的月份	Jan～Dec
n	用数字表示的月份，没有前导零	1～12
表示年的字符		
Y	用 4 位数字表示的年份	例如 1999 或 2018
y	用两位数字表示的年份	例如 99 或 08
表示时间的字符		
a	用小写字母的上午和下午值	am 或 pm
A	用大写字母的上午和下午值	AM 或 PM
g	表示小时，12 小时格式，没有前导零	1～12
G	表示小时，24 小时格式，没有前导零	0～23
h	表示小时，12 小时格式，有前导零	01～12
H	表示小时，24 小时格式，有前导零	00～23
i	表示分钟数，有前导零	00～59
s	表示秒数，有前导零	00～59

实战演练 创建一个 PHP 动态网页，说明如何从服务器获取当前日期和时间信息并进行格式设置。源文件为/04/04-08.php，源代码如下。

```
<!doctype html>
<html>
```

```
<head>
<meta charset="gb2312">
<title>日期和时间格式化示例</title>
</head>

<body>
<h3>日期和时间格式化示例</h3>
<hr>
<?php
date_default_timezone_set("Asia/Shanghai");                    //设置默认时区
$w=array("周日", "周一", "周二", "周三", "周四", "周五", "周六");
$d=$w[date("w")];                                              //从数组中取一个元素，表示中文周几
printf("<p>现在时间是：%s</p>", date("Y 年 n 月 j 日  {$d} G:i:s"));
printf("<p>今天是今年的第%s 天</p>", (date("z")+1));
?>
</body>
</html>
```

在上述 PHP 代码块中，首先通过调用 date_default_timezone_set()函数设置默认时区，如果已在 PHP 配置文件 php.ini 中设置了 date.timezone = PRC，则无需再调用这个函数；然后通过调用 array()函数创建了一个数组，该数组包含 7 个元素，内容分别是“周日”到“周六”，索引下标分别是 0~6；接着通过调用函数 date("w")返回了一个数字，其取值也是 0~6，用于表示星期中的第几天，因此以该数字作为索引刚好从数组中取出一个元素，表示中文周几。网页运行结果如图 4.9 所示。

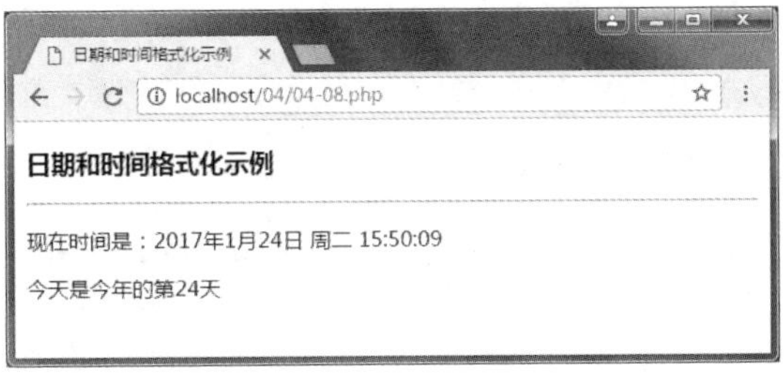

图 4.9　日期和时间格式化示例

任务 4.3　数组处理

数组是一种复合数据类型，用于保存一组类型相同或不同的数据，并将一组值映射为键。键也称为数组的索引，它可以是整型数或字符串，相应的数组分别称为枚举数组和关联数组。键可以有一个或多个，相应的数组分别称为一维数组或多维数组。通过本任务的实施将学会在 PHP 中创建和处理数组。

任务目标

★ 掌握创建数组的方法

★ 掌握遍历数组的方法

★ 初步掌握预定义数组的用法

★ 掌握数组函数的用法

4.3.1 创建数组

在 PHP 语言中，创建数组有两种方法：一种方法是使用 array()语言结构，另一种方法是使用方括号语法格式。

1．用语言结构 array()创建数组

array()语言结构用于新建一个数组，该语言结构接受一定数量用逗号分隔的 key => value 参数对，语法如下：

```
$array_name= array ( [key=>]value, ...);
```

其中，参数 array_name 表示数组名；参数 key 是可选的，它表示索引或键名，可以是整型数或字符串；value 表示与键对应的值，可以是任何类型（包括数组）。如果省略了索引，则会自动产生从 0 开始的整数索引；如果索引是整数，则下一个产生的索引将是目前最大的整数索引+1；如果定义了两个完全相同的索引，则后面一个会覆盖前一个。

array()结构返回根据参数创建的数组。

创建一个数组后，便可以通过数组名和索引来引用数组内的任何一个元素的值，语法格式如下：

```
$array_name[key]
```

如果要引用多维数组内的元素，则需要使用数组名和多个键来实现。例如，对于二维数组，可以通过以下语法格式来访问其元素：

```
$array_name[key1][key2]
```

下面给出一个用 array()语言结构创建数组的例子。

```
<?php
$arr=array(1=>10, 2=>20, 30, 40, "aa"=>50, "bb"=>60, 70);  //索引既有整型数，也有字符串
echo $arr[3];                                               //显示 30
echo $arr["aa"];                                            //显示 50
echo $arr["bb"];                                            //显示 60
echo $arr[5];                                               //显示 70
?>
```

使用 array()语言结构时，应注意以下几点。

（1）如果对给出的值没有指定键名，则新的键名将是当前最大的整数索引值加 1。如果指定的键名已经有了值，则该值将会被覆盖。

（2）如果将把键名指定为浮点数，则被取整为整型数。

（3）如果使用 true 作为键名，则将使整型数 1 成为键名；如果使用 false 作为键名，则将使整型数 0 成为键名。

（4）如果使用 NULL 作为键名，则将等同于使用空字符串。使用空字符串作为键名将新建（或覆盖）一个用空字符串作为键名的值，这与使用空的方括号不同。

（5）不能用数组和对象作为键名。

2．用方括号语法新建或修改数组

通过在方括号内指定键名可以对数组元素进行赋值，语法如下：

```
$array_name[key]=value;
```

其中，array_name 表示数组名；参数 key 表示键名，可以是整型数或字符串；value 可以是任何值。

如果数组 array_name 目前还不存在，则会新建一个数组。这也是一种定义数组的替换方法。如果要改变一个数组元素的值，给它赋一个新值即可。如果要删除一个键名-值对，可对它应用 unset()。

也可以不指定键名，此时应在变量名后面加上一对空的方括号（“[]”），即：

```
$array_name[]=value;
```

如果给出方括号但没有指定键名，则取当前最大整数索引值，新的键名将是该值加 1。如果当前还没有整数索引，则将键名设置为 0。如果指定的键名已经有值了，该值将被覆盖。

下面给出一个用方括号语法创建和更改数组的例子。

```
<?php
$username=array(3=>"张三", 5=>"李四", 8=>"kk");
$username[]="tt";                //添加一个新元素，键为 9
$username[12]="mary";            //添加一个新元素，键为 12
$username["sa"]="root";          //添加一个新元素，键为"sa"
unset($username[5]);             //删除数组元素$username[5]
unset($username);                //删除整个数组
?>
```

实战演练 创建一个 PHP 动态网页，说明如何使用语言结构 array()创建数组。源文件为/04/04-09.php，源代码如下。

```
<!doctype html>
<html>
<head>
<meta charset="gb2312">
<title>创建数组示例</title>
<style type="text/css">
ol li {
   margin-bottom: 1em;
}
</style>
</head>

<body>
<h3>创建数组示例</h3>
<hr>
<?php
//未指定键名，默认键名为 0、1、2
$a1=array(3000, 4000, 6000);
printf("<ol><li>键为整型数<br>");
var_dump($a1);
printf("<br>  %s  %s  %s", $a1[0], $a1[1], $a1[2]);

//指定字符串作为键名
$a2=array("username"=>"张三丰","gender"=>"男","birthdate"=>"1999-9-19");
printf("<li>键为字符串<br>");
var_dump($a2);
printf("<br>用户名：%s；性别：%s；出生日期：%s",$a2["username"],$a2["gender"], $a2["birthdate"]);

//指定整型数或字符串作为键名
$a3=array(100, 5=>666, 3=>777, "aa"=>999, 111, "8"=>333, "02"=>9999, 0=>1212);
printf("<li>键为整型数或字符串<br>");
var_dump($a3) ;
printf("<br>  %s  %s  %s", $a3[0], $a3["aa"], $a3["02"]);

//指定数组作为值（多维数组）
$a4=array("fruits"=>array("a"=>"砀山梨", "b"=>"水蜜桃", "c"=>"灵宝苹果"),
        "numbers"=>array(20, 30, 50, 60),"quality"=>array("优","良","尚可"));
```

```
echo "<li>多维数组<br>";
var_dump($a4);
printf("<br>  %s  %s  %s", $a4["fruits"]["c"],
   $a4["numbers"][3], $a4["quality"][0]);
?>
</body>
</html>
```

在上述 PHP 代码块中，分别创建了 4 个数组。其中第一个数组未指定键名，第 2 个数组以字符串作为键名，第 3 个数组以整型数或字符串作为键名，第 4 个数组是多维数组。网页运行结果如图 4.10 所示。

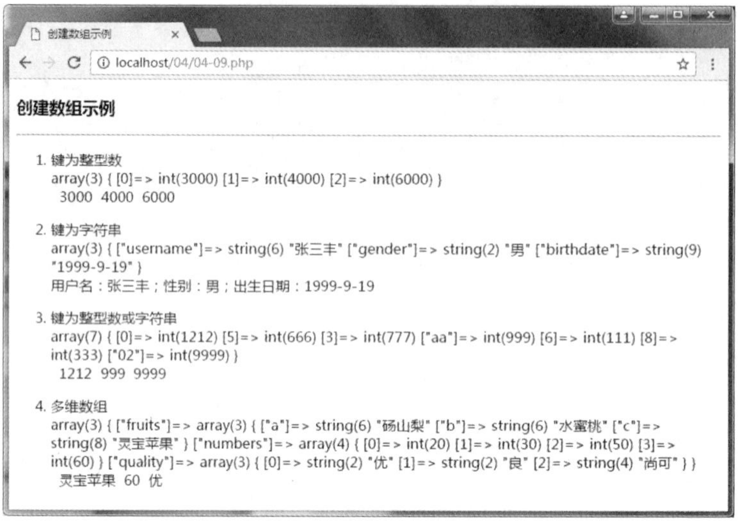

图 4.10　创建数组示例

4.3.2　遍历数组

在 PHP 语言中，可以通过 foreach 循环语句来遍历数组。该语句仅用于数组。当试图将该语句用于其他数据类型或者一个未初始化的变量时会产生错误。

foreach 语句有以下两种语法格式：

```
foreach (array_expr as $value )
   statements
foreach (array_expr as $key=>$value )
   statements
```

第一种语法格式遍历给定的 array_expr 数组。在每次循环中，当前元素的值被赋给变量 value，并且数组内部的指针向前移一步，因此在下一次循环中将会得到下一个元素。

第二种语法格式是第一种语法格式的扩展，其作用与第一种语法格式作用相同，但当前元素的键名会在每次循环中赋给变量 key。这种语法格式还能用于遍历对象。

实战演练　创建一个 PHP 动态网页，说明如何使用 foreach 循环语句遍历数组。源文件为/04/04-10.php，源代码如下。

```
<!doctype html>
<html>
<head>
<meta charset="gb2312">
<title>遍历数组示例</title>
```

```
<style type="text/css">
ul {
  margin-top: 0;
}
</style>
</head>

<body>
<h3>遍历数组示例</h3>
<hr>
<?php
$student=array("姓名"=>"李致远", "性别"=>"男",
  "出生日期"=>"1999-9-9", "电子信箱"=>"lzy@163.com");

printf("<p>数组信息:<br>");
var_dump($student);

printf("</p>用户信息:<ul>");
foreach($student as $key=>$value){
  printf("<li>%s：%s", $key, $value);}
?>
</body>
</html>
```

在上述 PHP 代码块中，以字符串作为键名创建了一个数组，然后通过 foreach 循环语句遍历这个数组。网页运行结果如图 4.11 所示。

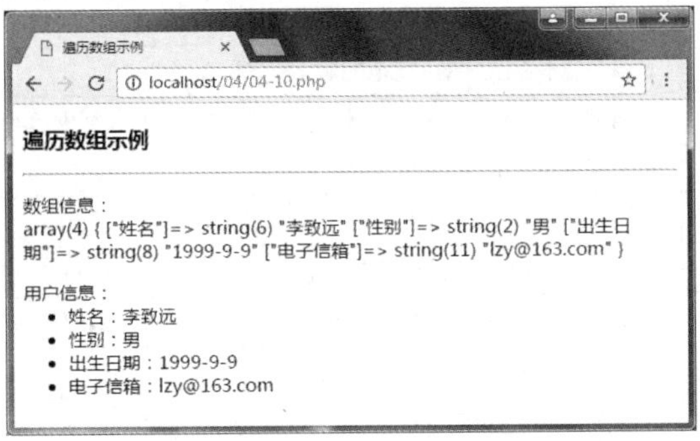

图 4.11 遍历数组示例

4.3.3 使用预定义数组

PHP 提供了一些预定义数组，它们可以在 PHP 代码中直接使用，而不需要进行初始化。这些数组包含来自 Web 服务器（如果可用）、运行环境及用户输入的数据，而且在全局范围内自动生效，因此也称为超全局变量。一些常用的预定义数组在表 4.5 中列出。

表 4.5 常用的预定义数组

预定义数组	描 述	应 用 示 例
$GLOBALS	包含一个引用指向每个当前脚本的全局范围内有效的变量，该数组的键名为全局变量的名称	用$GLOBALS["a"]可访问在脚本中定义的全局变量$a
$_SERVER	由 Web 服务器设定或者直接与当前脚本的执行环境相关联，是一个包含诸如头信息、路径和脚本位置的数组，该数组的实体由 Web 服务器创建。在脚本中可以用 phpinfo()函数来查看其内容	用 $_SERVER["PHP_SELF"] 可获取当前正在执行脚本的文件名，与 document root 相关

（续表）

预定义数组	描　　述	应 用 示 例
$_GET	经由 URL 请求提交至脚本的变量，是通过 HTTP GET 方法传递的变量组成的数组，可用来获取附加在 URL 后面的参数值	用$_GET["id"]可获取附加在 URL 后的名为 id 的参数的值
$_POST	经由 HTTP POST 方法提交至脚本的变量，是通过 HTTP POST 方法传递的变量组成的数组，可用来获取用户通过表单提交的数据	用$_POST["name"]可获取通过表单提交的名为name 的表单元素的值
$_COOKIE	经由 HTTP Cookies 方法提交至脚本的变量，是通过 HTTP cookies 传递的变量组成的数组，可用于读取 Cookie 值	用$_COOKIE["email"]可获取存储在客户端的名为 email 的 Cookie 值
$_REQUEST	经由 GET，POST 和 COOKIE 机制提交至脚本的变量，因此该数组并不值得信任。所有包含在该数组中的变量的存在与否及变量的顺序均按照 php.ini 中的 variables_order 配置指示来定义	$_REQUEST 数组包括 GET、POST 和 COOKIE 的所有数据
$_FILES	经由HTTP POST文件上传而提交至脚本的变量，是通过HTTP POST方法传递的已上传文件项目组成的数组，可用于 PHP 文件上传编程	用 $_FILES["userfile"]["name"] 可获取客户端机器文件的文件名
$_SESSION	是当前注册给脚本会话的变量，是包含当前脚本中会话变量的数组，可用于访问会话变量	用 $_SESSION["user_level"] 可检索名为 user_level 的会话变量的值

常用的$_SERVER 数组元素在表 4.6 中列出。

表 4.6　常用的$_SERVER 数组元素

元 素 键 名	元素值描述
PHP_SELF	当前正在执行脚本的文件名，与 document root 相关
GATEWAY_INTERFACE	服务器使用的 CGI 规范的版本。例如，“CGI/1.1”
SERVER_NAME	当前运行脚本所在服务器主机的名称。如果该脚本运行在一个虚拟主机上，该名称由那个虚拟主机所设置的值决定
SERVER_SOFTWARE	服务器标识的字符串，在响应请求时的头信息中给出
SERVER_PROTOCOL	请求页面时通信协议的名称和版本。例如，“HTTP/1.0”
REQUEST_METHOD	访问页面时的请求方法。例如，“GET”、“HEAD”、“POST”、“PUT”
REQUEST_TIME	请求开始时的时间戳。从 PHP 4.2.0 起有效
QUERY_STRING	查询字符串，即 URL 中第一个问号（?）之后的内容
DOCUMENT_ROOT	当前运行脚本所在的文档根目录，在服务器配置文件中定义
HTTP_ACCEPT	当前请求的 Accept 头信息的内容
HTTP_ACCEPT_CHARSET	当前请求的 Accept-Charset:头信息的内容。例如，“iso-8859-1,*,utf-8”
HTTP_ACCEPT_ENCODING	当前请求的 Accept-Encoding:头信息的内容。例如，“gzip”
HTTP_ACCEPT_LANGUAGE	当前请求的 Accept-Language:头信息的内容。例如，“zh-cn”
HTTP_CONNECTION	当前请求的 Connection:头信息的内容。例如，“Keep-Alive”
HTTP_HOST	当前请求的 Host:头信息的内容
HTTP_REFERER	链接到当前页面的前一页面的 URL 地址
HTTP_USER_AGENT	当前请求的 User-Agent:头信息的内容
HTTPS	如果脚本是通过 HTTPS 协议访问，则被设为一个非空的值
REMOTE_ADDR	正在浏览当前页面用户的 IP 地址
REMOTE_HOST	正在浏览当前页面用户的主机名。反向域名解析基于该用户的 REMOTE_ADDR
REMOTE_PORT	用户连接到服务器时所使用的端口
SCRIPT_FILENAME	当前执行脚本的绝对路径名

（续表）

元 素 键 名	元素值描述
SERVER_ADMIN	该值指明了 Apache 服务器配置文件中的 SERVER_ADMIN 参数。如果脚本运行在一个虚拟主机上，则该值是那个虚拟主机的值
SERVER_PORT	服务器所使用的端口，默认为 80。若使用 SSL 安全连接，则该值为用户设置的 HTTP 端口
SERVER_SIGNATURE	包含服务器版本和虚拟主机名的字符串
PATH_TRANSLATED	当前脚本所在文件系统（不是文档根目录）的基本路径。这是在服务器进行虚拟到真实路径的映像后的结果
SCRIPT_NAME	包含当前脚本的路径
REQUEST_URI	访问此页面所需的 URI
PHP_AUTH_USER	当 PHP 运行在 Apache 或 IIS（PHP 5 是 ISAPI）模块方式下，并且正在使用 HTTP 认证功能，这个变量便是用户输入的用户名
PHP_AUTH_PW	当 PHP 运行在 Apache 或 IIS（PHP 5 是 ISAPI）模块方式下，并且正在使用 HTTP 认证功能，这个变量便是用户输入的密码

实战演练 创建一个 PHP 动态网页，说明如何使用预定义数组来获取服务器变量列表。源文件为/04/04-11.php，源代码如下。

```
<!doctype html>
<html>
<head>
<meta charset="gb2312">
<title>服务器变量列表</title>
<style type="text/css">
table {
  border-collapse: collapse;
}
</style>
</head>

<body>
<h3>服务器变量列表</h3>
<?php
echo "<table border=\"1\">";
echo "<tr><th>变量</th><th>值</th></tr>";
foreach($_SERVER as $key=>$value) {
  printf("<tr><td>%s</td><td>%s</td></tr>", $key, $value);
}
echo "</table>";
?>
</body>
</html>
```

网页运行结果如图 4.12 所示。

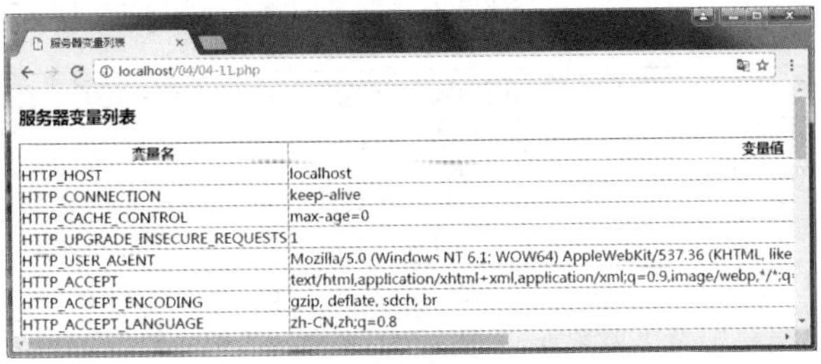

图 4.12　服务器变量列表

4.3.4 使用数组函数

PHP 提供了丰富的数组函数，通过这些函数可用多种方法来操作数组。这些函数是 PHP 内核的一部分，无需安装外部库文件即可使用。常用的数组函数在表 4.7 中列出。

表 4.7 常用的数组函数

数组函数	说明
bool array_key_exists (mixed $key, array $search)	检查给定的键名或索引是否存在于数组中。key 表示键名或索引，search 表示待搜索的数组。若给定的 key 存在于数组中，则返回 true
mixed array_pop (array &arr)	弹出并返回 arr 数组的最后一个元素（出栈），将数组 arr 的长度减 1。若 arr 为空或不是数组，则返回 NULL
int array_push (array &$arr, mixed $var [, mixed $...])	将一个或多个传入的单元压入数组 arr 的末尾（入栈）。var 表示传入的单元。数组 arr 的长度将根据入栈单元的数目增加
array array_reverse(array $arr [, bool $preserve_keys])	返回一个元素顺序相反的新数组。若 preserve_keys 为 true，则保留原来的键名
mixed array_shift (array &$arr)	将数组 arr 的第一个元素移出并作为结果返回，将 arr 的长度减 1 并将所有其他元素向前移动一位。所有的数字键名将改为从零开始计数，字符串键名将不变。若 arr 为空或不是数组，则返回 NULL。使用本函数后会重置数组指针
number array_sum (array $arr)	计算数组 arr 中所有值的和并以整数或浮点数返回
array array_unique (array $arr)	接受数组 arr 作为输入并返回没有重复值的新数组
int array_unshift (array &$arr, mixed $var [, mixed $...])	将传入的单元插入到数组 arr 的开头。单元是作为整体被插入的，因此传入的单元将保持同样的顺序。所有的数值键名将修改为从零开始重新计数，所有的字符串键名保持不变。本函数返回数组 arr 新的元素数目
array array_values (array $input)	返回数组 input 中所有的值并给其建立数字索引
bool asort (array &arr [, int $sort_flags])	对数组 arr 进行排序，数组的索引保持和元素的关联。若成功则返回 true，失败则返回 false
int count (mixed $var [, int $mode])	返回 var（通常数组）中的元素数目，对任何其他类型都只有一个单元。若把可选参数 mode 设为 1，则将递归地对数组计数，这对计算多维数组的所有元素尤其有用。mode 的默认值是 0
mixed current (array &arr)	函数返回当前被内部指针指向的数组元素的值，并不移动指针。本函数返回数组中的当前元素。若内部指针指向超出了数组端，则返回 false
array each (array &arr)	返回数组 arr 中当前的键-值对并将数组指针向前移动一步。键值对被返回为 4 个单元的数组，键名为 0、1、key 和 value，其中元素 0 和 key 包含有数组单元的键名，1 和 value 则包含有数据。若内部指针越过了数组末端，则返回 false
mixed end (array &arr)	将数组 arr 的内部指针移动到最后一个元素并返回其值
bool ksort (array &arr [, int $sort_flags])	对数组 arr 排序，并保留键名到数据的关联。本函数主要用于关联数组。若成功则返回 true，失败则返回 false
void list (mixed $varname, mixed $...)	通过一步操作给一组变量进行赋值。list()仅能用于数字索引的数组并假定数字索引从 0 开始。像 array()一样，list()不是真正的函数，而是语言结构
mixed next (array &$arr)	返回数组 arr 的内部指针指向的下一个元素的值，或当没有更多元素时返回 false
mixed prev (array &$arr)	返回数组 arr 的内部指针指向的前一个元素的值，或当没有更多元素时返回 false
array range (mixed $low, mixed $high [, number $step])	返回数组中从 low 到 high 的元素（包括它们本身）所构成的数组。若 low > high，则序列将从 high 到 low。若给出了可选参数 step 的值，则把它作为元素之间的步进值。step 应为正值。若未指定 step，则默认为 1
mixed reset (array &arr)	将数组 arr 的内部指针倒回到第一个元素并返回该元素的值，若数组为空，则返回 false

（续表）

数 组 函 数	说　明
bool rsort (array &arr [, int sort_flags])	对数组 arr 进行逆向排序（最高到最低），并为该数组中的元素赋予新的键名。若成功则返回 true，失败则返回 false
bool shuffle (array &$arr)	打乱数组 arr，进行随机排序，并为数组 arr 中的元素赋予新的键名。若成功则返回 true，失败则返回 false
bool sort (array &$arr [, int $sort_flags])	对数组 arr 进行排序（最低到最高），并为该数组中的元素赋予新的键名。若成功则返回 true，失败则返回 false

实战演练 创建一个 PHP 动态网页，用于演示一些数组函数的使用方法。源文件为 /04/04-12.php，源代码如下。

```
<!doctype html>
<html>
<head>
<meta charset="gb2312">
<title>数组函数应用示例</title>
<style type="text/css">
ol li {
  margin-bottom: 0.5em;
}
</style>
</head>

<body>
<h3>数组函数应用示例</h3>
<hr>
<?php
$arr=array("A", "B", "C");
echo "<ol>";
echo "<li>数组原始内容：<br>";
var_dump($arr);

echo "<li>在数组末尾添加一些元素：<br>";
array_push($arr,"D","E","F");
var_dump($arr);

echo "<li>对数组进行排序：<br>";
sort($arr);
var_dump($arr);
echo "<li>对数组进行逆向排序：<br>";
rsort($arr);
var_dump($arr);

echo "<li>打乱数组元素顺序：<br>";
shuffle($arr);
var_dump($arr);

$var=array_shift($arr);
echo "<li>从数组中移出第一个元素：$var";

$var=array_pop($arr);
echo "<li>从数组中弹出最后一个元素：$var";
echo "<li>现在数组的内容为：<br>";
var_dump($arr);
?>
</body>
</html>
```

在上述 PHP 代码块中，首先定义了一个数组，然后利用数组函数实现数组的各种操作，例如添加元素、排序、逆向排序、打乱、移出、出栈等。网页运行结果如图 4.13 所示。

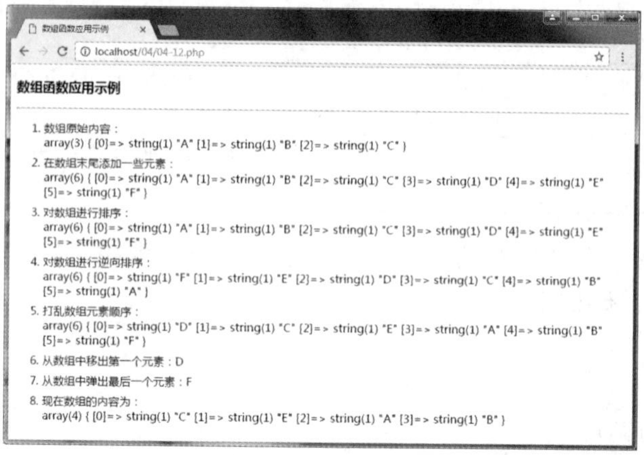

图 4.13　数组函数应用示例

项目思考

一、选择题

1. 使用 printf 函数时，使用类型码（　　）可将参数处理为一个整数并表示为二进制数。

   A. c　　B. x　　C. s　　D. b

2. 使用预定义数组（　　）可获取经由 GET，POST 和 COOKIE 机制提交至脚本的变量。

   A. $_REQUEST　　B. $_GET

   C. $_POST　　D. $_COOKIE

3. 要获取正在浏览当前页面用户的 IP 地址，应将$_SERVER 数组的元素键名指定为（　　）。

   A. HTTP_HOST　　B. REMOTE_ADDR

   C. REMOTE_HOST　　D. REMOTE_PORT

4. 调用（　　）函数可以从字符串中去除所有 PHP 和 HTML 标签并返回经过处理的字符串。

   A. nl2br()　　B. htmlspecialchars()

   C. htmlentities　　D. strip_tags()

5. 要将数组元素连接成一个字符串并返回该字符串，可调用（　　）函数。

   A. addslashes()　　B. implode()

   C. explode()　　D. strtok()

二、判断题

1.（　　）要使用 printf()函数输出一个百分号应将参数设置为“\%”。

2.（　　）使用 str_replace()函数可执行子字符串替换并返回替换后的数组或字符串。

3.（　　）使用 str_split()函数可将字符串转换为数组。

4.（　　）在 getdate()函数返回的关联数组中，键名 mday 的对应值表示星期中的第几天。

5.（　　）要从 getdate()函数返回获取用 4 位数表示完整年份，可使用键名 yday。

6.（　　）使用 date()函数时，要以 24 小时格式表示小时且有前导零，应使用格式字符“G”。

7.（　　）在 PHP 中引用数组元素可采用“数组名(键名)”形式。

8. (　　) 在 PHP 中数组的键值可以是整型数或字符串。

9. (　　) PHP 预定义数组可以在 PHP 代码中直接使用，不需要进行初始化。

10. (　　) 使用 array_pop()函数可弹出并返回 arr 数组的最后一个元素（出栈）。

三、简答题

1. 在 PHP 中如何设置默认时区？

2. PHP 数组有什么特点？

3. 在 PHP 中创建数组有哪些方法？

4. PHP 预定义数组有什么特点？

项目实训

1. 创建一个 PHP 动态网页，分别以十进制、十六进制、八进制和二进制形式显示同一个整数。

2. 创建一个 PHP 动态网页，要求将英文句子 “A foreign language is a weapon in the struggle of life.” 的每个单词的首字母转换为大写形式并显示这个句子。

3. 创建一个 PHP 动态网页，要求将字符串中的换行符转换为 HTML 换行标记并显示该字符串。

4. 创建一个 PHP 动态网页，要求通过调用相关字符串函数在 SQL 查询语句 “SELECT * FROM Employee WHERE name='Andy'” 中的每个单引号前面分别添加一个反斜线。

5. 创建一个 PHP 动态网页，要求原样显示以下 HTML 代码:

<div style="border: thin solid grey;">phpStudy=Apache+PHP+MySQL+phpMyAdmin+ ZendOptimizer</div>

6. 创建一个 PHP 动态网页，获取服务器上的日期和时间信息，并以 “yyyy 年 n 月 d 日 星期 x h:m:s” 格式加以显示。

7. 创建一个 PHP 动态网页，分别定义键为整型数或字符串的数组及二维数组，并输出这些数组的所有元素。

8. 创建一个 PHP 动态网页，定义一个键为字符串的数组，并通过 foreach 循环语句输出该数组中所有的键和值。

9. 创建一个 PHP 动态网页，用于获取并显示所有服务器变量的列表。

10. 创建一个 PHP 动态网页，定义一个数组并通过调用数组函数对该数组执行以下操作:（1）在数组末尾添加一些元素;（2）对数组进行排序;（3）对数组进行逆向排序;（4）打乱数组元素顺序;（5）从数组中移出第一个元素;（6）从数组中弹出最后一个元素。要求执行每个操作后显示该数组中的所有元素。

11. 创建一个 PHP 动态网页，要求将数组元素连接成字符串或将字符串分割成数组元素。

12. 创建一个 PHP 动态网页，要求从当前网页的路径中取出文件名。

项目 5

构建 PHP 交互网页

当用户通过 Internet 或 Intranet 访问 PHP 动态网页时，必然要涉及 PHP 与客户端进行交互的问题。通过 PHP 可以获取表单变量、URL 参数、会话变量及其他动态内容，并根据检索的新内容来满足某种请求，或者修改页面以满足用户需要。通过本项目的实施将掌握通过 PHP 动态网页与客户端进行交互作用的各种技能，能够验证表单、获取表单变量和 URL 参数并管理会话和应用 Cookie。

项目目标

★ 掌握获取表单变量的方法
★ 掌握验证表单的方法
★ 掌握获取 URL 参数的方法
★ 掌握管理会话的方法
★ 掌握 Cookie 的用法

任务 5.1 获取表单变量

表单用于从网站访问者那里收集信息。访问者可以使用诸如文本框、列表框、复选框及单选按钮之类的表单控件输入信息，然后通过单击提交按钮将这些信息提交到服务器。在 PHP 服务器端脚本中，可以通过预定义数组获取表单变量并进行相应处理。通过本任务的实施将学会创建 HTML 表单、添加和设置表单控件及读取表单变量等技能。

任务目标

★ 掌握创建 HTML 表单的方法
★ 掌握添加和设置表单控件的方法

★ 掌握在 PHP 中读取表单变量的方法

5.1.1 创建 HTML 表单

在网页中制作一个基本的表单至少需要 3 个元素，即 form、input 和 button 元素。form 元素用于为用户输入创建 HTML 表单，input 元素用于收集用户输入的信息，button 元素用于向服务器提交所输入的信息。

1. 使用 form 元素

form 元素用于在网页中定义一个表单。表单内可以包含各种流式内容（如列表、表格），通常主要包含一些说明性标签（label 元素）和各种各样的表单控件元素，例如 input、textarea、select 及 button 元素等，但不能包含另外一个 form 元素，即表单不能嵌套使用。

form 元素具有 HTML 元素的全局属性，还具有下列局部属性。

（1）accept-charset：指定服务器可处理的表单数据字符集。

（2）action：指定当提交表单时向何处发送表单数据，其值通常是位于服务器上的某个动态网页的 URL。若未设置该属性，则表单数据提交到当前页面。

（3）autocomplete：指定是否启用表单的自动完成功能，其取值为 on 或 off，默认值为 on。

（4）enctype：指定在发送表单数据之前如何对其进行编码，其取值如下。

- application/x-www-form-urlencoded（默认值）：表单数据被编码为名称-值对，这是标准编码方式。使用这种编码方式不能将文件上传到服务器。
- multipart/form-data：表单数据被编码为一条消息，页面上的每个表单控件对应消息中的一个部分。使用这种编码方式可将文件上传到服务器。
- text/plain：表单数据以纯文本形式进行编码，其中不包含任何控件或格式字符。这种编码方式的工作机制因浏览器而异。

（5）method：指定用于发送表单数据的 HTTP 方法，允许的取值如下。

- get（默认值）：浏览器通过 x-www-form-urlencoded 编码方式将表单数据转换成一个字符串（形如 name1=value1&name2=value2...），并将该字符串附加到 URL 后面，用问号“?”分隔，然后加载这个新的 URL。HTTP GET 请求用于安全交互，即同一请求可以发起任意多次而不会产生额外作用，可以用来获取只读信息。
- post：浏览器将表单数据封装到请求正文中并通过 HTTP POST 请求发送到服务器，用于不安全交互，提交数据的行为会改变应用程序的状态。

（6）name：指定表单的名称。

（7）novalidate：如果使用此属性，则指定提交表单时不进行验证。

（8）target：指定在何处打开 action 的 URL，其取值可以是_blank、_self、_parent、_top 或者 iframe 元素的 name。

2. 使用 input 元素

input 元素用于收集用户输入的数据。input 元素采用虚元素形式，添加该元素时仅使用一个<input>标签即可。使用 input 元素时，通常应使用 label 元素对其添加说明性标签。

input 元素支持 HTML 5 全局属性，还具有一些专用属性，主要包括 name、disabled、form、value、type 及取决于 type 属性值的其他属性。

type 属性规定 input 元素的类型，如果未设置该属性，则使用默认类型 text，此时 input

元素呈现为一个文本框。

提交表单时，input 元素的 name 和 value 属性值将被编码成名称-值并发送到服务器。

3．使用 button 元素

button 元素用于定义提交按钮，通过该按钮可将表单数据发送给服务器。在<button>与</button>标签之间可以包含文本，也可以包含多媒体内容。例如，通过在<button>与</button>标签之间包含文本和图像可以制作出图文并茂的按钮。

button 元素支持 HTML 5 全局属性，还具有一些局部属性，包括 name、disabled、form、type、value、autofocus 及取决于 type 属性值的其他属性。

type 属性规定按钮的类型。如果未设置该属性，则使用默认类型 submit，此时按钮为提交按钮，单击它时表单数据会被编码成名称-值对并发送到服务器。如果将 button 元素的 type 属性设置为 reset，则会生成重置按钮，单击它时可以将各个表单控件恢复为初始状态。

5.1.2 添加表单控件

使用 form 元素可以设置表单数据的传输方法及用于处理表单数据的服务器脚本路径等，不过表单本身并不提供输入数据的用户界面。要通过表单输入数据，还必须在<form>与</form>标签之间添加各种各样的表单控件，例如文本框、单选按钮、复选框、文本区域、列表框及按钮等。

1．使用 input 元素

input 元素是在应用最多的表单控件，其功能是用于输入收集用户信息。根据 type 属性值的不同，input 元素呈现为多种不同的形式，既可以是文本框，也可以是单选按钮、复选框及按钮等。添加 input 元素时应通过设置 name 属性对其命名，提交表单时该元素的名称和值将被发送到服务器。

下面对 input 元素的各种用法分别做一个简要说明。

（1）单行文本输入框。如果将 input 元素的 type 属性设置为 text，则该元素呈现为一个单行文本框，可用于输入单行文本，这也是它的默认功能。如果没有使用 placeholder 属性为 input 元素设置提示信息，则应使用 label 元素为它添加说明性标签。

（2）密码输入框。如果将 input 元素的 type 属性设置为 password，则该元素的外观与普通的单行文本框的外观一样，但是在输入密码时所输入的内容会被屏蔽，无论输入字母还是数字所看到的都将是星号（*）或项目符号（•）。

（3）按钮。如果将 input 元素的 type 属性设置为 submit 或 reset，则会生成提交按钮和重置按钮，它们的作用分别为提交表单、重置表单。如果将 input 元素的 type 属性设置为 button，则没有具体语义，可将其 onclick 事件属性设置为某个 JavaScript 函数调用，以完成指定的操作。使用 input 元素生成按钮时，可以通过 value 属性来设置按钮的标题。

（4）单选按钮。单选按钮通常成组出现，允许用户从一组固定的选项中选择一项。如果要创建单选按钮，将 input 元素的 type 属性设置为 radio 即可。如果要生成一组相互排斥的单选按钮，应将相关 input 元素的 name 属性设置为相同的值。提交表单时，只有当前处在选中状态的单选按钮的名称（name）和值（value）才会被发送到服务器。

（5）复选框。复选框用来给用户提供选择是或否的选项。如果要创建复选框，将 input 元素的 type 属性设置为 checkbox 即可。提交表单时，只有当前处在选中状态的复选框的名称（name）和值（value）才会被发送到服务器。

（6）数字输入框。如果要用 input 元素输入一个数值，可将其 type 属性设置为 number，这样由该元素生成的输入框就只能接受数值，而不接受任何非数值内容。某些浏览器还会在输入框的右侧显示一对上下箭头，可以用来调整数值的大小。对于数字输入框，可以用 min 和 max 属性来设置可接受的最小值和最大值，即下调按钮的下限和上限，还可以用 step 属性来指定调节数值的步长。

（7）数字选择控件。如果要用 input 元素输入位于指定范围内的数值，可将其 type 属性设置为 range，此时只能通过该控件从此范围内选择一个数值。range 类型的 input 元素与 number 类型的 input 元素支持的属性相同，但它们在浏览器中的呈现形式和使用方法有所不同。

（8）电话号码/电子邮件地址/网址输入框。如果将 input 元素的 type 设置为 tel、email 或 url，则该元素只能接受有效的电话号码、电子邮件地址或 URL 网址。

（9）日期/时间输入控件。为了方便用户输入日期和时间，在 HTML5 中为 input 元素新增了下列新类型：date 类型用于选取本地日期（不包含时间和时区信息）；month 类型用于选择年月信息（不包含日、时间和时区信息）；week 类型用于选取当前周数；time 类型用于选取时间；datetime 类型用于选取世界日期和时间（包含时区信息）；datetime-local 类型用于选取本地日期和时间。上述类型的 input 元素给浏览器提供了实现原生日历控件的机会。

（10）颜色选择器。如果将 input 元素的 type 属性设置为 color，则会生成颜色选择器，可用来选择颜色。此时颜色值是以#RRGGBB 格式来表示的，其中 RR、GG 和 BB 分别表示红色、绿色和蓝色 3 种分量的十六进制数值，例如白色为#ffffff，黑色为#000000，红色为#ff0000 等。

（11）搜索关键词输入框。若将 input 元素的 type 属性设置为 search，则该元素会呈现为一个单行文本框，可用于输入搜索关键词。不过，这种 search 类型的 input 元素既不会对输入的词语进行限制，也没有搜索当前页面或借助搜索引擎进行搜索的功能。

（12）隐藏数据项。如果将 input 元素的 type 属性设置为 hidden，则会生成隐藏数据项，该数据项虽然在网页上不可见，但在提交表单时该元素的名称和值会一起发送到服务器。

（13）图像按钮。如果将 input 元素的 type 属性设置为 image 并指定要使用的图像，则会生成一个图像按钮，单击该按钮时可以提交表单。

（14）文件上传控件。如果将 input 元素的 type 属性设置为 file，则会生成一个文件上传控件，可以用于选择要上传的文件。要通过表单上传文件，应将 form 元素的 enctype 属性设置为 multipart/form-data。

2. 使用文本区域

使用 textarea 元素可以定义多行文本输入控件，这个元素在浏览器中呈现为一个文本区域，其中可以容纳大量文本。textarea 元素的开始标签与结束标签之间可以包含文本，这便是文本区域的初始内容。添加 textarea 元素应通过 name 属性对其命名，提交表单时该名称和值（即在文本区域中输入的内容）将被发送到服务器。

3. 使用列表框

使用 select 元素可以创建单选或多选列表框。在<select>与</select>标签之间可以包含若干个 option 和 optgroup 元素，每个 option 元素定义列表中的一个选项，optgroup 元素定义选项组，用于组合多个相关选项。添加 select 元素时应通过 name 属性对其命名，提交表单时列表框的名称和已选中项目的值将被发送到服务器。

4．对表单控件分组

使用 fieldset 元素可以对相关表单控件分组。当把一组表单控件放到 fieldset 元素内时，浏览器会以特殊方式来显示它们，可能有特殊的边界。在<fieldset>与</fieldset>标签之间可以包含各种表单控件，在其开头位置可以添加一个 legend 元素，用来设置表单控件组的标题。

5.1.3 读取表单变量

表单变量用于存储包含在 Web 页的 HTTP 请求中的检索信息。如果创建了使用 post 方法的表单，则单击提交按钮时表单变量将传递到服务器，此时可以通过 PHP 代码获取这些表单变量并加以处理。

在 PHP 中，可以通过下列超全局变量获取表单变量。

（1）当使用 get 方法提交表单时，可通过超全局变量$_GET 获取表单变量，语法如下。

```
$_GET["表单控件名称"]
```

（2）当使用 POST 方法提交表单时，可通过超全局变量$_POST 获取表单变量，语法如下：

```
$_POST["表单控件名称"]
```

（3）无论使用何种方法提交表单，都可以通过超全局变量$_REQUEST 获取表单变量，语法如下。

```
$_REQUEST["表单控件名称"]
```

所谓超全局变量就是在全部作用域中始终可用的内置变量，也是项目 4 中介绍过的预定义数组。若要通过超全局变量获取某个表单变量，则需要以表单控件的名称（即 name 属性值）作为键名。例如，在表单内有一个用<input type="text" name="username">定义的文本框，则在 PHP 脚本中可通过$_POST["username"]形式来获取提交的文本框内容。

实战演练 创建一个 PHP 动态网页，说明如何创建 HTML 表单并在 PHP 脚本中获取表单变量的值。源文件为/05/05-01.php，源代码如下。

```
<!doctype html>
<html>
<head>
<meta charset="gb2312">
<title>注册新用户</title>
<style type="text/css">
fieldset {
    width: 360px; margin: 0 auto;
    border-radius: 6px;
    box-shadow: 3px 3px 3px grey;
}
legend {
    background-color: grey;
    color: white;
    font-weight: bold;
```

```
}
.info {
  border-collapse: collapse; width: 380px; margin: 0 auto;
}
.info td {
  padding: 2px 12px;
}
.info td:first-child {
  width: 6em;
}
caption {
  font-size: large; font-weight: bold; margin-bottom: 1em;
}
</style>
</head>

<body>
<?php if (!isset($_POST["submit"])) {          //若未提交表单，则显示表单 ?>
<form method="post" action="" >
  <fieldset>
    <legend>注册新用户</legend>
    <table>
      <tr>
        <td><label for="useranme">用户名：</label></td>
        <td><input type="text" id="username" name="username"></td>
      </tr>
      <tr>
        <td><label for="password">登录密码：</label></td>
        <td><input type="password" id="password" name="password"></td>
      </tr>
      <tr>
        <td><label for="confirm">确认密码：</label></td>
        <td><input type="password" id="confirm" name="confirm"></td>
      </tr>
      <tr>
        <td>性别：</td>
        <td><input type="radio" id="male" name="gender" value="男" checked>
          <label for="male">男</label>
          <input type="radio" id="female" name="gender" value="女">
          <label for="female">女</label></td>
      </tr>
      <tr>
        <td><label for="birthdate">出生日期</label></td>
        <td><input type="date" id="birthdate" name="birthdate"></td>
      </tr>
      <tr>
        <td><label for="education">学历</label></td>
        <td><select id="education" name="education">
            <option>研究生</option>
            <option selected>本科</option>
            <option>专科</option>
            <option>高中</option>
          </select></td>
      </tr>
      <tr>
        <td>爱好：</td>
        <td><input type="checkbox" id="music" name="hobby[]" value="音乐">
          <label for="music">音乐</label>
```

```
                <input type="checkbox" id="movie" name="hobby[]" value="电影">
                <label for="movie">电影</label>
                <input type="checkbox" id="read" name="hobby[]" value="阅读">
                <label for="read">阅读</label></td>
            </tr>
            <tr>
              <td><label for="color">喜欢的颜色：</label></td>
              <td><input type="color" id="color" name="color"></td>
            </tr>
            <tr>
              <td><label for="email">电子信箱：</label></td>
              <td><input type="email" id="email" name="email"></td>
            </tr>
            <tr>
              <td style="vertical-align: top;"><label for="resume">个人简历：</label></td>
              <td><textarea id="resume" name="resume" cols="22" rows="3"></textarea></td>
            </tr>
            <tr>
              <td> </td>
              <td><input type="submit" name="submit" value="注册">
                   <input type="reset" value="重置"></td>
            </tr>
          </table>
        </fieldset>
      </form>
      <?php
      } else {                                    //若已提交表单，则显示提交的表单变量
        printf("<table class=\"info\" border=\"1\">");
        printf("<caption>您提交的个人信息</caption>");
        printf("<tr><th>字段</th><th>值</th></tr>");
        printf("<tr><td>用户名</td><td>%s</td></tr>", $_POST["username"]);
        printf("<tr><td>登录密码</td><td>%s</td></tr>", $_POST["password"]);
        printf("<tr><td>性别</td><td>%s</td></tr>", $_POST["gender"]);
        printf("<tr><td>出生日期</td><td>%s</td></tr>", $_POST["birthdate"]);
        printf("<tr><td>学历</td><td>%s</td></tr>", $_POST["education"]);
        printf("<tr><td>爱好</td><td>%s</td></tr>", implode("，", $_POST["hobby"]));
        printf("<tr><td>喜欢的颜色</td><td>%s</td></tr>", $_POST["color"]);
        printf("<tr><td>电子信箱</td><td>%s</td></tr>", $_POST["email"]);
        printf("<tr><td>个人简历</td><td>%s</td></tr>", $_POST["resume"]);
        printf("</table>");
        printf("<p style='text-align: center'><input type=button value='返回' onclick ='history. back();'></p>");
      }
      ?>
      </body>
      </html>
```

上述源代码用于实现新用户注册功能，整个网页的内容由 if-else 语句的两个分支组成。如果布尔表达式“!isset($_POST["submit"])”的值为 true，则意味着表单尚未提交，此时显示新用户注册表单，可以填写个人信息，如图 5.1 所示。在这个注册表单中，表示爱好的 3 个复选框均被命名为“hobby[]”，这样一来，选中的爱好项目就会构成一个数组发送到服务器。

当完成信息输出并单击“提交”按钮时，布尔表达式“!isset($_POST["submit"])”的值变成 false，此时通过 PHP 脚本获取提交的表单数据并通过表格形式显示出来，如图 5.2 所示。在 PHP 脚本中，通过调用 implode("，", $_POST["hobby"])函数可以将各个数组元素用

逗号连接成一个字符串并作为参数传入 printf()函数。

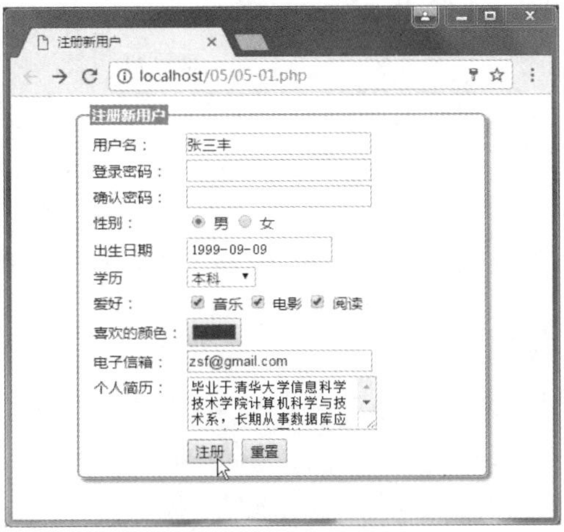

图 5.1　填写表单字段并提交

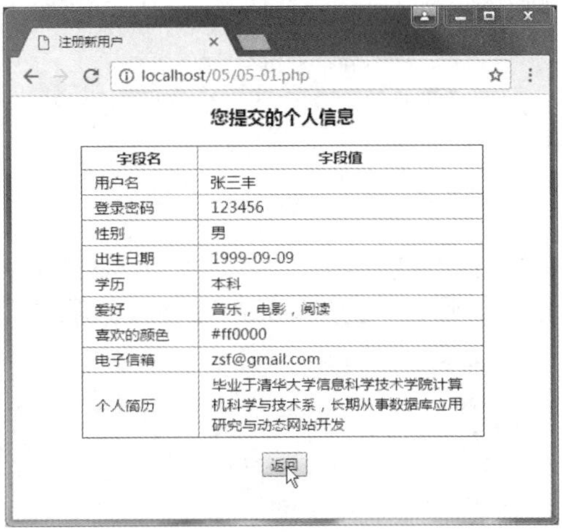

图 5.2　显示提交信息

任务 5.2　验证表单数据

当用户通过表单输入数据时，如何对这些数据的有效性进行检查是 PHP 编程的重要内容。例如，必填字段是否输入了内容，日期、电子邮件地址及 Internet 网址格式是否正确等。为了保证表单数据的有效性，可在客户端或服务器端对表单数据进行验证。通过本任务的实施将学会基于 JavaScript、Spry 框架和 HTML 5 验证表单数据的技能。

任务目标

★ 初步掌握基于 JavaScript 验证表单的方法
★ 掌握基于 Spry 框架验证表单的方法
★ 掌握基于 HTML 5 功能验证表单的方法

5.2.1　基于 JavaScript 实现表单验证

使用 JavaScript 客户端脚本对表单数据进行验证时，首先需要定义一个表单验证函数，该函数的返回值为布尔值；如果表单数据符合要求，则该函数返回 true（即允许表单提交），否则返回 false（即取消表单提交）。为了使表单验证函数生效，应将 form 元素的 onsubmit 事件属性设置为对该表单验证函数的调用，这可以通过下列两种方式来实现。

（1）在 HTML 代码中设置 form 元素的 onsubmit 事件属性。例如：

```
<form id="form1" method="post" action="" onsubmit="return check();">
```

其中，check()函数表示表单验证函数，应将该函数调用作为 return 语句的参数使用。如果该函数的返回值为 true，则正常提交表单，否则将阻止提交表单。

（2）在 JavaScript 脚本中设置 form 元素的 onsubmit 事件属性。例如：

```
<script type="text/javascript>
window.onload=function() {                                      //在页面加载就绪后立即发生 load 事件
    var form1=document.getElementById("form1");                 //获取 form 元素
    form1.onsubmit=function() {                                 //提交表单之前发生 submit 事件
        //在此处编写验证表单数据的代码
    };
};
</script>
```

实战演练 创建一个 PHP 动态网页，说明如何通过编写 JavaScript 脚本实现表单数据验证。源文件为/05/05-02.php，源代码如下。

```
<!doctype html>
<html>
<head>
<meta charset="gb2312">
<title>网站登录</title>
<style type="text/css">
fieldset {
    width: 300px;
    border-radius: 6px;
    box-shadow: 3px 3px 3px grey;
}
.error {
    color: red;
    visibility: hidden;
}
td {
    vertical-align: top;
}
</style>
<script type="text/javascript">
window.onload=function() {                                          //文档加载就绪时发生 load 事件
    var form1=document.getElementById("form1");                     //获取表单对象
    var usernameElem=document.getElementById("username");          //获取文本框对象
    var passwordElem=document.getElementById("password");           //获取密码框对象
    var msg1=document.getElementById("msg1");                       //获取 span 对象
    var msg2=document.getElementById("msg2");                       //获取另一个 span 对象
    form1.onsubmit=function () {                                    //提交表单时发生 submit 事件
        var ret=true;                                               //设置函数返回值
        if (passwordElem.value=="") {                               //若未输入密码
            msg2.style.visibility="visible";                        //则显示提示信息
            passwordElem.focus();                                   //将光标移至密码框
            ret=false;                                              //修改函数返回值
        }
        if (usernameElem.value=="") {                               //若未输入用户名
            msg1.style.visibility="visible";                        //则显示提示信息
            usernameElem.focus();                                   //将光标移至用户名输入框
            ret=false;                                              //修改函数返回值
        }
        return ret;                                                 //从函数中返回一个值，为 false 则
禁止提交
    };
    form1.onreset=function () {                                     //重置表单时发生 reset 事件
```

```
        msg1.style.visibility="hidden";                                  //隐藏提示信息
        msg2.style.visibility="hidden";
      };
      usernameElem.onblur=function() {                                   //光标离开用户名输入框
时发生 blur 事件
        msg1.style.visibility=(usernameElem.value=="" ? "visible" : "hidden");   //显示或隐藏提示信息
      };
      passwordElem.onblur=function() {                                   //光标离开密码输入框时
发生 blur 事件
        msg2.style.visibility=(passwordElem.value=="" ? "visible" : "hidden");   //显示或隐藏提示信息
      };
    };
    </script>
    </head>

    <body>
    <?php if (count($_POST)==0) {?>
    <form id="form1" method="post" action="">
      <fieldset>
        <legend>网站登录</legend>
        <table>
          <tr>
            <td><label for="username">用户名：</label></td>
            <td><input id="username" name="username" type="text">
              <br>
              <span id="msg1" class="error">请输入用户名</span></td>
          </tr>
          <tr>
            <td><label for="password">密码：</label></td>
            <td><input id="password" name="password" type="password">
              <br>
              <span id="msg2" class="error">请输入密码</span></td>
          </tr>
          <tr>
            <td> </td>
            <td><input type="submit" value="登录">
                
              <input type="reset" value="重置"></td>
          </tr>
        </table>
      </fieldset>
    </form>
    <?php
    } else {
      echo "<h3>登录成功</h3><hr>";
      printf("<p>%s 用户，欢迎您登录本网站！</p>", $_POST["username"]);
    }
    ?>
    </body>
    </html>
```

在上述源代码中创建了一个登录表单，并通过 JavaScript 脚本对表单数据进行验证。如果未输入用户名或密码，则单击“登录”按钮时会显示红色的提示信息并阻止登录，如图 5.3 所示。如果输入了用户名和密码（并不做进一步验证），则单击“登录”按钮时将会显示登录成功的信息，如图 5.4 所示。

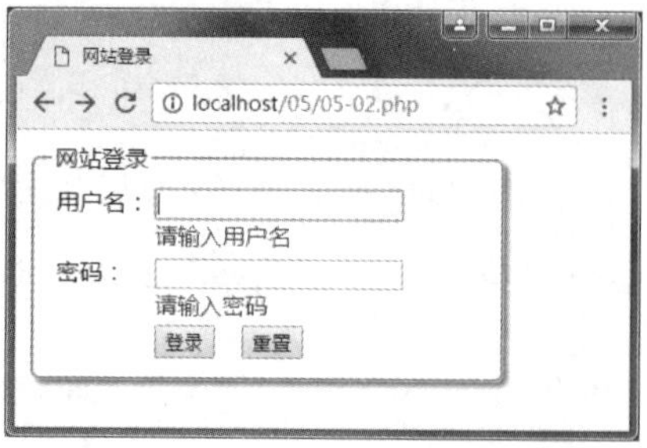

图 5.3　未输入账号信息直接登录时

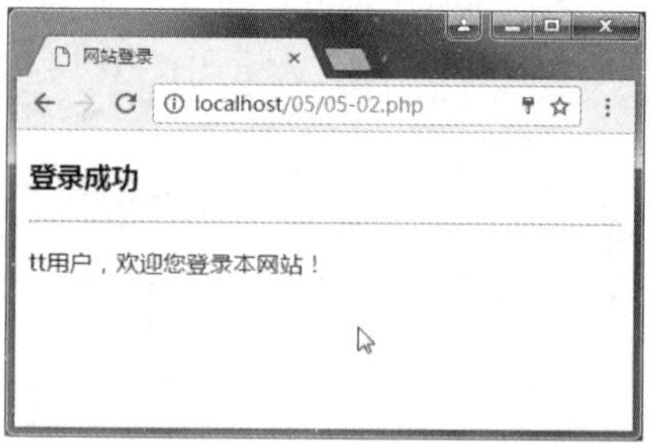

图 5.4　登录成功

5.2.2 基于 Spry 框架实现表单验证

Adobe Spry 框架支持一组用标准 HTML、CSS 和 JavaScript 编写的可重用构件，称为 Spry 构件。Spry 构件由结构、行为和样式几个部分组成，其中结构是用来定义构件结构组成的 HTML 代码块；行为是用来控制构件如何响应用户事件的 JavaScript 代码；样式是用来指定构件外观的 CSS 样式。HTML 代码在页面中编写，行为和样式则包含在 Spry 框架支持文件中。

在 Dreamweaver CS3 以上版本中，可以借助 Spry 框架提供的一组 Spry 构件快速实现表单验证。当检测到无效数据时会向用户显示警告信息并取消表单提交操作，以避免不必要的网络传输。至于用户提交的数据（如账号和密码）是否与服务器端数据库中的数据匹配，则需要在表单提交后通过服务器端 PHP 编程进行验证。

若要在表单中添加 Spry 表单验证构件，可执行以下操作。

（1）将插入点放在表单轮廓内。

（2）单击“插入”菜单，指向“Spry”，然后在下一级子菜单中选择要添加的 Spry 验证构件；也可以在“插入”面板中选择“Spry”类别，然后在面板上选择要添加的 Spry 验证构件，如图 5.5 所示。可用的 Spry 表单验证构件有以下 7 种类型。

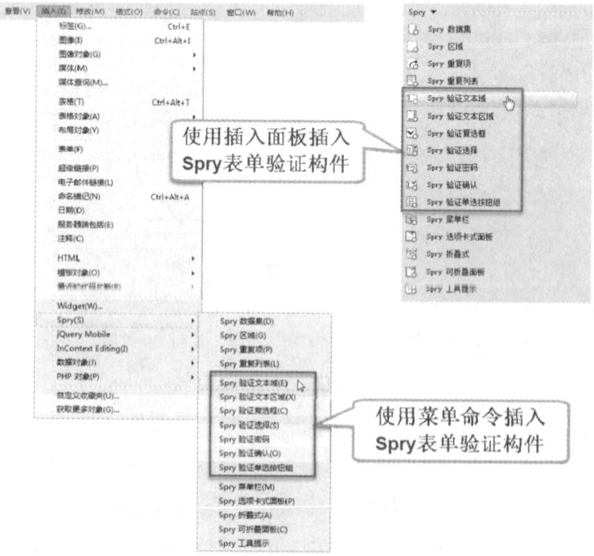

图 5.5　使用菜单命令或插入面板插入 Spry 表单验证构件

- Spry 验证文本域：验证在单行文本框中输入的内容。
- Spry 验证文本区域：验证在文本区域中输入的内容。
- Spry 验证复选框：验证对复选框的选择情况。
- Spry 验证选择：验证在列表框中所做的选择。
- Spry 验证密码：在密码输入框中输入密码时强制执行密码规则。
- Spry 验证确认：在密码输入框中确认密码时检查两次输入是否一致。
- Spry 验证单选按钮组：验证在单选按钮组中所做的选择。

（3）将鼠标指针停留在构件上，直到看到构件的蓝色选项卡式轮廓，然后单击构件左上角中的构件选项卡，如图 5.6 所示。

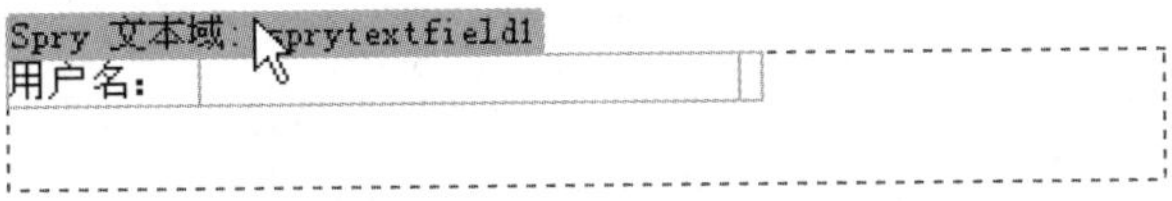

图 5.6　选择 Spry 表单验证构件

（4）利用属性检查器对构件的相关属性进行设置，如图 5.7 所示。

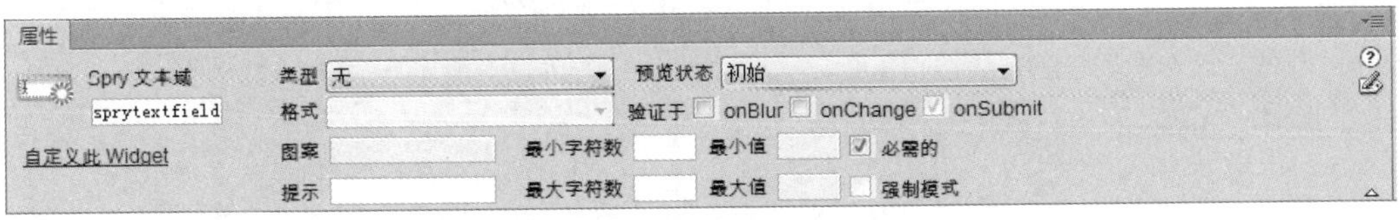

图 5.7　利用属性检查器设置表单验证构件的属性

一旦在表单中添加 Spry 表单验证构件并保存文件，就会在文档首部自动生成<style>和<script>标签以导入所需的 Spry 框架支持文件并将这些文件复制到站点的 SpryAssets 文件夹中，同时在文档正文中生成 HTML 代码块和 JavaScript 脚本块，从而实现客户端表单验证功能。

实战演练　创建一个 PHP 动态网页，说明如何利用 Spry 构件来实现表单数据验证。在页面中添加表单并在其中添加一组 Spry 验证构件，包括 Spry 验证文本域、Spry 验证密码、Spry 验证确认、Spry 验证单选按钮组、Spry 验证选择及 Spry 验证文本区域，然后利用属性检查器对这些验证构件的属性进行设置，最后根据需要对所生成的源代码进行微调，并编写 PHP 脚本以控制程序的执行流程。源文件为/05/05- 03.php，源代码如下。

```
<!doctype html>
<html>
<head>
<meta charset="gb2312">
<title>新用户注册</title>
<script src="../SpryAssets/SpryValidationTextField.js" type="text/javascript"></script>
<script src="../SpryAssets/SpryValidationPassword.js" type="text/javascript"></script>
<script src="../SpryAssets/SpryValidationConfirm.js" type="text/javascript"></script>
<script src="../SpryAssets/SpryValidationRadio.js" type="text/javascript"></script>
<script src="../SpryAssets/SpryValidationSelect.js" type="text/javascript"></script>
<script src="../SpryAssets/SpryValidationTextarea.js" type="text/javascript"></script>
<script src="../SpryAssets/SpryValidationCheckbox.js" type="text/javascript"></script>
<link href="../SpryAssets/SpryValidationTextField.css" rel="stylesheet" type="text/css">
<link href="../SpryAssets/SpryValidationPassword.css" rel="stylesheet" type="text/css">
<link href="../SpryAssets/SpryValidationConfirm.css" rel="stylesheet" type="text/css">
```

```
<link href="../SpryAssets/SpryValidationRadio.css" rel="stylesheet" type="text/css">
<link href="../SpryAssets/SpryValidationSelect.css" rel="stylesheet" type="text/css">
<link href="../SpryAssets/SpryValidationTextarea.css" rel="stylesheet" type="text/css">
<link href="../SpryAssets/SpryValidationCheckbox.css" rel="stylesheet" type="text/css">
<style type="text/css">
fieldset {
  border-radius: 6px;
  box-shadow: 3px 3px 3px grey;
}
legend {
  background-color: grey;
  color: white;
  font-weight: bold;
}
.info {
  border-collapse: collapse;
}
.info th, td {
  padding: 4px;
}
.info td:first-child {
  width: 6em;
}
caption {
  font-size: large;
  font-weight: bold;
  margin-bottom: 1em;
}
</style>
</head>

<body>
<?php if (!count($_POST)) {          //若未提交表单   ?>
<form action="" method="post" name="form1" id="form1">
  <fieldset>
    <legend>注册新用户</legend>
    <table>
      <tr>
        <td><label for="username">用户名：</label></td>
        <td><span id="sprytextfield1">
          <input type="text" name="username" id="username">
          <span class="textfieldRequiredMsg">需要输入用户名。</span></span></td>
      </tr>
      <tr>
        <td><label for="password">登录密码：</label></td>
        <td><span id="sprypassword1">
          <input type="password" name="password" id="password">
          <span class="passwordRequiredMsg">需要输入密码。</span>
          <span class="passwordMinCharsMsg">密码太短，至少需要 6 个字符。</span></span></td>
      </tr>
      <tr>
        <td><label for="confirm">确认密码：</label></td>
        <td><span id="spryconfirm1">
          <input type="password" name="confirm" id="confirm">
          <span class="confirmRequiredMsg">需要再次输入密码。</span>
          <span class="confirmInvalidMsg">两次输入的密码不匹配。</span></span></td>
      </tr>
      <tr>
        <td><label for="male">性别：</label></td>
        <td><span id="spryradio1">
          <label><input type="radio" name="gender" value="男" id="male">男</label>
```

```
            <label><input type="radio" name="gender" value="女" id="female">女</label>
            <span class="radioRequiredMsg">请进行选择。</span></span></td>
        </tr>
        <tr>
          <td><label for="birthdate">出生日期：</label></td>
          <td><span id="sprytextfield2">
            <input type="text" name="birthdate" id="birthdate">
            <span class="textfieldRequiredMsg">需要输入出生日期。</span>
            <span class="textfieldInvalidFormatMsg">日期格式无效。</span></span></td>
        </tr>
        <tr>
          <td><label for="education">学历：</label></td>
          <td><span id="spryselect1">
            <select name="education" id="education">
              <option value="-1">请选择一项</option>
              <option value="研究生">研究生</option>
              <option value="本科">本科</option>
              <option value="专科">专科</option>
              <option value="高中">高中</option>
            </select>
            <span class="selectInvalidMsg">请选择一个有效项目。</span>
            <span class="selectRequiredMsg">请进行选择。</span></span></td>
        </tr>
        <tr>
          <td><label for="music">爱好：</label></td>
          <td><span id="sprycheckbox1">
            <label><input name="hobby[]" type="checkbox" id="music" value="音乐">音乐</label>
            <label><input name="hobby[]" type="checkbox" id="movie" value="电影">电影</label>
            <label><input name="hobby[]" type="checkbox" id="sport" value="运动">运动</label>
            <span class="checkboxRequiredMsg">请进行选择。</span></span></td>
        </tr>
        <tr>
          <td><label for="email">电子信箱：</label></td>
          <td><span id="sprytextfield3">
            <input type="text" name="email" id="email">
            <span class="textfieldRequiredMsg">需要提供电子信箱。</span>
            <span class="textfieldInvalidFormatMsg">电子邮件地址格式无效。</span></span></td>
        </tr>
        <tr>
          <td valign="top"><label for="resume">个人简历：</label></td>
          <td><span id="sprytextarea1">
            <textarea name="resume" id="resume" cols="22" rows="5"></textarea>
            <span class="textareaRequiredMsg">需要提供个人简历。</span>
            <span class="textareaMaxCharsMsg">最多可输入 300 个字符。</span></span></td>
        </tr>
        <tr>
          <td valign="top">
          <td><input type="submit" name="submit" id="submit" value="注册">
              
            <input type="reset" name="button2" id="button2" value="重置"></td>
        </tr>
      </table>
    </fieldset>
  </form>
  <script type="text/javascript">
  var sprytextfield1 = new Spry.Widget.ValidationTextField("sprytextfield1");
  var sprypassword1 = new Spry.Widget.ValidationPassword("sprypassword1", {minChars:6});
  var spryconfirm1 = new Spry.Widget.ValidationConfirm("spryconfirm1", "password");
  var spryradio1 = new Spry.Widget.ValidationRadio("spryradio1");
  var sprytextfield2 = new Spry.Widget.ValidationTextField("sprytextfield2", "date",
     {format:"yyyy-mm-dd", hint:"yyyy-mm-dd"});
```

```
var sprytextfield3 = new Spry.Widget.ValidationTextField("sprytextfield3", "email");
var spryselect1 = new Spry.Widget.ValidationSelect("spryselect1", {invalidValue:"-1"});
var sprytextarea1 = new Spry.Widget.ValidationTextarea("sprytextarea1", {maxChars:300});
var sprycheckbox1 = new Spry.Widget.ValidationCheckbox("sprycheckbox1");
</script>
<?php
} else {
    printf("<table border=\"1\" class=\"info\">");
    printf("<caption>您提交的注册信息</caption>");
    printf("<tr><th>字段名</th><th>字段值</th></tr>");
    printf("<tr><td>用户名</td><td>%s</td>", $_POST["username"]);
    printf("<tr><td>登录密码</td><td>%s</td>", $_POST["password"]);
    printf("<tr><td>性别</td><td>%s</td>", $_POST["gender"]);
    printf("<tr><td>出生日期</td><td>%s</td>", $_POST["birthdate"]);
    printf("<tr><td>学历</td><td>%s</td>", $_POST["education"]);
    printf("<tr><td>爱好</td><td>%s</td>",implode("，", $_POST["hobby"]));
    printf("<tr><td>电子信箱</td><td>%s</td>", $_POST["email"]);
    printf("<tr><td>个人简历</td><td>%s</td>", $_POST["resume"]);
    printf("</table>");
    printf("<p style='text-align: center'><input type=button value='返回' onclick ='history. back();'></p>");
}
?>
</body>
</html>
```

从上述源代码可以看出，添加某种类型的 Spry 表单验证构件后，DW 自动在文档首部添加<script>和<link>标签，用于导入所需的支持文件。DW 为每个构件生成一个 HTML 代码块。从结构上看，该代码块的外层是一个 span 元素，其内部包含一个表单控件元素（如 input、textarea 或 select）和一个或多个 span 元素，后者用于显示出错信息。DW 还在表单下方生成了一个 JavaScript 代码块，其作用是为每个构件创建相应的对象，在属性检查器中所做的设置作为参数传入这些对象的构造函数。

如果未填写字段值或数据格式不正确，则单击“注册”按钮时会显示出错信息，如图 5.8 所示。当对所有字段都输入或选择了一个值时，单击“注册”按钮时将会以表格形式显示提交的注册信息，如图 5.9 所示。

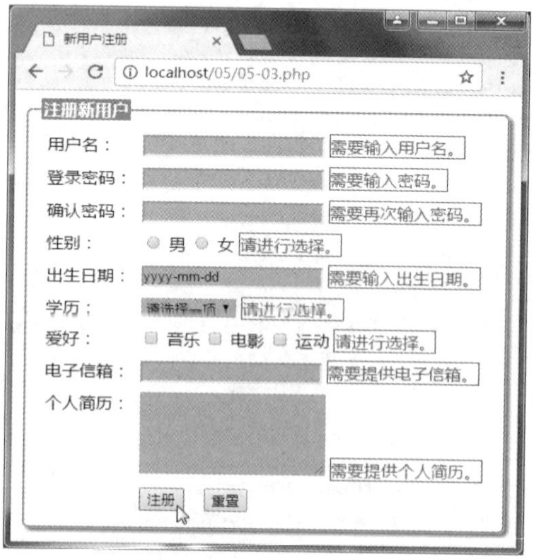

图 5.8　表单验证失败

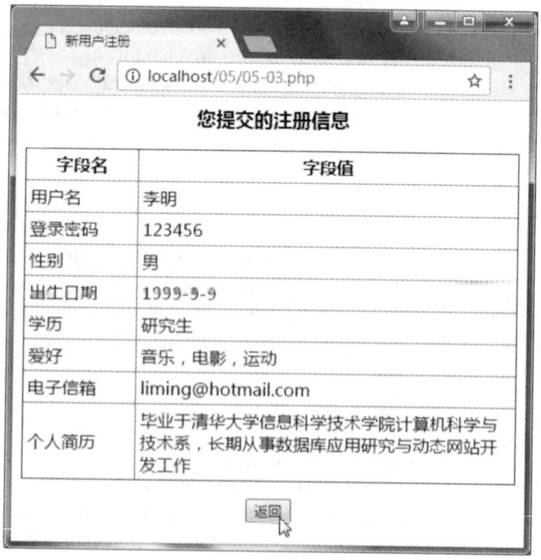

图 5.9　显示提交的表单数据

5.2.3 基于 HTML 5 实现表单验证

HTML 5 提供了表单输入验证功能，在提交表单之前浏览器可以对所输入数据的有效性进行检查。如果表单数据未通过验证，则会阻止提交表单并提示用户进行修改，必须保证所有数据都是有效的才能提交表单。使用 HTML 5 的表单验证功能是通过一些属性来实现的，要使用这种功能只需要对相应元素设置这些属性即可。

1. 确保输入特定类型内容

如果要确保用户输入日期、数字或电子邮件地址，可以使用 input 元素并将其 type 属性设置为 date、number 或 email，这时将生成日期、数字或电子信箱输入框。如果用户在这些输入框中输入了无效数据，则浏览器会阻止提交表单并显示提示信息。

2. 确保用户输入内容

如果要确保用户必须在某个字段中提供一个值，可以在相应表单控件中设置 required 属性。该属性指示输入字段的值是必须输入的。如果用户没有输入值，则浏览器会阻止提交表单并显示提示信息。

required 属性适用的表单控件如下。

（1）由 textarea 元素生成的文本框区域控件。

（2）由 select 和 option 元素生成列表框控件。

（3）由 input 元素生成的各种输入框控件。该元素的 type 属性值可以是 text、password、radio、checkbox、file、datetime、datetime-local、date、month、time、week、number、email、url、search 及 tel。

对相关表单控件设置 requied 属性时，如果不希望显示默认的提示信息，则可以通过调用 setCustomValidity 方法来自定义提示信息，以便为用户提供更准确的提示信息。

如果要禁用输入验证，则可以对表单设置 novalidate 属性，或者对表单中的提交按钮设置 formnovalidate 属性。

3. 确保输入值在某个范围内

如果希望用户在某个字段中输入的值在某个范围内，可以在相应表单控件中设置 min 和 max 属性，以规定该输入字段的最小值和最大值。如果输入的值小于最小值或者大于最大值，则阻止提交表单并显示提示信息。

min 和 max 属性适用于指定类型的 input 元素，其 type 属性值可以是 datetime、datetime-local、date、month、time、week、number 及 range。

4. 确保输入值符合指定格式

如果要确保用户在某个字段中输入的值符合指定的模式，可以在相应的表单控件中设置 pattern 属性，以规定输入字段的值的模式或格式。如果输入的值不符合指定的模式或格式，则阻止提交表单并显示提示信息。该属性适用于指定类型的 input 元素，其 type 属性值可以是 text、password、email、url、search 及 tel。

实战演练 创建一个 PHP 动态网页，说明如何利用 HTML 5 新增属性来实现表单数据验证。源文件为/05/05- 04.php，源代码如下。

```
<!doctype html>
```

```
<html>
<head>
<meta charset="gb2312">
<title>填写个人信息</title>
<style type="text/css">
fieldset {
  border-radius: 6px;
  box-shadow: 3px 3px 3px grey;
}
legend {
  background-color: grey;
  color: white;
  font-weight: bold;
}
.info {
  border-collapse: collapse;
}
.info th, td {
  padding: 4px;
}
.info td:first-child {
  width: 6em;
}
caption {
  font-size: large;
  font-weight: bold;
  margin-bottom: 1em;
}
.required {
  color: red;
}
</style>
</head>

<body>
<?php if (!count($_POST)) { ?>
<form name="form1" method="post" action="">
  <fieldset>
    <legend>填写个人信息</legend>
    <table>
      <tr>
        <td><label for="name"><span class="required">*</span>姓名(汉字)：</label></td>
        <td><input type="text" id="name" name="name"
          placeholder="请输入汉字姓名" pattern="^[\u4e00-\u9fa5]{1,7}$" autofocus required></td>
      </tr>
      <tr>
        <td><label for="male"><span class="required">*</span>性别：</label></td>
        <td><label>
            <input id="male" name="gender" type="radio" value="男" required>男</label>
             
            <label>
            <input id="female" name="gender" type="radio" value="女" required>女</label>
            </td>
      </tr>
      <tr>
        <td><label for="id_number"><span class="required">*</span>身份证号码：</label></td>
        <td><input type="text" id="id_number" name="id_number"
          placeholder="请输入身份证号码" pattern="^([0-9]){7,18}(x|X)?$" required></td>
      </tr>
      <tr>
        <td><label for="entry_date"><span class="required">*</span>入职时间：</label></td>
        <td><input id="entry_date" name="entry_date" type="date" value="2006-09-01"
```

```
            placeholder="请输入或选择日期"></td>
        </tr>
        <tr>
          <td><label for="education"><span class="required">*</span>学历：</label></td>
          <td><select name="education" id="education" required placeholder="请进行选择">
                <option value="">请选择一项</option>
                <option value="研究生">研究生</option>
                <option value="本科">本科</option>
                <option value="专科">专科</option>
                <option value="高中">高中</option>
              </select></td>
        </tr>
        <tr>
          <td><label for="mobile"><span class="required">*</span>手机号码：</label></td>
          <td><input type="text" id="mobile" name="mobile"
              placeholder="请输入手机号码"
              pattern="^(13[0-9]|14[5|7]|15[0|1|2|3|5|6|7|8|9]|18[0|1|2|3|5|6|7|8|9])\d{8}$" required></td>
        </tr>
        <tr>
          <td><label for="email"><span class="required">*</span>电子信箱：</label></td>
          <td><input id="email" name="email" type="email"
              required placeholder="请输入电子邮件地址"></td>
        </tr>
        <tr>
          <td><label for="height">身高（cm）：</label></td>
          <td><input id="height" name="height" type="number" value="170"
              required placeholder="请输入身高"></td>
        </tr>
        <tr>
          <td><label for="weight">体重（kg）：</label></td>
          <td><input id="weight" name="weight" type="number" value="65"
              required placeholder="请输入体重"></td>
        </tr>
        <tr>
          <td style="vertical-align: top;"><label for="resume">个人简历：</label></td>
          <td><textarea id="resume" name="resume" cols="26" rows="3"
            required placeholder="请填写个人简历"></textarea></td>
        </tr>
        <tr>
          <td> </td>
          <td><input type="submit" value="提交">
              
            <input type="reset" value="重置"></td>
        </tr>
      </table>
    </fieldset>
  </form>
  <?php
  } else {
    printf("<table border=\"1\" class=\"info\">");
    printf("<caption>您提交的注册信息</caption>");
    printf("<tr><th>字段名</th><th>字段值</th></tr>");
    printf("<tr><td>姓名</td><td>%s</td>", $_POST["name"]);
    printf("<tr><td>性别</td><td>%s</td>", $_POST["gender"]);
    printf("<tr><td>身份证号码</td><td>%s</td>", $_POST["id_number"]);
    printf("<tr><td>入职日期</td><td>%s</td>", $_POST["entry_date"]);
    printf("<tr><td>学历</td><td>%s</td>", $_POST["education"]);
    printf("<tr><td>手机号码</td><td>%s</td>", $_POST["mobile"]);
    printf("<tr><td>电子信箱</td><td>%s</td>", $_POST["email"]);
    printf("<tr><td>身高</td><td>%scm</td>", $_POST["height"]);
    printf("<tr><td>体重</td><td>%skg</td>", $_POST["weight"]);
    printf("<tr><td>个人简历</td><td>%s</td>", $_POST["resume"]);
```

```
        printf("</table>");
        printf("<p style='text-align: center'><input type=button value='返回' onclick ='history. back();'></p>");
    }
    ?>
    </body>
    </html>
```

在上述源代码中创建了一个用于填写个人信息的表单，并使用 HTML 5 的新功能对表单数据进行验证，主要用到了新增的 input 元素类型及新增的 required 属性。例如，当输入无效的电子邮件地址时，如果单击“提交”按钮，则会阻止表单提交并弹出提示信息，如图 5.10 所示。如果所有字段都通过了验证，则会以表格形式列出所有字段的值，如图 5.11 所示。

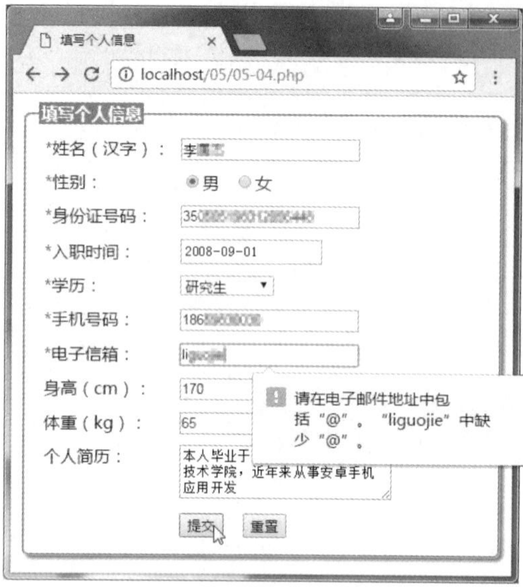

图 5.10　输入无效电子邮件地址时

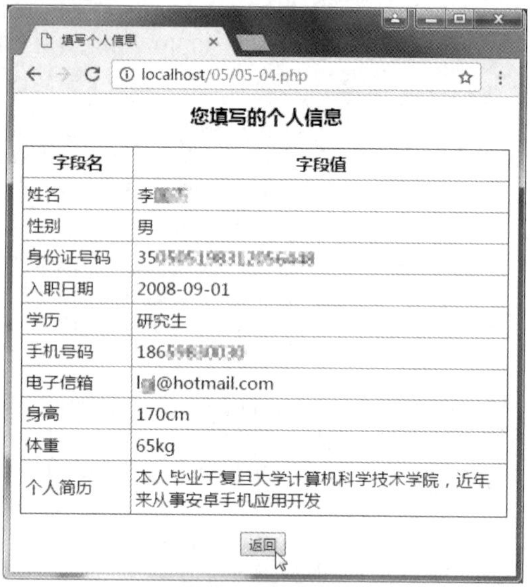

图 5.11　显示提交的表单数据

任务 5.3　获取 URL 参数

URL 参数是指附加到 URL 上的一个名称-值对，用于存储用户输入的检索信息。URL 变量以问号（?）开始并采用“name=value”形式。如果存在多个 URL 参数，则不同参数之间用一个“&”符号隔开。URL 参数可将用户提供的信息附加到所请求页面的 URL 后面并从浏览器传递到服务器。通过本任务的实施将掌握生成 URL 参数、读取 URL 参数及重定向网址等项技能。

任务目标

★ 掌握生成 URL 参数的方法

★ 掌握在 PHP 中读取 URL 参数的方法

★ 掌握实现重定向网址的方法

5.3.1 生成 URL 参数

定义 URL 参数有多种方法。在应用开发中可以根据情况进行选择。

（1）创建使用 GET 方法提交数据的表单。例如，在网页中插入一个表单，将其 method 属性设置为 get，然后在表单中添加两个文本框并命名为 name 和 email，再添加一个提交按钮并命名为 submit。如果提交表单，则在浏览器地址栏将会出现以下 URL：

```
http://server/path/document?name=value1&email= value2&submit=value3
```

其中 value1 和 value2 表示用户在文本框中输入的内容，value3 则是提交按钮的标题文字，这些值可能已经进行了编码处理。

（2）创建超文本链接。例如，在下面的网址中附加了两个名称/值对的 URL 参数。

```
http://server/path/document?name1=value1&name2=value2
```

（3）客户端脚本编程。例如，执行下面的 JavaScript 脚本时将跳转到页面 test.php 并向其传递 name 和 age 这两个参数。

```
<script type="text/javascript">
  location.href="test.php?name=Jack&age=20";
</script>
```

（4）服务器端脚本编程。例如，在下面的 PHP 代码中调用了 PHP HTTP 函数 header()，执行这行代码时将跳转到页面 test.php 并向其传递 username 和 email 这两个参数：

```
<?php
header("Location:test.php?username=Andy&email=andy@msn.com");
exit();
?>
```

其中，header()函数用于向客户端发送原始的 HTTP 报头，在这里起到了重定向的作用。该函数的语法格式如下：

```
void header ( string $string [, bool $replace=true [, int $http_response_code]] )
```

其中，参数 string 表示 HTTP 标头字符串。有两种特别的标头：第一种是以“HTTP/”开头的，将会被用来计算出将要发送的 HTTP 状态码；第二种是“Location:”的标头信息，它不仅把报文发送给浏览器，而且还将返回给浏览器一个 REDIRECT（302）的状态码。

参数 replace 是可选的，它表明是否用后面的头替换前面相同类型的头。默认情况下会替换。如果传入 false，则可以强制使相同的头信息并存。

参数 http_response_code 强制指定 HTTP 响应的值。这个参数只有在报文字符串（string）不为空的情况下才有效。

exit 是一个语句结构，用于输出一条消息并退出当前脚本。语法格式如下：

```
void exit ([string $status])
void exit (int $status )
```

如果参数 status 是一个字符串，在退出之前会打印 status。如果 status 是一个整数，则该值会作为退出状态码，并且不会被打印输出。退出状态码应该为 0~254。

5.3.2 读取 URL 参数

通过 URL 参数可以将用户提供的信息从浏览器传递到服务器。当服务器收到请求时，这些参数被追加到请求的 URL 上，可以通过 PHP 代码读取和处理这些 URL 参数，然后由服务器将请求的页提供给浏览器。

在 PHP 中，可使用超全局变量$_GET 来检索 URL 参数，由此将得到一个关联数组。要读取某个 URL 参数的值，应以该参数的名称作为键名。例如，通过$_GET["username"]可以读取一个名为 username 的 URL 参数的值。

实战演练 创建一个 PHP 动态网页，说明如何生成和读取 URL 参数。源文件为/05/05-05.php，源代码如下。

```
<!doctype html>
<html>
<head>
<meta charset="gb2312">
<title>URL 参数应用示例</title>
<style type="text/css">
table {
  border-collapse: collapse;
  width: 396px;
  margin: 0 auto;
}
th, td {
  padding: 6px;
  text-align: center;
}
caption {
  font-size: large;
  font-weight: bold;
  margin-bottom: 0.5em;
}
</style>
</head>

<body>
<?php
//创建一个二维数组，用于存储学生信息
$student=array(
  array("学号"=>"20170001","姓名"=>"李小明","性别"=>"男","出生日期"=>"2000-10-06"),
  array("学号"=>"20170002","姓名"=>"黄薇薇","性别"=>"女","出生日期"=>"2001-09-16"),
  array("学号"=>"20170003","姓名"=>"王贵贵","性别"=>"男","出生日期"=>"2000-08-22"),
  array("学号"=>"20170004","姓名"=>"刘倩芸","性别"=>"女","出生日期"=>"1999-06-26")
);
if(!count($_GET)) {                                         //若不存在 URL 参数
  printf('<table border="1">');                             //则显示学生简明信息表
  printf('<caption>学生信息表</caption>');
  printf('<tr><th>学号</th><th>姓名</th><th>操作</th></tr>');
  for ($i=0; $i<count($student); $i++) {
    printf('<tr><td>%s</td><td>%s</td><td>
        <a href="%s?id=%s">查看详细信息</a></td></tr>',
        $student[$i]['学号'], $student[$i]['姓名'],
        $_SERVER["PHP_SELF"], $student[$i]['学号']);
  }
  printf('</table>');
} else {                                                    //若存在 URL 参数（已单击链接）
  for($n=0; $n<count($student); $n++) {                     //遍历数组
    if($student[$n]['学号']==$_GET['id']) break;            //获取传递的学生信息
  }
  printf('<table border="1">');
  printf('<caption>学生 %s 的详细信息</caption>',$student[$n]['姓名']);
  foreach($student[$n] as $key=>$value) {
    printf('<tr><td>%s</td><td>%s</td></tr>',$key,$value);
  }
```

```
    printf('</table>');
    printf('<p style="text-align: center;">
        <input type="button" onclick="history.back();" value="返回"></p>');
}
?>
</body>
</html>
```

在上述 PHP 代码块中，定义了一个二维数组，用于存储学生信息。若不存在 URL 参数，则通过表格形式列出所有学生信息，该表格第一行都中包含一个超链接，在目标网址后面附加了“?id=xxx”形式的 URL 参数，参数值为该行中的学号，如图 5.12 所示。当单击该链接时，将会显示另一个表格，其中列出指定学生的详细信息，如图 5.13 所示。

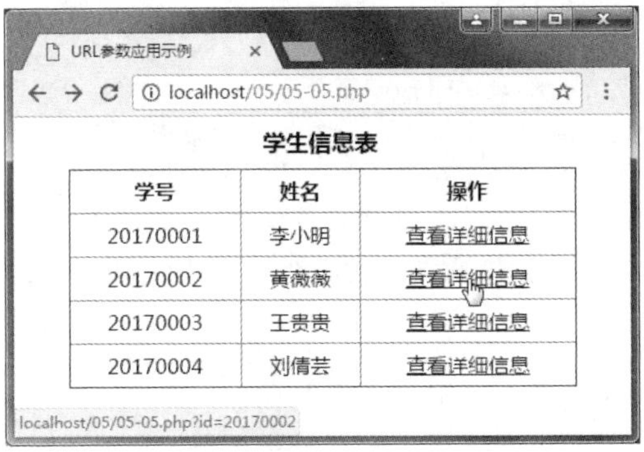

图 5.12　学生简明信息表

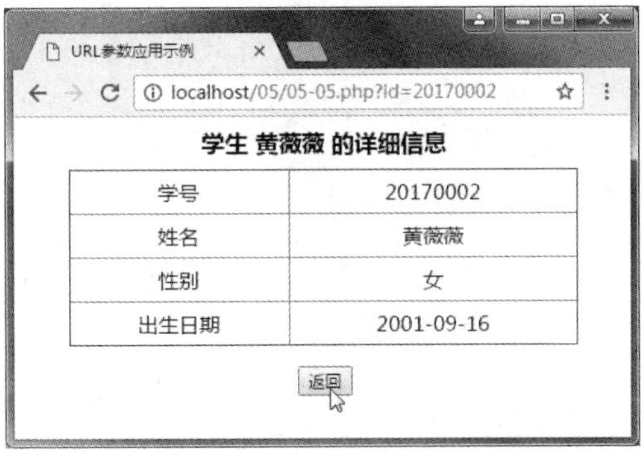

图 5.13　查看学生详细信息

5.3.3 实现页面重定向

每当用户在页面中单击超链接或提交表单时，通常都会从当前页面跳转到另一个页面。除了由用户操作引起的页面跳转外，也可以将 PHP 代码与 HTML 标签或 JavaScript 客户端脚本结合起来，根据所需功能在适当的时机执行页面跳转，并将 URL 参数传递到目标页面。

1．使用 header()函数实现重定向

header()函数具有多种功能，重定向是其中最常用的一种功能。例如，下面的代码块将使浏览器重定向到 PHP 官方网站。

```
<?php
header("Location:http://www.php.net");
?>
```

如果要延迟一段时间后执行重定向，则可以使用以下代码块来实现。

```
<?php
header("refresh:6;url=http://www.php.net");        //延迟 6s 后执行重定向
?>
```

使用 header()执行重定向时，注意以下几点。

（1）在单词“Location”与冒号“:”之间不能有空格，否则会出错。

（2）在调用 header()函数之前不能有任何输出。

（3）执行 header()之后，后续的 PHP 代码还会继续执行。如果要在调用 header()函数之后退出当前脚本，可以使用 exit()语法结构。

（4）在一个页面上可多次调用 header()，但它通常仅执行最后一个。

下面利用 header()定义一个 URL 重定向函数。代码如下。

```
//URL 重定向函数
function redirect($url, $time=0, $msg="") {          //参数分别指定目标地址、时间间隔和文本信息
  if (empty($msg)) {
    $msg="{$time}秒之后将自动跳转到{$url}！ ";
  }
  if (!headers_sent()) {                              //若尚未发送 HTTP 标头
    if (0===$time) {                                  //若时间间隔为 0
      header("Location:" . $url);                     //则立即跳转到目标地址
    } else {                                          //若时间间隔不为 0
      header("refresh:{$time};url={$url}");           //则延迟跳转到目标地址
      echo($msg);                                     //显示文本信息
    }
    exit();                                           //退出当前脚本
  } else {                                            //若 HTTP 标头已发送
    $str="<meta http-equiv=\"refresh\" content=\"{$time};URL={$url}\">";
    if ($time!= 0) $str .=$msg;                       //在 meta 标签后附加文本信息
    exit($str);                                       //显示 meta 标签和指定文本信息后退出当前脚本
  }
}
```

使用 header()函数还可以强制用户每次访问页面时获取最新资料，而不是使用存在客户端的缓存，代码如下。

```
<?php
header("Expires:Mon,26 Jul 1970 05:00:00 GMT");
header("Last-Modified:".gmdate("D, d M Y H:i:s ")."GMT");
header("Cache-Control:no-cache,must-revalidate");
header("Pragma:no-cache");
?>
```

2. 使用客户端脚本实现重定向

在 JavaScript 客户端脚本代码中，将 location.href 属性设置为要转到的目标页面的 URL，可以实现不同页面之间的跳转。

如果将 PHP 服务器端脚本与 JavaScript 客户端脚本结合起来，则可以使用 PHP 变量动态地设置目标页面的 URL，以便根据设定的条件跳转到指定页面。

如果要向目标页面传递参数，可以将名称-对附加在 URL 后面。例如，在下面的 JavaScript 客户端脚本中，将目标页面设置为 test.php，并向该页传递一个名为 name 的 URL 参数，其值来自 PHP 变量 username。

```
<script type="text/javascript">
location.href="test.php?name=<?php echo $username; ?>";
</script>
```

如果需要定时跳转功能，则可以通过调用 window.setTimeout()方法来实现。例如：

```
<script type="text/javascript">
window.setTimeout('location.href="test.php"',6000);   //6000ms（6s）后跳转
</script>
```

3. 使用 HTML 标签实现重定向

在 HTML 语言中，通过在文档首部添加一个 meta 标签可以实现当前页面的刷新或跳转到另一页面，语法如下：

```
<meta http-equiv="refresh" content="n; [url]">
```

其中，参数 n 指定当前页面停留的秒数；参数 url 指定要跳转的页面，如果省略 url 参数，

则每当经过指定的时间间隔时会自动刷新当前页面。

也可以利用 PHP 变量来设置 URL 参数的值，以根据不同的条件跳转到不同的页面。

任务 5.4 会话管理

Web 中的会话是指用户在浏览器中进入某个网站到关闭浏览器这段时间。在 PHP 中可以使用会话变量来保存客户端状态信息，并使这些信息在整个会话周期内对网站的所有页均为可用。会话变量提供了一种机制，通过这种机制可以存储和访问用户信息，供 Web 应用程序所使用。通过本任务的实施将了解什么是会话并掌握创建和销毁会话变量的操作技能。

任务目标

★ 理解会话的概念
★ 掌握创建会话变量的方法
★ 掌握销毁会话变量的方法

5.4.1 了解会话

当在计算机上运行一个应用程序时，你会打开该应用程序，然后做一些更改，最后再关闭该应用程序。这很像一次会话过程。在这种情况下，计算机知道你是谁，知道你何时启动应用程序，并在何时结束应用程序的运行。但是，在 Internet 上却存在一个问题：服务器不知道你是谁，也不知道你做什么，这是由于 HTTP 地址不能够维持状态。

实际上，HTTP 协议是无状态的协议，即 Web 服务器不跟踪连接到它们的浏览器，也不跟踪用户的各个页面请求。Web 服务器每次接收对 Web 页的请求，并通过向用户的浏览器发送相关页面做出响应后，Web 服务器都会"忘记"进行请求的浏览器和它发送出去的 Web 页。当同一用户稍后请求一个相关页时，Web 服务器会发送该页，而并不知道它发给该用户的上一页是什么。

HTTP 的无状态本性使它成为一种简单而易于实现的协议，因此也使得越高级的 Web 应用程序（如个性化所生成的内容）越难实现。例如，为了给单个用户自定义站点内容，必须首先标识出该用户。许多 Web 站点使用某种用户名/密码登录形式来实现这个目的。如果需要显示多个自定义的页面，则需要一种跟踪登录用户的机制，因为多数用户不能接受为站点的每一页都提供其用户名和密码。

为了能够创建复杂的 Web 应用程序和在所有站点页间存储用户提供的数据，多数应用程序服务器技术都包括对会话管理的支持。会话管理使 Web 应用程序能够在多个 HTTP 请求之间维护状态，使得用户对网页的请求在给定时间段内可视为同一交互会话的一部分。

会话变量存储着用户的会话生命周期内的信息。当用户第一次打开应用程序中的某一页时，用户会话就此开始。当用户一段时间内不再打开该应用程序中的其他页时，或者用户明确终止该会话时（通常是通过单击"注销"链接），会话即告结束。在会话存在期间，会话特定于单个用户，每个用户都有单独的会话。

会话变量用于存储 Web 应用程序中每页都能访问的信息。信息可以是多种多样的，例如用户名、首选字体大小，或者是指示用户是否成功登录的标记及访问权限等。会话变量的另一个常见用途是保存连续分数。例如，在网上测验中到目前为止用户答对的题数，或者到目前为止用户从电子商务网站目录中选择的商品（购物车）。

会话变量还可以提供一种超时形式的安全机制，这种机制在用户账户长时间不活动的情况下，将终止该用户的会话。如果用户忘记从 Web 站点注销，这种机制还会释放服务器内存和处理资源。

会话变量只有在用户的浏览器配置成接受 Cookie 后才起作用。当首次初始化会话时，服务器创建一个唯一标识该用户的会话 ID 号，然后将包含该 ID 号的 Cookie 发送到用户的浏览器。会话 ID 可以存储在客户端的一个 Cookie 中，也可以通过 URL 进行传递。在默认情况下，会话变量存储在服务器的文件系统中。当用户请求服务器上的另一页时，服务器会读取浏览器中的 Cookie 以识别该用户并检索存储在服务器内存中该用户的会话变量。

PHP 提供了一组会话管理方面的函数，通过这些函数可以在连续的多次请求中保存某些数据，从而可以构建更加个性化的应用程序并增加网站的吸引力。

5.4.2 创建会话变量

使用会话变量存储信息时，首先要启动一个会话，然后将各种信息存储在会话变量中，这些信息可以在随后的多次请求中使用，即可以在不同页面之间传递。

要在 PHP 中启动一个会话，可以使用 session_start()函数，语法如下：

```
bool session_start ( void )
```

session_start()创建一个会话或者基于一个会话 ID 恢复当前会话，该 ID 经由一个请求（如 GET、POST 或一个 Cookie）传递。若会话已成功启动，则本函数返回 true，否则返回 false。

注意

如果正在使用基于 Cookie 的会话，则在调用 session_start()函数之前不能向浏览器输出任何内容。

除了 session_start()函数外，也可以通过修改 PHP 配置文件 php.ini 来启动对话，即把配置项 session.auto_start 设置为 1。这样，每当用户访问网站时就会自动启动一个会话。使用这种方法虽然比较简便，但也有一个缺点，即无法将对象保存到会话中。

所有会话变量均存储在预定义数组变量$_SESSION 中。若要将信息存储到会话变量中，向该数组添加一个元素即可。

例如，在下面的语句中将用户通过表单提交的用户名保存到会话变量中。

```
$_SESSION["username"]=$_POST["username"];
```

一旦将数据存储在会话变量中，就可以通过超全局变量$_SESSION 检索来该值并在 PHP 页面中使用它。

使用一个会话变量的值前，可以通过调用 session_is_registered()函数来检查该会话变量是否已经在会话中注册过，语法如下：

```
bool session_is_registered(string $name)
```

其中，参数 name 表示要检查的全局变量的名称。如果具有该名称的全局变量已经在当前会话中注册，则 session_is_registered()函数返回 true。

例如，在下面的语句中首先检查会话变量是否存在，如果已存在，则使用其值，否则显示出错信息。

```
if (session_is_registered("username")) {
   $username=$_SESSION["username"];
} else {
   echo "会话变量尚未注册！";
}
```

5.4.3 销毁会话变量

PHP 提供了以下函数，可以用来注销会话变量或清除会话 ID。

（1）使用 session_unregister()函数从当前会话中注销一个会话变量，语法如下：

```
bool session_unregister ( string $name )
```

其中，name 表示要注销的会话变量的名称。如果从会话中成功地注销该变量，则返回 true。

（2）使用 session_unset()函数从当前会话中注销所有会话变量，语法如下：

```
void session_unset ( void )
```

（3）使用 session_destroy()函数清除当前会话的会话 ID 并结束会话，语法如下：

```
bool session_destroy ( void )
```

如果调用成功，则此函数返回 true，失败则返回 false。

如果要结束当前会话，首先要使用 session_unset()函数从当前会话中注销所有会话变量，然后使用 session_destroy()函数清除当前会话的会话 ID。

实战演练 创建一组 PHP 动态网页，分别用于模拟网站登录页面、网站首页和注销页面，演示会话变量在网站登录中的应用。登录页面源文件为/05/05-06-login.php，源代码如下。

```
<?php
//注意：这个 PHP 代码块位于 HTML 文档的 doctype 标签之前
//定义 URL 重定向函数
function redirect($url, $time=0, $msg="") {          //参数分别指定目标地址、时间间隔和文本信息
   if (empty($msg)) {
      $msg="{$time}秒之后将自动跳转到{$url}！";
   }
   if (!headers_sent()) {                            //若尚未发送 HTTP 标头
      if (0===$time) {                               //若时间间隔为 0
         header("Location:" . $url);                 //则立即跳转到目标地址
      } else {                                       //若时间间隔不为 0
         header("refresh:{$time};url={$url}");       //则延迟跳转到目标地址
         echo($msg);                                 //显示文本信息
      }
      exit();                                        //退出当前脚本
   } else {                                          //若 HTTP 标头已发送
      $str="<meta http-equiv=\"refresh\" content=\"{$time};URL={$url}\">";
      if ($time!= 0) $str .=$msg;                    //在 meta 标签后附加文本信息
      exit($str);                                    //显示 meta 标签和指定文本信息后退出当前脚本
   }
}
session_start();                                     //启动会话
```

```
if (count($_POST)) {                                    //若已提交表单
  //用数组保存用户名和密码，实际应用中用户名和密码通常保存在后台数据库中
  $user=array("username"=>"admin","password"=>"123456");
  //若输入的用户名和密码与数组中保存的数据匹配
  if($_POST["username"]==$user["username"] && $_POST["password"]==$user["password"]) {
  //将提交的用户名保存到会话变量中
    $_SESSION["username"]=$_POST["username"];
    $str="<h3>登录成功</h3><hr><p>";
    $str.=$_SESSION["username"] ."，欢迎您！<br>6 秒钟后自动跳转到网站首页 ... </p>";
    redirect("05-06-index.php", 6, $str);
  } else {                                                    //若提交的用户名或密码不正确
    echo '<script type="text/javascript">';
    echo 'alert("用户名或密码错误，登录失败！");';
    echo '</script>';
  }
}
?>
<!doctype html>
<html>
<head>
<meta charset="gb2312">
<title>网站登录</title>
<style type="text/css">
fieldset {
  width: 300px;
  margin: 0 auto;
  border-radius: 6px;
  box-shadow: 3px 3px 3px grey;
}
legend {
  background-color: grey;
  color: white;
  font-weight: bold;
  text-align: center;
  padding: 3px 12px;
}
table {
  margin: 0 auto;
}
td {
  padding: 6px;
}
</style>
</head>

<body>
<form method="post" action="">
  <fieldset>
    <legend>网站登录</legend>
    <table>
      <tr>
        <td><label for="username">用户名：</label></td>
        <td><input id="username" name="username" type="text"
         required placeholder="请输入用户名"></td>
      </tr>
      <tr>
        <td><label for="password">密码：</label></td>
        <td><input id="password" name="password" type="password"
         required placeholder="请输入密码"></td>
      </tr>
      <tr>
        <td> </td>
```

```
            <td><input type="submit" value="登录">  <input type="reset" value="重置"></td>
          </tr>
        </table>
      </fieldset>
    </form>
    </body>
    </html>
```

在源文件 5-06-login.php 中创建了一个登录表单，其效果如图 5.14 所示。实现网站登录功能时需要对输入的用户名和密码进行检查，为此编写了一个 PHP 代码块并放置在 HTML 文档的 doctype 标签之前。在此 PHP 代码块中，首先定义了一个用于网址重定向的函数，然后启动会话。如果已提交表单，则检查用户名和密码是否与数组中存储的数据匹配。如果数据匹配则显示登录成功的信息，6 秒钟后自动跳转到网站首页，如图 5.15 所示；如果数据不匹配，则会弹出一个对话框，提示登录失败，如图 5.16 所示。

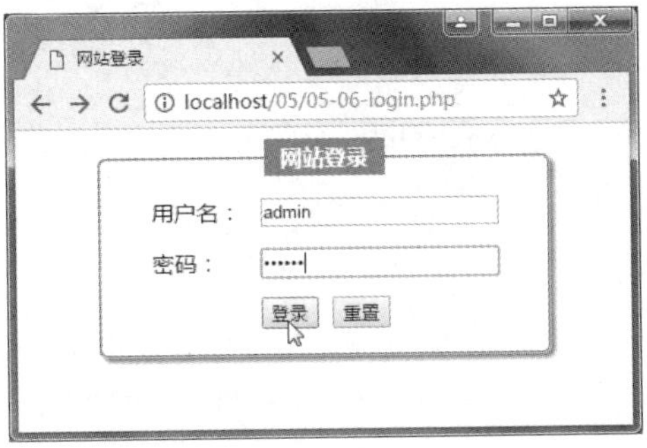

图 5.14　登录表单

图 5.15　登录成功时显示的信息

图 5.16　登录失败时弹出的对话框

网站首页源文件为/05/05-06-index.php，源代码如下。

```
<!doctype html>
<html>
<head>
<meta charset="gb2312">
<title>网站首页</title>
<style type="text/css">
header > * {
    font-size: 14px;
    float: left;
    margin: 0;
}
ul {
    margin: 0
}
nav li {
    list-style-type: none;
    float: left;
    margin-right: 20px;
```

```
    }
    nav li a {
      text-decoration: none;
      color: navy;
    }
    </style>
    </head>

    <body>
    <header>
      <h1>网站首页</h1>
      <nav>
        <?php
        session_start();                                                   //启动会话
        echo "<ul>";
        //显示当前登录用户名，若未登录则显示为“游客”
        echo "<li>" .(isset($_SESSION["username"]) ? $_SESSION["username"] : "游客") . "，欢迎您！
</li>";
        if (!isset($_SESSION["username"])) {                              //若未登录
          echo "<li><a href=\"05-06-login.php\">登录</a></li>";           //则显示“登录”链接
        } else {                                                           //若已登录
          echo "<li><a href=\"05-06-logout.php\">注销</a></li>";          //则显示“注销”链接
        }
        echo "</ul>";
        ?>
      </nav>
    </header>
    <hr style="clear: both;">
    <p>欢迎您光临本网站！</p>
    </body>
    </html>
```

在源文件 05-06-index.php 中创建了一个简单的导航条，其中包含欢迎信息和导航链接。通过编写 PHP 代码块对不同用户显示不同内容。对登录用户显示出“注销”链接，如图 5.17 所示；如果单击“注销”链接，则结束当前会话，此时显示出“登录”链接，如图 5.18 所示。

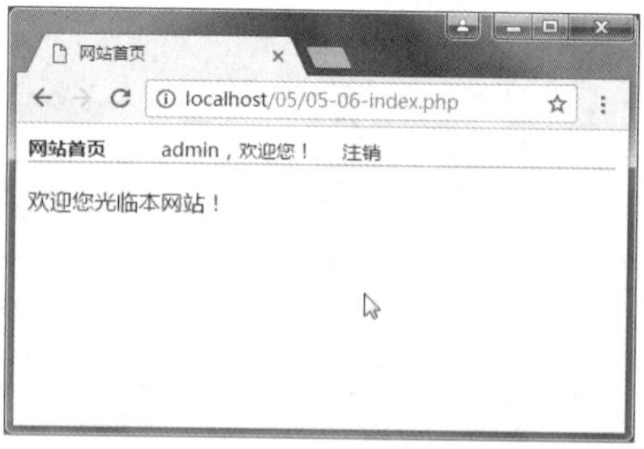

图 5.17　对于登录用户显示的内容

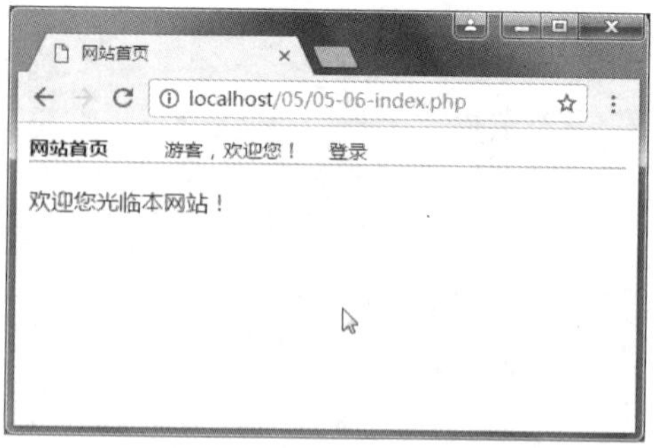

图 5.18　对游客显示的内容

注销页面源文件为/05/05-06-logout.php，源代码如下。

```
<?php
session_start();                          //开启会话
session_unset();                          //销毁所有会话变量
```

```
session_destroy();                    //结束当前会话
header("Location:05-06-index.php");   //重定向到网站首页
?>
```

上述源文件仅包含一个 PHP 代码块，其功能是首先启动会话，然后调用 session_unset()函数从当前会话中注销所有会话变量，接着调用 session_destroy()函数清除当前会话的会话 ID 并结束会话，最后调用 header()函数再次跳转到网站首页，此时用户名已变成了“游客”。

任务 5.5 使用 Cookie

Cookie 是一种在客户端浏览器储存数据并以此来跟踪和识别用户的机制，它提供了一种在 Web 应用程序中存储用户特定信息的方法。当用户访问网站时，可以使用 Cookie 存储用户首选项或其他信息。当该用户再次访问网站时，应用程序便可以检索以前存储的信息。通过本任务的实施将了解什么是 Cookie 并掌握设置和读取 Cookie 的操作技能。

任务目标

★ 理解 Cookie 的概念
★ 掌握设置 Cookie 的方法
★ 掌握读取 Cookie 的方法

5.5.1 了解 Cookie

Cookie 是一小段文本信息，随着用户请求和页面一起在 Web 服务器与浏览器之间传递。Cookie 包含每次用户访问网站时 Web 应用程序都可以读取的信息。如果在用户请求网站中的页面时应用程序发送给该用户的不仅仅是一个页面，还有一个包含日期和时间的 Cookie，用户的浏览器在获得页面的同时还获得了该 Cookie，并将它存储在用户硬盘上的某个文件夹中。如果该用户以后再次请求站点中的页面，当该用户输入 URL 时，浏览器便会在本地硬盘上查找与该 URL 关联的 Cookie。如果该 Cookie 存在，浏览器便将该 Cookie 与页面请求一起发送到网站。

使用 Cookie 有以下几个优点。

（1）可以配置到期规则，Cookie 既可以在浏览器会话结束时到期，也可以在客户端计算机上无限期存在，这取决于客户端的到期规则。

（2）不需要占用任何服务器资源，Cookie 存储在客户端并在发送后由服务器读取。

（3）Cookie 是一种基于文本的轻量结构，包含简单的键值对。

（4）虽然客户端计算机上 Cookie 的持续时间取决于客户端上的 Cookie 过期处理和用户干预，Cookie 通常是客户端上持续时间最长的数据保留形式。

使用 Cookie 有以下几个缺点。

（1）大多数浏览器对 Cookie 的大小有 4 096 字节的限制。

（2）有些用户禁用了浏览器接收 Cookie 的能力，因此限制了这一功能的应用。

（3）用户有可能会操纵其计算机上的 Cookie，这意味着会对安全性造成潜在风险或者导致依赖于 Cookie 的应用程序失败。

5.5.2 设置 Cookie

在 PHP 中，使用 setcookie()函数可以向客户端发送一个 Cookie 信息，语法如下：

```
bool setcookie ( string $name[,string $value[,int $expire[,
    string $path[, string $domain[,bool $secure]]]]] )
```

其中，参数 name 表示 Cookie 的名称。value 表示 Cookie 的值，该值保存在客户端，不要用来保存敏感数据。

expire 表示 Cookie 过期的时间。通常用 time()函数加上秒数来设定 Cookie 的失效期。例如，time()+60*60*24*30 将设定 Cookie 在 30 天后失效。也可以用 mktime()函数来设置失效期，此函数根据所给参数返回一个 Unix 时间戳。例如，mktime(10, 30, 22, 3, 25, 2017)将设置在指定的日期和时间失效。如果未设定，Cookie 将会在会话结束后（一般是浏览器关闭）失效。

path 表示 Cookie 在服务器端的有效路径。若将该参数设置为'/'，则 Cookie 在整个 domain 内有效，若设置为'/foo/'，则 Cookie 只在 domain 下的/foo/目录及其子目录内有效，如/foo/bar/。默认值为设定 Cookie 的当前目录。

domain 表示该 Cookie 有效的域名。如果要使 Cookie 能在 example.com 域名下的所有子域都有效，应将该参数设置为 '.example.com'。如果将该参数设置为 www.example.com，则只在 www 子域内有效。

secure 指明 Cookie 是否仅通过安全的 HTTPS 连接传送。当设置为 true 时，Cookie 仅在安全的连接中被设置。默认值为 false。

在上述参数中，除了参数 name 外，其他所有参数都是可选的。编程时，可以用空字符串（""）替换某参数以跳过该参数。由于参数 expire 是整形的，因此不能用空字符串代替，但可以用零（0）来代替。

Cookie 是 HTTP 标头的一部分，setcookie()函数定义一个与其他 HTTP 标头一起发送的 Cookie。与其他标头一样，Cookie 必须在脚本的任何其他输出之前发送，这是协议限制。因此，需要将本函数的调用放到任何输出之前，包括<html>和<head>标签及任何空格。如果在调用 setcookie()之前有任何输出，本函数将失败并返回 false。如果 setcookie()函数成功运行，将返回 true。这并不说明用户是否接受了 Cookie。

使用 Cookie 编程时，应注意以下几点。

（1）Cookies 不会在设置它的页面上立即生效。如果要测试一个 Cookie 是否被成功的设定，可以在其到期之前通过另外一个页面来访问其值。过期时间是通过参数 expire 来设置的。可以使用 print_r($_COOKIE)来调试现有的 Cookies。

（2）Cookie 必须用与设定时相同的参数才能删除。如果 value 参数值是一个空字符串或 false，expire 参数值为 time()函数值加上或减去某个正整数，且其他参数值均与前一次调用 setcookie()函数时相同，则所指定名称的 Cookie 将会在客户端计算机上被删除。

（3）由于将 Cookie 的值设置为 false 会使客户端尝试删除此 Cookie，因此要在 Cookie 上保存 true 或 false 时不应该直接使用布尔值，而应该用 0 表示 false，用 1 表示 true。

（4）根据需要，也可以将 Cookie 的名称设置成一个数组，但是数组 Cookie 中的每个元素的值将会被单独保存在客户端计算机中。可以考虑使用 explode()函数通过多个名称和值来设定一个 Cookie。

下面的 PHP 代码块用于演示 setcookie()函数的用法。

```
<?php
$value="something from somewhere";
setcookie("TestCookie", $value);
setcookie("TestCookie", $value,time()+3600);
setcookie("TestCookie", $value,time()+3600,"/~rasmus/",".example.com",1);
?>
```

5.5.3 读取 Cookie

在某个页面上设置 Cookie 后，便可以使用超全局变量$_COOKIE 来读取其值。但需要注意的是，Cookies 不会在设置它的页面上立即生效。如果要测试一个 Cookie 是否被成功的设定，可以在重新加载该页面时读取其值，也可以在 Cookie 生存期内通过其他页面读取其值。

$_COOKIE 就是通过 HTTP Cookie 传递给当前脚本的变量的关联数组，可以根据调用 setcookie()函数时所使用的名称来读取相应的 Cookie 值。

提示

Cookie 的值也会被保存到 HTTP 请求数组$_REQUEST 中。

下面的 PHP 代码块用于显示名为 TestCookie 的 Cookie 变量的值。

```
<?php echo $_COOKIE["TestCookie"]; ?>
```

下面的 PHP 代码块使用数组形式向客户端发送了 3 个 Cookie。

```
<?php
setcookie("cookie[three]", "cookiethree");
setcookie("cookie[two]", "cookietwo");
setcookie("cookie[one]", "cookieone");
//重新加载页面时将显示这些 Cookie 值
if (isset($_COOKIE['cookie'])) {
  foreach ($_COOKIE['cookie'] as $name => $value) {
    $name=htmlspecialchars($name);
    $value=htmlspecialchars($value);
    echo "$name : $value <br />\n";
  }
}
```

实战演练 创建一组 PHP 动态网页，分别用于模拟网站登录页面、网站首页和注销页面，演示 Cookie 在网站登录中的应用。登录页面源文件为/05/05-07-login.php，源代码如下。

```
<?php
if(count($_POST)){
  $user=array("username"=>"sa","password"=>"123456");          //用数组存储用户名和密码
  if($_POST["username"]==$user["username"] && $_POST["password"]==$user["password"]) {
                                                               //检查登录
    if ($_POST["auto"]=="1") {                                 //若选中了“自动登录”复选框
      $expire=time()+(int)$_POST["expire"];                    //设置 Cookie 过期时间
      setcookie("username", $_POST["username"], $expire);      //发送 Cookie（用户名）
    }
```

```
        session_start();                                    //开启会话
        $_SESSION["username"]=$_POST["username"];           //将提交的用户名保存到会话变量中
        header("Location:05-07-index.php");                 //重定向到网站首页
        exit;                                               //退出当前脚本
    } else {                                                //若提交的用户名或密码出现错误
        echo '<script type="text/javascript">';
        echo 'alert("用户名或密码错误，登录失败！");';
        echo '</script>';
    }
}
?>
<!doctype html>
<html>
<head>
<meta charset="gb2312">
<title>网站登录</title>
<style type="text/css">
fieldset {
    width: 300px; margin: 0 auto;
    border-radius: 6px;
    box-shadow: 3px 3px 3px grey;
}
legend {
    background-color: grey;
    color: white;
    font-weight: bold;
    text-align: center;
    padding: 3px 12px;
}
table {
    margin: 0 auto;
}
td {
    padding: 6px;
}
</style>
<script type="text/javascript">
window.onload=function() {                                  //当文档加载就绪时执行此匿名函数
    var autoElem=document.getElementById("auto");           //获取复选框对象
    var expireElem=document.getElementById("expire");       //获取列表框对象
    autoElem.onclick=function() {                           //单击复选框时执行此匿名函数
        expireElem.disabled=!autoElem.checked;              //设置是否启用列表框
    };
};
</script>
</head>

<body>
<form method="post" action="">
    <fieldset>
        <legend>网站登录</legend>
        <table>
            <tr>
                <td><label for="username">用户名：</label></td>
                <td><input id="username" name="username" type="text"
```

```
            required placeholder="请输入用户名"></td>
        </tr>
        <tr>
          <td><label for="password">密码：</label></td>
          <td><input id="password" name="password" type="password"
           required placeholder="请输入密码"></td>
        </tr>
        <tr>
          <td> </td>
          <td><label><input id="auto" name="auto" type="checkbox" value="1">自动登录</label>
            <select disabled="disabled" id="expire" name="expire">
              <option value="-86400" selected>禁用</option>
              <option value="86400"="selected">1 天内</option>
              <option value="604800">1 周内</option>
              <option value="1296000">半个月内</option>
              <option value="2592000">1 个月内</option>
              <option value="7776000">3 个月内</option>
            </select></td>
        </tr>
        <tr>
          <td> </td>
          <td><input type="submit" value="登录">  <input type="reset" value="重置"></td>
        </tr>
      </table>
    </fieldset>
  </form>
  </body>
  </html>
```

在源文件为 05-07-index.php 中创建了一个登录表单，在该表单内添加了一个复选框和一个列表框，该列表框默认情况下处于禁用状态。在文档首部编写了一个 JavaScript 脚本块，一旦选中了“自动登录”复选框，位于其右边的列表框就会被变成可用，从中可以选择 Cookie 的保存周期，如果不想继续使用“自动登录”功能，从列表中选择“禁用”即可。

在文档的 doctype 标签之前编写了一个 PHP 代码块，其功能是实现网站登录功能。在这里使用一个数组保存用户名和密码，如果在提交表单时选中了“自动登录”复选框，则调用 setcookie()函数发送一个名为 username 的 Cookie，然后将提交的用户名保存到会话变量中并跳转到网站首页。登录页面的运行情况如图 5.19 和图 5.20 所示。

图 5.19　未选择自动登录

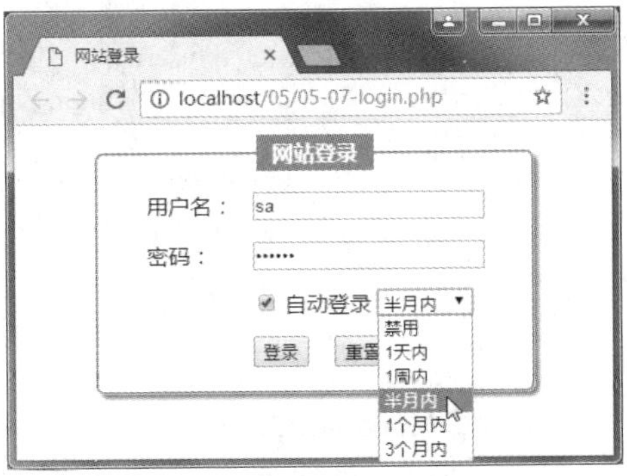

图 5.20　选择半个月内自动登录

网站首页源文件为 05-07-index.php，源代码如下。

```
<!doctype html>
<html>
<head>
<meta charset="gb2312">
<title>网站首页</title>
<style type="text/css">
header > * {
    font-size: 14px;
    float: left; margin: 0;
}
ul {
    margin: 0
}
nav li {
    list-style-type: none;
    float: left; margin-right: 20px;
}
nav li a {
    text-decoration: none;
    color: navy;
}
</style>
</head>

<body>
<header>
    <h1>网站首页</h1>
    <nav>
        <?php
        session_start();
        if (isset( $_COOKIE["username"] )) {                    //检测是否存在 Cookie
            $_SESSION["username"]=$_COOKIE["username"];         //若存在则读取 Cooike 并存入会话变量
            $username=$_COOKIE["username"];                     //将 Cookie 存入变量 username
        } elseif (isset($_SESSION["username"])) {               //不存在 Cookie 时检测是否存在会话变量
            $username=$_SESSION["username"];                    //若存在会话变量则存入变量 ursername
        } else {                                                //Cookie 和会话变量都不存在
            $username="游客";                                   //用户身份为"游客"
        }
        echo "<ul>";
        echo "<li>" . $username . ", 欢迎您！ </li>";
        if (!isset($_SESSION["username"])) {                              //若不存在会话变量
            echo "<li><a href=\"05-07-login.php\">登录</a></li>";         //则显示"登录"链接
        } else {                                                          //若存在会话变量（已登录）
            echo "<li><a href=\"05-07-logout.php\">退出</a></li>";        //则显示"退出"链接
        }
        echo "</ul>";
        ?>
    </nav>
</header>
<hr style="clear: both;">
<p><?php echo $username; ?>，欢迎您光临本网站！ </p>
</body>
</html>
```

网站首页对不同用户显示不同内容。如果未经登录进入网站首页或退出登录，则用户身份显示为“游客”并包含一个“登录”连接，如图 5.21 所示。如果登录成功转到网站首页，或者上次选择了“自动登录”选项直接访问网站首页，则显示用户名并包含一个“注销”链接，如图 5.22 所示。

图 5.21　未经登录时或退出登录之后

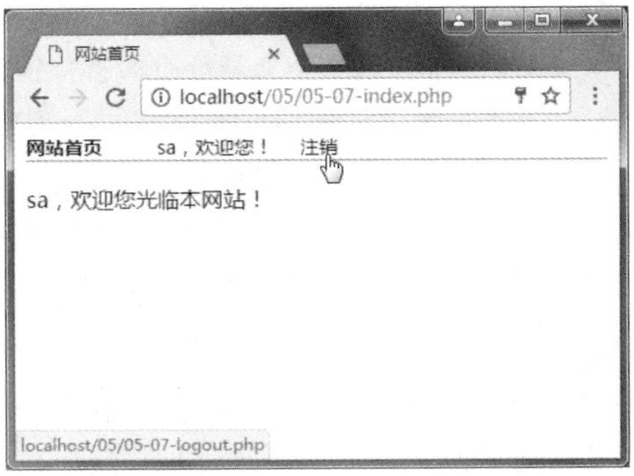

图 5.22　（自动）登录成功之后

注销页面源文件为 05-07-logout.php，其中仅包含一个 PHP 代码块，源代码如下。

```
<?php
session_start();                          //开启会话
session_unset();                          //销毁所有会话变量
session_destroy();                        //结束当前会话
header("Location:05-07-index.php");       //重定向到网站首页
setcookie("username", "");                //删除 Cookie 变量
?>
```

项目思考

一、选择题

1. form 表示的（　　）属性指定发送表单数据的 HTTP 方法。

A. accept-charset　　B. action　　C. enctype　　D. method

2. 要使用 input 元素生成数字输入框，应将其 type 属性设置为（　　）。

A. radio　　B. checkbox　　C. number　　D. range

3. 要生成一组相互排斥的单选按钮，应将相关 input 元素的（　　）属性设置成相同的值。

A. id　　B. name　　C. value　　D. checked

4. 在下列各项中，（　　）不属于 input 元素的 type 属性值。

A. email　　B. date　　C. search　　D. phone

5. 要确保用户必须在一个文本框中输入内容，可对 input 元素设置（　　）属性。

A. readonly　　B. disabled　　C. required　　D. placeholder

6. 当使用 POST 方法提交表单时，可通过超全局变量（　　）获取表单变量。

A. $_POST　　B. $_GET　　C. $_SESSION　　D. $_COOKIE

7. 调用（　　）函数可销毁所有会话变量。

A. session_is_registered()　　B. session_unregister

C. session_unset()　　D. session_destroy()

二、判断题

1. （　　）提交表单时 input 元素的名称和值将被发送到服务器。

2. （　　）若要确保用户在某个字段中输入的值符合指定模式，可在相应表单控件中设置 pattern 属性。

3. （　　）URL 变量以星号（*）开始并采用“名称=值”形式。

4. （　　）如果在某个网址后面跟着多个 URL 参数，则不同参数之间用一个“$”符号隔开。

5. （　　）若将一个 input 元素的 type 属性设置为 button，则所生成的按钮什么作用也没有。

6. （　　）Spry 构件不需要任何支持文件。

7. （　　）要对密码进行确认，可将 Spry 验证密码和 Spry 验证确认构件一起使用。

8. （　　）在表单控件中设置 pattern 属性，可以规定输入字段的值的模式或格式。

9. （　　）使用会话变量存储信息时，不需要启动会话，即可将各种信息直接存储在会话变量中。

10. （　　）使用 session_unregister()函数从当前会话中注销所有会话变量。

三、简答题

1. 如何使用 JavaScript 实现表单验证功能？
2. Spry 构件有哪些部分组成？
3. DW CS6 中提供哪些 Spry 表单验证构件？
4. 如何使用 HTML 5 实现表单验证功能？
5. 生成 URL 参数有哪些方法？在 PHP 中如何读取 URL 参数？
6. 在不同页面之间跳转有哪些方法？
7. 在 PHP 中，如何启动一个会话？如何用会话变量存储信息？
8. 在 PHP 中，如何注销当前会话中的所有会话变量？如何结束一个会话？
9. 什么是 Cookie？它有什么优点和缺点？
10. 在 PHP 中，如何向客户端发送一个 Cookie？如何从 Cookie 变量中检索信息？
11. 在 PHP 中如何删除一个 Cookie？

项目实训

1. 创建一个用于填写用户资料的表单，要求表单内包含文本框、单选按钮、复选框、下拉式列表框及文本区域，并在提交表单后通过表格显示所提交的信息。

2. 创建一个网站登录表单，要求通过编写 JavaScript 脚本对表单数据进行验证，若未输入用户名或密码，则阻止提交表单并显示提示信息。

3. 创建一个用于填写用户资料的表单，要求使用 Spry 表单验证构件对用户输入的用户名、登录密码、确认密码、出生日期及电子邮件地址等进行验证。

4. 创建一个用于填写个人信息的表单，要求使用 HTML 5 提供的新类型 input 元素和新增属性对用户输入的用户名、密码、出生日期、身份证号码、手机号码、电子邮件地址、身高、体重等进行验证。

5. 使用 Spry 验证复选框构件制作一个简易的选课系统，要求最少选 3 门课程，最多选择 5 门课程。

6. 创建一个学生简明信息表，要求将学生信息存储在数组中，在单击在表格中单击“查看详细信息”链接时应能显示所选学生的详细信息。

7. 创建两个 PHP 动态网页，分别用于模拟网站的登录页和首页。在登录页中填写用户名和密码，并将这些信息保存在会话变量中；首页对已登录用户显示“登录”链接、“注销”链接和用户名，对未登录用户仅显示“登录”链接，用户名为“游客”。

8. 创建两个PHP动态网页，分别用于模拟网站的登录页和首页。在登录表单中填写用户名和密码，并将这些信息存储在会话变量中；根据需要还可以选择自动登录并指定Cookie的有效时间。

项目 6

PHP 文件处理

文件处理是 PHP 编程的重要内容之一。PHP 提供了丰富的文件系统处理函数，可用来对文件和目录进行各种操作，包括将数据保存到文件中，从文件中读取数据，向文件中添加新数据或者修改已有数据，及获取从客户端上传的文件并进行相关处理等。通过本项目的实施将掌握通过 PHP 实现文件操作、目录操作及文件上传操作等技能。

项目目标

★ 掌握文件的操作方法
★ 掌握目录的操作方法
★ 掌握上传文件的方法

任务 6.1 文件操作

在 PHP 中处理文件时经常用到一些基本操作，例如检查文件是否存在、打开和关闭文件、读写文件、对文件进行重命名、复制文件及删除文件等。通过本任务的实施将掌握文件操作的各项基本技能。

任务目标

★ 掌握打开和关闭文件的方法
★ 掌握读写文件的方法
★ 掌握在文件中定位的方法
★ 掌握检查文件属性的方法
★ 掌握文件的其他操作

6.1.1 打开和关闭文件

在打开某个文件之前，可通过调用函数 file_exists()来检查该文件是否存在，语法如下：

```
bool file_exists ( string $filename )
```

其中，参数 filename 表示要检查的文件或目录的路径。若由 filename 指定的文件或目录存在，则返回 true，否则返回 false。

使用 is_file()函数可判断给定文件名是不是一个正常文件，语法如下：

```
bool is_file (string $filename )
```

如果参数 filename 指定的文件存在且为正常文件，则 is_file()返回 true，否则返回 false。

对一个文件执行操作之前，需要首先打开该文件。在 PHP 中，可以使用函数 fopen()打开一个文件或 URL，语法如下：

```
resource fopen ( string $filename, string $mode[, bool $use_include_path[, resource $context]] )
```

其中，参数 filename 表示要打开的文件名或 URL，在 Windows 平台上需要转义文件路径中的每个反斜线（“\\”）或用斜线（“/”）；参数 mode 表示打开文件的方式，该参数可能的取值在表 6.1 中列出；最后两个参数均为可选参数。

表 6.1 mode 参数的可能值

参数值	说明
"r"	以只读方式打开文件，并将文件指针指向文件头
"r+"	以读写方式打开文件，并将文件指针指向文件头
"w"	以写入方式打开文件，并将文件指针指向文件头，将文件大小截为零。若文件不存在，则尝试创建之
"w+"	以读写方式打开文件，并将文件指针指向文件头，将文件大小截为零。若文件不存在，则尝试创建之
"a"	以写入方式打开文件，并将文件指针指向文件末尾。若文件不存在，则尝试创建之
"a+"	以读写方式打开文件，并将文件指针指向文件末尾。若文件不存在，则尝试创建之
"x"	创建并以写入方式打开文件，并将文件指针指向文件头。若文件已存在，则 fopen()调用失败并返回 false，并生成一条 E_WARNING 级别的错误信息。若文件不存在，则尝试创建之
"x+"	创建并以读写方式打开文件，并将文件指针指向文件头。若文件已存在，则 fopen()调用失败并返回 false，并生成一条 E_WARNING 级别的错误信息。若文件不存在，则尝试创建之

fopen()函数将 filename 指定的名字资源绑定到一个流上。若 filename 为"scheme://..."格式，则被当成一个 URL，PHP 将搜索协议处理器（也称封装协议）来处理此模式。如果该协议尚未注册封装协议，PHP 将发出一条消息来帮助检查脚本中潜在的问题并将 filename 当成一个普通的文件名继续执行下去。如果要在 include_path 选项设置的路径中查找文件的话，则可以将参数 use_include_path 设置为 1 或 true。

如果打开文件成功，则 fopen()函数返回文件指针资源，否则返回 false。

对于已经打开的文件，即可对它进行所需操作。完成这些操作之后，还应该使用 fclose()函数将其关闭，语法如下：

```
bool fclose ( resource $handle )
```

其中，参数 handle 是通过 fopen()成功打开的文件指针，该文件指针必须是有效的。fclose()函数将参数 handle 指向的文件关闭掉。如果关闭文件成功则返回 true，否则返回 false。

下面的 PHP 代码块演示了上述 3 个函数的用法。

```
<?php
```

```
    $filename="/home/rasmus/file.txt";
    if (file_exists($filename)) {                    //检查文件存在性
        if ($handle=fopen($filename,"r")) {;          //以只读方式打开文件并检查文件指针
            //在此处对文件进行操作...
            fclose($handle);                          //关闭文件
        }
    }
    ?>
```

6.1.2 向文件中写入内容

打开一个文件后，就可以将字符串数据写入该文件中。下面介绍与文件写入操作相关的一些 PHP 函数。

（1）使用 is_writable()函数判断给定文件是否可写，语法如下：

```
bool is_writable ( string $filename )
```

其中，参数 filename 指定要检查的文件名。如果文件存在并且可写，则返回 true。失败时抛出 E_WARNING 警告。

（2）使用 fwrite()函数将一个字符串写入文件，语法如下：

```
int fwrite ( resource $handle, string $str[, int $length] )
```

其中，参数 handle 指定要写入的文件，是通过 fopen()函数成功打开的文件指针；str 给出要写入的字符串；length 指定要写入的字节数。

fwrite()函数将 str 的内容写入文件指针 handle 处。如果指定了 length，当写入了 length 字节或写完了 str 以后，写入就会停止。fwrite()返回写入的字符数，出现错误则返回 false。

（3）使用 vfprintf()函数将格式化字符串写入文件，语法如下：

```
int vfprintf ( resource $handle, string $format,array $args )
```

其中，参数 handle 指定要写入的文件，是通过 fopen()成功打开的文件指针；format 给出格式化字符串，参见 sprintf()函数；args 是一个数组，给出向文件中写入根据 format 格式化后的字符串。vfprintf()函数返回输出字符串的长度。

（4）使用 file_put_contents()函数将一个字符串写入文件，语法如下：

```
int file_put_contents ( string $filename, string $data[, int $flags[, resource $context]] )
```

其中，参数 filename 指定要写入数据的文件名；data 给出要写入的数据，其类型可以是 string、array 或 stream 资源；flags 的取值可以是 FILE_USE_INCLUDE_PATH、FILE_APPEND 或 LOCK_EX（获得一个独占锁定）；context 表示一个 context 资源。

file_put_contents()函数将返回写入到指定文件内数据的字节数，失败时则返回 false。调用 file_put_contents()函数，与依次调用 fopen()、fwrite()及 fclose()功能相同。

实战演练 创建一个 PHP 动态网页，说明如何使用不同的 PHP 函数将数据写入文件。源文件为/06/06-01.php，源代码如下。

```
<?php
if (count($_POST)) {                             //若提交了表单
    $filename="demo.html";                       //设置文件名
    if($handle=fopen($filename, "w")) {          //以写入方式打开文件
        //下面使用定界符语法定义一个字符串，其内容为 HTML 源代码
        $str=<<<str
<!doctype html>
<html>
```

```
<head>
<meta charset="gb2312">
<title>唐诗欣赏</title>
<style type="text/css">
hgroup, article {
  text-align: center;
}
footer {
  text-indent: 4em;
  font-size: small;
}
</style>
</head>

<body>
<hgroup>
<h3>春夜喜雨</h3>
<p>[唐代]杜甫</p>
</hgroup>
<article>
<p>好雨知时节，当春乃发生。</p>
<p>随风潜入夜，润物细无声。</p>
</article>
<hr>
<footer>
str;

      fwrite($handle, $str);                                    //将字符串写入文件
      $data=array("author"=>"杜甫", "decade"=>"712－770",
       "address"=>"河南府巩县（今河南省巩义市）");              //定义一个数组
      //将格式化字符串写入文件
      vfprintf($handle, "<p><b>作者简介</b>：%s（%s），%s 人。</p>", $data);
      fclose($handle);                                          //关闭文件
    }
    $line1="<p><b>创作背景</b>：这首诗写于 761 年（上元二年）春。</p>";
    $line2="<p><b>作品赏析</b>：这是描绘春夜雨景，表现喜悦心情的名作。</p>";
    $line3="</footer>";
    $line4="</body>";
    $line5="</html>";
    file_put_contents($filename, array($line1, $line2, $line3, $line4, $line5), FILE_APPEND); //写入文件
   header("Location:" . $filename);                             //通过网址重定向打开所生成的网页
 }
 ?>
 <!doctype html>
 <html>
 <head>
 <meta charset="gb2312">
 <title>在网页上创建网页</title>
 </head>

 <body>
 <h3>在网页上创建网页</h3>
 <hr>
 <form method="post" action="">
   <p><input name="submit" type="submit" value="创建网页并查看其内容"></p>
 </form>
 </body>
 </html>
```

在上述源文件中创建了一个包括提交按钮的表单。当单击提交按钮时，将会执行 PHP 代码块，其结果是生成了一个新的网页并重定向到该网页，如图 6.1 和图 6.2 所示。

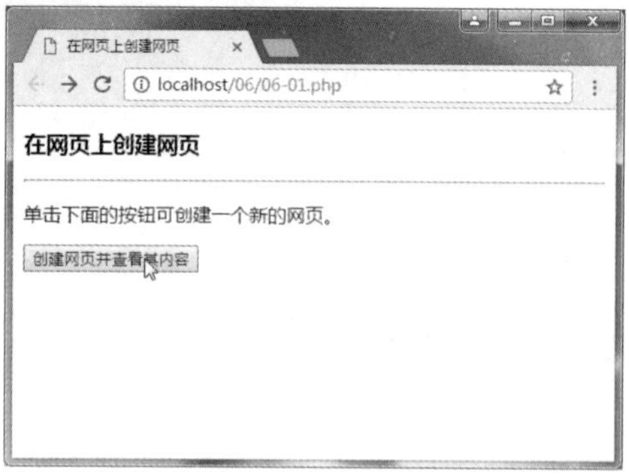

图 6.1　单击提交按钮

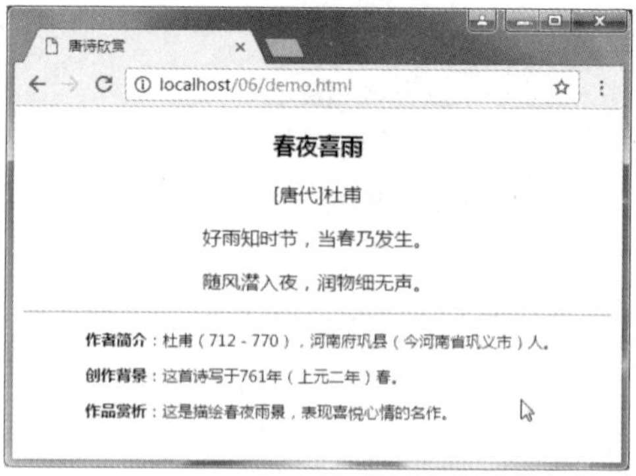

图 6.2　查看所生成网页的内容

6.1.3　从文件中读取内容

PHP 提供了许多可以用于读取文件内容的函数，可以根据不同情况来进行选择。下面介绍一些与文件读取操作相关的函数。

（1）使用 is_readable()函数判断给定文件名是否可读，语法如下：

```
bool is_readable ( string $filename )
```

如果由参数 filename 指定的文件或目录存在并且可读，则返回 true，否则返回 false。

（2）使用 fgetc()函数从文件中读取字符，语法如下：

```
string fgetc ( resource $handle )
```

其中，参数 handle 指定要读取的文件，必须指向由 fopen()成功打开的文件。

fgetc()函数返回一个字符串，其中包含一个从 handle 指向的文件中得到的字符。当遇到文件结束时，则返回 false。

（3）使用 fgetcsv()函数从文件中读入一行并解析 CSV 字段，语法如下：

```
array fgetcsv ( int $handle[, int $length[, string $delimiter[, string $enclosure]]] )
```

其中，参数 handle 为由 fopen()产生的一个有效文件指针，指定要读取的文件。length 指定要读取的长度，必须大于 CVS 文件内最长的一行，若忽略该参数，则长度没有限制。delimiter 设置字段分界符（只允许一个字符），默认值为逗号；enclosure 设置字段环绕符（只允许一个字符），默认值为双引号。

fgetcsv()解析读入的行并找出 CSV 格式的字段，然后返回包含这些字段的一个数组。如果 fgetcsv()出错或遇到文件结束，则返回 false。

（4）使用 fgets()函数从文件中读取一行，语法如下：

```
string fgets ( int $handle[, int $length] )
```

其中，参数 handle 指定要读取的文件；length 指定要读取的长度。

fgets()函数从 handle 指向的文件中读取一行并返回长度最多为 length-1 字节的字符串。遇到换行符（包括在返回值中）、EOF 或者已经读取了 length-1 字节后停止。如果没有指定 length，则默认为 1024 字节。出错时返回 false。

（5）使用 fgetss()函数从文件中读取一行并过滤掉 HTML 标签，语法如下：

```
string fgetss ( resource $handle[, int $length[, string $allowable_tags]] )
```

fgetss()函数的功能与 fgets()类似，所不同的是，fgetss()尝试从读取的文本中去掉任何

HTML 和 PHP 标签。可以使用可选的第 3 个参数指定哪些标签不被去掉。

（6）使用 file()函数将整个文件读入一个数组中，语法如下：

```
array file ( string $filename[, int $use_include_path[, resource $context]] )
```

其中，参数 filename 指定要读取的文件名；其他两个参数均为可选的。如果要在 include_path 中查找文件，可将参数 use_include_path 设为 1。

file()将指定文件的内容作为一个数组返回。数组中的每个元素都是文件中相应的一行，包括换行符在内。如果失败，则返回 false。

（7）使用 file_get_contents()函数将整个文件读入一个字符串，语法如下：

```
string file_get_contents ( string $filename[, bool $use_include_path
  [, resource $context[, int $offset[, int $maxlen]]]] )
```

其中，参数 filename 指定要读取的文件名；参数 offset 指定从何处开始读取；参数 maxlen 指定读取的最大长度。

file_get_contents()将在参数 offset 所指定的位置开始读取长度为 maxlen 的内容。如果失败，则返回 false。file_get_contents()函数是用来将文件的内容读入一个字符串的首选方法。

（8）使用 fread()函数读取文件（可安全用于二进制文件），语法如下：

```
string fread ( int $handle, int $length )
```

其中，参数 handle 是指向待读取文件的指针；length 指定要读取的字节数。

fread()函数从文件指针 handle 中读取最多 length 字节。该函数在读取完最多 length 字节数，或者到达文件结束时，或者当一个包可用（对于网络流）时，或者（在打开用户空间流之后）已读取了 8192 字节时就会停止读取文件。fread()函数返回所读取的字符串，如果出错则返回 false。

（9）使用 fscanf()函数从文件中格式化输入，语法如下：

```
mixed fscanf ( resource $handle, string $format[,mixed &$...] )
```

其中，参数 handle 是指向待读取文件的指针；format 是格式化字符串；可选参数必须用引用传递。

fscanf()函数从与 handle 关联的文件中接受输入并根据指定的 format 来解释输入。如果只给此函数传递了两个参数，解析后的值会被作为数组返回。如果还提供了可选参数，则此函数将返回被赋值的数目。

实战演练 创建一个 PHP 动态网页，说明如何读取当前页面的源代码并加上行号。源文件为/06/06-02.php，源代码如下。

```
<?php
$filename="counter.txt";                    //设置文件名，用此文本文件记录页面浏览次数
if (!file_exists($filename)) {              //若文件不存在
  $count=1;                                 //设置浏览次数为 1
  file_put_contents($filename, $count);     //写入文本文件
} else {                                    //若文件已存在
  $count=file_get_contents($filename);      //读取其内容（浏览次数）并放到变量 count 中
  file_put_contents($filename, ++$count);   //变量加 1 后写入文本文件
}
?>
<!doctype html>
<html>
<head>
```

```
<meta charset="gb2312">
<title>文件读取操作示例</title>
<style type="text/css">
.counter {
  display: inline-block;
  padding: 0 6px;
  background-color: grey;
  color: white;
  font-weight: bold;
}
</style>
</head>

<body>
<h3>文件读取操作示例</h3>
<hr>
<form name="form1" method="post" action="">
<p>当前页面已被浏览<span class="counter"><?php echo $count; ?></span>次。</p>
<p><input type="submit" name="view" id="view" value="查看源代码"></p>
</form>
<hr>
<?php
if (count($_POST)) {                                          //若已提交表单
  $i=1;                                                       //设置起始行号
  $filename=$_SERVER["SCRIPT_FILENAME"];                      //获取当前页面文件名
  $content=file($filename);                                   //将整个文件读入数组中

  foreach($content as $line) {                                //遍历数组
    $search=array(" ","<",">","\t");
    $replace=array(" ","&lt;","&gt;","    ");
    $line=str_replace($search, $replace, $line);              //替换一些字符
    //显示一行源代码
    printf("<span class=\"counter\">{$i}</span>    %s<br>", $line);
    $i++;
  }
}
?>
</body>
</html>
```

在上述源文件的开头编写了一个 PHP 代码块，通过读写文本文件为当前页面创建了一个计数器。在该页面中创建了一个表单，其中包含一个提交按钮。当单击该按钮时，页面计数器加 1。在表单后面编写了另一个 PHP 代码块，首先将整个文件内容读入一个数组，然后通过遍历该数组显示每一行源代码。网页运行结果如图 6.3 所示。

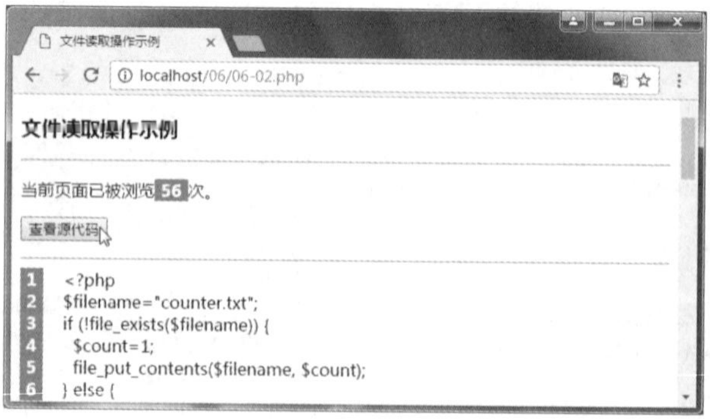

图 6.3　文件读取操作示例

6.1.4 在文件中定位

在读取或写入文件时，经常需要检测或设置文件指针的位置。在 PHP 中，可以使用以下函数来移动或检测文件指针的位置。

（1）使用 fseek()函数在文件中定位文件指针，语法如下：

```
int fseek ( resource $handle, int $offset[, int $whence=SEEK_SET] )
```

其中，参数 handle 表示文件指针，是由 fopen()函数创建的资源。offset 表示偏移量。参数 whence 设置定位方式，有以下取值。

SEEK_SET：设定位置等于 offset 字节。这是默认值。

SEEK_CUR：设定位置为当前位置加上 offset。

SEEK_END：设定位置为文件尾（EOF）加上 offset。如果要移动到 EOF 之前的位置，则应给 offset 传递一个负值。

fseek()函数在与 handle 关联的文件中设定文件指针位置。新位置从文件头开始以字节数进行计算，是以 whence 指定的位置加上 offset。如果定位文件指针成功，则 fseek()返回 0，否则返回-1。移动到 EOF 之后不算错误。

（2）使用 rewind()函数将文件指针设置到文件开头，语法如下：

```
bool rewind ( resource $handle )
```

其中，参数 handle 是一个有效的文件指针，它指向由 fopen()函数成功打开的文件。

rewind()函数将 handle 的文件位置指针设为文件流的开头。如果成功则返回 true，失败则返回 false。

如果以附加（"a"或者"a+"）模式打开文件，则写入文件的任何数据总会被附加在后面，而不管文件指针的位置。

（3）使用 ftell()函数返回文件指针读/写的位置，语法如下：

```
int ftell ( resource $handle )
```

其中，参数 handle 是一个有效的文件指针，它指向通过 fopen()函数成功打开的文件。

ftell()函数返回由参数 handle 指定的文件指针的位置，也就是文件流中的偏移量。如果出错，则返回 false。如果使用附加模式（加参数"a"）打开文件，则 ftell()会返回未定义错误。

（4）使用 feof()函数测试文件指针是否到了文件结束的位置，语法如下：

```
bool feof ( resource $handle )
```

其中，参数 handle 是一个有效的文件指针，它指向由 fopen()成功打开的文件。

如果文件指针到了 EOF 或者出错，则 feof()函数返回 true，否则返回一个错误，在其他情况下返回 false。

实战演练 创建一个 PHP 动态网页，说明如何通过移动文件指针在文件中读取所需字符。源文件为/06/06_03.php，源代码如下。

```
<!doctype html>
<html>
<head>
<meta charset="gb2312">
<title>移动文件指针与读取字符内容</title>
```

```
<style type="text/css">
table {
   border-collapse: collapse;
   width: 460px; margin: 0 auto;
}
caption {
   margin-bottom: 1em;
   font-size: large; font-weight: bold;
}
tr:first-child {
   background-color: navy;
   color: white;
}
th, td {
   padding: 3px;
   text-align: center;
}
</style>
</head>

<body>
<?php
function put_char($pos, $str, $eof){
     printf("<tr><td>%d</td><td>%s</td><td>%s</td></tr>", $pos, $str, $eof);
}
$filename="test.txt";
file_put_contents($filename, "PHP 动态网站开发");
if ($fp=fopen($filename,"r")) {
   echo "<table border=\"1\">";
   echo "<caption>移动文件指针与读取字符内容</caption>";
   echo "<tr><th>文件指针</th><th>字符内容</th><th>是否遇到 EOF</th></tr>";
   put_char(ftell($fp), fgetc($fp), feof($fp) ? "true" : "false");
   fseek($fp, 4, SEEK_CUR);
   put_char(ftell($fp), fgetc($fp) . fgetc($fp), feof($fp) ? "true" : "false");
   fseek($fp, 4, SEEK_CUR);
   put_char(ftell($fp), fgetc($fp) . fgetc($fp), feof($fp) ? "true" : "false");
   fseek($fp, 2, SEEK_CUR);
   put_char(ftell($fp), fgetc($fp).fgetc($fp), feof($fp) ? "true" : "false");
   rewind($fp);
   put_char(ftell($fp), fgetc($fp), feof($fp) ? "true" : "false");
   put_char(ftell($fp), fgetc($fp), feof($fp) ? "true" : "false");
   fseek($fp, -6, SEEK_END);
   put_char(ftell($fp), fgetc($fp) . fgetc($fp), feof($fp) ? "true" : "false");
   echo "</table>";
   fclose($fp);
}
printf("<p style=\"text-align: center\">文件内容：%s</p>", file_get_contents($filename));
?>
</body>
</html>
```

在上述源文件中编写了一个 PHP 代码块，将一行文字写入文本文件中，然后通过移动文件指针来读取不同字符。由于英文字母和汉字在文件中分别占用一字节和两字节，因此，需要通过调用一次 fgetc()函数来读取一个英文字母，通过连续调用两次 fgets()函数来读取一个汉字。网页运行结果如图 6.4 所示。

图 6.4　文件定位操作示例

6.1.5 检查文件属性

在 PHP 中，可以通过以下函数来获取文件的各种属性。

（1）使用 fileatime()函数取得文件的上次访问时间，语法如下：

```
int fileatime ( string $filename )
```

其中，参数 filename 指定文件名。此函数返回文件上次被访问的时间，如果出错则返回 false。时间以 UNIX 时间戳的方式返回，可用于 date()函数。

（2）使用 filectime()函数取得文件的创建时间，语法如下：

```
int filectime ( string $filename )
```

其中，参数 filename 指定文件名。此函数返回文件的创建时间，如果出错，则返回 false。时间以 UNIX 时间戳的方式返回，可用于 date()函数。

（3）使用 filemtime()函数取得文件的修改时间，语法如下：

```
int filemtime ( string $filename )
```

其中，参数 filename 指定文件名。此函数返回文件上次被修改的时间，出错时返回 false。时间以 UNIX 时间戳的方式返回，可用于 date()函数。

（4）使用 filesize()函数取得文件的大小，语法如下：

```
int filesize ( string $filename )
```

其中，参数 filename 指定文件名。此函数返回文件大小的字节数，出错时返回 false。

在 PHP 中，整数类型是有符号的，并且大多数平台使用 32 位整数，filesize()函数在碰到大于 2GB 的文件时可能会返回非预期的结果。对于 2GB～4GB 之间的文件通常可以使用 sprintf ("%u", filesize ($filename))来解决此问题。

（5）使用 filetype()函数取得文件的类型，语法如下：

```
string filetype ( string $filename )
```

其中，参数 filename 指定文件名。此函数返回文件的类型，可能的值有 fifo、char、dir、block、link、file 和 unknown。如果出错，则返回 false。

实战演练 创建一个 PHP 动态网页，说明如何通过调用相关函数来读取当前页面的各种文件属性。源文件为/06/06-04.php，源代码如下。

```
<!doctype html>
<html>
```

```
<head>
<meta charset="gb2312">
<title>检查文件属性示例</title>
<style type="text/css">
table {
    border-collapse: collapse;
    width: 460px;
    margin: 0 auto;
}
caption {
    margin-bottom: 1em;
    font-size: large;
    font-weight: bold;
}
tr:first-child {
    background-color: skyblue;
    color: white;
}
th, td {
    padding: 6px;
    text-align: center;
}
</style>
</head>

<body>
<?php
$filename=$_SERVER["SCRIPT_FILENAME"];
printf("<table border=\"1\">\n");
printf("<caption>当前页面文件的属性</caption>\n");
printf("<tr><th>属性名</th><th>属性值</th></tr>\n");
printf("<tr><td>文件创建时间</td><td>%s</td></tr>\n",
    date("Y-m-d H:i:s", filectime($filename)));
printf("<tr><td>文件修改时间</td><td>%s</td></tr>\n",
    date("Y-m-d H:i:s", filemtime($filename)));
printf("<tr><td>上次访问时间</td><td>%s</td></tr>\n",
    date("Y-m-d H:i:s", fileatime($filename)));
printf("<tr><td>文件类型</td><td>%s</td></tr>\n", filetype($filename));
printf("<tr><td>文件字节数</td><td>%d</td></tr>\n", filesize($filename));
printf("</table>\n");
?>
</body>
</html>
```

在上述源文件中，通过编写 PHP 代码检查了当前页面的创建时间、修改时间、最后访问时间、文件类型和字节数。网页运行结果如图 6.5 所示。

图 6.5　检查文件属性示例

6.1.6 其他文件操作

使用 PHP 提供的以下函数可实现文件的重命名、复制和删除操作。

（1）使用 rename()函数对一个文件或目录进行重命名，语法如下：

```
bool rename (string $oldname, string $newname[, resource $context] )
```

其中，参数 oldname 指定文件或目录原来的路径，newname 指定新的路径。

rename()函数尝试把 oldname 重命名为 newname。如果成功则返回 true，失败则返回 false。

此函数不仅可以用来对文件或目录进行重命名，也可以用来改变文件甚至整个目录的路径，即具有移动文件和目录的功能。

（2）使用 copy()函数实现文件复制功能，语法如下：

```
bool copy ( string $source, string $dest )
```

其中，参数 source 指定源文件，dest 指定目标文件。

copy()函数将文件从 source 复制到 dest。如果参数 dest 指定的目标文件已存在，将会被覆盖。如果成功则返回 true，失败则返回 false。

在 Windows 平台上，如果复制一个零字节的文件，copy()函数将返回 false，但文件也会被正确复制。

（3）使用 unlink()函数删除指定的文件，语法如下：

```
bool unlink ( string $filename )
```

其中，参数 filename 指定待删除的文件。如果成功则返回 true，失败则返回 false。

如果要删除目录，应该调用 rmdir()函数。

实战演练 创建一个 PHP 动态网页，说明如何通过调用相关函数来实现文件的重命名、复制和删除操作。源文件为/06/06-05.php，源代码如下。

```
<!doctype html>
<html>
<head>
<meta charset="gb2312">
<title>文件的重命名、复制和删除</title>
</head>

<body>
<h3>文件的重命名、复制和删除</h3>
<hr>
<form name="form1" method="post" action="">
  <p>
    <input type="submit" name="rename" value="重命名文件">  
    <input type="submit" name="copy" value="复制文件">  
    <input type="submit" name="delete" value="删除文件">
  </p>
</form>
<?php
$filename="demo.txt";
if (!file_exists($filename)) {
  file_put_contents($filename, "这是一个示例文件。");
}
//若单击了“重命名文件”按钮
if( isset($_POST["rename"])) {
```

```
        if (file_exists($filename) && rename($filename, "new.txt")) {
            echo "<p>文件重命名成功。</p>";
        } else {
            echo "<p>文件重命名未能执行。</p>";
        }
    }
    //若单击了“复制文件”按钮
    if (isset($_POST["copy"])) {
        if(file_exists($filename)){
            $source=$filename;
        } elseif (file_exists("new.txt")){
            $source="new.txt";
        } else {
            echo "<p>源文件不存在，文件复制未能执行。</p>";
            exit();
        }
        if (file_exists($source) && copy($source,"dest.txt")) {
            echo "<p>文件复制成功。</p>";
        } else {
            echo "<p>文件复制未能执行。</p>";
        }
    }
    //若单击了“删除文件”按钮
    if (isset($_POST["delete"])) {
        $files=array();
        if (file_exists($filename))$files[]=$filename;
        if (file_exists("new.txt"))$files[]="new.txt";
        if (file_exists("dest.txt"))$files[]="dest.txt";
        if (!count($files)) {
            echo "<p>不存在要删除的文件。</p>";
            exit();
        } else {
            for ($i=0; $i<count($files); $i++) {
                unlink($files[$i]);
            }
            echo "<p>{$i}个文件被成功删除。</p>";
        }
    }
    ?>
    </body>
    </html>
```

在上述源文件中创建了一个表单，其中包含 3 个提交按钮。在该表单下面编写了一个 PHP 代码块，检测用户单击了哪个按钮，然后执行相应的文件操作。网页运行结果如图 6.6、图 6.7 和图 6.8 所示。

图 6.6　重命名文件

图 6.7　复制文件

图 6.8　删除文件

任务 6.2 目录操作

目录也称为文件夹。通常按照用途将不同的文件分别存放在不同的目录中，以便对文件进行管理。目录操作也是 PHP 文件编程的内容之一。通过本任务的实施将掌握通过 PHP 操作目录的基本技能。

任务目标

★ 掌握创建、读取和删除目录的方法
★ 掌握解析路径信息的方法
★ 掌握检查磁盘空间的方法

6.2.1 创建目录

在 PHP 中，通过调用 mkdir()函数可以创建一个新目录，语法如下：

```
bool mkdir ( string $pathname[,int $mode] )
```

mkdir()函数尝试创建一个由参数 pathname 指定的目录。参数 mode 在 Windows 下被忽略。如果成功则返回 true，失败则返回 false。

创建目录之后，可以使用 opendir()函数打开该目录，语法如下：

```
resource opendir ( string $path[, resource $context] )
```

其中，参数 path 指定要打开的目录路径。opendir()函数打开由参数 path 指定的目录句柄，可以用于之后的 closedir()、readdir()和 rewinddir()调用中。

如果成功则返回目录句柄的 resource，失败则返回 false。

如果参数 path 不是一个合法的目录或者因为权限限制或文件系统错误而不能打开目录，opendir()返回 false 并产生一个 E_WARNING 级别的 PHP 错误信息。通过在 opendir()前面加上“@”符号可以抑制错误信息的输出。

对于已打开的目录，可以使用 closedir()函数可以关闭该目录，语法如下：

```
void closedir ( resource $dir_handle )
```

其中，参数 dir_handle 指定目录句柄的 resource，该目录句柄之前由 opendir()打开。

此函数关闭由 dir_handle 指定的目录。

在 PHP 中，可以使用 getcwd()函数来取得当前工作目录，语法如下：

```
string getcwd ( void )
```

getcwd()函数取得当前工作目录。如果成功则返回当前工作目录，失败返回 false。

如果要改变当前工作目录，可以调用 chdir()函数，语法如下：

```
bool chdir ( string $directory )
```

其中，参数 directory 指定新的当前目录。chdir()函数将 PHP 的当前目录改为参数 directory 指定的目录。如果成功则返回 true，失败则返回 false。

如果要判断给定文件名是不是一个目录，可以调用 is_dir()函数，语法如下：

```
bool is_dir ( string $filename )
```

如果文件名存在并且为目录则返回 true。如果 filename 是一个相对路径，则按照当前工作目录检查其相对路径。

实战演练 创建一个 PHP 动态网页，说明如何通过调用相关函数创建新目录和更改当前工作目录。源文件为/06/06-06.php，源代码如下。

```
<!doctype html>
<html>
<head>
<meta charset="gb2312">
<title>创建和更改目录示例</title>
</head>

<body>
<h3>创建和更改目录示例</h3>
<hr>
<?php
if (chdir("..")) {                                          //更改当前工作目录
  printf("<p>当前工作目录更改为：%s。</p>", getcwd());
}
$dirname="images";
if (is_dir($dirname)) {                                     //检查指定目录是否存在
  printf("<p>%s 目录已存在。</p>", $dirname);
} elseif (mkdir($dirname)) {                                //在当前目录中创建指定的目录
  printf("<p>%s 目录创建成功。</p>", $dirname);
}
if (chdir($dirname)) {                                      //更改当前工作目录
  printf("<p>当前工作目录更改为：%s。</p>", getcwd());
}
?>
</body>
</html>
```

在上述源文件中，通过编写 PHP 代码块首先将当前工作目录切换到上一级目录，然后在该目录中创建一个名为 images 的目录，最后再将当前目录切换到新建目录。网页运行结果如图 6.9 所示。

图 6.9　创建和更改目录示例

6.2.2 读取目录

如果要通过脚本从一个目录中读取条目，可以通过调用 readdir()函数来实现，语法如下：

```
string readdir (resource $dir_handle )
```

其中，参数 dir_handle 指定目录句柄的 resource，该目录句柄之前由 opendir()打开。

readdir()函数返回目录中下一个文件的文件名。文件名按照在文件系统中的排列顺序返回。若调用成功则返回文件名，失败返回 false。

除了使用 readdir()函数遍历目录外，还可以使用 scandir()函数列出指定路径中的文件和目录，语法如下：

```
array scandir ( string $directory[, int $sorting_order[, resource $context]] )
```

其中，参数 directory 指定要被浏览的目录。sorting_order 指定排序方式，默认的排序顺序按字母升序排列，若将该参数设置为 1，则排序顺序按字母降序排列。

若调用成功则函数返回一个数组，该数组包含有 directory 中的文件和目录；若失败则返回 false。若 directory 不是一个目录，则返回布尔值 false 并生成一条 E_WARNING 级的错误。

实战演练 创建一个 PHP 动态网页，说明如何通过调用相关函数读取当前目录和更改当前工作目录。源文件为/06/06-07.php，源代码如下。

```
<!doctype html>
<html>
<head>
<meta charset="gb2312">
<title>读取目录示例</title>
<style type="text/css">
table {
   border-collapse: collapse;
   margin: 0 auto;
}
caption {
   font-weight: bold;
   font-size: large;
   margin-bottom: 0.5em;
}
tr:first-child {
   background-color: #0066ff;
   color: #ffffff;
}
td, th {
   padding: 3px 1em;
   text-align: center;
}
td:first-child {
   text-align: left;
}
</style>
</head>

<body>
<?php
//更改当前工作目录
chdir("..//..//tools");
//列出当前工作目录中包含的文件和目录
$items=scandir(getcwd());

printf("<table border=\"1\">");
printf("<caption>目录%s 包含的内容</caption>", getcwd());
printf("<tr><th>名称</th><th>类型</th><th>大小</th><th>创建时间</th></tr>");
```

```
    foreach ($items as $item) {
        if ($item=="."||$item=="..") continue;
        if (is_file($item)) {
            $type="文件";
            $size=filesize($item) . "字节";
        } elseif (is_dir($item)) {
            $type="目录";
            $size="-";
        }
        printf("<tr><td>%s</td><td>%s</td><td>%s</td><td>%s</td></tr>",
            $item, $type, $size, date("Y-m-d h:i:s", filectime($item)));
    }
    printf("</table>");
    ?>
    </body>
    </html>
```

在上述源文件中，首先通过调用 chdir()函数更改当前工作目录，然后通过调用 scandir()函数读取当前工作目录中包含的所有文件和目录，其结果生成一个数组。最后使用 foreach 循环语句遍历这个数组列出读取的文件和目录。网页运行结果如图 6.10 所示。

名称	类型	大小	创建时间
FTPServ	目录	-	2017-01-02 09:10:17
Notepad.exe	文件	692736字节	2017-01-02 09:10:24
PHP教程.url	文件	54字节	2017-01-02 09:10:17
composer	目录	-	2017-01-02 09:10:17
copy.bat	文件	49字节	2017-01-02 09:10:17
pear	目录	-	2017-01-02 09:10:17
php-fpm.ini	文件	31字节	2017-01-02 09:10:17
phpStudy.dll	文件	61440字节	2017-01-02 09:10:24
phpStudy.ini	文件	330字节	2017-01-02 09:10:17

图 6.10　读取目录示例

6.2.3 删除目录

如果要通过 PHP 代码来删除指定的目录，可以通过调用 rmdir()函数来实现，语法如下：

```
bool rmdir ( string $dirname )
```

rmdir()函数尝试删除参数 dirname 所指定的目录。该目录必须是空的，而且要有相应的权限。如果成功则返回 true，失败则返回 false。

实战演练 创建一个 PHP 动态网页，说明如何批量删除一组目录。源文件为/06/06-08.php，源代码如下。

```
<?php
//创建一些目录
for ($i=1; $i<=6; $i++) {
    $num=($i<10 ? ("0" . $i) : $i);
    if (!is_dir("temp" . $num)) mkdir("temp" . $num);
}
if (count($_POST)) {                                    //若单击了“删除目录”按钮（提交表单）
    $dirs=$_POST["dir"];                                //获取选中的目录名称
```

```
    for ($i=0; $i<count($dirs); $i++) {                //通过循环语句批量删除目录
      rmdir($dirs[$i]);
    }
    $msg=$i;                                            //已删除目录的数量
}
?>
<!doctype html>
<html>
<head>
<meta charset="gb2312">
<title>删除目录示例</title>
<style type="text/css">
table {
   border-collapse: collapse;
   width: 460px;
   margin: 0 auto;
}
caption {
   margin-bottom: 1em;
   font-size: large;
   font-weight: bold;
}
tr:first-child {
   background-color: #0066ff;
   color: white;
}
th, td {
   padding: 3px;
   text-align: center;
}
</style>
<script type="text/javascript">
window.onload=function() {                              //文档加载就绪时执行的函数
   var form1=document.getElementById("form1");          //获取表单对象
   var allChk=document.getElementById("all");           //获取表格标题行中的复选框对象
   var chks=document.getElementsByName("dir[]");        //获取表格数据行中的一组复选框对象
   for (var i=0; i<chks.length; i++) {                  //遍历一组复选框对象
      chks[i].onclick=function(e) {                     //设置这些复选框的 onclick 事件属性
         if (!e.target.checked) allChk.checked=false;   //若有一个未选中，则清除标题行中的复选框
      };
   }
   form1.onsubmit=function() {                          //提交表单执行的函数
      var n=0;                                          //变量初始化
      for (var i=0; i<chks.length; i++) {               //遍历一组复选框
         if (chks[i].checked) n++;
      }
      if (n==0) {                                       //若未选中任何复选框
         alert("请选择要删除的目录！");                 //弹出警告框
         return false;                                  //阻止提交表单
      } else {                                          //若选择了一些复选框
         return confirm("您确实要删除选中的"+n+"个目录吗？"); //弹出确认删除对话框
      }
   };
   allChk.onclick=function() {                          //单击表格标题行中的复选框时执行的函数
      for (var i=0; i<chks.length; i++) {               //遍历一组复选框
         chks[i].checked=allChk.checked;                //设置每个复选框的状态
      }
   };
};
</script>
</head>
```

```
<body>
<form id="form1" method="post" action="">
   <table border="1">
   <caption>删除目录示例</caption>
      <tr>
         <th><input id="all" name="all" type="checkbox" value="1"></th>
         <th>目录名称</th>
         <th>创建时间</th>
      </tr>
<?php
$file=scandir(getcwd());
$i=0;
foreach ($file as $item) {
   if ($item=="."||$item==".."||is_file($item)) continue;
   printf("<tr><td><input id=\"%d\" name=\"dir[]\" type=\"checkbox\" value=\"%s\"></td><td>%s</td>
<td>%s</td></tr>\n", $i, $item, $item, date("Y-m-d H:i:s", filectime($item)));
   $i++;
}
?>
   </table>
   <p style="text-align: center;"><input id="del" name="del" type="submit" value="删除目录"</p>
</form>
<?php
if (isset($msg)) {
   printf("<p style=\"text-align: center;\">%s 个目录被删除。</p>", $msg);
}
?>
</body>
</html>
```

在上述源文件中，通过 PHP 代码生成了一些目录并以表格形式列出这些目录的名称和创建时间。在页面上通过复选框选中要删除的目录并单击“删除目录”按钮，此时会弹出确认删除对话框，如图 6.11 所示；如果在确认删除对话框中单击“确定”按钮，则选中的这些目录就会被删除，如图 6.12 所示。

图 6.11 确认删除目录

图 6.12 选定目录已被删除

6.2.4 解析路径信息

在 PHP 中，可以使用以下函数对路径信息进行解析。

（1）使用 basename()函数返回路径中的基本文件名部分，语法如下：

```
string basename ( string $path[, string $suffix] )
```

其中，参数 path 给出文件的全路径。basename()函数返回路径中的基本文件名部分。如果文件名以 suffix 结束，则这一部分也会被去掉。

（2）使用 dirname()函数返回从全路径中去掉文件名后的目录名，语法如下：

```
string dirname ( string $path )
```

其中，参数 path 是一个字符串，给出文件的全路径。dirname()函数返回从全路径 path 中去掉文件名后的目录名。

（3）使用 pathinfo()函数返回文件路径的信息，语法如下：

```
array pathinfo ( string $path[, int $options] )
```

其中，参数 path 指定一个路径。pathinfo()函数返回一个包含该路径信息的关联数组。该数组包含以下键名：dirname（目录名）、basename（基本文件名）及 extension（文件扩展名）。

参数 options 指定要返回哪些元素，包括 PATHINFO_DIRNAME，PATHINFO_BASENAME 和 PATHINFO_EXTENSION。默认是返回全部的元素。

实战演练 创建一个 PHP 动态网页，说明如何对当前页面的路径信息进行解析。源文件为/06/06-09.php，源代码如下。

```
<!doctype html>
<html>
<head>
<meta charset="gb2312">
<title>文件路径信息解析示例</title>
</head>

<body>
<h3>当前页面路径信息解析结果</h3>
<hr>
<?php
$path=pathinfo($_SERVER["SCRIPT_FILENAME"]);
printf("<ul>");
printf("<li>完整路径：%s</li>",   $_SERVER["SCRIPT_FILENAME"]);
printf("<li>目录名称：%s</li>",   $path["dirname"]);
printf("<li>基本文件名：%s</li>", $path["basename"]);
printf("<li>文件扩展名：%s</li>", $path["extension"]);
printf("</ul>");
?>
</body>
</html>
```

上述网页的运行结果如图 6.13 所示。

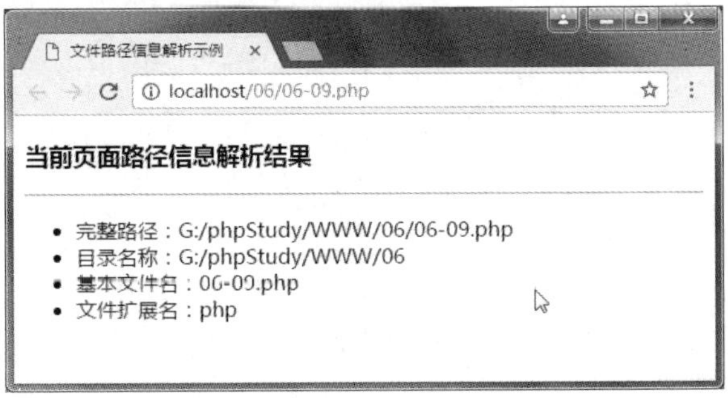

图 6.13　文件路径信息解析示例

6.2.5 检查磁盘空间

PHP 提供了以下两个函数，分别用于检查磁盘的总空间和可用空间。

（1）使用 disk_total_space()函数计算一个目录占用的磁盘总大小，语法如下：

```
float disk_total_space ( string $directory )
```

其中，参数 directory 指定一个包含有一个目录的字符串。此函数将根据相应的文件系统或磁盘分区返回所有的字节数。

disk_total_space()函数返回的是该目录所在的磁盘分区的总大小，因此在给出同一个磁盘分区的不同目录作为参数时，所得到的结果是完全相同的。

（2）使用 disk_free_space()函数计算目录中的可用空间，语法如下：

```
float disk_free_space ( string $directory )
```

其中，参数 directory 指定一个包含一个目录的字符串，本函数将根据相应的文件系统或磁盘分区返回可用的字节数。

实战演练 创建一个 PHP 动态网页，说明如何通过调用相关函数对硬盘分区的总空间和可用空间进行检测。源文件为/06/06-10.php，源代码如下。

```
<!doctype html>
<html>
<head>
<meta charset="gb2312">
<title>检查磁盘空间示例</title>
<style type="text/css">
table {
   border-collapse: collapse;
   width: 460px;
   margin: 0 auto;
}
caption {
   margin-bottom: 1em;
   font-size: large;
   font-weight: bold;
}
tr:first-child {
   background-color: #0066ff;
   color: white;
}
th, td {
   padding: 6px;
   text-align: center;
}
</style>
</head>

<body>
<?php
define("GB", 1024*1024*1024);

printf("<table border=\"1\">");
printf("<caption>硬盘分区空间统计</caption>");

printf("<tr><th>硬盘分区</th><th>总空间</th><th>可用空间</th></tr>");

printf("<tr><td>C 盘</td><td>%.1f GB</td><td>%.1f GB</td></td></tr>",
       disk_total_space("C:")/GB, disk_free_space("C:")/GB);
```

```
printf("<tr><td>D 盘</td><td>%.1f GB</td><td>%.1f GB</td></td></tr>",
        disk_total_space("D:")/GB, disk_free_space("D:")/GB);

printf("<tr><td>E 盘</td><td>%.1f GB</td><td>%.1f GB</td></td></tr>",
        disk_total_space("E:")/GB, disk_free_space("E:")/GB);

printf("<tr><td>F 盘</td><td>%.1f GB</td><td>%.1f GB</td></td></tr>",
        disk_total_space("F:")/GB,disk_free_space("F:")/GB);

printf("<tr><td>G 盘</td><td>%.1f GB</td><td>%.1f GB</td></td></tr>",
        disk_total_space("G:")/GB, disk_free_space("G:")/GB);

printf("<tr><td>H 盘</td><td>%.1f GB</td><td>%.1f GB</td></td></tr>",
        disk_total_space("G:")/GB, disk_free_space("H:")/GB);

printf("</table>");
?>
</body>
</html>
```

上述网页的运行结果如图 6.14 所示。

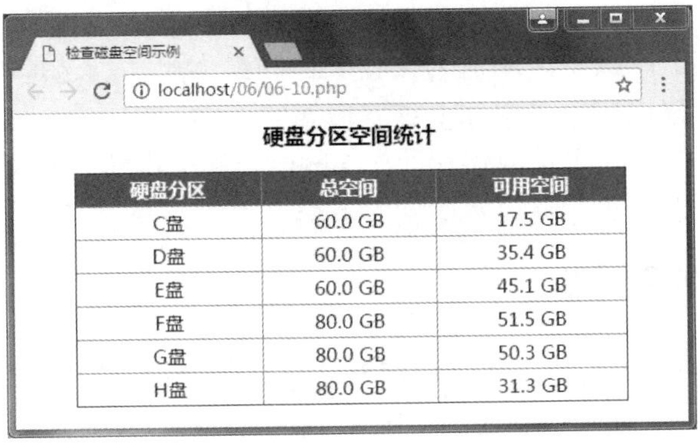

图 6.14　检查磁盘空间示例

任务 6.3　上传文件

在 PHP 中，可以接收任何来自符合 RFC-1867 标准的浏览器上传的文件。使用 PHP 的文件上传功能可以让用户上传文本文件和二进制文件，通过 PHP 文件操作函数还可以对上传的文件进行处理。通过本任务的实施将掌握在 PHP 中上传文件的方法和步骤。

任务目标

★ 掌握创建文件上传表单的方法
★ 掌握上传单个和多个文件的方法

6.3.1　创建文件上传表单

为了实现文件上传功能，首先在页面上需要创建一个文件上传表单，该表单至少应当包含一个文件域、一个隐藏域和一个提交按钮。创建文件上传表单的步骤如下。

（1）添加表单。在文档中添加一个 form 元素并将其 method 属性设置为 post，enctype 属性设置为 multipart/form-data。

（2）添加文件域。在表单内添加一个 input 元素并将其 type 属性设置为 file（可创建文件域），语法如下：

```
<input id="fileField" name="fileField" type="file" required>
```

其中，name 属性指定 input 元素的名称。当提交表单时，该名称将被发送到服务器。设置 required 属性可确保选择文件后才能提交表单时，在 PHP 脚本中可以使用超全局变量 $_FILES 来获取上传文件的相关信息。

文件域的功能使让用户可以从其计算机上选择文件，以便将文件上传到服务器。在不同浏览器中，文件域的外观可能有所不同，但通常都包含一个按钮和一个只读文本框，用户可以使用按钮来查找和选择文件，所选择文件的路径将出现在文本框中。

（3）添加隐藏域。在表单内添加一个 input 元素，将该元素命名为 MAX_FILE_SIZE，将其 type 属性设置为 hidden，将 value 属性设置为 PHP 处理的上传文件的上限（以字节为单位）。

MAX_FILE_SIZE 隐藏字段的值为接收文件的最大尺寸。这是对浏览器的一个建议，PHP 也会检查此项。建议在表单中加上该字段。

（4）添加提交按钮。在表单内添加一个 input 元素，将其 type 属性设置为 submit。当单击提交按钮时，选定的文件会被发送到服务器。

6.3.2 上传单个文件

使用 PHP 的文件上传功能之前，应该对 php.ini 文件中的相关配置选项进行设置，主要包括以下两个选项。

（1）设置存储上传文件的临时目录。例如：

```
upload_tmp_dir=E:\php\tmp
```

（2）设置 PHP 处理的上传文件的上限值，默认值为 2M。例如：

```
upload_max_filesize=5M
```

修改配置文件后，应重启 Apache 服务器。

要在 PHP 代码中处理上传的文件，可使用超全局变量$_FILES。该变量数组中包含所有上传的文件信息。假如 HTML 表单中的文件域名称为 userfile，则$_FILES 数组的内容如下。

- $_FILES["userfile"]["name"]：客户端机器文件的原名称。
- $_FILES["userfile"]["type"]：上传文件的 MIME 类型，这个信息应当由浏览器提供，例如“image/gif”。在 PHP 中并不检查此 MIME 类型，因此不要想当然地认为有这个值。
- $_FILES["userfile"]["size"]：已上传文件的大小，单位为字节。
- $_FILES["userfile"]["tmp_name"]：文件被上传后在服务端储存的临时文件名。
- $_FILES["userfile"]["error"]：与该文件上传相关的错误代码（见表 6.2）。

表 6.2　与该文件上传相关的错误代码（PHP 常量）

PHP 常量	值	说　明
UPLOAD_ERR_OK	0	没有错误发生，文件上传成功
UPLOAD_ERR_INI_SIZE	1	上传的文件超过了 php.ini 中 upload_max_filesize 选项限制的值
UPLOAD_ERR_FORM_SIZE	2	上传文件的大小超过了 HTML 表单中 MAX_FILE_SIZE 选项指定的值
UPLOAD_ERR_PARTIAL	3	文件只有部分被上传
UPLOAD_ERR_NO_FILE	4	没有文件被上传
UPLOAD_ERR_NO_TMP_DIR	6	找不到临时文件夹
UPLOAD_ERR_CANT_WRITE	7	文件写入失败

当文件被上传后，在默认情况下将会被储存到服务端的默认临时目录中，除非在 php.ini 中把 upload_tmp_dir 设置为其他路径。

通过$_FILES 数组获取上传的文件后，可以用以下两个函数对该文件进行处理。

（1）使用 move_uploaded_file()将上传的文件移动到新位置，语法如下：

```
bool move_uploaded_file ( string $filename, string $dest )
```

move_uploaded_file()函数检查并确保由 filename 参数指定的文件是合法的上传文件（即通过 PHP 的 HTTP POST 上传机制所上传的）。如果文件合法，则将其移动为由 dest 指定的文件。

如果移动文件成功，则返回 true。如果 filename 不是合法的上传文件，则不会执行任何操作，此时将返回 false。如果 filename 是合法的上传文件，但出于某些原因无法移动，也不会出现任何操作，此时也将返回 false，此外还会发出一条警告。如果上传的文件有可能会造成对用户或本系统的其他用户显示其内容的话，这种检查就显得格外重要。

如果参数 dest 指定的目标文件已经存在，则该文件会被覆盖。

（2）使用 is_uploaded_file()函数判断文件是不是通过 HTTP POST 上传的，语法如下：

```
bool is_uploaded_file ( string $filename )
```

如果 filename 所给出的文件是通过 HTTP POST 上传的，则返回 true。这可以用来确保恶意用户无法欺骗脚本去访问原本不能访问的文件。

为了使 is_uploaded_file()函数正常工作，应指定类似于$_FILES["userfile"]["tmp_name"]的变量，而在从客户端上传的文件名$_FILES["userfile"]["name"]不能正常运作。

实战演练 创建一个 PHP 动态网页，用于演示如何实现单个文件的上传操作。源文件为/06/06-11.php，源代码如下。

```
<!doctype html>
<html>
<head>
<meta charset="gb2312">
<title>上传单个文件示例</title>
<style type="text/css">
fieldset {
    width: 300px; margin: 0 auto;
    border-radius: 6px;
    box-shadow: 3px 3px 3px grey;
}
legend {
    background-color: grey;
```

```
        color: white;
        font-weight: bold;
        text-align: center;
        padding: 3px 12px;
    }
    table {
        margin: 0 auto;
    }
    td {
        padding: 12px;
    }
    p {
        text-align: center;
    }
    ul {
        margin: 0;
    }
    </style>
    </head>

    <body>
    <?php if (!count($_POST)) {              //若未提交表单 ?>
    <form method="post" enctype="multipart/form-data" action="">
        <fieldset>
            <legend>上传文件</legend>
            <table>
                <tr>
                    <td><input name="MAX_FILE_SIZE" type="hidden" value="10995116277760"></td>
                    <td><input name="upfile" type="file" required></td>
                </tr>
                <tr>
                    <td> </td>
                    <td><input type="submit" value="上传">
                         
                        <input type="reset" value="重置"></td>
                </tr>
            </table>
        </fieldset>
    </form>
    <?php
    } else {                                              //若已提交表单
        $uploaddir="../uploads/";
        if (!is_dir($uploaddir)) mkdir($uploaddir);
        $uploadfile=$uploaddir.basename($_FILES["upfile"]["name"]);
        if (move_uploaded_file($_FILES["upfile"]["tmp_name"], $uploadfile)) {
            printf("<h3>文件上传成功。</h3>") ;
            printf("<hr>");
            printf("上传文件信息如下：");
            printf("<ul>");
            printf("<li>文件名：%s</li>", $_FILES["upfile"]["name"]);
            printf("<li>文件类型：%s</li>", $_FILES["upfile"]["type"]);
            printf("<li>文件大小：%d bytes</li>", $_FILES["upfile"]["size"]);
            printf("</ul>");
            printf("<p><a href='javascript:history.back();'>返回</a></p>");
        } else {
            printf("<p>文件未能上传。</p>");
        }
    }
    ?>
    </body>
    </html>
```

在上述源文件中创建了一个文件上传表单，可以从本地计算机上选择并上传文件。单击文本域中的“选择文件”按钮，从弹出的“打开”对话框中选择需要上传的文件，选择成功后选定的文件名将出现在“选择文件”按钮旁边，如图 6.15 所示；然后单击“上传”按钮，如果不出问题，则会看到文件上传成功的信息，如图 6.16 所示。

图 6.15 选择要上传的文件

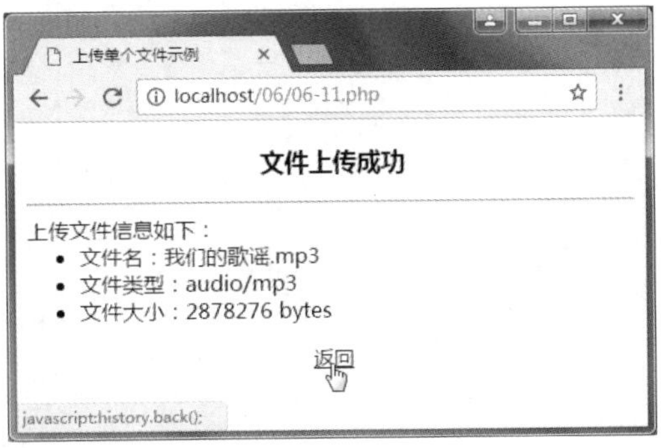

图 6.16 文件上传成功

6.3.3 上传多个文件

通过一次提交表单也可以实现多个文件的上传，其方法与上传单个文件方法类似。虽然也可以对文件域使用不同的 name 来上传多个文件，但不提倡这样做。PHP 支持同时上传多个文件并将它们的信息自动以数组的形式组织。要完成这项功能，需要在 HTML 表单中对文件上传域使用和多选框与复选框相同的数组方式提交语法，也就是说命名文件域时应当采用诸如“userfile[]”之类的形式。

例如，在下面的文件上传表单中添加了 3 个文件域：

```
<form action="file-upload.php" method="post" enctype="multipart/form-data">
  发送以下文件：<br>
  <input name="userfile[]" type="file"><br>
  <input name="userfile[]" type="file"><br>
  <input type="submit" value="上传文件">
</form>
```

应当说明的是，当用户提交表单之后，数组$_FILES["userfile"]、$_FILES["userfile"]["name"]及$_FILES["userfile"]["size"]都将被初始化。如果 register_globals 项设置为 on，则与文件上传相关的全局变量也将被初始化。所有这些提交的信息都将被储存到以数字为索引的数组中。

例如，假设有两个文件 review.swf 和 xwp.gif 被提交，则$_FILES["userfile"]["name"][0]的值将是文件名 review.swf，而$_FILES["userfile"]["name"][1]的值将是文件名 xwp.gif。类似地，$_FILES["userfile"]["size"][0]将包含文件 review.swf 的大小，依此类推。

实战演练 创建一个 PHP 动态网页，用于演示如何通过一次提交表单实现多个文件的上传。源文件为/06/06-12.php，源代码如下。

```
<!doctype html>
<html>
<head>
<meta charset="gb2312">
<title>上传多个文件示例</title>
<style type="text/css">
```

```
    fieldset {
      width: 360px;
      margin: 0 auto;
      border-radius: 6px;
      box-shadow: 3px 3px 3px grey;
    }
    legend {
      background-color: grey;
      color: white;
      font-weight: bold;
      text-align: center;
      padding: 3px 12px;
    }
    table {
      border-collapse: collapse;
      margin: 0 auto;
    }
    td {
      padding: 6px;
    }
    p {
      text-align: center;
    }
    </style>
    <script type="text/javascript">
    window.onload=function() {                                          //文档加载就绪时执行的函数
      var selElem=document.getElementById("file_count");                //获取列表框对象
      var divElem=document.getElementById("more");                       //获取 div 对象
      selElem.onchange=function() {                                      //从列表中选择不同项执行的
函数
        var n=selElem.value;                                             //获取要上传的文件数目
        for (var str="", i=1; i<n; i++) {
          str+='<p><input type="file" name="upfile[]" required></p>';    //动态生成更多列表框
        }
        divElem.innerHTML=str;                                           //在 div 内显示这些列表框
      };
    };
    </script>
    </head>

    <body>
    <?php if (!count($_POST)) { ?>
    <form method="post" enctype="multipart/form-data" action="">
      <fieldset>
        <legend>上传多个文件</legend>
        <table>
          <tr>
            <td><label for="file_count">文件数目：</label></td>
            <td><select id="file_count" name="file_count">
                <option value="1">1</option>
                <option value="2">2</option>
                <option value="3">3</option>
                <option value="4">4</option>
                <option value="5">5</option>
              </select></td>
          </tr>
          <tr>
            <td><input name="MAX_FILE_SIZE" type="hidden" value="10995116277760"></td>
            <td><input name="upfile[]" type="file" required>
              <div id="more"></div></td>
          </tr>
          <tr>
```

```
            <td> </td>
            <td><input type="submit" value="上传文件">
             </td>
          </tr>
        </table>
      </fieldset>
    </form>
    <?php
    } else {
      $uploaddir="../uploads/";
      if (!is_dir($uploaddir)) mkdir($uploaddir);
      $count=0;
      foreach($_FILES["upfile"]["error"] as $key=>$error){
        if ($error==UPLOAD_ERR_OK) {
          $tmp_name=$_FILES["upfile"]["tmp_name"][$key];
          $name=$_FILES["upfile"]["name"][$key];
          $uploadfile=$uploaddir.basename($name);
          if(move_uploaded_file($tmp_name, $uploadfile))$count++;
        }
      }
      printf("<p>%d 个文件上传成功！<br>上传文件信息如下：</p>", $count);
      printf("<table border=\"1\" style=\"width: 400px;\">");
      printf("<tr><th>文件名</th><th>类型</th><th>大小</th></tr>");
      for($i=0; $i<$count; $i++){
        printf("<tr style=\"text-align: center;\"><td>%s</td><td>%s</td><td>%d 字节</td></tr>",
          $_FILES["upfile"]["name"][$i],$_FILES["upfile"]["type"][$i],
          $_FILES["upfile"]["size"][$i]);
      }
      printf("</table>");
      printf("<p><a href='javascript:history.back();'>返回</a></p>");
    }
    ?>
    </body>
    </html>
```

在上述源文件中创建了一个文件上传表单，可用于上传多个文件。首先在“文件数目”列表框中选择要上传的文件数目（1～5），此时会出现多个文件域控件；然后分别使用每个文件域选择一个文件，最后单击“上传文件”按钮，如图 6.17 所示。如果上传过程不出意外，此时将会看到文件上传成功的信息，并以表格形式列出这些文件的文件名、类型和大小，如图 6.18 所示。

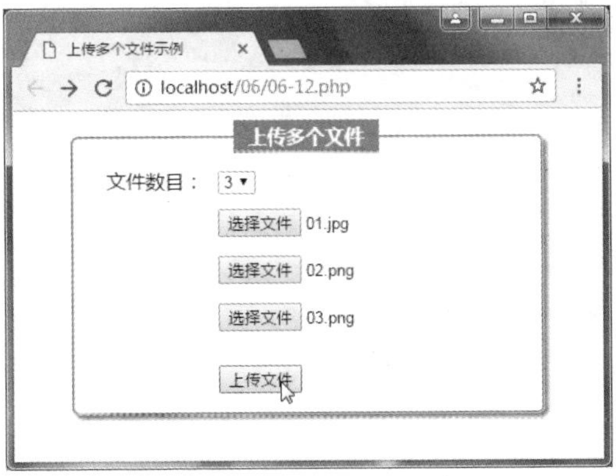

图 6.17　选择要上传的多个文件

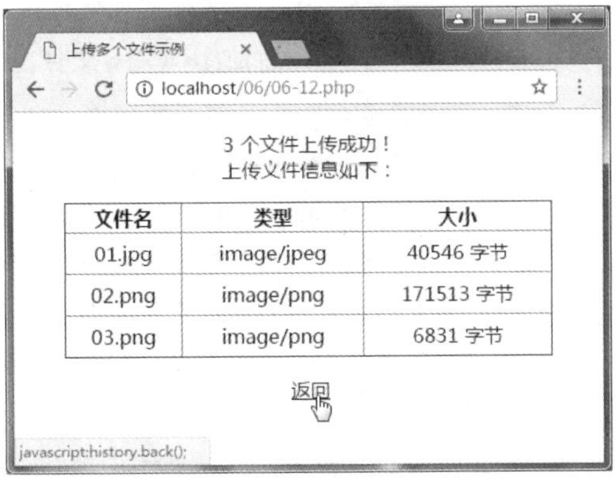

图 6.18　显示已上传文件信息

项目思考

一、选择题

1. 调用 fopen()函数时，若将 mode 参数设置为 "w"，则表示（　　）。
   A. 以只读方式打开文件并将文件指针指向文件头
   B. 以读写方式打开文件并将文件指针指向文件头
   C. 以写入方式打开文件并将文件指针指向文件头，将文件大小截为零
   D. 以写入方式打开文件，并将文件指针指向文件末尾
2. 若要以读写方式打开文件并将文件指针指向文件末尾，则在调用 fopen()函数时应将第二个参数设置为（　　）。
   A. "r+"　　B. "w+"　　C. "a"　　D. "a+"
3. 若要将整个文件读入一个数组，可调用（　　）函数。
   A. fgetc()　　B. fgets()　　C. fgetss()　　D. file()
4. 要获取文件指针读/写的位置，可调用（　　）函数。
   A. fseek()　　B. rewind()　　C. ftell()　　D. feof()
5. 要获取 PHP 的当前工作目录，可调用（　　）函数。
   A. mkdir()　　B. getcwd()　　C. chdir()　　D. opendir()
6. 假设 HTML 表单中的文件域名称为 userfile，则可通过（　　）访问文件被上传后在服务端储存的临时文件名。
   A. $_FILES["userfile"]["tmp_name"]　　B. $_FILES["userfile"]["name"]
   C. $_FILES["userfile"]["file_name"]　　D. $_FILES["userfile"]["server_name"]

二、判断题

1. （　　）通过调用 file_exists()函数可检查该文件是否存在。
2. （　　）使用 fopen()函数只能打开一个文件。
3. （　　）使用 fwrite()函数可将一个格式化字符串写入文件。
4. （　　）使用 fgetss()函数可将整个文件读入一个数组中。
5. （　　）使用 feof()函数可测试文件指针是否到了文件开头的位置。
6. （　　）使用 rename()函数只能对文件进行重命名。
7. （　　）使用 delete()函数可删除指定的文件。
8. （　　）使用 getcwd()函数可更改当前工作目录。
9. （　　）使用 scandir()函数可列出指定路径中的文件和目录
10. （　　）pathinfo()函数可返回一个包含路径信息的变量。
11. （　　）创建文件上传表单时应将 enctype 属性设置为 multipart/form-data。
12. （　　）使用文件域时也可以在其文本框内输入要上传文件的路径。

三、简答题

1. 使用 fopen()函数时，打开文件有哪几种模式？
2. 将数据写入文件有哪两种模式？
3. rename()函数除了重命名文件或目录外，还有什么功能？
4. 如何删除一个文件？如何创建一个目录？

5. 如何获取或更改当前目录？
6. 若要列出一个目录中的所有文件和目录，有哪两种方式？
7. 文件上传表单至少应包含哪些内容？
8. 在 PHP 中如何获取上传的文件？如何将上传的文件移动到指定位置？

项目实训

1. 创建一个 PHP 动态网页，通过该网页可以创建新的 HTML 静态网页或 PHP 动态网页。
2. 创建一个 PHP 动态网页，要求使用文本文件制作页面计数器。
3. 创建一个 PHP 动态网页，用于读取当前页面的内容并加以显示。
4. 创建一个 PHP 动态网页，用于对当前页面文件的各种属性进行检查。
5. 创建一个 PHP 动态网页，其功能是对指定文件进行重命名或移动。
6. 创建一个 PHP 动态网页，检查指定目录是否存在，若不存在，则创建该目录。
7. 创建一个 PHP 动态网页，用于列出指定目录下的所有文件和目录，并允许通过单击链接删除指定的文件或目录。
8. 创建一个 PHP 动态网页，其功能是对当前页面的路径进行解析。
9. 创建一个 PHP 动态网页，其功能是对磁盘分区的总空间和可用空间进行检查。
10. 创建一个 PHP 动态网页，用于实现多文件上传，要求通过下拉式列表框设置可以上传的文件数目。

项目 7

PHP 图像处理

PHP 不仅可以用于创建 HTML 输出，也可以用来创建和操作各种不同图像格式的图像文件。使用 PHP 可以更方便地创建图像文件，也可以将图像流直接输出到浏览器。为此需要使用图像扩展库 GD 对 PHP 进行编译。通过本项目的实施将掌握使用 PHP 进行图像处理的各项操作技能，主要包括配置 GD 库、图像基本操作、绘制轮廓图形、绘制填充图形、在图形中添加文字等。

项目目标

★ 掌握配置 GD 库的方法
★ 掌握图像基本操作方法
★ 掌握图形绘制方法
★ 掌握文本绘制方法

任务 7.1 配置 GD 库

GD 扩展库是用 C 语言编写的一个图像处理扩展库，可用于动态创建图像。在 PHP 中处理图像主要是通过调用 GD 库中的函数来完成的，加载 GD 库后才能创建和操作图像。通过本任务的实施将掌握配置和检测 GD 库的操作技能。

任务目标

★ 掌握配置 GD 库的方法
★ 掌握检测 GD 库的方法

7.1.1 加载 GD 库

如果要通过 PHP 调用 GD 库中的图像处理函数，必须确保 PHP 以模块方式运行，还要对配置文件 php.ini 进行修改，操作方法如下。

（1）在记事本程序中打开 PHP 配置文件 php.ini。

（2）在文件中查找“extension=php_gd2.dll”，找到后去掉前面的分号。

（3）保存配置文件 php.ini。

（4）重启 Apache 服务器。

使用 phpStudy 配置 PHP 环境时，也可以使用其控制面板来打开 php_gd2 扩展，具体操作方法如下。

（1）打开 phpStudy 控制面板。

（2）单击“其他选项菜单”，选择“PHP 扩展及设置”→“PHP 扩展”，然后在下一级子菜单中选中“php_gd2”选项，如图 7.1 所示。

（3）重启 Apache 服务器，使所做的修改生效。

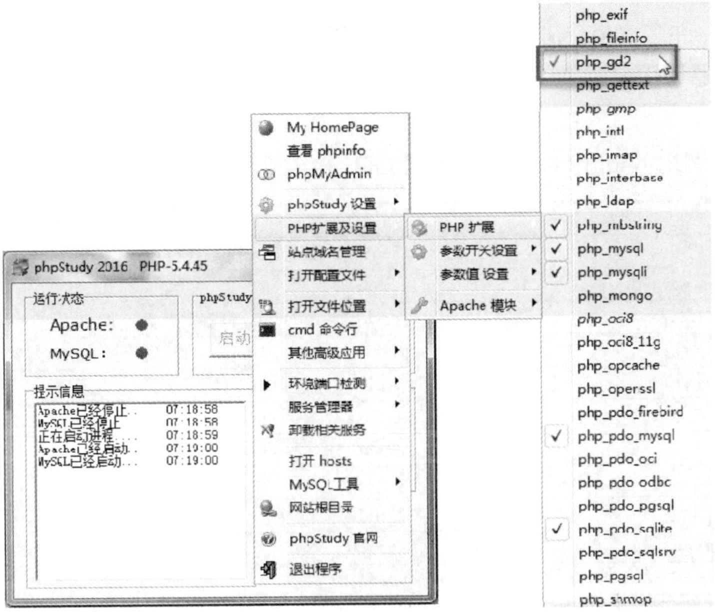

图 7.1 配置 php_gd2 库扩展

7.1.2 检测 GD 库信息

加载 GD 库后，即可调用该库中的 gd_info()函数来取得当前安装的 GD 库的相关信息，语法如下：

```
array gd_info ( void )
```

gd_info()函数返回一个关联数组，用于描述已安装的 GD 库的版本和性能。gd_info()函数返回的数组的元素可描述如下。

（1）GD Version：string 值，描述了安装的 GD 库的版本号。

（2）Freetype Support：boolean 值，若安装了 Freetype 支持，则为 true。

（3）Freetype Linkage：string 值，描述了 Freetype 连接的方法。其取值为“with Freetype”、“with TTF library”和“with unknown library”。该元素仅在 Freetype Support 的值为 true 时有定义。

（4）T1Lib Support：boolean 值，若包含有 T1Lib 支持，则为 true。

（5）GIF Read Support：boolean 值，若包含有读取 GIF 图像的支持，则为 true。

（6）GIF Create Support：boolean 值，若包含有创建 GIF 图像的支持，则为 true。

（7）JPG Support：boolean 值，若包含有 JPG 支持，则为 true。

（8）PNG Support：boolean 值，若包含有 PNG 支持，则为 true。

（9）WBMP Support：boolean 值，若包含 WBMP 支持，则为 true。

（10）XBM Support：boolean 值，若包含 XBM 支持，则为 true。

提示

WBMP（Wireless Bitmap）是一种移动设备使用的标准图像格式。这种格式应用于 WAP 网页中。WBMP 支持 1 位颜色，即 WBMP 图像只包含黑色和白色像素，而且不能制作得过大，这样才能被正确显示。XBM（X-Bitmap）是一种古老而通用的图像文件格式，它与现在的许多 Web 浏览器都兼容。XBM 图形实质上是使用十六进制数组表示二进制图像的 C 源代码文件。

也可以通过调用 phpinfo()函数来获取 GD 库的相关信息，如图 7.2 所示。

GD Support	enabled
GD Version	bundled (2.1.0 compatible)
FreeType Support	enabled
FreeType Linkage	with freetype
FreeType Version	2.4.10
GIF Read Support	enabled
GIF Create Support	enabled
JPEG Support	enabled
libJPEG Version	8
PNG Support	enabled
libPNG Version	1.2.50
WBMP Support	enabled
XPM Support	enabled
libXpm Version	30411
XBM Support	enabled

图 7.2　通过调用 phpinfo()函数来获取 GD 库的相关信息

实战演练 创建一个 PHP 动态网页，检测 GD 库是否加载成功并列出 GD 库中包含的所有函数。源文件为/07/07-01.php，源代码如下。

```
<!doctype html>
<html>
<head>
<meta charset="gb2312">
<title>PHP GD 扩展库函数</title>
<style type="text/css">
ol {
```

```
column-count: 2;
column-rule: thin dashed red;
}
ol li {
margin-left: 3em;;
}
</style>
</head>

<body>
<h3 style="text-align: center;">PHP GD 扩展库函数</h3>
<hr>
<?php
if (!function_exists("gd_info")) {
    die("GD 库加载失败。");
}

$funcs=get_extension_funcs("gd");
echo "<ol>";
foreach($funcs as $func) {
    echo "<li> {$func}</li>";
}
echo "</ol>";
?>
</body>
</html>
```

上述网页的运行结果如图 7.3 所示。

图 7.3 PHP GD 扩展库函数

任务 7.2 图像基本操作

在 PHP 页中可以利用 GD 库进行图像处理，主要包括以下步骤：创建一个图像作为画布，设置画图的前景颜色和背景颜色，在画布上绘制图形和文本，向浏览器输出图像或将图像保存到文件，释放图像相关联的系统资源等。通过本任务的实施将掌握 PHP 图像处理的基本操作技能，能够创建图像、输出图像和分配颜色。

任务目标

★ 掌握创建图像的方法
★ 掌握输出图像的方法
★ 掌握分配颜色的方法

7.2.1 创建图像

在 PHP 页中创建图像主要有以下两种方式：一种方式是创建新的 GD 空白图像流，另一种方式是从现有文件创建图像。

1. 创建空白图像

通过调用以下两个函数都可以创建空白图像。

（1）使用 imagecreate()函数新建一个基于调色板的图像，语法如下：

```
resource imagecreate ( int $x_size, int $y_size )
```

其中，参数$x_size 表示图像的宽度，$y_size 表示图像的高度。

imagecreate()函数返回一个图像标识符，代表了一幅大小为 x_size 和 y_size 的空白图像。

（2）使用 imagecreatetruecolor()函数新建一个真彩色图像，语法如下：

```
resource imagecreatetruecolor ( int $x_size, int $y_size )
```

其中，参数$x_size 表示图像的宽度，$y_size 表示图像的高度。

imagecreatetruecolor()函数返回一个图像标识符，代表了一幅黑色图像。

创建一个图像后，即可将此图像作为画布并在其上绘制出各种各样的图形，最后还应当通过调用 imagedestroy()函数来销毁该图像，语法如下：

```
bool imagedestroy ( resource $image )
```

其中，参数 image 是由图像创建函数 imagecreate()或 imagecreatetruecolor()返回的图像标识符。imagedestroy()函数用于释放与 image 关联的内存。

2. 基于文件创建图像

如果要基于现有的文件来创建 GD 图像，可以通过调用以下函数来实现。

（1）使用 imagecreatefromgif()函数从一个 GIF 文件或 URL 新建一个图像，语法如下：

```
resource imagecreatefromgif ( string $filename )
```

其中，参数 filename 表示 GIF 图像的文件名。

（2）使用 imagecreatefromjpeg()函数从一个 JPEG 文件或 URL 新建一个图像，语法如下：

```
resource imagecreatefromjpeg ( string $filename )
```

其中，参数 filename 表示 JPEG 图像的文件名。

（3）使用 imagecreatefrompng 函数从一个 PNG 文件或 URL 新建一个图像，语法如下：

```
resource imagecreatefrompng ( string $filename )
```

其中，参数 filename 表示 PNG 图像的文件名。

上述 3 个函数的返回值都是一个图像标识符，表示从给定的文件名取得的图像。如果失败，则返回一个空字符串，并且输出一条错误信息，还在浏览器中显示为断链接。

实战演练 创建一个 PHP 动态网页，说明如何通过调用相关函数来创建不同类型的图像。源文件为/07/07-02.php，源代码如下。

```
<?php
$w=150;                                                      //设置图像宽度
$h=120;                                                      //设置图像高度
$img=@imagecreate($w,$h) or die("不能初始化新的 GD 图形流。");   //创建基于调色板的图像
$bgc=imagecolorallocate($img, 83, 72, 204);                  //设置图像背景填充颜色
$fc=imagecolorallocate($img, 255, 255, 0);                   //设置画图颜色
imagefilledellipse($img, 75, 60, 100, 75, $fc);              //画一个填充椭圆（大）
$fc=imagecolorallocate($img, 83, 72, 204);                   //设置画图颜色
imagefilledellipse($img, 75, 60, 93, 68, $fc);               //画另一个填充椭圆（小）
imagejpeg($img,"image7-02.jpg");                             //输出图像到 JPG 文件
imagedestroy($img);                                          //销毁图像

$img=@imagecreatetruecolor($w,$h) or die("不能初始化新的 GD 图像流");//创建一个真彩色图像
$fc=imagecolorallocate($img, 0, 255, 255);                   //设置画图颜色
imagesetthickness($img, 3);                                  //设置线条宽度
imagerectangle($img, 30, 30, 120, 90, $fc);                  //画一个矩形
imagegif($img,"image7-02.gif");                              //输出图像到 GIF 文件
imagedestroy($img);                                          //销毁图像

$filename="../images/landscape.jpg";                         //指定图像文件路径
$img=@imagecreatefromjpeg($filename) or die("不能初始化新的 GD 图像流");//创建基于文件的图像
$tc=imagecolorallocate($img, 255, 255, 0);                   //设置文本颜色
imagestring($img, 5, 40, 70, "Landscape", $tc);              //画一个字符串
imagepng($img, "image7-02.png");                             //输出图像到 PNG 文件
imagedestroy($img);                                          //销毁图像
?>
<!doctype html>
<html>
<head>
<meta charset="gb2312">
<title>创建图像示例</title>
<style type="text/css">
h3, tr {
  text-align: center;
}
table {
  margin: 0 auto;
}
</style>
</head>

<body>
<h3>创建图像示例</h3>
<hr>
<table>
  <tr>
    <td><img name="img1" src="image7-02.jpg" width="150" height="120" alt=""></td>
    <td><img name="img2" src="image7-02.gif" width="150" height="120" alt=""></td>
    <td><img name="img3" src="image7-02.png" width="150" height="120" alt=""></td>
  </tr>
  <tr>
    <td>基于调色板的图像</td>
    <td>真彩色图像</td>
```

```
        <td>基于文件的图像</td>
    </tr>
</table>
</body>
</html>
```

在上述源文件中，分别创建了 3 个不同类型的图像并将它们保存为 JPG、GIF 和 PNG 格式文件，然后将这些动态生成的图像放在表格的单元格中，网页运行结果如图 7.4 所示。

图 7.4　创建图像示例

7.2.2　输出图像

在 PHP 代码中创建一个图像后，就需要输出该图像。输出图像通常有以下两种方式：一种方式是将图像保存到文件中，另一种方式是直接将图像输出到客户端浏览器。

如果希望将一个图像以某种格式输出到客户端浏览器，首先需要通过调用 header()函数来设置输出文件的 MIME 类型：

```
header("Content-type:image/gif");
header("Content-type:image/jpeg");
header("Content-type:image/png");
```

输出图像可以通过调用下列 PHP 函数来实现。

（1）使用 imagegif()函数可以通过 GIF 格式将图像输出到浏览器或文件，语法如下：

```
bool imagegif ( resource $image[, string $filename] )
```

其中，参数 image 表示图像标识符，是图像创建函数的返回值；参数 filename 为可选，用于指定要保存的图像文件名。

imagegif()函数从 image 图像以 filename 为文件名创建一个 GIF 图像。如果省略 filename 参数，则将直接输出原始图像流。图像格式为 GIF87a。如果通过 imagecolortransparent()使图像为透明，则其格式为 GIF89a。通过 header()函数发送“Content-type:image/gif”可以使 PHP 代码直接输出 GIF 图像。

（2）使用 imagejpeg()函数可以通过 JPEG 格式将图像输出到浏览器或文件，语法如下：

```
bool imagejpeg ( resource $image[, string $filename[, int $quality]] )
```

其中，参数 image 表示图像标识符，是图像创建函数的返回值；参数 filename 为可选项，用于指定要保存的图像文件名；quality 参数为可选，用于指定图像质量，取值范围从 0（最差质量，文件更小）到 100（最佳质量，文件最大）。默认为 IJG 默认的质量值（大约 75）。

imagejpeg()函数从 image 图像以 filename 为文件名创建一个 JPEG 图像。如果省略 filename 参数，则直接输出原始图像流。如果要跳过 filename 参数而提供 quality 参数，则应使用 NULL。通过 header()函数发送“Content-type: image/jpeg”可以使 PHP 代码直接输出 JPEG 图像。

如果想输出渐进式 JPEG，需要用 imageinterlace()函数将隔行扫描比特置位。

（3）使用 imagepng()函数可以通过 PNG 格式将图像输出到浏览器或文件，语法如下：

```
bool imagepng ( resource $image[, string $filename] )
```

其中，image 参数表示图像标识符，是图像创建函数的返回值；filename 为可选参数，用于指定要保存的图像文件名。

imagepng()函数将 GD 图像流（image）以 PNG 格式输出到标准输出（通常为浏览器），如果用 filename 给出了文件名，则把图像保存到该文件中。

实战演练 创建一个 PHP 动态网页，说明如何创建图像并将其输出到浏览器。源文件为/07/07-03.php，源代码如下。

```
<?php
$w=260;                                                        //设置图像的宽度
$h=150;                                                        //设置图像的高度
$img=@imagecreate($w, $h) or die("不能初始化新的 GD 图像流。"); //创建基于调色板的图像
$bgc=imagecolorallocate($img, 0, 128, 0);                      //设置图像背景填充色
$yellow=imagecolorallocate($img, 255, 255, 0);                 //设置绘图颜色
imagefilledellipse($img, 125, 75, 220, 140, $yellow);          //画一个填充椭圆（大）
imagefilledellipse($img, 125, 75, 210, 130, $bgc);             //画一个填充椭圆（小）
imagesetthickness($img, 5);                                    //设置线条宽度
imagerectangle($img, 30, 20, 220, 130, $yellow);               //画一个矩形
imagestring($img, 5, 40, 50, "PHP Web Development", $yellow);  //画一个字符串
imagestring($img, 5, 58, 90, "GD Image Stream", $yellow);      //画另一个字符串
header("Content-type:image/jpeg");                             //设置输出文件的 MIME 类型
imagejpeg($img, NULL, 100);                                    //将图像输出到浏览器
imagedestroy($img);                                            //销毁图像
?>
```

在上述源文件中，创建了一个基于调色板的图像，然后在图像中画了两个填充椭圆和一个轮廓矩形，还画了两个字符串，最后以 JPEG 格式将图像输出到浏览器，效果如图 7.5 所示。

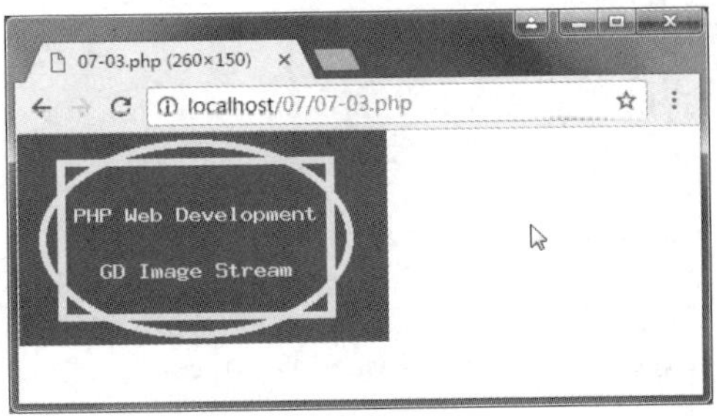

图 7.5 将图像输出到浏览器

7.2.3 分配颜色

创建一个图像后，需要为其分配一些颜色，供画图或写入文字使用。在 PHP 中，可以

通过调用函数 imagecolorallocate()为一幅图像分配颜色，语法如下：

```
int imagecolorallocate ( resource $image, int $red, int $green, int $blue )
```

其中 image 参数表示图像标识符，是图像创建函数的返回值；red、green 和 blue 三个参数分别表示所需要颜色的红、绿、蓝成分，这些参数的取值范围是 0～255，在十六进制中为 0x00～0xFF。

imagecolorallocate()函数返回一个标识符，表示由给定的 RGB 成分组成的颜色。如果分配失败，则返回-1。必须通过调用该函数来创建用在 image 所代表的图像中的每一种颜色。

对于由 imagecreate()函数创建的图像，第一次调用 imagecolorallocate()函数时会用当前设置的颜色填充背景，对于由 imagecreatetruecolor()函数创建的图像则不会填充。

也可以使用 imagecolorallocatealpha()函数为一幅图像分配颜色和透明度，语法如下：

```
int imagecolorallocatealpha(resource $image, int $red, int $green, int $blue, int $alpha)
```

imagecolorallocatealpha()的功能与 imagecolorallocate()类似，但多出一个额外的透明度参数 alpha，其取值为 0～127。0 表示完全不透明，127 表示完全透明。

imagecolorallocatealpha()函数返回一个标识符，表示由给定的 RGB 成分和透明度组成的颜色。如果分配失败则返回 false。

实战演练 创建一个 PHP 动态网页，说明如何使用带透明度的颜色绘制图形。源文件为/07/07-04.php，源代码如下。

```php
<?php
$w=300;                                              //设置图像宽度
$h=200;                                              //设置图像高度
$img=imagecreatetruecolor($w,$h);                    //创建真彩色图像
$bgc=imagecolorallocate($img,255, 221, 255);         //设置图像背景填充色
$text_color=imagecolorallocate($img,255,0,0);        //分配颜色
$border=imagecolorallocate($img, 127, 127, 127);     //分配颜色
imagefilledrectangle($img, 0, 0, $w, $h, $bgc);      //画一个填充矩形
imagesetthickness($img, 3);                          //设置线条宽度
imagerectangle($img, 0, 0, $w-1, $h-1, $border);     //画一个轮廓矩形
//设置坐标和半径
$x1=125; $y1=65;
$x2=115; $y2=130;
$x3=180; $y3=110;
$r=120;
//分配一些带透明度的颜色
$green=imagecolorallocatealpha($img, 0, 128, 0, 75);
$red=imagecolorallocatealpha($img, 255, 0, 0, 75);
$blue=imagecolorallocatealpha($img, 0, 0, 255, 75);
//画 3 个叠加的填充圆和一行字符串
imagefilledellipse($img, $x1, $y1, $r, $r, $green);
imagefilledellipse($img, $x2, $y2, $r, $r, $red);
imagefilledellipse($img, $x3, $y3, $r, $r, $blue);
imagestring($img, 5, 160, 180, "THREE CIRCLES", $text_color);
header("Content-type:image/gif");                    //设置输出文件的 MIME 类型
imagegif($img);                                      //以 GIF 格式将图像输出到浏览器
imagedestroy($img);                                  //销毁图像
?>
```

在上述源文件，使用带透明度的颜色绘制了 3 个填充圆形。网页运行结果如图 7.6 所示。

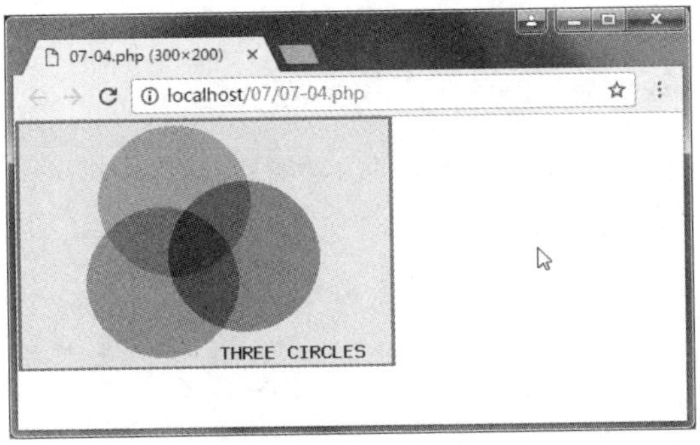

图 7.6　使用带透明度的颜色绘图

任务 7.3　绘制图形

准备好了画布、颜料和画笔，便可以开始绘画了。创建图像并为其分配颜色之后，接下来可以在该图像上绘制各种各样的图形，GD 库中的各种画图函数就是所用的画笔。通过本任务的实施将掌握在 PHP 代码中利用 GD 库函数绘制基本图形的各项技能，能够绘制像素、轮廓图形及填充图形等。

任务目标

★ 掌握绘制像素的方法
★ 掌握绘制轮廓图形的方法
★ 掌握绘制填充图形的方法

7.3.1　绘制像素

像素是最简单的图形，它相当于几何图形中的点，也是构成各种图像的基本要素。在 PHP 代码中，可以通过调用 imagesetpixel()函数来画一个单一像素，语法如下：

```
bool imagesetpixel ( resource $image, int $x, int $y, int $color )
```

其中，image 参数表示图像标识符，是创建图像函数的返回值；x、y 参数指定像素在图像上的位置，图像左上角的坐标为（0，0）；color 参数指定画该像素使用的颜色，是分配颜色函数的返回值。

imagesetpixel()函数在 image 图像中用 color 颜色在（x，y）坐标处画一个点。

实战演练　创建一个 PHP 动态网页，说明如何使用 imagesetpixel()函数绘制直线和抛物线。源文件为/07/07-05.php，源代码如下。

```
<?php
$img=imagecreate(245, 100);
$white=imagecolorallocate($img, 0xff, 0xff, 0xff);
$red=imagecolorallocate($img, 0xff, 0x00, 0x00);
$blue=imagecolorallocate($img, 0x00, 0x00, 0xff);
$black=imagecolorallocate($img, 0x00, 0x00, 0x00);
for ($x=-20; $x<25; $x+=0.05) {
```

```
    $y=-$x*$x+3*$x+6;
    imagesetpixel($img, $x*4.5+115, 40, $blue);
    imagesetpixel($img, $x*4.5+115, 0.5*$y+80, $red);
  }
  imagestring($img, 5, 50, 10, "Line and Parabola", $black);
  imagegif($img,"demo.gif");
  imagedestroy($img);
  ?>
  <!doctype html>
  <html>
  <head>
  <meta charset="gb2312">
  <title>绘制像素示例</title>
  <style type="text/css">
  h3, p { text-align: center; }
  </style>
  </head>

  <body>
  <?php
  if (is_file("demo.gif")) {
    echo '<h3>绘制直线与抛物线</h3>';
    echo '<p><img src="demo.gif"></p>';
  }
  ?>
  </body>
  </html>
```

在上述源代码中，通过 PHP 代码动态生成一个包含直线和抛物线的图像，然后通过 HTML 代码将该图像显示在页面上，如图 7.7 所示。

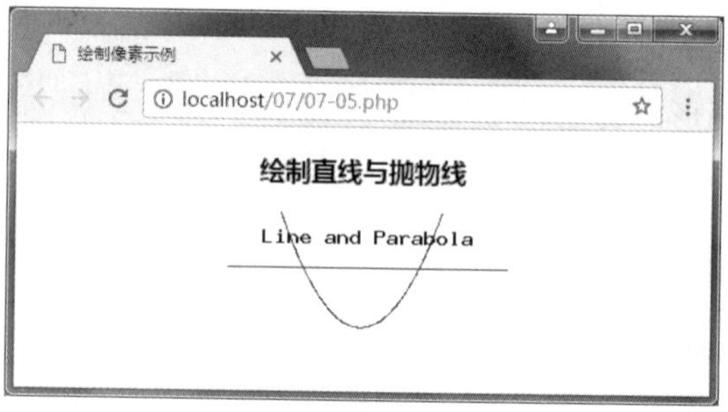

图 7.7　绘制直线与抛物线

7.3.2　绘制轮廓图形

前面学习了利用 imagesetpixel()函数画像素的方法，而像素是构成其他复杂图形的要素。从理论上讲，只要设计好适当的算法，就可以通过"描点"（即逐个画像素）的方式画出所需要的任何图形。

不过，对于直线、矩形、多边形、椭圆和椭圆弧这样一些常用的轮廓图形而言，GD 扩展库提供了一些现成的绘图函数，可以在程序中直接调用这些函数，通过设置适当的参数即可方便地绘制出所需要的图形。

（1）使用 imageline()函数在图像中绘制一条线段，语法如下：

```
bool imageline ( resource $image, int $x1, int $y1, int $x2, int $y2, int $color )
```

其中，参数 image 表示图像标识符；（x1，y1）指定线段的起点，（x2，y2）指定线段的终点，图像左上角为（0，0）；color 参数指定画线的颜色。

（2）使用 imagedashedline()函数在图像中绘制一条虚线，语法如下：

```
bool imagedashedline ( resource $image, int $x1, int $y1, int $x2, int $y2, int $color )
```

其中，参数 image 表示图像标识符；（x1，y1）指定虚线的起点，（x2，y2）指定虚线的终点，图像左上角为（0，0）；color 参数指定画线的颜色。

（3）使用 imagerectangle()函数在图像中绘制一个矩形，语法如下：

```
bool imagerectangle (resource $image, int $x1, int y1, int $x2, int $y2, int $color )
```

其中，参数 image 表示图像标识符；（x1，y1）指定矩形左上角的坐标，（x2，y2）指定矩形右下角的坐标，图像的左上角坐标为（0，0）；color 参数指定画线的颜色。

（4）使用 imagepolygon()函数在图像中绘制一个多边形，语法如下：

```
bool imagepolygon(resource $image,array $points, int $num_points, int $color)
```

其中，参数 image 表示图像标识符；points 是一个数组，包含了多边形的各个顶点坐标，即 points[0] = x0，points[1] = y0，points[2] = x1，points[3] = y1，依此类推；num_points 是顶点的总数；color 参数指定画线颜色。

（5）使用 imageellipse()函数在图像中绘制一个椭圆，语法如下：

```
bool imageellipse (resource $image, int $cx, int $cy, int $w, int $h, int $color )
```

其中，参数 image 表示图像标识符；cx 和 cy 参数指定椭圆弧的中心坐标，图像左上角坐标为（0，0）；w 和 h 参数分别指定椭圆的宽度和高度；color 参数指定画线颜色。

（6）使用 imagearc()函数在图像中绘制一段椭圆弧，语法如下：

```
bool imagearc ( resource $image, int $cx, int $cy, int $w, int $h, int $s, int $e, int $color )
```

其中，参数 image 表示图像标识符；cx 和 cy 参数指定椭圆弧的中心坐标，图像左上角坐标为（0，0）；w 和 h 参数分别指定椭圆的宽度和高度；s 和 e 参数指定起始点和结束点的角度，0°位于 3 点钟的位置，以顺时针方向进行绘制。

在使用上述函数绘制图形之前，应该使用 imagecolorallocate()函数为图像分配颜色，还可以通过调用 imagesetthickness()函数设定画线的宽度，语法如下：

```
bool imagesetthickness (resource $image, int $thickness )
```

imagesetthickness()函数将画实线、虚线、矩形、多边形、椭圆弧等图形时所用的线宽设置为 thickness（以像素为单位）。如果成功则返回 true，失败则返回 false。根据测试，用此函数设置的线宽在绘制椭圆时不起作用。

实战演练 创建一个 PHP 动态网页，说明如何绘制直线各种轮廓图形。源文件为 /07/07-06.php，源代码如下。

```
<?php
$img=imagecreatetruecolor(300, 200);                    //创建真彩图像

imagesetthickness($img, 3);                             //设置线条宽度
$white=imagecolorallocate($img, 255, 255, 255);         //分配白色
$blue=imagecolorallocate($img, 0, 0, 255);              //分配蓝色
$red=imagecolorallocate($img, 255, 0, 0);               //分配红色
$black=imagecolorallocate($img ,0, 0, 0);               //分配黑色
$green=imagecolorallocate($img, 0, 255, 0);             //分配绿色

imagefilledrectangle($img, 0, 0, 300, 200, $white);     //画填充矩形
```

```
imagerectangle($img, 0, 0, 299, 199, $blue);                //画外部矩形
imageline($img,0, 100, 300, 100, $blue);                    //画水平线
imagedashedline($img, 150, 0, 150, 200, $blue);             //画垂直虚线

imageellipse($img, 75, 50, 120, 80, $red);                  //画椭圆
imageellipse($img,75, 50, 122, 82, $red);                   //画椭圆
imageellipse($img, 75, 50, 124, 84, $red);                  //画椭圆
imagestring($img, 3, 52, 45, "Ellipse" ,$black);            //写椭圆标注
imageellipse($img, 150, 100, 150, 150, $green);             //画正圆
imageellipse($img, 150, 100, 152, 152, $green);             //画正圆
imageellipse($img, 150, 100, 154, 154, $green);             //画正圆
$points=array(225, 10, 285, 85, 165, 85);                   //定义三角形顶点
imagepolygon($img, $points, 3, $red);                       //画三角形
imagestring($img, 3, 199, 45, "Triangle", $black);          //写三角形标注
imagerectangle($img, 15, 115, 135, 185, $red);              //画内部矩形
imagestring($img, 3, 45, 143, "Rectangle", $black);         //写矩形标注
imagearc($img, 225, 150, 110, 75, 170, 10, $red);           //画弧线
imagestring($img, 3, 215, 143, "Arc", $black);              //写弧线标注

imagegif($img, "profile.png");                              //以 PNG 格式输出图像
imagedestroy($img);                                         //释放图像资源
?>
<!doctype html>
<html>
<head>
<meta charset="gb2312">
<title>绘制轮廓图形</title>
<style type="text/css">
h3, p {
  text-align: center;
}
</style>
</head>

<body>
<?php
if (is_file("profile.png")) {
  echo '<h3>绘制轮廓图形</h3>';
  echo '<p><img src="profile.png"></p>';
}
?>
</body>
</html>
```

在上述源文件中，通过调用 PHP 绘图函数绘制了直线、矩形、三角形、椭圆和弧线等轮廓图形并以 PNG 格式输出图像，然后将该图像插入页面中，如图 7.8 所示。

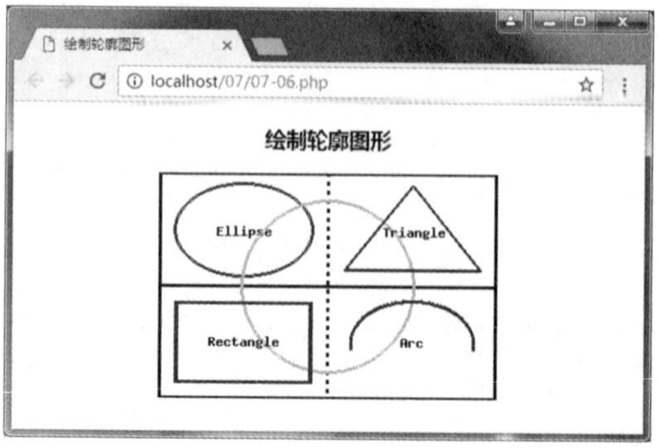

图 7.8　绘制轮廓图形

7.3.3 绘制填充图形

前面介绍了画矩形、多边形、椭圆和椭圆弧的函数，通过这些函数只能画出图形的轮廓。如果要画出矩形、多边形、椭圆和椭圆弧并加以填充，则可以通过以下函数来实现。

（1）使用 imagefilledrectangle()函数在指定图像中绘制一个矩形并填充，语法如下：

```
bool imagefilledrectangle ( resource $image, int $x1, int $y1, int x2, int $y2, int $color )
```

imagefilledrectangle()函数在 image 图像中绘制一个用 color 颜色填充的矩形，其左上角坐标为（x1，y1），右下角坐标为（x2，y2）。图像的最左上角为（0，0）。

（2）使用 imagefilledpolygon()函数在图像中绘制一个多边形并加以填充，语法如下：

```
bool imagefilledpolygon ( resource $image, array $points, int $num_points, int $color )
```

imagefilledpolygon()函数在 image 图像中绘制一个填充的多边形。points 参数是一个按顺序包含有多边形各顶点的 x 和 y 坐标的数组。num_points 参数是顶点的总数，必须大于 3。

（3）使用 imagefilledellipse()函数在指定图像中绘制一个椭圆并加以填充，语法如下：

```
bool imagefilledellipse ( resource $image, int $cx, int $cy, int $w, int $h, int $color )
```

imagefilledellipse()函数在 image 所代表的图像中以（cx，cy）为中心绘制一个椭圆。参数 w 和 h 分别指定椭圆的宽和高。椭圆用 color 颜色填充。如果成功则返回 true，失败则返回 false。

（4）使用 imagefilledarc()函数在图像中绘制一个椭圆弧并且加以填充，语法如下：

```
bool imagefilledarc ( resource $image, int $cx, int $cy,
    int $w, int $h, int $s, int $e, int $color, int $style )
```

imagefilledarc()函数在 image 所代表的图像中以（cx，cy）绘制一个椭圆弧。e、w 和 h 参数分别指定椭圆的宽和高，s 和 e 参数以角度指定了起点和终点。style 参数是下列值按二进制位进行或运算后的值。

- IMG_ARC_PIE：产生圆形边界；
- IMG_ARC_CHORD：只是用直线连接起点和终点；
- IMG_ARC_NOFILL：弧或弦只有轮廓，不填充；
- IMG_ARC_EDGED：用直线将起点和终点与中心点连接。

其中 IMG_ARC_PIE 和 IMG_ARC_CHORD 互斥，如果两者都用，则 IMG_ARC_CHORD 生效。IMG_ARC_EDGED 和 IMG_ARC_NOFILL 一起使用是画饼状图轮廓的好方法。

如果画图成功则返回 true，失败则返回 false。

（5）使用 imagefill()函数进行区域填充，语法如下：

```
bool imagefill(resource $image, int $x, int $y, int $color)
```

imagefill()函数在图像 image 的坐标（x，y）处用颜色 color 执行区域填充，即与（x，y）点颜色相同且相邻的点都会被填充。

实战演练 创建一个 PHP 动态网页，说明如何调用相关函数来绘制各种填充图形。源文件为/07/07-07.php，源代码如下。

```
<?php
//定义一个绘制五角星的函数
//$imgage——图像标识符，$x 和$y——最高顶点坐标，$r——半径，$color——画图颜色
function draw_five_start($img, $x, $y, $r, $color){
    $sin18=sin(18*M_PI/180);                          //预定义常量 M_PI=3.1415926535898
    $cos18=cos(18*M_PI/180);
```

```
    $tan18=tan(18*M_PI/180);
    $sin36=sin(36*M_PI/180);
    $cos36=cos(36*M_PI/180);
    $tan36=tan(36*M_PI/180);
    //计算 10 个顶点的坐标
    $x1=$x;
    $y1=$y;
    $x2=$x1+($r-$r*$sin18)*$tan18;
    $y2=$y1+$r-$r*$sin18;
    $x3=$x1+$r*$cos18;
    $y3=$y1+$r-$r*$sin18;
    $x4=$x1+($r-$r*$sin18)*$tan18+2*($r-$r*$sin18)*$sin18*$tan18;
    $y4=$y1+$r-$r*$sin18+2*($r-$r*$sin18)*$sin18;
    $x5=$x1+$r*$sin36;
    $y5=$y1+$r+$r*$cos36;
    $x6=$x1;
    $y6=$y1+2*($y2-$y1);
    $x7=$x1-$r*$sin36;
    $y7=$y1+$r+$r*$cos36;
    $x8=$x1-($r-$r*$sin18)*$tan18-2*($r-$r*$sin18)*$sin18*$tan18;
    $y8=$y4;
    $x9=$x1-$r*$cos18;
    $y9=$y1+$r-$r*$sin18;
    $x10=$x1-($r-$r*$sin18)*$tan18;
    $y10=$y1+$r-$r*$sin18;
    $points=array($x1, $y1, $x2, $y2, $x3, $y3, $x4, $y4, $x5, $y5,
        $x6, $y6, $x7, $y7, $x8, $y8, $x9, $y9, $x10, $y10);  //用数组来存储所有顶点坐标
    imagefilledpolygon($img, $points, 10,$color);             //画由 10 边形组成的填充五角星
}

$img=imagecreatetruecolor(400,170);                     //创建真彩色图像
$bgc=imagecolorallocate($img, 168, 253, 96);            //设置图像背景填充颜色
$border=imagecolorallocate($img, 0, 0, 0);              //分配颜色
$blue=imagecolorallocate($img, 0, 0, 255);              //分配颜色
$magenta=imagecolorallocate($img, 255, 0, 255);         //分配颜色
$red=imagecolorallocate($img, 255, 0, 0);               //分配颜色
imagefill($img, 0, 0, $bgc);                            //执行区域填充
imagerectangle($img, 0, 0, 399, 169, $border);          //绘制轮廓矩形

//绘制各种填充图形
draw_five_start($img, 80, 5, 45, $red);                 //绘制第一个五角星
draw_five_start($img, 200, 5, 45, $blue);               //绘制第二个五角星
draw_five_start($img, 320, 5, 45, $magenta);            //绘制第三个五角星

imagefilledellipse($img, 80, 130, 90, 60, $red);        //绘制填充椭圆
imagefilledrectangle($img, 160, 105, 235, 158, $blue);  //绘制填充矩形

//绘制一个填充的椭圆弧
imagefilledarc($img, 320, 130, 90, 60, 180, 0, $magenta, IMG_ARC_PIE);
//绘制一个不填充的椭圆弧
imagefilledarc($img, 320, 130, 90, 60, 0, 180, $magenta, IMG_ARC_NOFILL);

imagepng($img, "fill.png");                             //以 PNG 格式输出图像
imagedestroy($img);                                     //释放图像所关联的内存
?>

<!doctype html>
<html>
<head>
<meta charset="gb2312">
<title>绘制轮廓图形</title>
<style type="text/css">
```

```
h3, p {
    text-align: center;
}
</style>
</head>

<body>
<?php
if (is_file("fill.png")) {
    echo '<h3>绘制填充图形</h3>';
    echo '<p><img src="fill.png"></p>';
}
?>
</body>
</html>
```

在上述源文件中，通过调用 PHP 绘图函数绘制了椭圆、矩形、五角星（由 10 条边组成的多边形）、椭圆弧等填充图形并以 PNG 格式输出图像，然后将所生成的图像插入页面中，如图 7.9 所示。

图 7.9　绘制填充图形

任务 7.4　绘制文本

创建一个 GD 图像后，除了绘制各种各样的轮廓图形和填充图形，还可以根据需要在图像中绘制文本。例如，为某些图形添加标注文字或随机生成验证码。有多种方式可以向图像写入文本，既可以写入单个字符，也可以写入一个字符串，图像中的文本信息还可以通过点阵字体或 TrueType 字体显示出来。通过本任务的实施将掌握在 GD 图像中绘制文本的技能。

任务目标

★ 掌握绘制单个字符的方法

★ 掌握绘制字符串的方法

★ 掌握绘制中文文本的方法

7.4.1 绘制单个字符

通过调用 GD 库中的以下两个函数可以向图像中写入字符。

（1）使用 imagechar()函数沿水平方向向图像中绘制一个字符，语法如下：

```
bool imagechar ( resource $image, int $font, int $x, int $y, string $char, int $color )
```

imagechar()函数将字符串 char 的首字符绘制在 image 指定的图像中，其左上角位于（x，y），颜色为 color。如果参数 font 为 1、2、3、4 或 5，则使用内置的字体，而且数字越大，字号就越大。

（2）使用 imagecharup()函数沿垂直方向绘制一个字符，语法如下：

```
bool imagecharup ( resource $image, int $font, int $x, int $y, string $char, int $color )
```

imagecharup()函数将字符 char 垂直地画在 image 指定的图像的（x，y）处，颜色为 color。如果参数 font 为 1、2、3、4 或 5，则使用内置的字体。

实战演练 创建两个 PHP 动态网页，分别用于生成图片验证码和模拟网站登录。用于生成图片验证码的源文件为/07/vcode.php，源代码如下。

```
<?php
if (!isset($_SESSION)) session_start();                //启动一个会话
$w=80;                                                 //图片宽度
$h=20;                                                 //图片高度
$str=array();
$vcode="";
$string="abcdefghijklmnopqrstuvwxyz0123456789";
for ($i=0; $i<4; $i++) {                               //随机生成一个验证码
  $str[$i]=$string[rand(0, 35)];                       //用 rand()函数产生一个 0～35 的随机整数
   $vcode.=$str[$i];
}
$_SESSION["vcode"]=$vcode;                             //将验证码保存在会话变量中
$img=imagecreatetruecolor($w, $h);                     //创建一个真彩色图像
$white=imagecolorallocate($img, 255, 255, 255);        //分配颜色
$blue=imagecolorallocate($img, 0, 0, 255);

imagefilledrectangle($img, 0, 0, $w, $h, $white);      //用白色绘制矩形并填充
imagerectangle($img, 0, 0, $w-1, $h-1, $blue);         //用黑色绘制图像边框
//以下循环语句用于生成图像的雪花背景
for ($i=1; $i<200; $i++) {
   $x=mt_rand(1, $w-10);                               //用 mt_rand()函数生成随机数
   $y=mt_rand(1, $h-10);
   $color=imagecolorallocate($img, mt_rand(200,255),
   mt_rand(200, 255), mt_rand(200, 255));              //随机生成一种颜色
   imagechar($img, 1, $x, $y, "*", $color);            //在图像中写入一个星号
}
//以下循环语句用于将验证码写入图像中
for ($i=0; $i<count($str); $i++) {
   $x=13+$i*($w-15)/4;
   $y=mt_rand(3, $h/5);
   $color=imagecolorallocate($img, mt_rand(0, 225),
        mt_rand(0, 150), mt_rand(0, 225));
   imagechar($img, 5, $x, $y, $str[$i], $color);
}
header("Content-type:image/gif");
```

```
    imagegif($img);                                          //以 GIF 格式向浏览器输出图像
    imagedestroy($img);
    ?>
    ?>
```

源文件 vcode.php 用于随机生成图片验证码，它每运行一次会生成一个不同验证码并将该验证码保存到会话变量中。源文件 vcode.php 可作为图片用在网站登录页面中，该登录页面源文件为/07/07-08.php，其源代码如下。

```
<?php
if (!isset($_SESSION)) {session_start(); }                          //启动一个会话
$result="";                                                         //变量初始化
if (count($_POST)) {                                                //若提交表单
  $user=array("username"=>"smith","password"=>"123456");            //用数组保存用户名和密码
                                                                    //检查验证码
  if ($_SESSION["vcode"]!=$_POST["vcode"]) {                        //若提交的验证码不正确
    $result="err";                                                  //设置状态变量为 err
                                                                    //若验证码正确，则继续检查用户名
和密码
  } elseif ($_POST["username"]==$user["username"] && $_POST["password"]==$user["password"]) {
    $_SESSION["username"]=$_POST["username"];
    $result="ok";                                                   //设置状态变量为 ok
  } else {                                                          //若用户名和密码不正确
    echo '<script type="text/javascript">';
    echo 'alert("用户名或密码错误，登录失败！");';
    echo '</script>';
  }
}
?>
<!doctype html>
<html>
<head>
<meta charset="gb2312">
<title>网站登录</title>
<style type="text/css">
fieldset {
  width: 380px;
  margin: 0 auto;
  border-radius: 6px;
  box-shadow: 3px 3px 3px grey;
}
legend {
  background-color: grey;
  color: white;
  font-weight: bold;
  text-align: center;
  padding: 3px 12px;
}
table {
  margin: 0 auto;
}
td {
  padding: 5px;
}
h3, p {
  text-align: center;
```

```
}
#err {
    color: red;
    font-size: small;
}
img {
    vertical-align:bottom;
}
</style>
<script type="text/javascript">
function hide() {                                          //定义函数，用于隐藏错误信息
    document.getElementById("err").style.display="none";
}
window.setTimeout("hide()", 3000);                         //3s 之后隐藏错误信息
</script>
</head>

<body>
<?php if ($result!="ok") {                                 //若状态变量不为 ok      ?>
<form id="from1" method="post" action="">
    <fieldset>
        <legend>网站登录</legend>
        <table>
            <tr>
                <td><label for="username">用户名：</label></td>
                <td><input id="username" name="username" type="text"
                 required placeholder="请输入用户名"></td>
            </tr>
            <tr>
                <td><label for="password">密码：</label></td>
                <td><input id="password" name="password" type="password"
                 required placeholder="请输入密码"></td>
            </tr>
            <tr>
                <td style="vertical-align: top;"><label for="vcode">验证码：</label></td>
                <td><input id="vcode" name="vcode" type="text" required placeholder="请输入验证码">
                    <img src="vcode.php" onclick="this.src='vcode.php?d='+Math.random();">
                    <?php if ($result=="err") echo "<br><span id=\"err\">验证码错误！</span>"; ?></td>
            </tr>
            <tr>
                <td> </td>
                <td><input name="login" type="submit" value="登录">
                      
                    <input type="reset" value="重置"></td>
            </tr>
        </table>
    </fieldset>
</form>
<?php
} else {                                                   //若状态变量值为 ok
    printf("<h3>网站首页</h3>");
    printf("<hr>");
    printf("<p>%s，欢迎您访问本网站！</p>", $_SESSION["username"]);
}
?>
</body>
</html>
```

在上述源文件中创建了一个登录表单，用户在登录时需要输入用户名、密码和验证码。当单击“登录”按钮时，将通过 PHP 端脚本对输入的验证码进行检查，如果输入的验证码与图片中显示的验证码不匹配，则显示红色错误信息，如图 7.10 所示；如果输入的验证码与图片中显示的验证码一致，则通过 PHP 脚本对用户名密码进行验证，如果与数组中存储的信息匹配，则登录成功，从而进入网站首页，如图 7.11 所示。

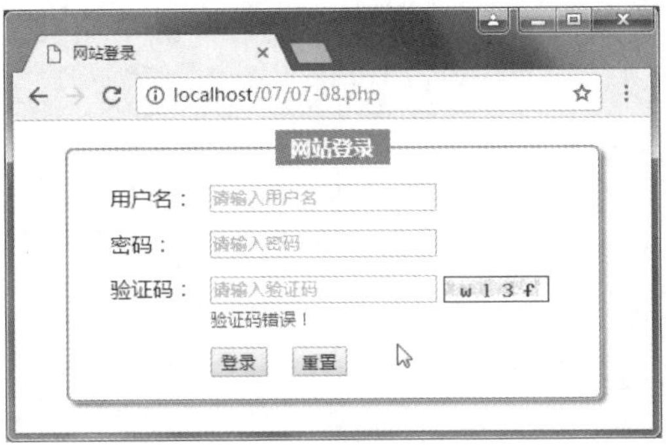

图 7.10　验证码输入错误

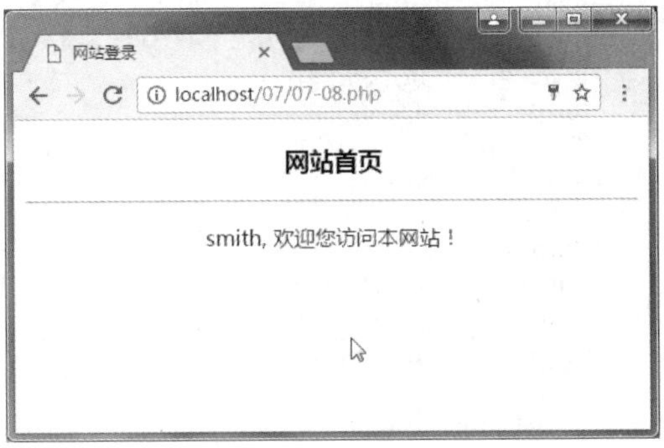

图 7.11　登录成功

7.4.2 绘制字符串

通过逐个写字符的方式也可以向图像写一个字符串，但这样做每次都要计算字符的位置并从字符串中取出要输出的字符，操作起来颇为麻烦。如果希望快速地向图像写入一个字符串，可以通过调用以下两个函数来实现。

（1）使用 imagestring()函数沿水平方向在图像中画一行字符串，语法如下：

```
bool imagestring ( resource $image, int $font, int $x, int $y, string $str, int $color )
```

imagestring()函数用 color 颜色将字符串 str 绘制到 image 所代表的图像的（x，y）坐标处，这是字符串左上角的坐标，整幅图像的左上角为（0，0）。如果参数 font 是 1、2、3、4 或 5，则使用内置字体。

（2）使用 imagestringup()函数沿垂直方向在图像中画一行字符串，语法如下：

```
bool imagestringup ( resource $image, int $font, int $x, int $y, string $str, int $color )
```

imagestringup()函数用 color 颜色将字符串 str 沿垂直方向绘制到 image 所代表的图像的（x，y）坐标处，图像的左上角为（0，0）。如果参数 font 为 1、2、3、4 或 5，则使用内置字体。

实战演练 创建一个 PHP 动态网页，说明如何在图像中绘制水平文件和垂直文本。源文件为/07/07–09.php，源代码如下。

```
<?php
$w=368;                                              //设置图像宽度
$h=200;                                              //设置图像高度
$img=imagecreate($w, $h);                            //创建一个基于调色板的图像
$bgc=imagecolorallocate($img, 225, 255, 232);        //设置图像背景填充颜色
$border=imagecolorallocate($img, 0, 128, 255);       //分配颜色
$red=imagecolorallocate($img, 255, 0, 0);            //分配颜色
$green=imagecolorallocate($img, 0, 255, 0);          //分配颜色
$blue=imagecolorallocate($img, 0, 0, 255);           //分配颜色
$purple=imagecolorallocate($img, 128, 0, 255);       //分配颜色
imagesetthickness($img, 3);                          //设置线条宽度
imagerectangle($img, 0, 0, $w-1, $h-1, $border);     //画一个轮廓矩形
```

```
$str="imagestring: Draw a string horizontally.";                    //设置字符串内容
imagestring($img, 2, 5, 10, $str, $red);                            //画水平字符串
imagestring($img, 3, 5, 35, $str, $green);                          //画水平字符串
imagestring($img, 4, 5, 60, $str, $blue);                           //画水平字符串
imagestring($img, 5, 5, 85, $str, $purple);                         //画水平字符串
$str="GD Library";                                                  //设置字符串内容
imagestringup($img, 2, 50, 190, $str, $red);                        //画垂直字符串
imagestringup($img, 3, 130, 190, $str, $green);                     //画垂直字符串
imagestringup($img, 4, 210, 190, $str, $blue);                      //画垂直字符串
imagestringup($img, 5, 290, 190, $str, $purple);                    //画垂直字符串
imagegif($img, "text.gif");                                         //以 GIF 格式输出图像到文件
imagedestroy($img);                                                 //销毁图像
?>
<!doctype html>
<html>
<head>
<meta charset="gb2312">
<title>在图像中绘制文本</title>
<style type="text/css">
h3, p {
    text-align: center;
}
</style>
</head>

<body>
<h3>在图像中绘制文本</h3>
<hr>
<?php
if (is_file("text.gif")) {
    echo '<p><img src="text.gif"></p>';
}
?>
</body>
</html>
```

在上述源文件中创建了一幅图像并在其中绘制了一些文本，如图 7.12 所示。

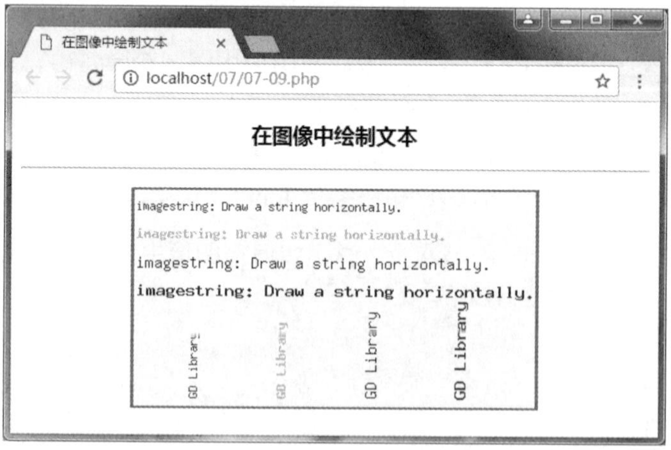

图 7.12　绘制水平文本和垂直文本

7.4.3　绘制中文文本

使用 imagechar()和 imagestring()等函数可以方便地向图像中写入字符和字符串，不过这些函数都有一个局限性，即只能向图像中写入英文，而不能向图像中写入中文。如果要

向图像中写入中文文本，首先需要将中文字符串转换为 UTF-8 格式，然后通过调用 imagettftext()函数向图像中写入中文字符串。

在 PHP 中，以下两个函数可以用来进行编码转换。

（1）使用 iconv()函数将一个字符串转换为所需要的字符编码格式，语法如下：

```
string iconv ( string $in_charset, string $out_charset, string $str )
```

iconv()函数将字符串 str 的字符集从 in_charset 转换为 out_charset 并返回转换后的字符串，若失败则返回 false。

如果在 out_charset 上追加字符串“//TRANSLIT”，则会激活音译。这意味着当一个字符不能在目标字符集中表示时，将会使用一个或多个类似的字符来表示。如果在 out_charset 上添加字符串“//IGNORE”，则那些不能在目标字符集中表示的字符将被丢弃。此外，字符串将从一个不合法的字符处被截断。

下面给出用 iconv()函数进行编码转换的一个例子。

```
<?php echo iconv("GB2312", "UTF-8", "心想事成。"); ?>
```

（2）使用 mb_convert_encoding()对字符串的编码方式进行转换，语法如下：

```
string mb_convert_encoding ( string $str, string $to_encoding[, mixed $from_encoding] )
```

其中，参数 str 表示要转换的字符串；参数 to_encoding 指定转换后的字符编码名称；参数 from_encoding 指定转换前的字符编码名称，它可以是一个数组或用逗号分隔的字符串列表，如果不指定，则使用内置编码方式。

mb_convert_encoding()函数将参数 str 的字符编码方式从 from_encoding 转换为 to_encoding。

下面给出用 mb_convert_encoding()函数进行编码转换的一个例子。

```
<?php echo mb_convert_encoding("我的梦 中国梦。","UTF-8","GB2312,GBK"); ?>
```

将中文字符串转换为UTF-8格式后，可以通过调用 imagettftext()函数来实现用 TrueType 字体向图像写入文本，语法如下：

```
array imagettftext (resource $mage, float $size, float $angle,
   int $x, int $y, int $color, string $fontfile, string $text )
```

其中，参数 image 表示图像标识符。参数 size 指定字体的大小，根据 GD 版本不同，应该以像素大小指定（GD1）或点大小（GD2）。

参数 angle 指定以角度制表示的角度，0 度为从左向右读的文本，更高数值表示逆时针旋转。例如，90 度表示从下向上读的文本。

参数 x 和 y 所表示的坐标定义了第一个字符的基本点（大约是字符的左下角）。y 参数表示 Y 坐标，用于设定字体基线的位置，不是字符的最底端。

参数 color 表示颜色索引。使用负的颜色索引值具有关闭防锯齿的效果。

参数 fontfile 指定想要使用的 TrueType 字体的路径。根据 PHP 所使用的 GD 库的不同，当 fontfile 没有以“/”开头时，则“.ttf”将被加到文件名之后并会在库定义字体路径中尝试搜索该文件名。当使用的 GD 库版本低于 2.0.18 时，一个空格字符而不是分号将被用来作为不同字体文件的“路径分隔符”。不小心使用了此特性将会导致一条警告信息：“Warning: Could not find/open font”。对受影响的版本来说，唯一解决方案就是将字体移动到不包含空格的路径中去。在很多情况下字体文件都放在脚本的同一个目录下。

text 参数表示要写入的文本字符串。该字符串中可以包含十进制数字化字符表示（形式为€）来访问字体中超过位置 127 的字符。UTF-8 编码的字符串可以直接传递。如果字体不支持字符串中使用的某个字符，一个空心矩形将替换该字符。

imagettftext()函数返回一个含有 8 个元素的数组表示了文本外框的四个角，顺序为左下角、右下角、右上角、左上角。这些点是相对于文本的而与角度无关，因此“左上角”指的是以水平方向看文字时的左上角。

实战演练 创建一个 PHP 动态网页，说明如何进行字符串进行编码方式转换并在图像中绘制中文文本。源文件为/07/07-10.php，源代码如下。

```
<?php
//创建真彩色图像
$img=imagecreatetruecolor(390, 100);
//分配颜色
$white=imagecolorallocate($img, 0xff, 0xff, 0xff);
$grey1=imagecolorallocate($img, 0x66, 0x66, 0x66);
$grey2=imagecolorallocate($img, 0x33, 0x33, 0x33);
$bgc=imagecolorallocate($img, 0, 0x88, 0x15);
$yellow1=imagecolorallocate($img, 0xff, 0xcc,0x05);
$yellow2=imagecolorallocate($img, 0xff, 0xff, 0);
//对字符串进行字符集转换
$text=iconv("GB2312", "UTF-8","世上无难事 只要肯登攀");
//设置字体文件
$font="C:\\Windows\\Fonts\\SentyZHAO 新蒂赵孟頫.OTF";
imagefill($img, 0, 0, $white);                          //填充区域
imagefilledrectangle($img, 2, 30, 380, 78, $bgc);       //画填充矩形
$pts1=array(2, 15, 12, 5, 390, 5, 380, 15);             //设置多边形顶点
$pts2=array(380, 15, 390, 5, 390, 75, 380, 85);         //设置另一多边形顶点
imagefilledpolygon($img, $pts1, 4, $yellow1);           //画填充多边形
imagefilledpolygon($img, $pts2, 4, $grey1);             //画另一填充多边形
imagefilledrectangle($img, 2, 15, 380, 85, $bgc);       //画一填充矩形
imagettftext($img, 24, 0, 20, 65, $grey2, $font, $text);    //写入中文文本（灰色）
imagettftext($img, 24, 0, 16, 61, $yellow2, $font, $text);  //写入中文文本（黄色）
//header("Content-type:image/gif");                     //设置输出内容的类型
imagepng($img, "text.png");                             //以 PNG 格式输出图像
imagedestroy($img);                                     //销毁图像
?>
<!doctype html>
<html>
<head>
<meta charset="gb2312">
<title>绘制中文文本</title>
<style type="text/css">
h3, p {
  text-align: center;
}
</style>
</head>

<body>
<h3>绘制中文文本</h3>
<hr>
<?php
if (is_file("dream.png")) {
  echo '<p><img src="text.png"></p>';
}
?>
</body>
</html>
```

在上述源文件中，首先通过 PHP 脚本创建一幅图像并在其中绘制图形和中文文本，然后将所生成的图像添加到当前页面中，效果如图 7.13 所示。

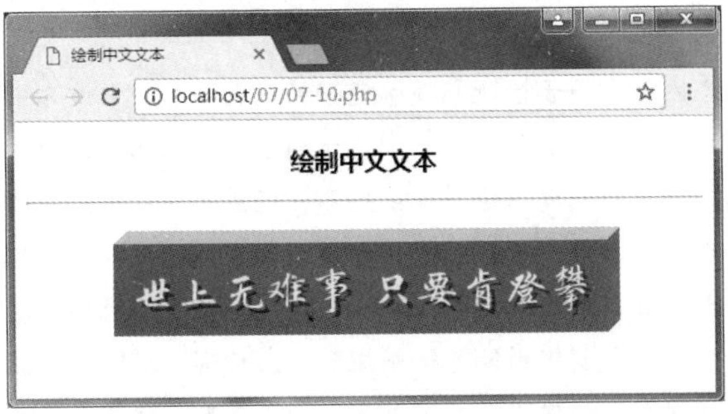

图 7.13　绘制中文文本

项目思考

一、选择题

1. 若要用 PHP 代码绘制一个矩形，可使用（　　）函数来实现。
   A. imageline()　　B. imagedashedline()
   C. imagerectangle()　　D. imageellipse()
2. 通过调用（　　）函数可在在图像中绘制一个椭圆并加以填充。
   A. imagefilledrectangle()　　B. imagefilledpolygon()
   C. imagefilledellipse()　　D. imagefilledarc()
3. 使用 imagefilledarc()函数时，若要用直线连接起点和终点与中心点，应将 style 参数设置为（　　）。
   A. IMG_ARC_PIE　　B. IMG_ARC_CHORD
   C. IMG_ARC_NOFILL　　D. IMG_ARC_EDGED

二、判断题

1. （　　）使用 gd_info()函数可以获取当前安装的 GD 库的相关信息。
2. （　　）使用 imagecreate()函数可以创建一个真彩色图像。
3. （　　）使用 imagejpeg()函数时要跳过文件名而提供后面的参数，则应将文件名设置为空字符串。
4. （　　）调用函数 imagecolorallocate()可以为一幅图像分配颜色和透明度。
5. （　　）使用 imagepolygon()函数在图像中绘制一个轮廓多边形。
6. （　　）使用 imagestring()函数可以在图像中绘制一行中英文字符串。

三、简答题

1. 要启用 PHP GD 扩展功能有哪两种设置方式？
2. 如何在 PHP 中测试 GD 库是否已加载？
3. 在 PHP 中用 GD 库绘图主要有哪些步骤？
4. 在 PHP 中创建图像有哪两种方式？
5. 在 PHP 中输出图像通常有哪两种方式？
6. 若要向图像中写入中文，需要注意什么？

项目实训

1. 创建一个 PHP 动态网页，用于检测 GD 库是否加载成功并列中该库中的所有函数。
2. 创建一个 PHP 动态网页，分别创建基于调色板的图像、真彩色图像和基于文件的图像。
3. 创建一个 PHP 动态网页，创建图像并绘制矩形、椭圆和文本，然后将图像输出到浏览器。
4. 创建一个 PHP 动态网页，使用带透明度的颜色绘制 3 个部分叠加的矩形。
5. 创建一个 PHP 动态网页，使用 imagesetpixel()函数绘制直线和抛物线。
6. 创建一个 PHP 动态网页，创建图像并绘制矩形、三角形、椭圆和圆弧等轮廓图形。
7. 创建一个 PHP 动态网页，创建图像并绘制矩形、三角形、椭圆和五角星等填充图形。
8. 创建两个 PHP 动态网页，一个用于生成图像验证码，一个用于模拟网站登录页（包含图像验证码）。
9. 创建一个 PHP 动态网页，用于创建图像并在其中绘制中文文本。

项目 8

MySQL 数据库管理

MySQL 是一个小型关系型数据库管理系统，具有体积小、速度快、总体成本低及开放源码等特点。由于 MySQL 和 PHP 都可以免费使用，所以在 PHP 网站开发中通常会选择 MySQL 作为网站的后台数据库。通过本项目的实施将掌握使用和管理 MySQL 数据库的各项操作技能，能够使用各种管理工具创建和维护数据库、操作和查询数据、使用和管理各种数据库对象及进行安全性管理等。

项目目标

★ 掌握各种 MySQL 管理工具的用法
★ 掌握创建和管理数据库的技能
★ 掌握创建和维护表的技能
★ 掌握操作和查询数据的技能
★ 掌握使用其他数据库对象的技能
★ 掌握管理安全性的技能

任务 8.1 使用 MySQL 管理工具

MySQL 是由一个多线程 SQL 服务器、多种客户端程序、管理工具及编程接口组成。在任务 1.2 中已经学习了控制 MySQL 运行模式和运行状态的方法。通过本任务的实施将进一步掌握多种 MySQL 管理工具的使用方法，为创建和管理 MySQL 数据库打下基础。

任务目标

★ 掌握 MySQL 命令行工具的用法
★ 掌握 phpMyAdmin 的用法

★ 掌握 MySQL-Front 的用法

8.1.1 使用 MySQL 命令工具

mysql 命令行工具是一个简单的 SQL 外壳。在 Windows 中打开命令提示符窗口，然后就可以通过以下命令来调用 mysql 命令行工具：

```
mysql -hhostname -uusername -ppassword
```

其中，hostname 指定要连接的 MySQL 服务器的主机名，如果要连接本机上的 MySQL 服务器，主机名可用 localhost 表示；username 指定用户名；password 表示登录密码。如果使用了-p 选项而未指定密码，则会显示“Enter Password:”，提示输入密码。

例如，要以 root 用户身份连接到本机上的 MySQL 服务器，可以输入以下命令：

```
mysql -hlocalhost -uroot -p
```

如果正在使用通过 phpStudy 配置的 PHP 环境，则可以在控制面板上单击“其他选项菜单”，选择“MySQL 工具”，然后在下一级子菜单中单击“MySQL 命令行”，如图 8.1 所示。

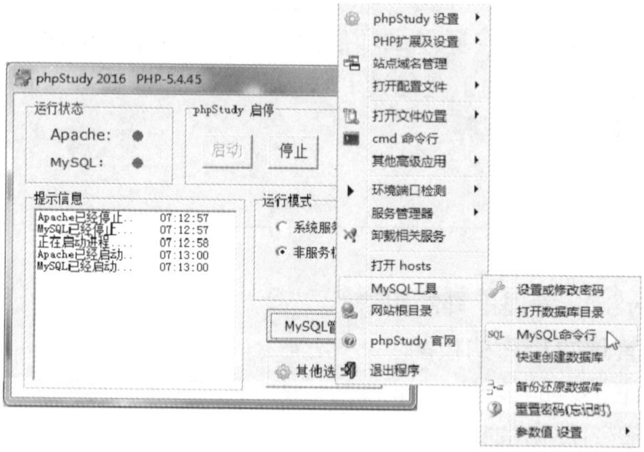

图 8.1　启动 MySQL 命令行工具

输入正确的密码后，将显示欢迎信息并出现 mysql 提示符，如图 8.2 所示。

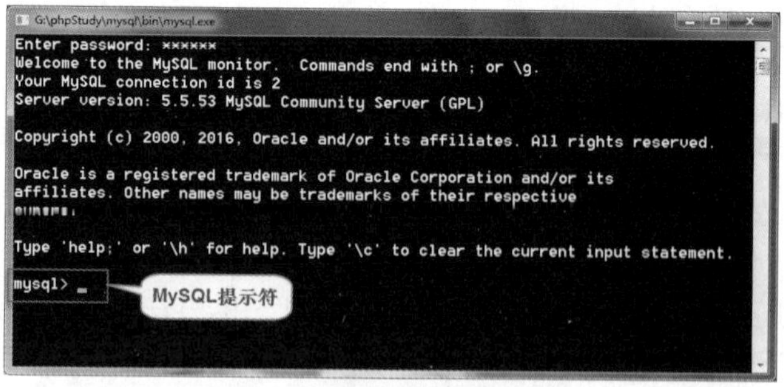

图 8.2　MySQL 命令行窗口

在 mysql 提示符下可以输入一个 SQL 语句并以“;”、“\g”或者“\G”结尾，然后按回车键执行该语句。如果要退出 mysql 命令行工具，可以执行 quit 或 exit 命令。

表 8.1 列出了 mysql 的常用命令，每个命令有长形式和短形式。长形式对大小写不敏

感；短形式敏感。长形式后面可以加一个分号结束符，但短形式不可以。

表 8.1　常用 mysql 命令

命　令	说　明
connect，\r	重新连接到服务器，可选参数为 db 和 host
delimiter，\d	设置语句定界符，将本行中的其余内容作为新的定界符。在该命令中，应避免使用反斜线（“\”）
go，\g	将命令发送到 MySQL 服务器
help，\h	显示帮助信息
quit，\q	退出 mysql 工具
source，\.	执行一个 SQL 脚本文件，以文件名作为参数
status，\s	从服务器获取状态信息。此命令提供连接和使用的服务器相关的部分信息
use，\u	使用另一个数据库，以数据库名作为参数

一般情况下，是以交互方式使用 mysql 客户端程序的。不过，也可以事先将要执行的 SQL 语句保存到一个文件中，然后通过 MySQL 命令行工具从该文件读取输入。为此首先创建一个文本文件 text_file，并包含想要执行的语句，然后按以下方式调用 mysql：

```
mysql db_name < text_file
```

其中，db_name 表示数据库名。

如果在文本文件中包含一个 use db_name 语句，则不需要在命令行中指定数据库名。

```
mysql < text_file
```

如果正在运行 MySQL 命令行工具，可以使用 source 或 \. 命令来执行 SQL 脚本文件。

```
mysql> source filename;
mysql> \. filename;
```

实战演练 运行 MySQL 命令行工具，然后执行 status 命令，查看当前 MySQL 服务器的相关信息。操作步骤如下：

（1）在“运行”对话框中输入“cmd”命令，进入命令提示符窗口。

（2）在命令提示符下输入以下命令。

```
mysql -hlocalhost -uroot -p
```

（3）在 SQL 提示符下输入 status 命令并按回车键，此时可以看到当前 MySQL 版本号、当前用户及服务器端字符设置等信息，如图 8.3 所示。

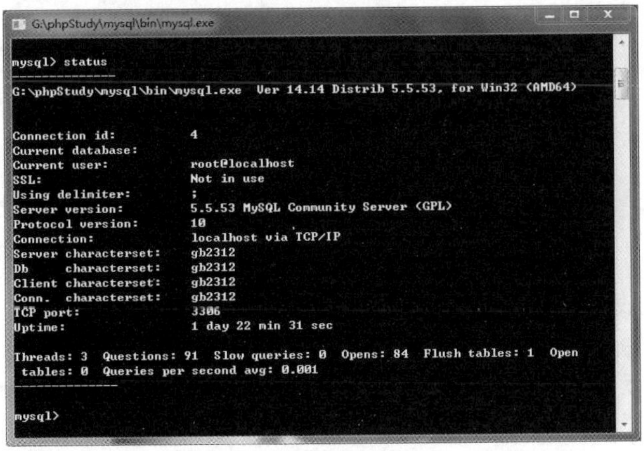

图 8.3　查看 MySQL 服务器相关信息

（4）输入 quit 命令退出 MySQL 命令行工具。

8.1.2 使用 phpMyAdmin

phpMyAdmin 是一个以 PHP 为基础，以网站方式架构在服务器主机上的 MySQL 的数据库管理工具，可以让管理者通过网页形式对 MySQL 数据库进行远程管理。

若要启动 phpMyAdmin，可以执行以下操作。

（1）打开 phpStudy 控制面板，单击“MySQL 管理器”按钮，然后在弹出菜单中单击“phpMyAdmin”，如图 8.4 所示。

（2）进入 phpMyAdmin 登录页面（网址为 http://localhost/phpMyAdmin/index.php），在这里分别输入用户名和密码，然后单击“执行”按钮，如图 8.5 所示。

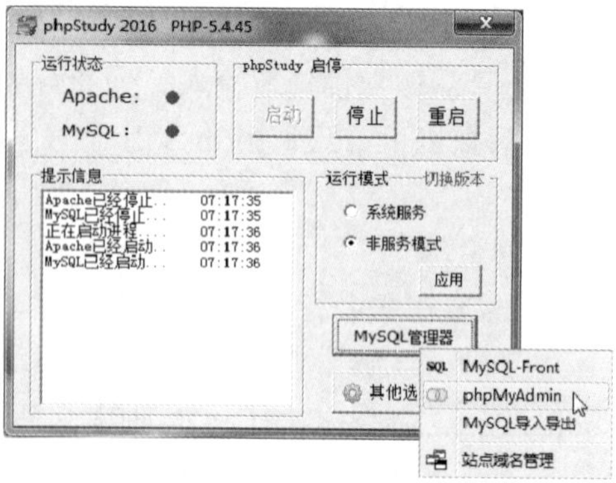

图 8.4 启动 phpMyAdmin

图 8.5 phpMyAdmin 登录页面

（3）如果输入的用户名和密码没有错误，则会成功地连接到 MySQL 服务器，此时将会进入 phpMyAdmin 主页面，如图 8.6 所示。

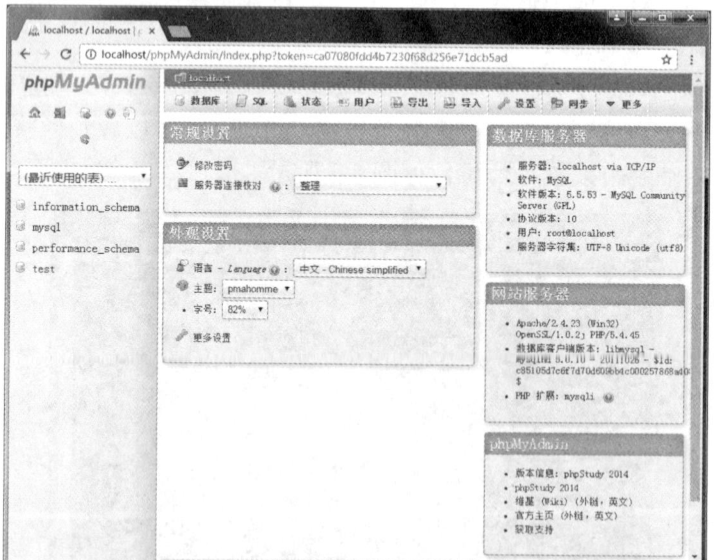

图 8.6 phpMyAdmin 主页面

（4）在 phpMyAdmin 中可以根据需要执行以下操作。

● 单击“数据库”链接，进入数据库管理页面，在此可创建和删除数据库。
● 在左侧导航栏单击某个数据库，然后创建表或其他对象，或者处理和查询数据。
● 单击“SQL”链接进入 SQL 查询页面，可编写和执行 SQL 查询语句。
● 单击“状态”链接进入状态管理页面，可查看 MySQL 服务器相关信息。
● 单击“用户”链接进入用户管理页面，可创建和删除用户并设置用户权限。
● 单击“导入”链接进入数据导入页面，可将外部数据导入 MySQL。
● 单击“导出”链接进入数据导出页面，可将 MySQL 数据导出到外部文件。

8.1.3 使用 MySQL-Front

MySQL-Front 是一款 MySQL 数据库服务器的前端工具。在 MySQL-Front 中，可以通过对话框或 SQL 命令来处理数据库结构和数据库记录，可以使用标准文件格式导入和导出数据，也可以通过 HTTP 隧道直接连接数据库服务器。

若要启动 MySQL-Front，可执行以下操作。

（1）打开 phpStudy 控制面板，单击“MySQL 管理器”按钮，然后在弹出菜单中单击“MySQL-Front”命令，如图 8.7 所示。

（2）在如图 8.8 所示的“打开登录信息”对话框中，选择一个登录账号，然后单击“打开”按钮。如果当前还没有设置登录账号，可以单击“新建”按钮。

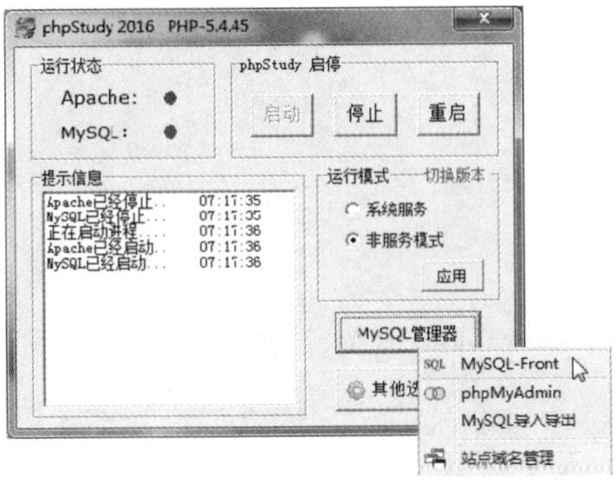

图 8.7 启动 MySQL-Front

图 8.8 “打开登录信息”对话框

（3）登录成功后将进入 MySQL-Front 应用程序窗口，如图 8.9 所示。

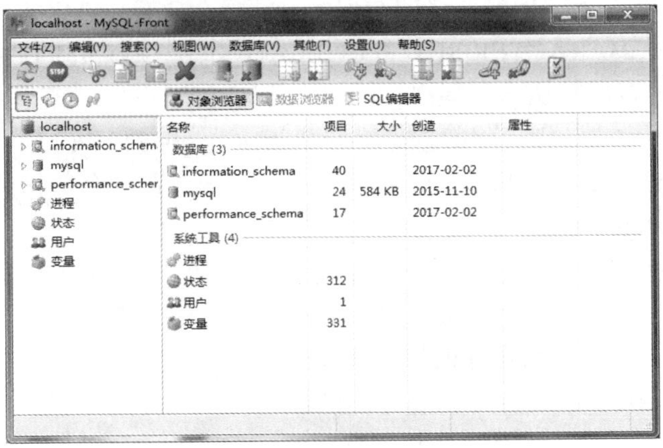

图 8.9 MySQL-Front 应用程序窗口

（4）在 MySQL-Front 中，可以使用菜单命令或工具按钮并结合对话框以可视化方式来执行以下操作。

- 创建、修改和删除数据库及各种数据库对象（如表、视图、存储过程等）。
- 添加、修改、删除和查询数据库记录。
- 从外部导入数据到 MySQL 或从 MySQL 导出数据到其他文件（如 Access 数据库等）。
- 查看进程、状态和变量并对用户进行管理。

任务 8.2 创建和管理数据库

数据库是与特定主题或用途相关的数据和对象的容器，数据库存储在一个或多个磁盘文件中。MySQL 数据库中可以包含表、视图、存储过程、函数及触发器等。要使用数据库来存储数据和其他对象，首先要创建数据库。通过本任务的实施将掌握创建和管理数据库的各项操作技能，能够创建数据库、查看数据库列表及删除数据库。

任务目标

★ 掌握创建数据库的方法
★ 掌握显示数据库列表的方法
★ 掌握删除数据库的方法

8.2.1 创建数据库

MySQL 中，可使用 CREATE DATABASE 语句来创建数据库，语法如下：

```
CREATE DATABASE [IF NOT EXISTS] db_name
[[DEFAULT] CHARACTER SET charset_name
[DEFAULT] COLLATE collation_name]
```

其中，参数 db_name 指定要创建的数据库的名称。如果已存在同名数据库，并且没有指定 IF NOT EXISTS，则会出现错误。

CHARACTER SET 子句指定默认的数据库字符集；COLLATE 子句指定默认的数据库校对规则。如果省略 CHARACTER SET 和 COLLATE 子句，则新建的数据库将使用 MySQL 配置文件 my.ini 中设置的默认字符集。

如果要使用简体中文，则应将数据库字符集指定为 gb2312 或 gbk，相应的数据库校对规则为 gb2312_chinese_ci 或 gbk_chinese_ci。这样一来，在这个数据库中创建的所有数据表的默认字符集均为 gb2312。

执行 CREATE DATABASE 语句将在 MySQL 的数据目录 data 中创建一个与数据库同名的目录，同时还会创建一个名为 db.opt 的文本文件，用于存储全部数据库选项。

在 MySQL-Front 中创建数据库的操作步骤如下。

（1）在导航窗格中，单击当前连接的服务器。

（2）选择“数据库”→“新建”→“数据库”命令。

（3）在如图 8.10 所示的“新建数据库”对话框中，填写所需的信息。

- 名称：设置新的数据库名。
- 字符集：指定默认的数据库字符集。
- 字符集校对：指定默认的数据库排序规则。

（4）单击“确定”按钮。

此时，新建的数据库将出现在导航窗格中。数据库刚创建时是不包含任何对象的，以后可以根据需要在该数据库中添加各种数据库对象。

图 8.10 “新建数据库”对话框

8.2.2 显示数据库列表

使用 SHOW DATABASES 语句可显示当前服务器上所有数据库的列表，语法如下：

```
SHOW DATABASES [LIKE 'pattern']
```

其中，LIKE 'pattern' 子句是可选项，限制语句只输出名称与模式匹配的数据库；'pattern' 是一个字符串，其中可以包含 SQL 通配符“%”和“_”，“%”表示任意多个字符，“_”表示任意单个字符。若未指定 LIKE 子句，则显示当前服务器上的所有数据库。

8.2.3 删除数据库

使用 DROP DATABASE 语句可从服务器上删除指定的数据库，语法如下：

```
DROP DATABASE [IF EXISTS] db_name
```

其中，db_name 指定要删除数据库的名称；此语句用于删除数据库中的所有表并删除该数据库。IF EXISTS 用于防止当数据库不存在时发生错误。

如果要在 MySQL-Front 中删除一个数据库，可在导航窗格中选择该数据库，在工具栏上单击“删除”按钮，然后在对话框中单击“是”以确认删除操作。该操作是不可逆转的。

实战演练 使用 MySQL-Front 中通过 SQL 编辑器输入相关语句执行以下操作：（1）创建一个名为 demo 的数据库，然后查看当前服务器上所有的数据库列表；（2）删除 demo 数据库，然后查看当前服务器上所有的数据库列表。操作步骤如下：

（1）运行 MySQL-Front。

（2）单击“SQL 编辑器”，然后输入以下 SQL 语句。

```
CREATE DATABASE demo;
SHOW DATABASES;
```

（3）在工具栏上单击“运行”按钮▶或按 F9 执行上述语句，此时在下面的结果窗格中列出所有数据库列表，如图 8.11 所示。

（4）输入并执行以下 SQL 语句：

```
DROP DATABASE demo;
SHOW DATABASES;
```

执行结果如图 8.12 所示。

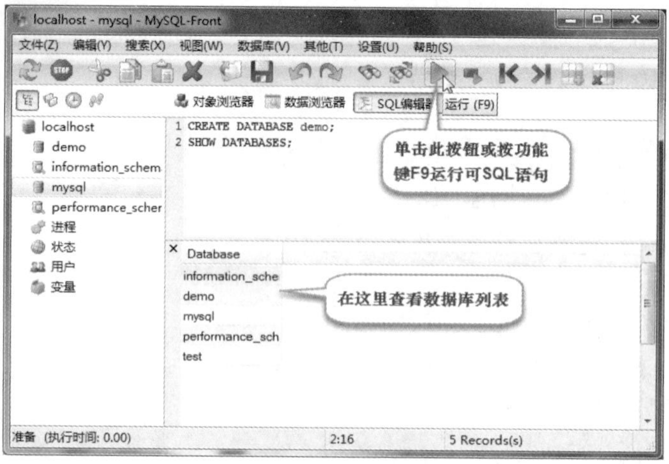

图 8.11 创建数据库

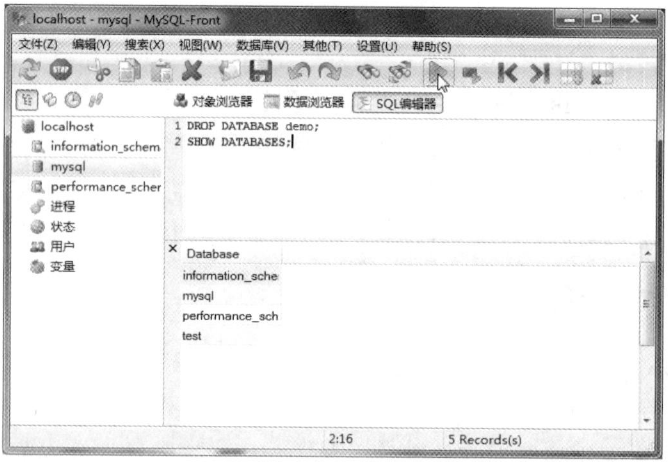

图 8.12 删除数据库

任务 8.3 创建和维护表

为了存储各种数据，创建数据库后还需要在该库中创建表。创建一个表时，首先要对该表的结构进行定义，也就是对其中每个列的名称、数据类型及其他属性进行设置。通过本任务的实施将了解 MySQL 中的数据类型并掌握创建、查看、修改和删除表的操作技能。

任务目标

★ 了解 MySQL 数据类型

★ 掌握创建表的方法

★ 掌握查看表信息方法

★ 掌握修改和删除表的方法

8.3.1 了解数据类型

创建数据库表时，必须对每个列设置数据类型。为了优化存储，在任何情况下都应当使用最精确的类型。MySQL 支持多种数据类型，包括字符串类型、数值类型和日期/时间类型。下面介绍常用的数据类型。

1. 字符串类型

常用的字符串类型包括以下几种。

（1）定长字符串 CHAR(M)：其中 M 表示字符个数，取值范围为 0～255。如果字符串的实际长度小于 M，则后面补充空格；如果大于 M，则报错。

（2）变长字符串 VARCHAR(M)：其中 M 表示最大字符个数，取值范围为 0～65535。如果字符串的实际长度大于 M，则报错。

（3）文本类型：包括 TINYTEXT、TEXT[(M)]、MEDIUMTEXT 和 LONGTEXT。TEXT 列有一个字符集并根据字符集校对规则对值进行排序和比较，不能有默认值，适合于存储长文本。

（4）枚举类型 ENUM('value1', 'value2', ...)：这是一个字符串对象，其值从值 'value1'、'value2'、...、NULL 或特殊错误值中选出，最多可有 65535 个不同的值。

（5）集合类型 SET('value1', 'value2', ...)：这也是一个字符串对象，可以有零个或多个字符串值，每个值必须来自列值 'value1'，'value2'，...。SET 列最多可有 64 个成员。

ENUM 值和 SET 值在内部均用整数表示。

2. 数值类型

常用的数值类型有以下几种。

（1）极短整型 TINYINT：占一个字节存储空间，取值范围为-128~127；若为无符号数（需要设置 UNSIGNED 属性），则取值范围为 0~255。

（2）短整型 SMALLINT：占 2 个字节存储空间，取值范围为-32768~32767；若为无符号数（需要设置 UNSIGNED 属性），则取值范围为 0~65535。

（3）整型 INT：占 4 个字节存储空间，取值范围为-2147483648～2147483647；若为无符号数（需要设置 UNSIGNED 属性），则取值范围为 0~4294967295。

（4）单精度浮点数 FLOAT[(M,D)]：M 和 D 分别表示总位数和小数位数。单精度浮点数允许的值为-3.402823466E+38 到-1.175494351E-38、0 和 1.175494351E-38 到 3.402823466E+38。

（5）双精度浮点数 DOUBLE[(M,D)]：允许的取值范围为-1.7976931348623157E+308 到-2.2250738585072014E-308、0 和 2.2250738585072014E-308 到 1.7976931348623157E-308。

（6）定点数 DECIMAL[(M[,D])]：小数点和负号不包括在 M 中。如果 D 是 0，则值没有小数点或分数部分。DECIMAL 的整数最大位数（M）为 65。最大位数（D）是 30。

3. 日期时间类型

常用的日期时间类型有以下几种。

（1）日期型 DATE：支持的日期范围为 '1000-01-01'到'9999-12-31'。在 MySQL 中以'YYYY-MM-DD'格式显示 DATE 值，但允许使用字符串或数字为 DATE 列分配值。

（2）时间型 TIME：支持的范围为 '-838:59:59' 到 '838:59:59' 。MySQL 以 'HH:MM:SS' 格式显示 TIME 值，但允许使用字符串或数字为 TIME 列分配值。

（3）日期时间型 DATETIME：日期和时间的组合，支持的范围为 '1000-01-01 00:00:00' 到 '9999-12-31 23:59:59'。MySQL 以 'YYYY-MM-DD HH:MM:SS' 格式显示DATETIME值，但允许使用字符串或数字为 DATETIME 列分配值。

（4）时间戳 TIMESTAMP[(M)]：范围是 '1970-01-01 00:00:00' 到 2037 年。TIMESTAMP 列用于 INSERT 或 UPDATE 操作时记录日期和时间。如果不分配一个值，则表中的第一个 TIMESTAMP 列自动设置为最近操作的日期和时间。也可以通过分配一个 NULL 值，将 TIMESTAMP 列设置为当前的日期和时间。TIMESTAMP 值返回后显示为'YYYY-MM-DD HH:MM:SS'格式的字符串，显示宽度固定为 19 个字符。

8.3.2 创建表

在一个数据库中创建表之前，通常需要使用 USE 语句通知 MySQL 将该数据库作为默认的当前数据库使用，用于后续语句。USE 语句的语法如下：

```
USE db_name
```

USE 语句将数据库 db_name 保持为默认数据库，直到语句段的结尾，或者直到发布另一个不同的 USE 语句。

使用 CREATE TABLE 语句可以在数据库中创建一个带有给定名称的表，基本语法如下：

```
CREATE [TEMPORARY] TABLE [IF NOT EXISTS] tbl_name
(column_definition, ...)
[CHARACTER SET charset_name]
[COLLATE collation_name]
[COMMENT 'string']
column_definition:
col_name type [NOT NULL|NULL] [DEFAULT default_value]
[AUTO_INCREMENT] [UNIQUE [KEY] | PRIMARY KEY] [COMMENT 'string']
```

其中，tbl_name 指定要创建的表的名称。默认情况下，将在当前数据库中创建表。如果指定的表已存在，或者没有当前数据库，或者数据库不存在，则会出现错误。

表名称可以通过 db_name.tbl_name 形式来指定，以便在特定的数据库中创建表。不论是否存在当前数据库，都可以通过这种方式创建表。如果使用加引号的识别名，则应对数据库和表名称分别加引号。例如，\`mydb\`.\`mytbl\`是合法的，但是\`mydb.mytbl\`不合法。

使用 TEMPORARY 关键词可以创建临时表。如果表已存在，则可用关键词 IF NOT EXISTS 防止发生错误。CHARACTER SET 子句设置表的默认字符集。COLLATE 子句设置表的默认校对规则。COMMENT 子句给出表或列的注释。

column_definition 给出列（也称为字段）的定义，其中 col_name 表示列名。表名和列名都可以用“\`”符号（用键盘上数字 1 左边的那个键输入）括起来；type 表示列的数据类型，可以使用 8.3.1 中介绍的任何数据类型。

NOT NULL | NULL 指定列是否可以为空，如果未指定 NULL 或 NOT NULL，则创建列时指定为 NULL。DEFAULT 子句为列指定一个默认值，这个默认值必须是一个常数，不能是一个函数或一个表达式。例如，一个日期列的默认值不能被设置为一个函数，如 NOW()或 CURRENT_DATE；不过，可以对 TIMESTAMP 列指定 CURRENT_TIMESTAMP 为默认值。

AUTO_INCREMENT 指定列为自动编号，该列必须指定为一种整数类型，其值从 1 开始，依次加 1。UNIQUE KEY 将列设置为唯一索引；PRIMARY KEY 将列设置为主键，主键列必须定义为 NOT NULL。一个表只能有一个主键（可包含多列）。COMMENT 子句给出列的注释。

MySQL 通过数据库目录中的.frm 表格式（定义）文件表示每个表。表的存储引擎也可能会创建其他文件。对于 MyISAM 表，存储引擎可以创建数据和索引文件。因此，对于每个 MyISAM 表 tbl_name 而言将创建 3 个磁盘文件，即表格式（定义）文件 tbl_name.frm、数据文件 tbl_name.MYD 和索引文件 tbl_name.MYI。

提示

> MySQL 有多种存储引擎，其中最常用的是 MyISAM 和 InnoDB。MyISAM 是 MySQL 的默认存储引擎，它基于传统的 ISAM（索引顺序访问方式）类型，每个 MyISAM 表存放在 3 个磁盘文件中；InnoDB 是事务型引擎，它支持 ACID 兼容的事务，表和索引存放在一个表空间中，表空间可以包含数个文件。根据需要，可以设置表的存储引擎，也可以临时改变默认表类型。

在 MySQL-Front 中，创建表的操作步骤如下。

（1）在导航窗格中单击要在其中创建表的数据库。

（2）选择“数据库”→“新建”→“表格”命令。

（3）在“添加表格”对话框中选择“信息”选项卡，然后设置名称、类型（存储引擎）、字符集、字符集校对及备注等选项，如图 8.13 所示。

（4）在“添加表格”对话框中选择“字段”选项卡，对于新建表默认出现一个 id 字段。要添加新字段，可在工具栏上单击“添加字段”按钮（如图 8.14 所示），然后在“添加字段”对话框中设置字段的名称、数据类型、长度、默认值、字符集、字符集校对、备注、是否允许空等选项（对于不同数据类型字段的选项会有所不同），如图 8.15 所示。

图 8.13　设置表信息

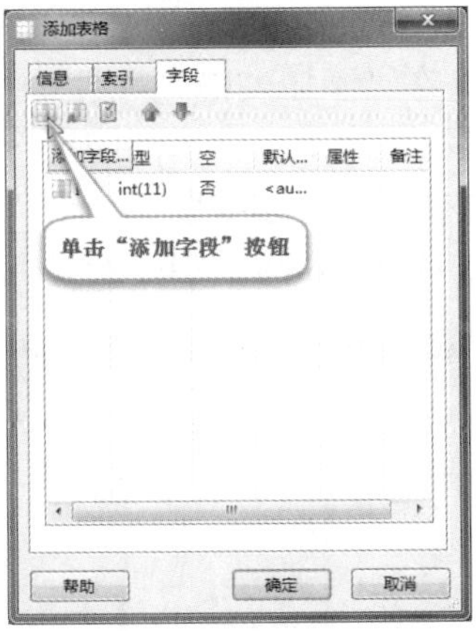

图 8.14　单击“添加字段”按钮

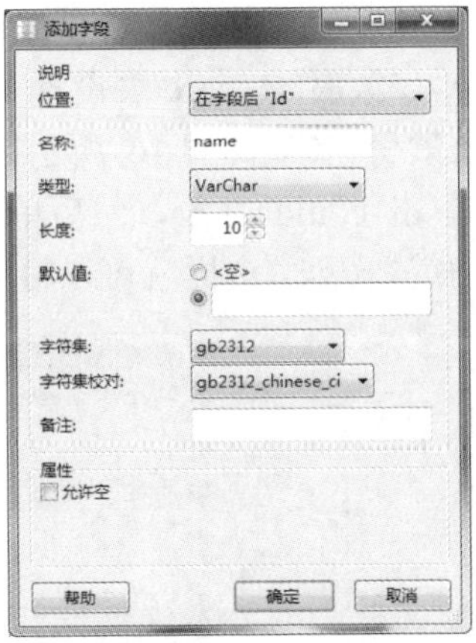

图 8.15　设置字段选项

（5）若要添加更多字段，可重复执行步骤（4）。

（6）添加完所有字段之后，单击“确定”按钮，关闭“添加表格”对话框。

实战演练　使用 MySQL-Front 创建一个名为 stuinfo 的数据库，然后在其中创建 3 个表，名称分别为 student（学生）、course（课程）和 score（成绩）。各个表的结构在表 8.2 中描述。操作步骤如下：

表 8.3　stuinfo 数据库的表结构

表名称	列名称	数 据 类 型	备　注	属　性
student	stuid	char(7)	学号	主键
	stuname	varchar(10)	姓名	不允许为空
	gender	enum('男', '女')	性别	不允许为空
	birthdate	date	出生日期	不允许为空
	department	enum('计算机技术系', '电子工程系', '电子商务系')	系部	不允许为空
	class	char(5)	班级	不允许为空
	email	varchar(20)	电子信箱	允许为空
	mobile	char(11)	手机号码	不允许为空
course	couid	tinyint	课程编号	主键，自动递增
	couname	varchar(30)	课程名称	不允许为空
	hours	smallint	学时	不允许为空
score	stuid	char(8)	学号	主键
	couid	int	课程编号	主键
	score	tinyint	成绩	允许为空

（1）运行 MySQL-Front。

（2）在导航窗格中单击已连接的服务器，选择“数据库”→“新建”→“数据库”命令，创建一个新数据库并将其命名为 stuinfo。

（3）在导航窗格中单击 stuinfo 数据库，选择“数据库”→“新建”→“表格”命令，创建一个新表并将其命名为 student，然后按照表 8.2 中的要求，依次添加各个字段。

（4）重复执行步骤（3），创建 course 和 score 表。

（5）对于 score 表设置主键。在“添加表格”对话框中选择“索引”选项卡，然后双击“主索引”（如图 8.16 所示）；此时出现“主索引的配置”对话框，在“可用字段”列表框中单击 couid 字段，然后单击◀按钮，将该字段添加到“索引字段”列表框中，最后单击“确定”按钮，这样就可以将 stuid 和 couid 两个字段设置为 score 表的主键，如图 8.17 所示。

图 8.16　双击“主索引”

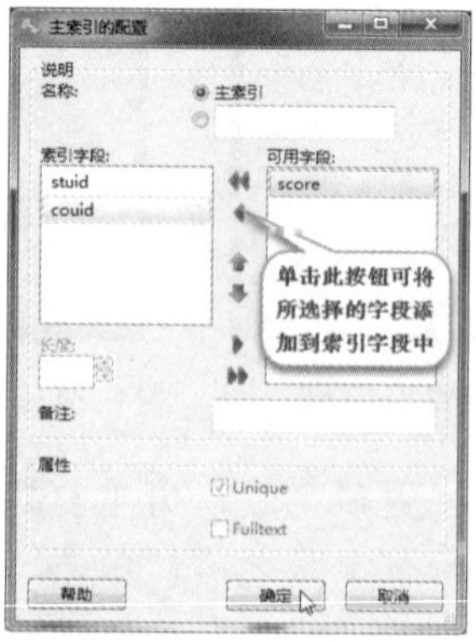

图 8.17　将字段添加到索引字段

（6）在导航窗格中单击 score 表，然后单击"对象浏览器"，以查看该表的结构定义（其中表的主键字段以粗体字显示），如图 8.18 所示。

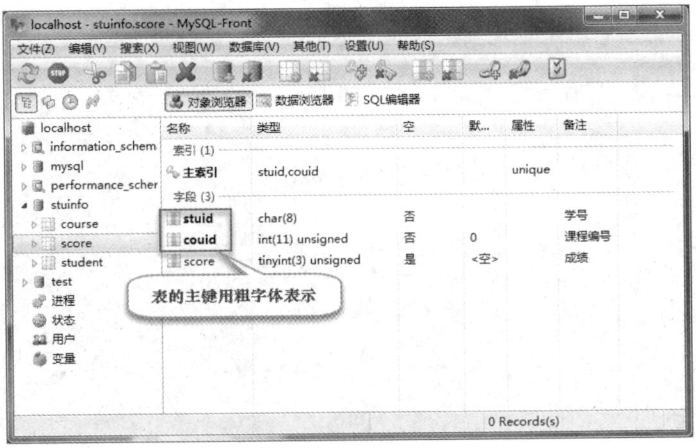

图 8.18　在对象浏览器中查看表结构

（7）重复步骤（6），查看其他表的结构。

8.3.3 查看表信息

在一个数据库中创建表之后，可以使用 SHOW TABLES 语句来列出该数据库中所有非临时表的清单。语法如下：

```
SHOW [FULL] TABLES [FROM db_name] [LIKE 'pattern']
```

SHOW TABLES 语句也列举数据库中的其他视图。如果使用 FULL 修改符，则 SHOW FULL TABLES 就可以显示第二个输出列。对于表而言，第二列的值为 BASE TABLE；对于视图而言，第二列的值则为 VIEW。

如果要查看一个给定表中各列的信息，可以使用 SHOW COLUMNS 语句。语法如下：

```
SHOW [FULL] COLUMNS FROM tbl_name [FROM db_name] [LIKE 'pattern']
```

SHOW COLUMNS 语句也能用于获取一个给定视图中各列的信息。

在 SHOW COLUMNS 语句中，也可以使用 db_name.tbl_name 作为 tbl_name FROM db_name 语法的另一种形式。换言之，以下两个语句是等价的：

```
SHOW COLUMNS FROM mytable FROM mydb;
SHOW COLUMNS FROM mydb.mytable;
```

此外，还可以使用 DESCRIBE 语句来获取有关表中各列的信息。DESCRIBE 语句是 SHOW COLUMNS FROM 语句的快捷方式。语法如下：

```
{DESCRIBE | DESC} tbl_name [col_name | wild]
```

其中 col_name 可以是一个列名称，也可以是一个包含通配符"%"和"_"的字符串，用于获得对于带有与字符串相匹配的名称的各列的输出。

实战演练 使用 MySQL 命令行工具查看 stuinfo 数据库中包含哪些表，然后列出 course 表中各列的信息。在 MySQL 提示符下依次输入并执行下列语句：

```
USE stuinfo;
SHOW TABLES;
```

```
DESC course;
```

上述语句的执行结果如图 8.19 所示。

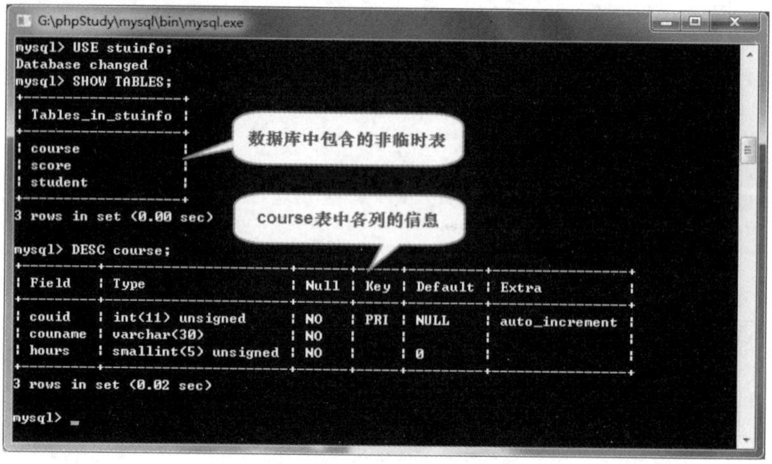

图 8.19　查看表的相关信息

8.3.4　修改表

在数据库中创建一个表后，如果需要对该表的结构进行修改，可以通过 ALTER TABLE 语句来实现，语法如下：

```
ALTER [IGNORE] TABLE tbl_name
alter_specification[, alter_specification] ...
```

其中 tbl_name 指定待修改的表的名称。IGNORE 是 MySQL 相对于标准 SQL 的扩展。若在新表中有重复关键字，或者当 STRICT 模式启动后出现警告，则使用 IGNORE 控制 ALTER TABLE 的运行。如果没有指定 IGNORE，当重复关键字错误发生时，复制操作被放弃，返回前一步骤。如果指定了 IGNORE，则对于有重复关键字的行，只使用第一行，其他有冲突的行被删除，并且对错误值进行修正，使之尽量接近正确值。

alter_specification 指定如何对列进行修改，其内容很丰富，这里仅列出比较常用的部分：

```
ADD [COLUMN] column_definition [FIRST|AFTER col_name]
|ADD [COLUMN] (column_definition, ...)
|ALTER [COLUMN] col_name {SET DEFAULT literal|DROP DEFAULT}
|CHANGE [COLUMN] old_col_name column_definition [FIRST|AFTER col_name]
|MODIFY [COLUMN] column_definition [FIRST|AFTER col_name]
|DROP [COLUMN] col_name
|DROP PRIMARY KEY | RENAME [TO] new_tbl_name
```

ALTER TABLE 语句用于更改原有表的结构。例如，可以增加或删除列，创建或删除索引，更改原有列的类型，或重新命名列或表，还可以更改表的注释和表的类型。ALTER TABLE 语句功能很强，但其语法颇为复杂，使用起来多有不便。

在实际应用中，如果需要对表的结构进修改，最好还是使用 MySQL-Front 工具来完成。具体操作方法如下：

（1）在导航窗格中右键单击要修改的表，从弹出菜单中选择“属性”命令。

（2）在表配置对话框中选择“字段”选项卡，在此选项卡中可以添加、修改和删除字段，也可以调整字段的顺序，如图 8.20 所示。

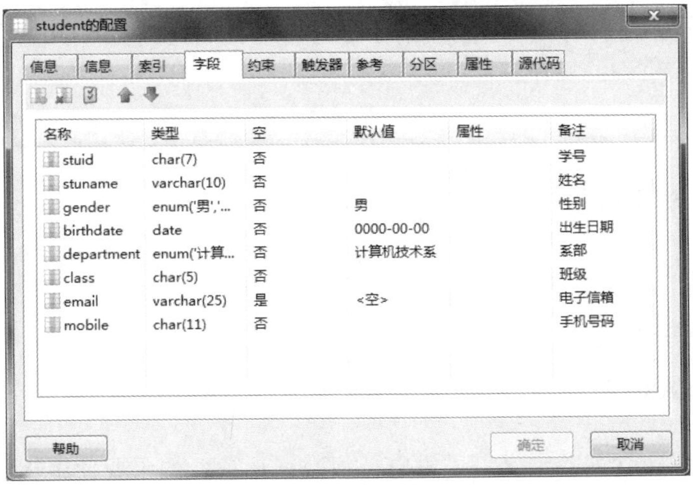

图 8.20　表配置对话框之“字段”选项卡

（3）完成修改后，单击“确定”按钮。

8.3.5 重命名表

使用 RENAME TABLE 语句可以对一个或多个表进行重命名，语法如下：

```
RENAME TABLE tbl_name1 TO new_tbl_name[, tbl_name2 TO new_tbl_name2] ...
```

其中 tbl_name1 和 tbl_name2 表示表的原来名称，new_tbl_name 和 new_tbl_name2 指定表的新名称。

在 MySQL-Front 中对表进行重命名的操作方法非常简单，即在导航窗格中单击表的名称，然后再单击一次使该名称进行编辑状态，输入新的名称并按回车键进行确认。

8.3.6 删除表

使用 DROP TABLE 语句可以从数据库中删除一个或多个表，语法如下：

```
DROP [TEMPORARY] TABLE [IF EXISTS] tbl_name[, tbl_name] ...
```

其中 tbl_name 表示待删除的表的名称。对于不存在的表，使用 IF EXISTS 以防止错误发生。使用 TEMPORARY 关键词时，此语句只删除 TEMPORARY 表。

在 MySQL-Front 中删除表的操作方法也很简单，即在导航窗格中单击表的名称，然后按 Delete 键，当弹出对话框时单击“是”按钮进行确认。

任务 8.4 数据操作与查询

在数据库中创建表时，只是创建了表的结构，即设置了表中有哪些字段，各个字段采用哪种数据类型，及表中的主键是如何设置的等等，此时表还是空的，其中还没有存储任何数据。创建表之后，就可以使用相应的 SQL 语句向表中添加数据了。表中的一行数据称为一条记录。一个表中可以包含许多条记录。在实际应用中经常要从表中查询所需要的记录，或者对特定记录进行修改和删除操作。通过本任务的实施将掌握使用 SQL 语句进行记录的增删改操作和查询的操作技能。

任务目标

★ 掌握插入记录的方法
★ 掌握查询记录的方法
★ 掌握更改记录的方法
★ 掌握删除记录的方法

8.4.1 插入记录

刚创建的表仅包含列的定义，还没有任何数据记录。如果要使用指定的值向表中插入一条或多条记录，可以使用 INSERT...VALUES 语句来实现，基本语法格式如下：

```
INSERT [INTO] tbl_name [(col_name, ...)]
VALUES ({expr | DEFAULT}, ...), (...), ...
[ON DUPLICATE KEY UPDATE col_name=expr, ...]
```

其中，tbl_name 指定表的名称，col_name 指定字段的名称。如果不为 INSERT...VALUES 语句指定一个字段列表，则表中每个字段的值必须在 VALUES 列表中提供。如果指定了一个字段列表，但此列表没有包含表中的所有字段，则未包含的各个字段将被设置为默认值。

如果指定了 ON DUPLICATE KEY UPDATE，并且插入记录后会导致在一个 UNIQUE 索引或 PRIMARY KEY 中出现重复值，则对原有记录执行 UPDATE 操作。

实战演练 在 stuinfo 数据库中，使用 INSERT...VALUES 语句向 course 表中添加一些课程记录，然后使用 SELECT 语句查看这些记录。运行 MySQL 命令行工具，然后依次输入并执行下列 SQL 语句（每条语句以分号结束，按回车键后执行）：

```
USE stuinfo;
INSERT INTO course (couname, hours)
VALUES
('信息技术基础', 72), ('英语', 68), ('数学', 68),
('Flash 动画制作', 72), ('Photoshop 图像处理', 90),
('电路分析基础',90), ('数字电子技术', 88),
('会计基础', 72), ('电子商务概论', 80);
SELECT * FROM course;
```

在上述 SQL 语句中，USE 语句将 stuinfo 数据库设置为默认数据库；INSERT...VALUES 语句用于向 course 表中添加多条记录，在字段列表中仅列出 couname 和 hours 这两个字段，而没有列出 couid 字段。由于 couid 字段具有自动递增特性，因此它会自动获得值。SELECT 语句从 course 表中检索所有字段（用星号*表示）的值。使用 SQL 命令行工具执行上述 SQL 语句的情形如图 8.21 所示。

使用 INSERT...VALUES 语句向一个表中插入多条记录时，如果 SQL 语句内容比较长，也可以将这些语句保存到文件中，这种文件称为脚本文件。利用 MySQL 命令行工具可以执行脚本文件中的 SQL 语句。下面通过实战演练加以说明。

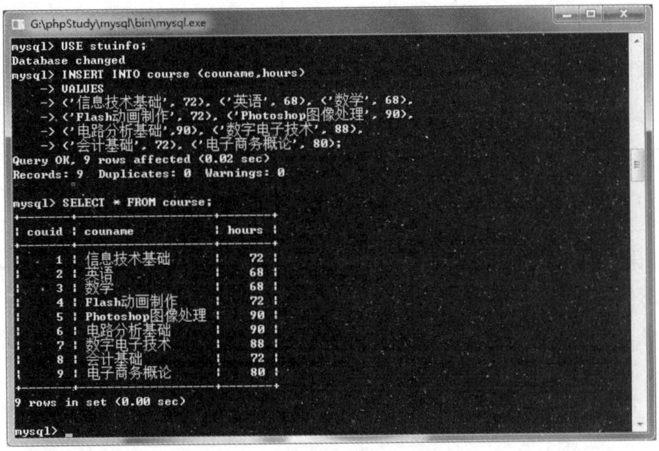

图 8.21 向课程表中添加记录

实战演练 在 stuinfo 数据库中，使用 INSERT...VALUES 语句向 student 表中添加一些学生记录。操作步骤如下：

（1）打开 Windows 记事本程序，然后输入以下 SQL 语句：

```
USE stuinfo;
INSERT INTO student VALUES
('1700001', '李文学', '男', '2000-06-09', '计算机技术系', '计 1701', 'swx@163.com', '13603711233'),
('1700002', '刘丽燕', '女', '1999-03-03', '计算机技术系', '计 1701', 'lly@sina.com','13703712299'),
('1700003', '陈伟强', '男', '2000-10-09', '计算机技术系', '计 1701', 'cwq@126.com', '13703716688'),
('1700004', '刘爱梅', '女', '1999-01-28', '计算机技术系', '计 1701', 'lam@163.com', '13903713698'),
('1700005', '王保国', '男', '2001-07-09', '计算机技术系', '计 1701', 'wbg@msn.com', '13503711266'),
('1700006', '刘海英', '女', '1999-08-20', '计算机技术系', '计 1701', 'lhy@sina.com','13803712631'),
('1700007', '王东昌', '男', '2000-06-09', '计算机技术系', '计 1701', 'wdc@gmail.com', '13503713626'),
('1700008', '王冠群', '男', '1999-03-15', '计算机技术系', '计 1701', 'wgq@163.com', '13303712367'),
('1700009', '李丽敏', '女', '2000-09-12', '计算机技术系', '计 1701', 'llm@371.com', '15603710081'),
('1700010', '李逍遥', '男', '1999-08-23', '计算机技术系', '计 1701', 'lxy@gmail.com','13603712628');
SELECT * FROM student;
```

（2）将文件保存到 D 盘中根目录，文件名为 insert.sql（称为 SQL 脚本文件）。

（3）运行 MySQL 命令行工具，输入“\. d:\insert.sql”并按回车键，执行上述 SQL 脚本文件，执行结果如图 8.22 所示。

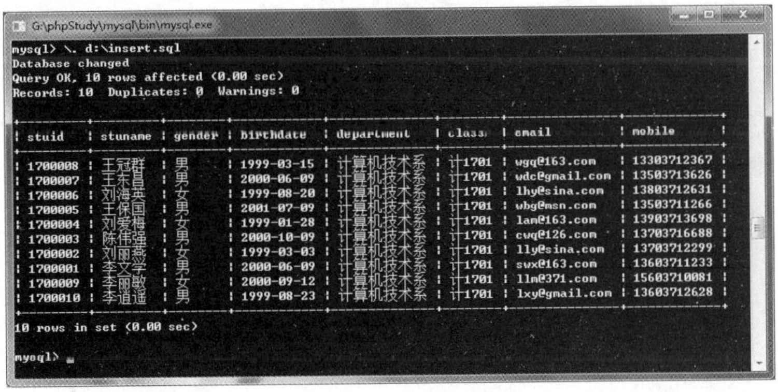

图 8.22 执行 SQL 脚本文件

也可以要使用一个或多个现有表中的数据向另一个表中插入多条记录，这可以使用 INSERT...SELECT 语句来实现，基本语法格式如下：

```
INSERT [INTO] tbl_name [(col_name, ...)]
SELECT ...
[ON DUPLICATE KEY UPDATE col_name=expr, ...]
```

其中，tbl_name 指定要插入记录的目标表的名称；col_name 指定列的名称。SELECT 子句的作用是从其他表中获取要添加的记录。其他选项与 INSERT...VALUES 语句相同。

实战演练 在 stuinfo 数据库中，使用 INSERT...SELECT 语句向 score 表中添加一些成绩记录，学号和课程编号分别来自 student 和 course 表，成绩字段的值不填写；具体要求是：对所有学生添加“信息技术基础”、“英语”和“数学”课程，对计算机技术系学生单独添加“Flash 动画制作”和“Photoshop 图像处理”课程，对电子工程系学生单独添加“电路分析基础”和“数字电子技术”课程，对电子商务系学生单独添加“会计基础”和“电子商务概论”课程。操作步骤如下：

（1）运行 MySQL-Front 程序，在 SQL 编辑器中输入以下语句。

```
USE stuinfo;
INSERT INTO score(stuid, couid)
SELECT DISTINCT student.stuid, course.couid
FROM student, course
WHERE student.stuid NOT IN (SELECT stuid FROM score)
AND course.couid NOT IN (SELECT couid FROM score)
AND course.couid<=3;
INSERT INTO score(stuid, couid)
SELECT DISTINCT student.stuid, course.couid
FROM student, course, score
WHERE student.department='计算机技术系'
AND (course.couid=4 OR course.couid=5);
INSERT INTO score(stuid, couid)
SELECT DISTINCT student.stuid, course.couid
FROM student, course, score
WHERE student.department='电子工程系'
AND (course.couid=6 OR course.couid=7);
INSERT INTO score(stuid, couid)
SELECT DISTINCT student.stuid, course.couid
FROM student, course, score
WHERE student.department='电子商务系'
AND (course.couid=8 OR course.couid=9);
SELECT * FROM score ORDER BY stuid, couid;
```

（2）按 F9 执行上述语句，执行结果如图 8.23 所示。

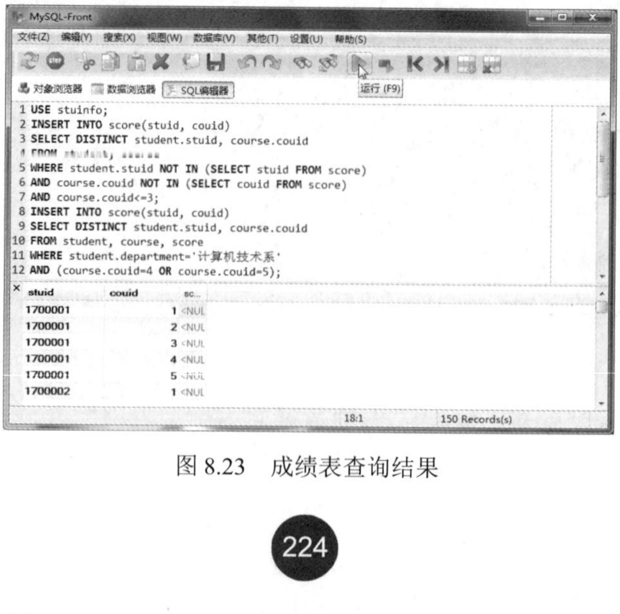

图 8.23　成绩表查询结果

8.4.2 查询记录

使用 INSERT...VALUES 和 INSERT...SELECT 语句向表中插入记录后，可以使用 SELECT 语句从一个或多个表中选择记录。SELECT 语句的基本语法格式如下：

```
SELECT select_expr, ...
[INTO OUTFILE 'file_name' export_options|INTO DUMPFILE 'file_name']
[FROM table_references]
[WHERE where_definition]
[GROUP BY {col_name|expr|position} [ASC|DESC], ...]
[HAVING where_definition]
[ORDER BY {col_name|expr|position} [ASC|DESC], ...]
[LIMIT {[offset, ]row_count|row_count OFFSET offset}]
```

其中 SELECT 子句给出一个想要选择的字段列表；INTO 子句指定将选择的行写入一个文件中；FROM 子句指示从哪个表或哪些表中选择行；WHERE 子句指示被选择的行必须满足的条件；GROUP BY 子句指示输出行根据 GROUP BY 列进行分类；ORDER BY 子句指示如何对检索到的行进行排序处理；HAVING 子句也用于指定对记录的过滤条件，但通常与 GROUP BY 子句一起使用；LIMIT 子句用于限制被 SELECT 语句返回的行数。

从一个表中检索所有行（记录）和列（字段）是 SELECT 语句最简单的应用。在这种情况下，在 SELECT 子句使用星号（*）表示所有字段。若要检索表中的一部分字段，可在 SELECT 子句中指定要检索的字段列表，字段名之间用逗号分隔。指定字段列表时可为字段指定别名，语法格式如下。

```
col_name [AS] alias_name
```

例如，在课程表中，课程编号和课程名称字段都是用英文表示的，在检索记录时可以为这些字段指定中文别名：

```
SELECT couid AS 课程编号, couname AS 课程名称 FROM course;
```

如果希望查询的结果集仅包含不同值，则可以在 SELECT 子句中使用关键词 DISTINCT 或 DISTINCTROW 来消除重复值。

如果只需要从表中检索符合某种条件的行，则可以通过 WHERE 子句来设置查询条件。设置查询条件时可使用的比较运算符包括=、>、<、>=、<=和<>（!=），另外一些运算符在表 8.4 中列出。通过比较运算产生的结果为 1（TRUE）、0（FALSE）或 NULL。

表 8.4 用于 WHERE 子句的部分比较运算符

比较运算符	说明	示例
IS [NOT] NULL	检验一个值是否为 NULL	score IS NULL
[NOT] BETWEEN	语法：expr BETWEEN min AND max 规则：若 expr>=min 且 expr<=max，则返回 1，否则返回 0	score BETWEEN 86 AND 93
[NOT] IN	语法：expr IN (value , ...) 规则：若 expr 为 IN 列表中的任一值，则返回为 1，否则返回 0	class IN ('计 1701', '计 1702' ,'计 1703')
[NOT] LIKE	模式匹配	stuname LIKE '张%'

在 WHERE 子句中，也可以使用逻辑运算符来连接多个查询条件。可用的逻辑运算符包括 NOT 或 !（逻辑非）、AND 或&&（逻辑与）及 OR 或 ||（逻辑或）。在 SQL 中，所有逻辑运算符的求值所得结果均为 TRUE、FALSE 或 NULL（UNKNOWN）。在 MySQL 中，

它们体现为 1（TRUE）、0（FALSE）和 NULL。

实战演练 使用 SELECT 语句从学生表中检索电子商务系的所有男同学记录，要求为所有字段指定中文别名。操作步骤如下：

（1）运行 MySQL-Front 程序。

（2）在 SQL 编辑器中输入以下语句：

```
USE stuinfo;
SELECT stuid AS 学号, stuname AS 姓名, gender AS 性别,
birthdate AS 出生日期, department AS 系部, class AS 班级,
email AS 电子信箱, mobile AS 手机号码
FROM student
WHERE gender='男' AND department='电子商务系';
```

（3）按 F9 执行上述语句，结果如图 8.24 所示。

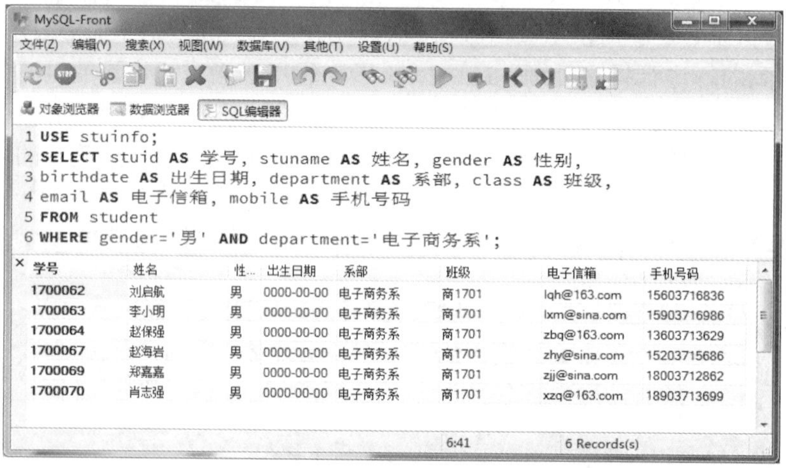

图 8.24 使用 SELECT 语句从表中检索记录

在实际应用中，往往需要从多个表中检索数据，对于按规范方法设计的数据库尤其如此。执行多表查询时，需要在 FROM 子句中使用各种连接（JOIN）运算来组合不同表中的列，同时使用 ON 子句来设置表之间的关联条件。在 FROM 子句中可以用“表名 [AS] 别名”形式为表设置别名，该别名可以用在 SELECT 列清单和 ON 子句中。如果不同表拥有相同名称的列，则应在这些列前面冠以表的名称或表的别名。

使用 ORDER BY 子句可以指定按一列或多列对结果集进行排序。排序依据可以是列名或列别名，也可以是表示列名或别名在选择列清单中位置的整数，从 1 开始。在 ORDER BY 子句中可以指定多个列作为排序依据，这些列在该子句出现的顺序决定结果集如何排序，首先按照前面的列值进行排序，如果在两行中该列的值相同，则按照后面的列值进行排序。

ASC 和 DESC 用于指定排序方向。ASC 指定按递增顺序，即从最低值到最高值对指定列中的值进行排序；DESC 指定按递减顺序，即从最高值到最低值对指定列中的值进行排序。如果在排序表达式中未用 ASC 和 DESC，则默认的排序方向为递增顺序。空值（NULL）将被处理为最小值。

从数据库中查询数据时，常常需要获取记录的一些统计数据，如平均值、记录数、最小值、最大值及总和等。通过统计函数可以获取这些数据。表 8.5 列出了常用的统计函数。

表 8.5 常用统计函数

函数	说明
AVG([DISTINCT] expr)	返回 expr 的平均值。DISTINCT 选项可用于返回 expr 不同值的平均值。若找不到匹配的行，则 AVG()返回 NULL
COUNT([DISTINCT] expr | *)	返回 SELECT 语句检索到的行中非 NULL 值的数目。使用 DISTINCT 选项可返回不同的非 NULL 值数目。若找不到匹配的行，则 COUNT()返回 0。COUNT(*)返回检索行的数目，不论其是否包含 NULL 值
MIN(expr)	返回 expr 的最小值。MIN()的取值可以是一个字符串参数，此时返回最小字符串值。若找不到匹配的行，MIN()返回 NULL
MAX(expr)	返回 expr 的最大值。MAX()的取值可以是一个字符串参数，此时返回最大字符串值。若找不到匹配的行，MAX()返回 NULL
SUM(expr)	返回 expr 的总和。若返回集合中无任何行，则 SUM()返回 NULL

使用 GROUP BY 子句可以将结果集中的行分成若干个组来输出，每个组中的行在指定的列中具有相同的值。当使用 GROUP BY 子句时，如果在 SELECT 子句的选择列表中包含有统计函数，则针对每个组计算出一个汇总值，从而实现对查询结果的分组统计。

使用 LIMIT 子句可以限制通过 SELECT 语句返回的行数。LIMIT 取一个或两个数字自变量，自变量必须是非负整型常数（当使用已预备的语句时除外）。

使用两个自变量时，第一个自变量指定返回的第一行的偏移量，第二个自变量指定返回的行数。初始行的偏移量为 0。当使用一个自变量时，该值指定从结果集的开头返回的行数。换言之，LIMIT n 与 LIMIT 0, n 等价。如果要恢复从某个偏移量到结果集的末端之间的所有的行，可以对第二个参数使用比较大的数，如 18 446 744 073 709 551 615。

如果一个 SELECT 语句能够返回一个单值或一列值，并嵌套在一个 SELECT、INSERT、UPDATE 或 DELETE 语句中，则称之为子查询或内层查询，而包含一个子查询的语句则称为主查询或外层查询。

一个子查询也可以嵌套在另外一个子查询中。为了与外层查询有所区别，总是将子查询写在圆括号中。子查询中也必须包含 SELECT 子句和 FROM 子句，并可以根据需要选择 WHERE 子句、GROUP BY 子句和 HAVING 子句。在实际应用中，通常将子查询用在外层查询的 WHERE 子句或 HAVING 子句中，与比较运算符或逻辑运算符一起构成查询条件，从而完成比较测试、集成员测试、存在性测试及批量测试。

实战演练 使用 SELECT 语句从 stuinfo 数据库中查询各个班级各科成绩的平均分、最高分和最低分。操作步骤如下：

（1）运行 MySQL-Front 程序，在 SQL 编辑器中输入以下语句。

```
USE stuinfo;
SELECT class AS 班级, couname AS 课程,
  ROUND(AVG(score), 1) AS 平均分, MAX(score) AS 最高分, MIN(score) AS 最低分
FROM student, course, score
WHERE student.stuid=score.stuid AND course.couid=score.couid
GROUP BY class, couname ORDER BY course.couid;
```

（2）按 F9 执行上述语句（其中 ROUND()为四舍五入函数），执行结果如图 8.25 所示。

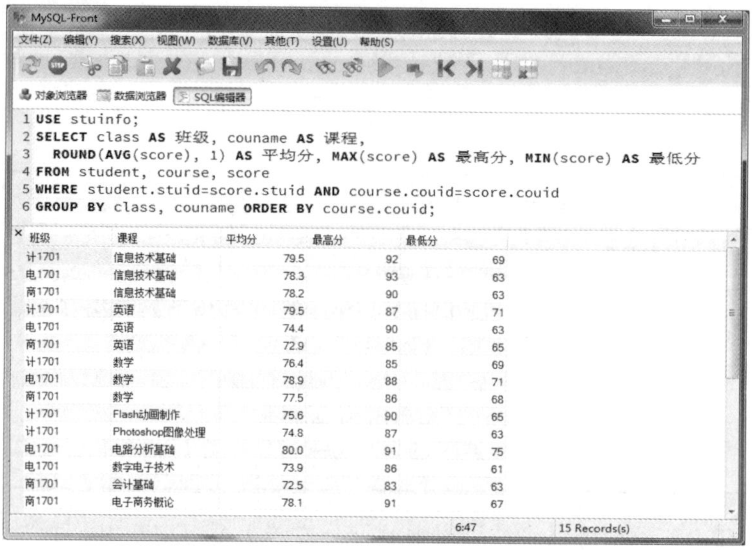

图 8.25 在多表查询中应用统计函数

8.4.3 更改记录

使用 UPDATE 语句可以用新值更新原有表行中的各列。该语句有单表语法和多表语法两种语法格式。

单表语法：

```
UPDATE [LOW_PRIORITY] [IGNORE] tbl_name
SET col_name1=expr1[,col_name2=expr2...]
[WHERE where_definition]
[ORDER BY...]
[LIMIT row_count]
```

多表语法：

```
UPDATE [LOW_PRIORITY] [IGNORE] tbl_name[,tbl_name]
SET col_name1=expr1[,col_name2=expr2...]
[WHERE where_definition]
```

SET 子句指示要修改哪些列和要给予哪些值。WHERE 子句指定应更新哪些行。如果没有使用 WHERE 子句，则更新所有的行。如果指定了 ORDER BY 子句，则按照被指定的顺序对行进行更新。LIMIT 子句用于给定一个限值，限制可以被更新行的数目。

如果使用 LOW_PRIORITY 关键词，则 UPDATE 语句的执行将被延迟，直到没有其他客户端从表中读取为止。

如果使用 IGNORE 关键词，则即使在更新过程中出现错误，更新语句也不会中断。如果出现了重复关键字冲突，则这些行不会被更新。如果列被更新后，新值会导致数据转化错误，则这些行被更新为最接近合法的值。

使用 LIMIT row_count 子句可以限定 UPDATE 的范围。该子句是一个与行匹配的限定。只要发现可以满足 WHERE 子句的 row_count 行，则该语句中止，不论这些行是否被改变。

如果一个 UPDATE 语句包括一个 ORDER BY 子句，则按照由该子句指定的顺序更新行。

实战演练 使用 UPDATE 语句对 score 表中的记录进行更新，选择学号为 1700001

的学生，首先列出该生的成绩记录，然后对其课程编号为 1～5 的课程成绩进行修改，最后再列出更新后的结果。操作步骤如下：

（1）运行 MySQL-Front 程序。

（2）在 SQL 编辑器中输入以下语句：

```
USE stuinfo;

SELECT student.stuid AS 学号, stuname AS 姓名, couname AS 课程, score AS 成绩
FROM student, course, score
WHERE student.stuid=score.stuid AND course.couid=score.couid AND score.stuid='1700001';

UPDATE score SET score=83 WHERE sduid='1700001' AND couid=1;
UPDATE score SET score=79 WHERE sduid='1700001' AND couid=2;
UPDATE score SET score=86 WHERE sduid='1700001' AND couid=3;
UPDATE score SET score=91 WHERE sduid='1700001' AND couid=4;
UPDATE score SET score=85 WHERE sduid='1700001' AND couid=5;

SELECT student.stuid AS 学号, stuname AS 姓名, couname AS 课程, score AS 成绩
FROM student, course, score
WHERE student.stuid=score.stuid AND course.couid=score.couid AND score.stuid='1700001';
```

（3）按 F9 执行上述语句，结果如图 8.25 所示。

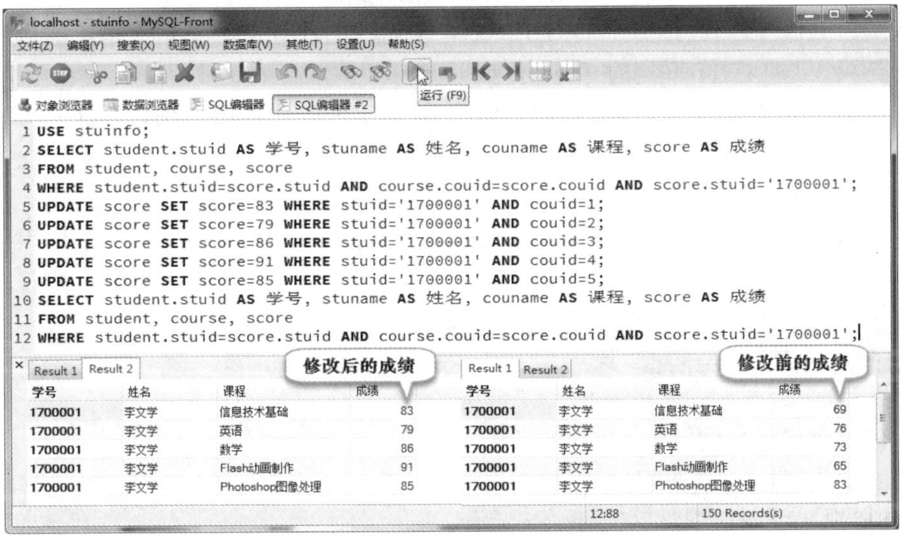

图 8.25　使用 UPDATE 语句更新记录

8.4.4 删除记录

使用 DELETE 语句可以从表中删除行，该语句有以下 3 种语法格式。

单表语法：

```
DELETE [LOW_PRIORITY] [QUICK] [IGNORE] FROM tbl_name
[WHERE where_definition]
[ORDER BY...]
[LIMIT row_count]
```

多表语法：

```
DELETE [LOW_PRIORITY] [QUICK] [IGNORE]
```

```
tbl_name [.*] [ ,tbl_name[.*]...]
FROM table_references
[WHERE where_definition]
```

或者：

```
DELETE [LOW_PRIORITY] [QUICK] [IGNORE]
FROM tbl_name[.*] [, tbl_name[.*]...]
USING table_references
[WHERE where_definition]
```

DELETE 语句用于删除 tbl_name 表中的满足给定条件 where_definition 的行，并返回被删除记录的数目。如果 DELETE 语句中没有 WHERE 子句，则所有的行都被删除。当不想知道被删除行的数目时，有一个更快的方法，即使用 TRUNCATE TABLE。

如果指定 LOW_PRIORITY，则 DELETE 的执行将被延迟，直到没有其他客户端读取本表时再执行。对于 MyISAM 表，如果使用 QUICK 关键词，则在删除过程中存储引擎不会合并索引端结点，这样可以加快部分种类删除操作的速度。

如果指定 IGNORE 关键词，则在删除行的过程中将忽略所有错误。在分析阶段遇到的错误会以常规方式处理。由于使用本选项而被忽略的错误会作为警告返回。

LIMIT row_count 选项用于告知服务器在控制命令被返回到客户端前被删除行的最大值。本选项用于确保一个 DELETE 语句不会占用过多的时间。

如果 DELETE 语句包括一个 ORDER BY 子句，则各行按照子句中指定的顺序进行删除。此子句只在与 LIMIT 联用时才起作用。

在一个 DELETE 语句中可以指定多个表，根据这些表中的特定条件，从一个表或多个表中删除行。table_references 部分列出了包含在联合中的表。不能在一个多表 DELETE 语句中使用 ORDER BY 或 LIMIT。

使用 DELETE 的单表语法，只删除列于 FROM 子句之前表中对应的行。使用 DELETE 第二种语法，只删除列于 FROM 子句之中而位于 USING 子句之前表中的对应行，可以同时删除许多个表中的行，并使用其他表进行搜索。例如：

```
DELETE t1,t2 FROM t1,t2,t3
WHERE t1.id=t2.id AND t2.id=t3.id;
```

也可以写成以下形式：

```
DELETE FROM t1,t2 USING t1,t2,t3
WHERE t1.id=t2.id AND t2.id=t3.id;
```

当搜索待删除的记录时，这些语句将使用所有 3 个表，但是只从表 t1 和表 t2 中删除对应的记录。

实战演练 使用多表语法格式的 DELETE 语句删除记录，从 student 表和 course 表中选择学生和课程，并从 score 表中删除一些成绩记录，包括吴天昊同学的英语和数学两门课程的成绩。运行 MySQL 命令行工具，然后依次输入并执行以下语句：

```
USE stuinfo;
DELETE score FROM student, course, score
WHERE student.stuid=score.stuid AND course.couid=score.couid
AND stuname='吴天昊' AND couname IN ('英语', '数学');
```

上述语句的执行结果如图 8.26 所示。

图 8.26　使用多表语法删除记录

任务 8.5　使用其他数据库对象

在数据库中创建表并添加数据表之后，还可以根据需要在数据库中创建其他对象，主要包括：加快数据访问速度的索引，作为虚拟表的视图，由一组 SQL 语句组成的存储过程，由一组 SQL 语句组成且有一个返回值的存储函数，及由表上的特定事件来激活的触发器。通过本任务的实施将初步掌握使用索引、视图、存储过程、存储函数和触发器等数据库对象的操作技能。

任务目标

★ 初步掌握索引和视图的用法
★ 初步掌握存储过程和存储函数的用法
★ 初步掌握触发器的用法

8.5.1 使用索引

索引用于快速找出在某个列中有一特定值的行。如果表中查询的列有一个索引，MySQL 就能快速到达一个位置到数据文件中去搜寻，而没有必要看所有数据。索引基于键值提供对表中数据的快速访问，也可以在表的行上强制唯一性。

索引可以与表同时创建，也可以在创建表之后单独创建。如果创建表时未创建索引，可以使用 CREATE INDEX 语句在该表中创建索引，语法格式如下：

```
CREATE [UNIQUE|FULLTEXT] INDEX index_name
[USING {BTREE | HASH}] ON tbl_name (index_col_name, ...)
index_col_name:
col_name [(length)] [ASC|DESC]
```

其中，index_name 表示索引名，tbl_name 表示表名，col_name 表示列名。也可以创建多列索引，此时应该在圆括号中给出列清单，列名之间用逗号（,）分隔。

对于 CHAR 和 VARCHAR 列，只用一列的一部分就可以创建索引。创建索引时，应使用 col_name(length)语法对前缀编制索引，前缀包括每列值的前 length 个字符。BLOB 和 TEXT 列也可以编制索引，但是必须给出前缀长度。

USING 子句用于指定索引的类型，可以是 BTREE 或 HASH。UNIQUE 索引可以确保被索引的列不包含重复的值。FULLTEXT 索引只能对 CHAR、VARCHAR 和 TEXT 列编制索引，并且只能在 MyISAM 表中编制。

在表中创建索引之后，可使用 SHOW INDEX 语句来获取表的索引信息，语法格式如下：

```
SHOW INDEX FROM tbl_name [FROM db_name]
```

其中，tbl_name 表示表名，db_name 表示数据库名。

例如，下面第一个语句基于 student_name 列在 student 表中创建一个索引，第二个语句用于查看该表包含的所有索引。

```
CREATE INDEX ix_stuname ON stuinfo.student(stuname);
SHOW INDEX FROM stuinfo.student;
```

使用 DROP INDEX 语句可以从指定表中删除索引，语法格式如下：

```
DROP INDEX index_name ON tbl_name
```

其中，index_name 指定待删除的索引名，tbl_name 指定表名称。

在 MySQL-Front 中，在表中创建索引的操作步骤如下。

（1）在导航窗格中用右键单击要在其中创建索引的表并选择“属性”。

（2）在表配置对话框中选择“索引”选项卡。

（3）若要创建索引，可在工具栏上单击“添加索引”按钮（如图 8.27 所示），然后在“添加索引”对话框中设置索引名称、类型、所在字段等（如图 8.28 所示）。

（4）若要修改索引，可在索引列表中双击该索引，然后在索引配置对话框中进行设置。

（5）若要删除索引，可在索引列表中单击该索引并单击“删除”按钮。

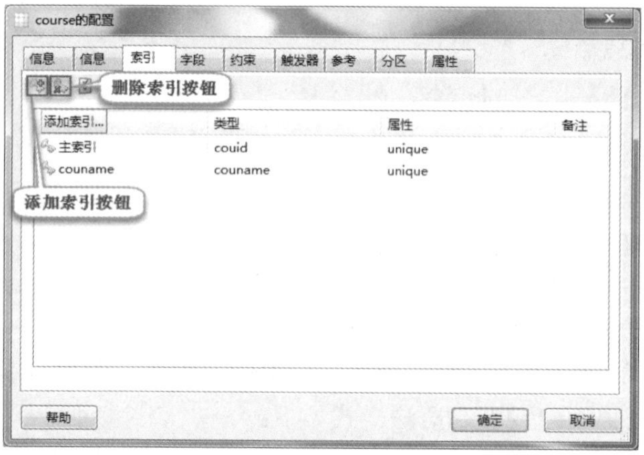

图 8.27　表配置对话框之索引选项卡

图 8.28　索引配置对话框

8.5.2　使用视图

视图是一个基于选择查询的虚拟表，其内容是通过选择查询来定义的。视图与真实的表有很多类似之处。例如，视图也是由若干个列和一些行组成的，也可以像数据库表那样作为 SELECT 语句的数据来源来使用，在满足某些条件的情况下，还可以通过视图来插入、更改和删除表数据。但是，视图并不是以一组数据的形式存储在数据库中的，视图中的列和行都来自于数据库表（称为基表），视图本身并不存储数据，视图中的数据是在引用视图时动态生成的。视图提供查看和存取数据的另外一种途径，使用视图不仅可以简化数据操作，也可以提高数据库的安全性。

使用 CREATE VIEW 语句可以在数据库中创建一个视图，语法格式如下：

```
CREATE [OR REPLACE] [ALGORITHM={UNDEFINED|MERGE|TEMPTABLE}]
VIEW view_name[(column_list)]
AS select_statement
[WITH [CASCADED|LOCAL] CHECK OPTION]
```

其中，view_name 指定要创建的视图名称。表和视图共享数据库中相同的名称空间，因此，数据库不能包含具有相同名称的表和视图。在默认情况下，将在当前数据库创建新视图。若要在给定数据库中明确创建视图，创建时应将视图名称指定为 db_name.view_name。

视图必须具有唯一的列名，不得重复，就像基表那样。在默认情况下，由 SELECT 语句检索的列名将用作视图列名。若要为视图列定义明确的名称，应使用可选的 column_list 子句，列名用逗号隔开。column_list 中的名称数目必须等于 SELECT 语句检索的列数。

select_statement 是一种 SELECT 语句，它给出了视图的定义，该语句可从基表或其他视图进行选择。SELECT 语句检索的列可以是对表列的简单引用，也可以是使用函数、常量值、操作符等的表达式。

CREATE VIEW 语句用于在数据库中创建新的视图。如果使用了 OR REPLACE 子句，则可以替换已有的视图。ALGORITHM 子句是对标准 SQL 的 MySQL 扩展，用于指定视图的算法，ALGORITHM 有以下 3 个取值：

- MERGE：会将引用视图的语句文本与视图定义合并起来，使得视图定义的某一部分取代语句的对应部分。
- TEMPTABLE：视图的结果将被置于临时表中，然后使用它执行语句。
- UNDEFINED：MySQL 将选择所要使用的算法。如果可能，它倾向于 MERGE 而不是 TEMPTABLE，这是因为 MERGE 通常更有效，而且如果使用了临时表，视图是不可更新的。如果没有 ALGORITHM 子句，默认算法是 UNDEFINED。

某些视图是可更新的。也就是说，可以在诸如 UPDATE、DELETE 或 INSERT 等语句中使用这些视图，以更新基表的内容。对于可更新的视图，在视图中的行和基表中的行之间必须具有一对一的关系。对于可更新视图，可给定 WITH CHECK OPTION 子句来防止插入或更新行，除非作用于行上 select_statement 中的 WHERE 表达式为 TRUE。

当根据另一个视图定义当前视图时，在该子句中可以使用 LOCAL 和 CASCADED 关键字决定检查测试的范围。LOCAL 关键字对 CHECK OPTION 进行了限制，使其仅作用在定义的视图上，CASCADED 会对将进行评估的基表进行检查。如果给定任一关键字，则默认值为 CASCADED。

视图定义有一些限制。例如，在视图的 SELECT 语句不能包含 FROM 子句中的子查询，不能引用系统变量或用户变量，也不能引用预处理语句参数。

对于已有视图，可使用 ALTER VIEW 语句对其定义进行修改，语法如下：

```
ALTER [ALGORITHM={UNDEFINED|MERGE|TEMPTABLE}]
VIEW view_name [(column_list)]
AS select_statement
[WITH [CASCADED|LOCAL] CHECK OPTION]
```

其中，各个选项的作用与 CREATE VIEW 语句中类似。

如果不再需要某些视图，则可使用 DROP VIEW 语句从数据库中将它们删除，语法如下：

```
DROP VIEW [IF EXISTS] view_name[, view_name] ...
```

其中，view_name 指定要删除的视图名称。使用关键字 IF EXISTS 可以防止因视图不存在而出错。使用 DROP VIEW 语句时，必须在每个视图上拥有 DROP 权限。

实战演练 使用 MySQL 命令行工具检测一个视图是否存在，若存在则删除之，然后创建该视图，并将该视图应用于另一个 SELECT 语句中。操作步骤如下：

（1）运行 MySQL 命令行工具。

（2）输入并执行以下语句。

```
USE stuinfo;

DROP VIEW IF EXISTS v_student;
CREATE VIEW v_student
AS SELECT student.stuid AS 学号, stuname AS 姓名,
   department AS 系部, couname AS 课程, score AS 成绩
FROM student, course, score
WHERE student.stuid=score.stuid AND course.couid=score.couid;

SELECT * FROM v_student WHERE 系部='电子工程系' LIMIT 10;
```

上述语句的执行结果如图 8.29 所示。

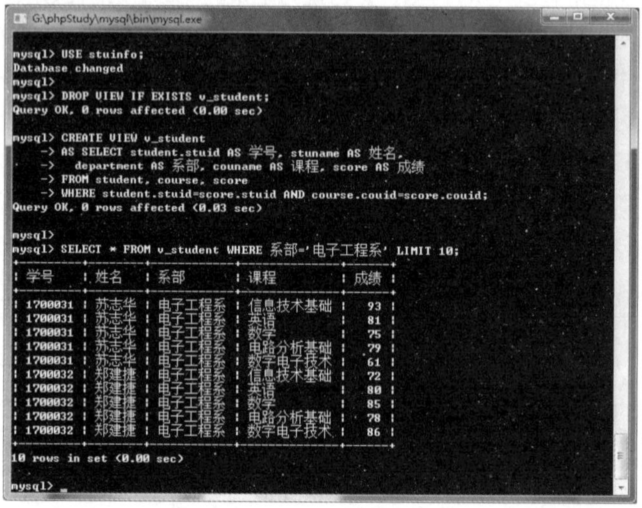

图 8.29　创建和应用视图

8.5.3 使用存储过程

一个存储过程是存储在服务器中的一组 SQL 语句。有了存储过程，客户端不需要再重新发布单独的语句，而是可以通过引用存储过程来替代。

使用 CREATE PROCEDURE 语句可以在当前数据库中创建一个存储过程，语法如下：

```
CREATE PROCEDURE sp_name([proc_parameter[, ...]])
[characteristic...] routine_body
```

其中，sp_name 指定要创建的存储过程的名称。在默认情况下，存储过程与当前数据库关联。若要明确地将存储过程与给定的数据库 db_name 关联起来，在创建存储过程时可将其名称指定为 db_name.sp_name。

proc_parameter 表示存储过程的参数，可以通过以下方式来定义：

```
[IN|OUT|INOUT] param_name type
```

其中，param_name 指定参数的名称。type 指定参数的数据类型，可以是任何有效的 MySQL 数据类型。可选项 IN 表示该参数为输入参数，OUT 表示该参数为输出参数，INOUT 表示该参数为输入/输出参数。

characteristic 用来设置存储过程的一些特征，可以通过以下方式来定义：

```
LANGUAGE SQL | [NOT] DETERMINISTIC
| {CONTAINS SQL|NO SQL|READS SQL DATA|MODIFIES SQL DATA}
| SQL SECURITY {DEFINER|INVOKER}|COMMENT 'string'
```

如果程序或线程总是对同样的输入参数产生同样的结果，则认为它是确定的，否则就是非确定的。如果既没有给定 DETERMINISTIC 也没有给定 NOT DETERMINISTIC，则默认为 NOT DETERMINISTIC。

CONTAINS SQL 表示存储过程不包含读或写数据的语句。NO SQL 表示存储过程不包含 SQL 语句。READS SQL DATA 表示存储过程包含读数据的语句，但不包含写数据的语句。MODIFIES SQL DATA 表示存储过程包含写数据的语句。如果没有明确给定这些特征，则默认为 CONTAINS SQL。SQL SECURITY 指定存储过程应该用创建存储过程者（DEFINER）的许可来执行，还是使用调用者（INVOKER）的许可来执行。默认值为 DEFINER。

COMMENT 子句是一个 MySQL 的扩展，用来描述存储过程。routine_body 是任何合法的 SQL 语句。这些语句都必须包含在复合语句 BEGIN...END 内。复合语句可以包含声明，循环和其他控制结构语句，但不允许使用 USE 语句。

对于用 CREATE PROCEDURE 创建的存储过程，可通过 CALL 语句来调用，语法如下：

```
CALL sp_name([parameter[, ...]])
```

其中，sp_name 指定要调用的存储过程的名称，parameter 表示存储过程的参数。

CALL 语句可以用声明为 OUT 的参数或 INOUT 的参数给它的调用者传回值。它也返回受影响的行数，客户端程序可以在 SQL 级别通过调用 ROW_COUNT()函数获得此行数。

当调用一个存储过程时，一个隐含的 USE db_name 被执行。通过使用数据库名来限定存储过程名，可以调用一个不在当前数据库中的存储过程。

创建存储过程时将用到各种 SQL 语句。下面介绍一些常用的语句。

（1）使用 DECLARE 语句用声明局部变量，语法如下：

```
DECLARE var_name[, ...] type [DEFAULT value]
```

其中，var_name 指定局部变量的名称，type 指定局部变量的数据类型。若要给变量提供一个默认值，可包含一个 DEFAULT 子句。值 value 可以被指定为一个表达式。

局部变量的作用范围在它被声明的 BEGIN...END 块内。它可以被用在嵌套的块中，除了那些用相同名字声明变量的块。

（2）使用 SET 语句对变量赋值，语法如下：

```
SET var_name=expr[, var_name=expr] ...
```

其中，var_name 指定变量名，可以是存储过程中声明的变量，或是全局服务器变量。expr 为一个表达式，其值通过 SET 语句赋给变量。

（3）将列值存储到局部变量。使用 SELECT...INTO 语句可以将数据表列的值存储到局部变量中，语法如下：

```
SELECT col_name[, ...] INTO var_name [, ...] FROM tbl_name
```

其中，col_name 表示列名，var_name 表示变量名，tbl_name 指定表名。

（4）使用 IF 语句实现一个基本的条件结构，语法如下：

```
IF search_condition THEN statement_list
[ELSEIF search_condition THEN statement_list]...
[ELSE statement_list]
END IF
```

如果 search_condition 求值为真，则执行相应的 SQL 语句列表。如果没有 search_condition 匹配，则执行 ELSE 子句中的语句列表被执行。

statement_list 可以包括一个或多个语句。

（5）使用 CASE 语句实现一个复杂的条件结构，有下列两种语法。

第一种语法：

```
CASE case_value
  WHEN when_value THEN statement_list
  [WHEN when_value THEN statement_list]...
  [ELSE statement_list]
END CASE
```

如果 case_value 与 when_value 的值匹配，则执行相应的 SQL 语句。如果不存在这样的 when_value，则执行 ELSE 子句中的语句。

第二种语法：

```
CASE
  WHEN search_condition THEN statement_list
  [WHEN search_condition THEN statement_list]...
  [ELSE statement_list]
END CASE
```

在存储过程中，可以使用 CASE 语句实现一个复杂的条件结构。如果 search_condition 求值为真，则执行相应的 SQL 语句。如果没有搜索条件匹配，则执行 ELSE 子句中的语句。

（6）使用 WHILE 语句实现一个循环结构，语法如下：

```
[begin_label:] WHILE search_condition DO
    statement_list
END WHILE [end_label]
```

WHILE 语句内的语句将被重复，直至条件 search_condition 为真。WHILE 语句可以被标注。除非 begin_label 也存在，end_label 才能被用，如果两者都存在，它们必须是一样的。

一个存储过程与特定数据库相联系。当移除数据库时，与其关联的所有存储过程随之被移除。也可以使用 DROP PROCEDURE 语句从数据库中删除指定的存储过程，语法如下：

```
DROP PROCEDURE [IF EXISTS] sp_name
```

其中，sp_name 指定待删除存储过程的名称。IF EXISTS 子句是一个 MySQL 的扩展。如果存储过程不存在，可防止发生错误。

实战演练 使用 MySQL 命令行工具在 stuinfo 数据库中创建一个带输入参数的存储过程，用于实现交叉表查询，调用该存储过程可以按班级查询公共课成绩。操作步骤如下：

（1）运行 MySQL 命令行工具。

（2）编写并执行以下 SQL 语句，以创建存储过程 sp_score_by_class：

```
USE stuinfo;
DROP PROCEDURE IF EXISTS sp_score_by_class;
-- 将语句结束符改为“//”
```

```
DELIMITER //
CREATE PROCEDURE sp_score_by_class(IN class char(5))
BEGIN
  -- 若不存在指定临时表，则创建之
  CREATE TEMPORARY TABLE IF NOT EXISTS temp_score (
    stuid INT NOT NULL,
    stuname VARCHAR(10) NOT NULL,
    couname VARCHAR(30) NOT NULL,
    score TINYINT NULL
  );
  -- 从学生表、课程表和成绩表向临时表添加记录
  INSERT INTO temp_score (stuid, stuname, couname, score)
  SELECT st.stuid, stuname,co.couname, score
  FROM score sc INNER JOIN course co ON sc.couid=co.couid
  INNER JOIN student st ON sc.stuid=st.stuid ;
  -- 创建交叉表查询
  SELECT temp_score.stuid AS 学号, temp_score.stuname AS 姓名,
    SUM(CASE couname WHEN '信息技术基础' THEN score ELSE 0 END) AS 信息技术基础,
    SUM(CASE couname WHEN '英语' THEN score ELSE 0 END) AS 英语,
    SUM(CASE couname WHEN '数学' THEN score ELSE 0 END) AS 数学
  FROM temp_score INNER JOIN student ON student.stuid=temp_score.stuid
  WHERE student.class=class
  GROUP BY temp_score.stuid, temp_score.stuname;
  -- 若存在临时表，则删除之
  DROP TEMPORARY TABLE IF EXISTS temp_score;
END //
-- 把语句结束符重新改为分号
DELIMITER ;
```

（3）编写并执行以下语句，以调用存储过程 sp_score_by_class（所传递参数为班级）：

```
CALL sp_score_by_class('商 1701');
```

执行存储过程的结果如图 8.30 所示。

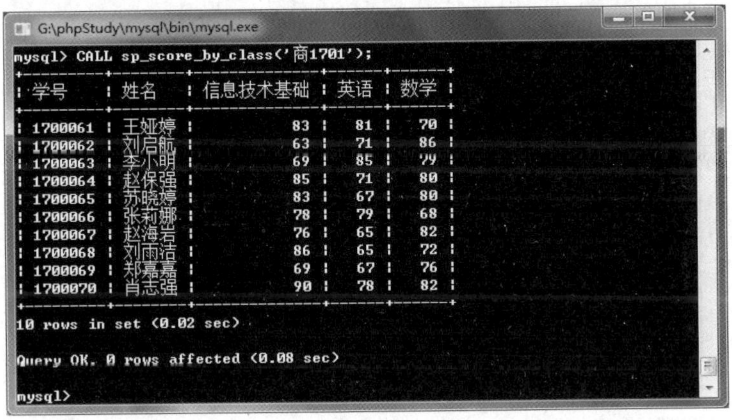

图 8.30 执行存储过程

8.5.4 使用存储函数

存储函数通常简称为函数。函数与存储过程类似，也存储在某个数据库中。与存储过程不同的是，函数有一个返回值，因此可以用在任何使用表达式的位置。

使用 CREATE FUNCTION 语句可以在数据库中创建一个存储函数，语法如下：

```
CREATE FUNCTION func_name([param_name type[, ...]])
RETURNS type
```

```
[characteristic...] routine_body
```

其中，func_name 指定函数的名称。param_name 指定参数的名称。type 指定参数的数据类型。函数的参数总是被认为是 IN 参数。RETURNS type 子句用于指定函数返回值的数据类型，可以是任何有效的 MySQL 数据类型。

characteristic 设置函数的特征，可参阅 CREATE PROCEDURE 语句。routine_body 表示函数体，其中必须包含一个 RETURN value 语句。如果函数体只包含一个语句，则不必使用 BEGIN...END 复合语句。

存储函数具有返回值，可以用在任何使用表达式的位置。存储函数不能通过 CALL 语句来调用，这一点不同于与存储过程。

对于不再需要的函数，可使用 DROP FUNCTION 语句将其从数据库中删除，语法如下：

```
DROP FUNCTION [IF EXISTS] func_name
```

其中，func_name 指定待删除函数的名称。IF EXISTS 子句是 MySQL 的一个扩展。如果函数不存在，可防止发生错误。

实战演练 使用 MySQL 命令行工具在 stuinfo 数据库中创建两个存储函数，分别命名为 chn_date（返回中文日期）和 age（计算年龄），然后在查询语句中调用这两个函数。操作步骤如下：

（1）运行 MySQL 命令行工具。

（2）输入并执行以下 SQL 语句，以创建存储函数 chn_date 和 ages：

```
USE stuinfo;
DROP FUNCTION IF EXISTS chn_date;
DROP FUNCTION IF EXISTS age;
DELIMITER //
CREATE FUNCTION chn_date (d date) RETURNS CHAR(20)
BEGIN
  DECLARE d1 VARCHAR(20);
  DECLARE d2 VARCHAR(5);
  DECLARE d3 VARCHAR(6);
  SET d1=DATE_FORMAT(d, '%Y 年%m 月%d 日');
  SET d2=DATE_FORMAT(d, '%w');
  CASE d2
    WHEN '0' THEN SET d3=' 周日';
    WHEN '1' THEN SET d3=' 周一';
    WHEN '2' THEN SET d3=' 周二';
    WHEN '3' THEN SET d3=' 周三';
    WHEN '4' THEN SET d3=' 周四';
    WHEN '5' THEN SET d3=' 周五';
    WHEN '6' THEN SET d3=' 周六';
  END CASE;
  RETURN CONCAT(d1, d3);
END
//
CREATE FUNCTION age (birthdate date) RETURNS INT
RETURN DATEDIFF(CURDATE(), birthdate)/365;
//
DELIMITER ;
```

（3）输入并执行以下查询语句：

```
SELECT stuid AS 学号, stuname AS 姓名, gender AS 性别,
  chn_date(birthdate) AS 出生日期, age(birthdate) AS 年龄
FROM student ORDER BY 年龄 DESC LIMIT 10;
```

上述查询语句的执行结果如图 8.31 所示。

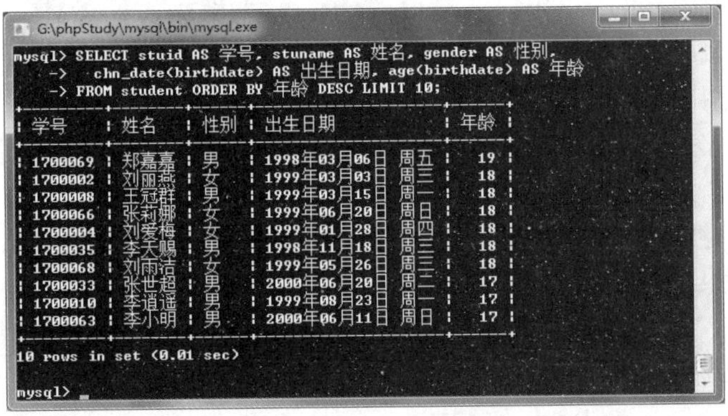

```
G:\phpStudy\mysql\bin\mysql.exe
mysql> SELECT stuid AS 学号, stuname AS 姓名, gender AS 性别,
    ->  chn_date(birthdate) AS 出生日期, age(birthdate) AS 年龄
    -> FROM student ORDER BY 年龄 DESC LIMIT 10;
+---------+--------+------+------------------------+------+
| 学号    | 姓名   | 性别 | 出生日期               | 年龄 |
+---------+--------+------+------------------------+------+
| 1700069 | 郑嘉嘉 | 男   | 1998年03月06日 周五    |   19 |
| 1700002 | 刘丽燕 | 女   | 1999年03月03日 周三    |   18 |
| 1700008 | 王冠群 | 男   | 1999年03月15日 周一    |   18 |
| 1700066 | 张莉娜 | 女   | 1999年06月20日 周日    |   18 |
| 1700004 | 刘爱梅 | 女   | 1999年01月28日 周四    |   18 |
| 1700035 | 李天赐 | 男   | 1998年11月18日 周三    |   18 |
| 1700068 | 刘雨洁 | 女   | 1999年05月26日 周三    |   18 |
| 1700033 | 张世超 | 男   | 2000年06月20日 周二    |   17 |
| 1700010 | 李逍遥 | 男   | 1999年08月23日 周一    |   17 |
| 1700063 | 李小明 | 男   | 2000年06月11日 周日    |   17 |
+---------+--------+------+------------------------+------+
10 rows in set (0.01 sec)

mysql> _
```

图 8.31　在查询语句中应用存储函数

8.5.5 使用触发器

触发器是与表有关的命名数据库对象，当表上出现特定事件时，将激活该对象。触发器并不需要由用户来直接调用，而在对表发出 UPDATE、INSERT 或 DELETE 语句时自动执行。MySQL 从版本 5.02 起支持触发器。

使用 CREATE TRIGGER 语句可以在指定表中创建触发器，语法如下：

```
CREATE TRIGGER trigger_name trigger_time trigger_event
ON tbl_name FOR EACH ROW trigger_stmt
```

其中，trigger_name 指定触发器的名称。tbl_name 指定要在其中创建触发器的表的名称。tbl_name 必须引用永久性表。不能将触发器与 TEMPORARY 表或视图关联起来。

trigger_time 是触发器的动作时间，可为 BEFORE 或 AFTER，指定触发器是在激活它的语句之前或之后触发。trigger_event 指定激活触发器的语句的类型，可取下列值之一：

- INSERT：将新行插入表时激活触发器。例如，通过执行 INSERT、LOAD DATA 和 REPLACE 语句。
- UPDATE：当更改某一行时激活触发器。例如，通过执行 UPDATE 语句。
- DELETE：当从表中删除某一行时激活触发器。例如，通过执行 DELETE 和 REPLACE 语句。

对于具有相同触发器动作时间和事件的给定表，不能有两个触发器。例如，对于某一个表，不能有两个 BEFORE UPDATE 触发器。但可以有一个 BEFORE UPDATE 触发器和一个 BEFORE INSERT 触发器，或一个 BEFORE UPDATE 触发器和一个 AFTER UPDATE 触发器。

trigger_stmt 是当触发器激活时执行的语句。若要执行多个语句，可以使用 BEGIN...END 复合语句结构。这样，就能使用存储过程中允许的相同语句。

使用别名 OLD 和 NEW（不区分大小写），能够引用与触发器相关的表中的列。在 INSERT 触发器中，只能使用 NEW.col_name 来引用将要插入的新行的一列。在 DELETE 触发器中，只能使用 OLD.col_name 来引用已有行中的一列。在 UPDATE 触发器中，可以使用 OLD.col_name 来引用更新前的某一行的列，也能使用 NEW.col_name 来引用更新后的行中的列。OLD 和 NEW 是对触发器的 MySQL 扩展。

用 OLD 命名的列是只读的，可以引用它，但不能更改它。对于用 NEW 命名的列，如果具有 SELECT 权限，可以引用它。在 BEFORE 触发器中，如果具有 UPDATE 权限，可以用"SET NEW.col_name = value"更改其值。这意味着，可以使用触发器来更改将要插入到新行中的值，或用于更新行的值。

在 BEFORE 触发器中，AUTO_INCREMENT 列的 NEW 值为 0，不是实际插入新记录时将自动生成的序列号。

对于不再需要的触发器，可使用 DROP TRIGGER 语句从表中删除，语法如下：

```
DROP TRIGGER [schema_name.]trigger_name
```

其中，trigger_name 指定待删除的触发器。可选参数 schema_name 指定方案名称，如果省略该参数，则从当前方案中删除触发器。

实战演练 使用 MySQL 命令行工具在学生表中创建一个触发器，要求添加学生记录时自动添加成绩记录，即在成绩表中填入学号和课程编号，成绩字段留空。创建触发器后，通过 INSERT 和 SELECT 语句来测试触发器的执行结果。操作步骤如下：

（1）运行 MySQL 命令行工具。

（2）输入并执行以下 SQL 语句，以创建触发器 tr_insert_score：

```
USE stuinfo;
DELIMITER //
CREATE TRIGGER tr_insert_score AFTER INSERT
ON student FOR EACH ROW
INSERT INTO score (stuid, couid) VALUES
(NEW.stuid, 1), (NEW.stuid, 2), (NEW.stuid, 3);
//
DELIMITER ;
```

（3）输入并执行以下语句，以验证触发器的效果：

```
USE studinfo;
INSERT INTO student VALUES
('1700012', '雷小明', '男', '1999-08-26','计算机技术系', '计 1701', 'lxm@163.com', '13603712688');
SELECT student.stuid AS 学号, stuname AS 姓名, couname AS 课程, score AS 成绩
FROM score INNER JOIN student ON score.stuid=student.stuid
INNER JOIN course ON score.couid=course.couid
WHERE stuname='雷小明';
```

上述语句的执行结果如图 8.32 所示。

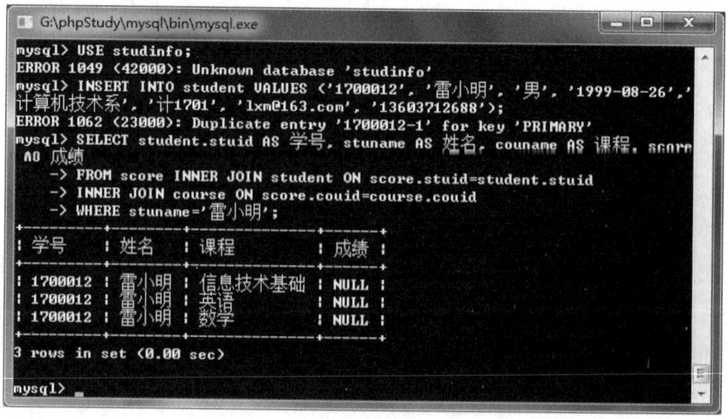

图 8.32　测试触发器执行结果

任务 8.6 安全性管理

安装和配置 MySQL 时，通常会创建一个 root 账户，该账户拥有最高权限，可以对服务器和所有数据库进行管理。为了确保数据的安全性，应该为开发人员创建 MySQL 用户账户，并针对不同用户设置不同的访问权限。通过本任务的实施将掌握在 MySQL 中管理用户和权限的各项操作技能。

任务目标

★ 掌握管理用户的方法
★ 掌握管理权限的方法

8.6.1 管理用户

MySQL 数据库管理系统具有良好的安全性。用户必须拥有自己的账户和密码，才能登录到 MySQL 服务器。要对 MySQL 安全性进行管理，就应当掌握创建用户、删除用户、重命名用户及设置登录密码的方法。

1．创建用户

使用 CREATE USER 可以创建新的 MySQL 用户账户，语法如下：

```
CREATE USER user [IDENTIFIED BY [PASSWORD] 'password']
[, user [IDENTIFIED BY [PASSWORD] 'password']] ...
```

其中，user 指定要创建的用户名，其值可用 username@hostname 形式来指定。如果 username 或 hostname 与不加引号的标识符一样是合法的，则不需要对它加引号。不过，如果要在用户名或主机名中包含特殊字符（如“-”）或通配字符（如“%”），则应当加引号。例如，'test-user'@'test-hostname'。对 username 和 hostname 要分别加引号。

在 hostname 中可以指定通配符。例如，username@'%.loc.gov' 适用于 loc.gov 域中任何主机的 username。同时 username@'144.155.166.%' 适用于 144.155.166 C 级子网中任何主机的 username。简单形式 username 是 username@'%' 的同义词，其中通配符 '%' 表示任意主机。

IDENTIFIED BY 子句用于为账户设置一个密码。如果要在纯文本中指定密码，则需要忽略 PASSWORD 关键词。如果要将密码指定为由 PASSWORD()函数返回的混编值，则需要包含关键字 PASSWORD。

使用 CREATE USER 语句创建一个用户账户后，即可通过该账户登录到 MySQL 服务器。但在对该账户授予适当的权限之前，暂时还不能通过它来进行数据访问。

要使用 CREATE USER，必须拥有 mysql 数据库的全局 CREATE USER 权限，或拥有 INSERT 权限。对于每个账户，CREATE USER 会在没有权限的 mysql.user 表中创建一个新记录。如果指定的账户已经存在，则出现错误。

用户账户信息存储在系统数据库 msyql 的 user 表中，可通过 SELECT 语句从该表中查看现有的用户账户信息。账户名称的用户和主机部分与用户表记录的 user 和 host 列值相对应。

实战演练 使用 MySQL 命令行工具创建两个用户账户，其中一个只能访问本地主机，另一个可以访问远程主机。操作步骤如下：

（1）在 Windows 中打开命令提示符，运行 MySQL 命令行工具，以 root 用户登录到 MySQL 服务器，然后输入并执行以下语句：

```
CREATE USER andy@'localhost' IDENTIFIED BY '123456';
CREATE USER mary@'%' IDENTIFIED BY 'zhimakaimen';
```

上述语句的执行结果如图所示。

（2）输入并执行以下语句，以查看所有 MySQL 用户账户和当前登录账户：

```
USE mysql;
SELECT user();
SELECT host, user, password FROM user;
```

上述语句的执行结果如图所示。

（3）输入 quit 命令，退出 MySQL 命令提示符。

（4）运行 MySQL 命令提示符，分别使用用户账户 andy 和 mary 登录到 MySQL 服务器。

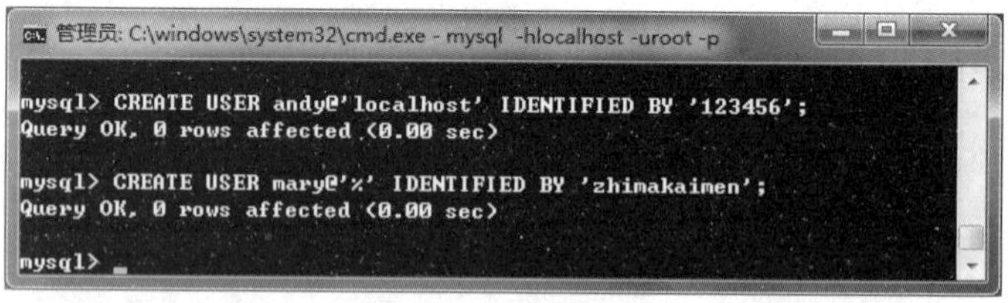

图 8.33 创建用户

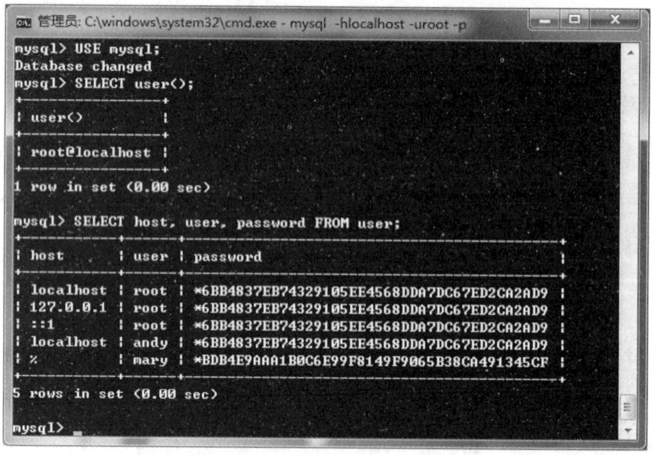

图 8.34 查看当前登录用户和所有用户

2. 重命名用户

使用 RENAME USER 语句可以对现有 MySQL 账户进行重命名，语法如下：

```
RENAME USER old_user TO new_user[, old_user TO new_user] ...
```

old_user 和 new_user 值的格式为 'username'@'lhostname'。

要使用 RENAME USER，必须拥有全局 CREATE USER 权限或 mysql 数据库 UPDATE 权限。如果旧账户不存在或者新账户已存在，则会出现错误。

例如，下面的语句对现有的两个 MySQL 账户进行了重命名。

```
RENAME USER 'andy'@'localhost' TO 'smith'@%', 'mary'@'%' TO 'tina'@'localhost';
```

3．设置密码

使用 SET PASSWORD 语句可以对一个 MySQL 用户账户设置密码，有以下两种语法。

（1）如果要为当前用户设置密码，可以使用以下语法：

```
SET PASSWORD = PASSWORD('some password');
```

已使用一个非匿名账户连接到服务器上的任何客户都可以更改该账户的密码。

（2）如果要为当前服务器主机上的一个特定账户设置密码，可使用以下语法：

```
SET PASSWORD FOR user = PASSWORD('some password');
```

其中，user 值应以 username@hostname 的格式指定。只有拥有 mysql 数据库 UPDATE 权限的客户端可以这么做。

4．删除用户

使用 DROP USER 语句可以删除一个或多个 MySQL 用户账户，语法如下：

```
DROP USER user [, user] ...
```

其中，user 格式为 'username'@'lhostname'，用户和主机都必须放在引号中。账户名称的用户和主机部分与用户表记录的 hser 和 host 列值相对应。

要使用 DROP USER，必须拥有 mysql 数据库的全局 CREATE USER 权限或 DELETE 权限。

注意

DROP USER 语句不能自动关闭任何打开的用户对话。如果用户有打开的对话，此时取消用户，则语句不会生效，直到用户对话被关闭后才生效。一旦对话被关闭，用户也被取消，此用户再次试图登录时将会失败。

例如，使用下面的语句可删除 MySQL 用户账户 andy 和 mary：

```
DROP USER 'andy'@'localhost', 'mary'@'%';
```

除了使用 SQL 语句外，用户的创建、重命名和删除及密码重置也可以使用 MyQL-Front 或 phpMyAdmin 工具以可视化方式实现。

8.6.2 管理权限

用 CREATE USER 语句创建一个用户账户后，即可通过该账户登录到 MySQL 服务器，但此时还不能访问任何数据库。如果希望通过某个用户账户访问数据库，还必须对该账户授予适当的权限。

1．设置权限

系统管理员可以使用 GRANT 语句对一个现有 MySQL 用户账户授予适当的权限，也可以使用该语句创建一个新的用户账户并对其进行授权，语法格式如下：

```
GRANT priv_type [(column_list)][, priv_type[(column_list)]] ...
ON [TABLE | FUNCTION | PROCEDURE] {tbl_name | * | *.* |db_name.*}
TO user [IDENTIFIED BY [PASSWORD] 'password']
[, user [IDENTIFIED BY [PASSWORD] 'password']] ...
[REQUIRE
   NONE|[{SSL|X509}] [CIPHER 'cipher' [AND]] [ISSUER 'issuer' [AND]] [SUBJECT 'subject']]
[WITH GRANT OPTION
```

```
|MAX_QUERIES_PER_HOUR count | MAX_UPDATES_PER_HOUR count
|MAX_CONNECTIONS_PER_HOUR count | MAX_USER_CONNECTIONS count]
```

其中 priv_type 表示可授予用户账户的各种权限，这些权限及其意义在表 8.6 中描述。

表 8.6　可授予用户账户的权限

权　限	说　明
ALL [PRIVILEGES]	设置除 GRANT OPTION 之外的所有简单权限
ALTER	允许使用 ALTER TABLE
ALTER ROUTINE	更改或取消存储过程
CREATE	允许使用 CREATE TABLE
CREATE ROUTINE	允许创建存储过程
CREATE TEMPORARY TABLES	允许使用 CREATE TEMPORARY TABLE
CREATE USER	允许使用 CREATE USER, DROP USER, RENAME USER 和 REVOKE ALL PRIVILEGES
CREATE VIEW	允许使用 CREATE VIEW
DELETE	允许使用 DELETE
DROP	允许使用 DROP TABLE
EXECUTE	允许用户运行存储过程
FILE	允许使用 SELECT...INTO OUTFILE 和 LOAD DATA INFILE
INDEX	允许使用 CREATE INDEX 和 DROP INDEX
INSERT	允许使用 INSERT
LOCK TABLES	允许对你拥有 SELECT 权限的表使用 LOCK TABLES
PROCESS	允许使用 SHOW FULL PROCESSLIST
RELOAD	允许使用 FLUSH
REPLICATION CLIENT	允许用户询问从属服务器或主服务器的地址
REPLICATION SLAVE	用于复制型从属服务器（从主服务器中读取二进制日志事件）
SELECT	允许使用 SELECT
SHOW DATABASES	SHOW DATABASES 显示所有数据库
SHOW VIEW	允许使用 SHOW CREATE VIEW
SHUTDOWN	允许使用 mysqladmin shutdown
SUPER	允许使用 CHANGE MASTER、KILL、PURGE MASTER LOGS 和 SET GLOBAL 语句及 mysqladmin debug 命令；允许连接（一次），即使已达到 max_connections
UPDATE	允许使用 UPDATE
USAGE	“无权限”的同义词
GRANT OPTION	允许授予权限

参数 column_list 用来对表中的一个或多个字段指定权限。

如果使用 TABLE、FUNCTION 或 PROCEDURE 关键字，则指定后续目标是一个表、一个存储函数或一个存储过程。tbl_name 表示被授权的表名称。使用 ON *.* 语法可以赋予全局权限，全局权限适用于一个给定服务器中的所有数据库。使用 ON db_name.* 语法可以赋予数据库层级权限，数据库权限适用于一个给定数据库中的所有对象。如果指定了 ON * 并且选择了一个默认数据库，则权限被赋予到该数据库中。如果指定了 ON * 而没有选择一个默认数据库，则权限是全局的。

GRANT 语句用于在全局层级或数据库层级赋予权限。当在 GRANT 语句中指定数据库名称时，可以使用“_”和“%”通配符。如果要使用下划线“_”字符作为数据库名称的一部分，则应该在 GRANT 语句中指定为“_”，以防止用户访问其他符合此通配符格式的数据库。例如，GRANT ... ON `student\_info`.* TO ...。

参数 user 指定要被授权的用户账户。IDENTIFIED BY 子句用于设置用户密码。如果该用户已经拥有了一个密码，则此密码被新密码替代。

REQUIRE 子句指定用户是否通过加密套接字进行连接，或者指定其他 SSL 选项。

如果使用 WITH GRANT OPTION 子句，则允许用户在指定的权限层级向其他用户给定其拥有的任何权限。GRANT OPTION 权限只允许赋予自己拥有的权限，不能向其他用户授予自己没有的权限。

MAX_QUERIES_PER_HOUR count 指定该账户每小时能够执行的最大查询次数。

MAX_UPDATES_PER_HOUR count 指定该账户每小时能够执行的最大更新次数。

MAX_CONNECTIONS_PER_HOUR count 指定该账户每小时能够执行的最大连接次数。

MAX_USER_CONNECTIONS count 指定该账户可以同时进行的最大连接次数。

使用 root 账户连接到 MySQL 服务器后，可以使用下面的 GRANT 语句来设置两个新账户：

```
GRANT ALL PRIVILEGES ON *.* TO 'monty'@'localhost'
   IDENTIFIED BY 'some_pass' WITH GRANT OPTION;
GRANT ALL PRIVILEGES ON *.* TO 'monty'@'%'
   IDENTIFIED BY 'some_pass' WITH GRANT OPTION;
```

使用上述语句创建的这两个账户具有相同的用户名 monty 和密码 some_pass，它们都是超级用户账户，拥有完全的权限，可以做任何事情。所不同的是，账户 'monty'@'localhost' 只用于从本机连接时，账户'monty'@'%'则可用于从其他主机连接。

使用下面的 GRANT 语句设置一个新账户，用户名为 admin，没有密码，授予了 RELOAD 和 PROCESS 管理权限。该账户只用于从本机连接。

```
GRANT RELOAD, PROCESS ON *.* TO 'admin'@'localhost';
```

使用下面的 GRANT 语句设置一个新账户，用户名为 dummy，没有密码。该账户只用于从本机连接。未授予权限。通过 GRANT 语句中的 USAGE 权限可以创建账户而不授予任何权限，它可以将所有全局权限设为 'N'。在以后可将具体权限授予该账户。

```
GRANT USAGE ON *.* TO 'dummy'@'localhost';
```

要查看当前用户自己的权限，可使用下面的语句：

```
SHOW GRANTS;
```

要查看其他 MySQL 用户权限，可使用下面的语句：

```
SHOW GRANTS FOR dba@localhost;
```

2．撤销权限

使用 REVOKE 语句可以撤销用户权限，有以下两种语法格式。

第一种语法格式：

```
REVOKE priv_type [(column_list)] [, priv_type [(column_list)]] ...
ON [TABLE | FUNCTION | PROCEDURE] {tbl_name | * | *.* | db_name.*}
FROM user[, user] ...
```

第二种语法格式：

```
REVOKE ALL PRIVILEGES, GRANT OPTION FROM user[, user]...
```

在上述语法格式中，各个参数的含义同 GRANT 语句。

例如，下面的 REVOKE 语句用于撤销用户 dba@localhost 的所用权限：

```
REVOKE ALL ON *.* FROM dba@localhost;
```

除了使用 SQL 语句外，对用户授予或撤销权限也可以使用 MyQL-Front 或 phpMyAdmin 工具以可视化方式实现。

在 MySQL-Front 中，对某个用户设置权限的操作步骤如下。

（1）在导航窗格中，用右键单击该用户并选择“属性”命令。

（2）在账户配置对话框中选择“权限”选项卡，然后单击“新建”按钮，如图 8.35 所示。

（3）在权限配置对话框中，选择所有数据库或指定数据库，并选取要授予该用户的权限，然后单击“确定”按钮，如图 8.36 所示。

图 8.35　用户配置对话框

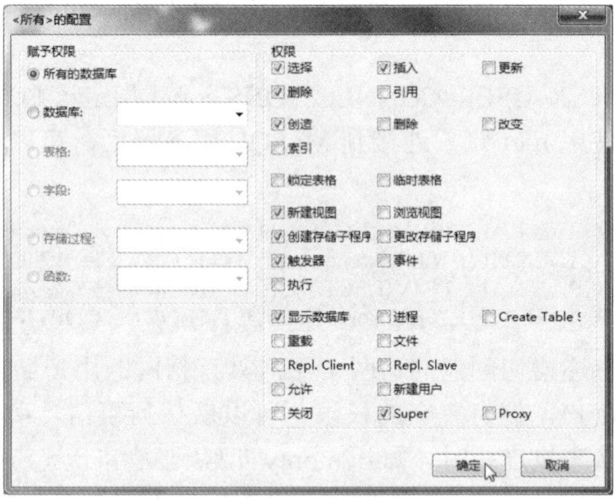

图 8.36　用户权限配置对话框

项目思考

一、选择题

1. 在下列各项中，以（　　）作为 SQL 语句结尾并按回车键不能执行该语句。

A. \EXEC　　B. ;　　C. \G　　D. \g

2. 在 MySQL 中，使用通配符（　　）可表示任意单个字符。

A. ?　　B. *　　C. %　　D. _

3. 使用 SELECT 语句查询记录时，可用（　　）子句对检索到的行进行排序处理。

A. GROUP BY　　B. ORDER BY　　C. WHERE　　D. HAVING

4. 要从学生表中查询所有姓张的学生，可在 WHERE 子句中使用（　　）条件。

A. stuname LIKE '张*'　　B. stuname LIKE '张?'

C. stuname LIKE '张%'　　D. stuname LIKE '张_'

5. 使用 SELECT 语句查询记录时，通过（　　）子句可对结果集中的记录进行分类。

A. WHERE　　B. GROUP BY　　C. HAVING　　D. ORDER BY

二、判断题

1. (　　) 要以 root 用户连接到本机上的 MySQL 服务器，可以执行 mysql -hlocalhost -uroot -p 命令。

2. (　　) 使用 phpMyAdmin 工具只能访问本机的 MySQL 服务器。

3. (　　) 执行 CREATE DATABASE 语句时，如果已经存在同名数据库，即使没有指定 IF NOT EXISTS，也不会出现错误。

4. (　　) 使用 CREATE TABLE 语句只能在当前数据库中创建表。

5. (　　) 使用 SHOW COLUMNS 语句或 DESCRIBE 语句都可以查看表中所有列的信息。

6. (　　) 使用 INSERT...VALUES 语句只能向表中插入一条记录。

7. (　　) 使用 DELETE 语句可从多个表中删除记录。

8. (　　) 使用 CREATE USER 创建的用户可以立刻访问 MySQL 数据库。

三、简答题

1. MySQL 采用什么体系结构？该结构有什么特点？

2. 什么是主键？它有什么作用？

3. 什么是子查询？

4. 索引有什么用途？

5. 什么是视图？视图有什么用处？

6. 如何在数据库中创建存储过程？如何调用存储过程？

7. 存储函数与存储过程有什么不同点？

8. 创建触发器时别名 OLD 和 NEW 有什么作用？

9. 如何创建新的 MySQL 用户账户？

10. 如何对用户账户设置密码？

11. 如何对用户账户设置和撤销权限？

项目实训

1. 使用 MySQL-Front 在 MySQL 服务器上创建一个数据库并命名为 stuinfo。

2. 使用 MySQL-Front 在 stuinfo 数据库中创建 3 个表，分别命名为 student、course 和 score，表结构定义参见表 8.3。

3. 使用 INSERT 语句在 stuinfo 数据库的各个表中分别添加一些数据记录。

4. 在 stuinfo 数据库中创建一个视图，基于 student 表、course 表和 score 表检索数据，要求包含学号、姓名、课程名称及成绩字段。

5. 在 stuinfo 数据库中创建一个存储过程，其功能是根据所传递的班级显示学生成绩。

6. 在 stuinfo 数据库中创建一个函数，可以根据学生的出生日期计算年龄。

7. 使用 MySQL 命令行工具在 student 表中创建一个触发器，其功能是每当从学生表中删除一个学生时删除该学生的成绩记录。

8. 使用 MySQL-Front 在 MySQL 服务器上创建一个用户账户并命名为 admin，并授予该账户访问 stuinfo 数据库的全部权限。

项目 9

通过 PHP 访问 MySQL

大多数PHP动态网站都是围绕着读取和更新MySQL数据库中的信息进行运作的。PHP提供了一组 MySQL 库函数，用于实现对 MySQL 数据库的访问。DW CS6 提供了一组与 MySQL 数据库访问有关的服务器行为，例如创建记录集、创建记录集导航条、插入记录、更新记录及删除记录等，可以用来快速生成 PHP 数据库应用程序。通过本项目的实施将掌握通过 PHP 访问 MySQL 数据库的各项操作技能，能够通过编写 PHP 脚本并结合 DW 可视化操作来创建数据库连接并实现查询、添加、更新和删除记录。

项目目标

★ 掌握创建 MySQL 数据库连接的方法
★ 掌握实现查询记录功能的技能
★ 掌握实现添加记录功能的技能
★ 掌握实现更新记录功能的技能
★ 掌握实现删除记录功能的技能

任务 9.1 创建 MySQL 数据库连接

通过 PHP 动态网页访问 MySQL 数据库中的数据之前，必须首先创建与后台数据库的连接，有了数据库连接才能对数据库进行查询和更新。通过本任务的实施将掌握创建和管理 MySQL 数据库连接的各项技能。

任务目标

★ 掌握编程创建数据库连接的方法
★ 掌握使用 DW 创建数据库连接的方法

★ 掌握管理数据库连接的方法

9.1.1 以编程方式创建 MySQL 连接

在 PHP 中，数据库连接分为非持久连接和持久连接两种类型，前者在 PHP 代码结束时自动关闭，后者则不会被关闭。下面介绍如何通过调用 PHP 提供的相关函数连接到 MySQL 服务器、选择数据库及关闭 MySQL 连接。

1．创建非持久连接

使用 mysql_connect()函数可以建立一个到 MySQL 服务器的连接，语法如下：

```
resource mysql_connect ( [string $server[, string $username[, string $password
    [, bool $new_link[, int $client_flags] ] ] ] ] )
```

其中，参数 server 指定要连接的 MySQL 服务器，可以包括端口号，如 "hostname:port"。参数 username 和 password 分别指定用户账户和密码。参数 new_link 指定是否建立新连接。如果使用相同的参数第二次调用 mysql_connect()，则不会建立新的连接，而是返回已经打开的连接标识。使用参数 new_link 改变这种行为，并且使 mysql_connect()函数总是打开新的连接，甚至当 mysql_connect()曾经在前面被同样的参数调用过。

参数 client_flags 可以是下列常量的组合。

- MYSQL_CLIENT_COMPRESS：使用压缩的通信协议。
- MYSQL_CLIENT_IGNORE_SPACE：允许在函数名后面留空格位。
- MYSQL_CLIENT_INTERACTIVE：允许设置断开连接之前等待的时间。

如果没有提供可选参数，则 mysql_connect()函数将使用以下默认值：server='localhost:3306'; username=服务器进程所有者的用户名；password=空密码。

如果成功建立到 MySQL 服务器的连接，则 mysql_connect()函数返回一个 MySQL 连接标识符，失败则返回 false。

使用 mysql_connect 函数时，应注意以下几点。

（1）如果希望使用 TCP/IP 连接，可以用 "127.0.0.1" 代替 "localhost"。

（2）在函数名前加上@可以抑制失败时产生的错误信息。

（3）一旦 PHP 脚本结束，到 MySQL 服务器的连接就会被关闭，除非在此之前已经调用 mysql_close()关闭了连接。因此，这种连接也称为非持久连接。

2．创建持久连接

使用 mysql_pconnect()函数可以打开一个到 MySQL 服务器的持久连接，语法如下：

```
resource mysql_pconnect ( [string $server[, string $username[, string $password
    [, int $client_flags ] ] ] ] )
```

其中，各个参数的作用与 mysql_connect()函数中的同名参数相同。

mysql_pconnect()与 mysql_connect()非常相似，但有以下两个主要区别。

（1）当创建连接时 mysql_pconnect()函数将先尝试寻找一个在同一主机上用同样的用户名和密码已经打开的持久连接，如果找到，则返回此连接标识而不打开新连接。

（2）当脚本执行完毕后到 SQL 服务器的持久连接不会被关闭，此连接将保持打开以备后用。这种持久连接仅能用于模块版本的 PHP。mysql_close()函数不会关闭由 mysql_pconnect()建立的持久连接。

3．选择数据库

通过 mysql_connect()或 mysql_pconnect()函数连接到一个 MySQL 服务器之后，可以使用 mysql_select_db()函数从该服务器上选择所需要的数据库，语法如下：

```
bool mysql_select_db ( string $database_name[, resource $link_identifier] )
```

其中，参数 database_name 指定数据库名称。link_identifier 指定连接标识符。若未指定该参数，则使用上一个打开的连接。如果不存在打开的连接，则本函数将无参数调用 mysql_connect()来尝试打开一个连接并使用该连接。

mysql_select_db()用于设定与指定的连接标识符所关联的服务器上的当前激活数据库。随后每次调用 mysql_query()函数都会作用于活动数据库。

如果成功地选择了指定的数据库，则 mysql_select_db()函数返回 true，如果操作失败则返回 false。

4．关闭 MySQL 连接

使用 mysql_close()函数可以关闭 MySQL 连接，语法如下：

```
bool mysql_close ( [resource $link_identifier] )
```

其中，link_identifier 参数指定连接标识符。

mysql_close()函数关闭指定的连接标识所关联的到 MySQL 服务器的连接。如果没有指定 link_identifier 参数，则关闭上一个打开的连接。

如果成功则 mysql_close 函数返回 true，失败则返回 false。

通常不需要使用 mysql_close()，因为已打开的非持久连接会在脚本执行完毕后自动关闭。mysql_close()函数不会关闭由 mysql_pconnect()建立的持久连接。

5．检查 MySQL 错误信息

使用 mysql_error()函数可以返回上一个 MySQL 操作产生的文本错误信息，语法如下：

```
string mysql_error ( [resource $link_identifier] )
```

mysql_error 函数返回上一个 MySQL 函数的错误文本。如果没有出错，则返回空字符串。如果未指定连接标识符，则使用上一个成功打开的连接从 MySQL 服务器提取错误信息。

实战演练 创建一个 PHP 动态网页，连接到本机上的 MySQL 服务器并查看该服务器相关信息。源文件为/09/09-01.php，源代码如下。

```
<!doctype html>
<html>
<head>
<meta charset="gb2312">
<title>创建数据库连接</title>
</head>

<body>
<h3>创建数据库连接</h3>
<hr>
<?php
$link=mysql_connect("localhost","root","123456")
   or die("无法连接到 MySQL 服务器，其原因是: " . mysql_error());
echo "<p>已经成功连接到 MySQL 服务器。</p>";
mysql_select_db("stuinfo", $link)
   or die("无法选择数据库，其原因是: " . mysql_error());
echo "<p>当前的活动数据库是 stuinfo。</p>";
```

```
printf("<ul>");
printf("<li>MySQL 客户端信息：%s</li>", mysql_get_client_info());
printf("<li>MySQL 主机信息：%s</li>", mysql_get_host_info($link));
printf("<li>MySQL 协议信息：%s", mysql_get_proto_info($link));
printf("<li>MySQL 服务器信息：%s</li>", mysql_get_server_info($link));
printf("<li>MySQL 服务器当前状态：%s</li>", mysql_stat());
printf("<li>当前字符集设置：%s</li>", mysql_client_encoding($link));
printf("</ul>");

mysql_close($link);
?>
</body>
</html>
```

在上述源文件中，首先使用 mysql_connect()函数连接到本地 MySQL 服务器，然后使用 mysql_select_db()函数从该服务器上选择 stuinfo 数据库，最后使用一组函数来获取 MySQL 服务器和客户端的相关信息。网页运行结果如图 9.1 所示。

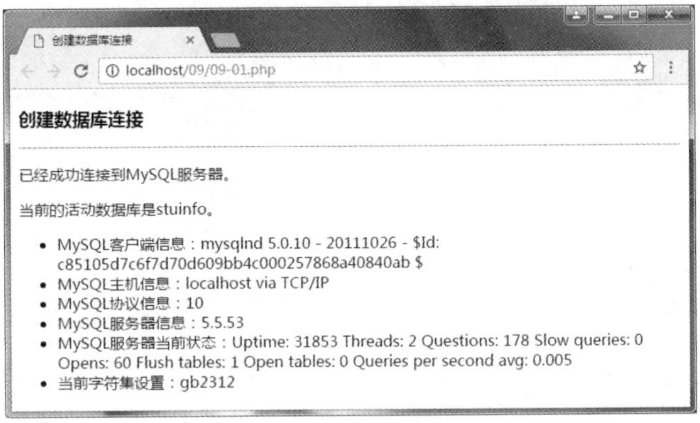

图 9.1　创建数据库连接

9.1.2 在 DW 中创建 MySQL 连接

在 DW 中可以使用“数据库”面板来创建 MySQL 数据库连接，该连接可以用在整个站点的所有 PHP 页面中。使用 DW 时必须事先创建这样一个 MySQL 数据库连接，才能通过可视化操作实现数据库访问功能。在 DW 中创建 MySQL 数据库连接的操作方法如下：

（1）在 DW 中打开一个 PHP 页面。

（2）在“窗口”菜单中选择“数据库”命令，以打开“数据库”面板。

（3）在“数据库”面板上单击加号按钮，然后从弹出菜单中选择“MySQL 连接”命令，如图 9.2 所示。

（4）在“MySQL 连接”对话框中，通过设置以下选项为当前 PHP 动态站点创建数据库连接，如图 9.3 所示。设置此对话框之前，应确保已启动 MySQL 服务器。

- 输入新连接的名称，例如 stuinfo。不要在该名称中使用任何空格或特殊字符。
- 在“MySQL 服务器”框中，指定承载 MySQL 服务器的计算机，可以输入 IP 地址或服务器名称。如果 MySQL 与 PHP 运行在同一台计算机上，则可输入 localhost。
- 输入 MySQL 用户名和密码。
- 在“数据库”框中输入要连接的数据库名称，或者单击“选取”按钮，然后从 MySQL 数据库列表中选择要连接的数据库。在图 9.3 中选择了 stuinfo 数据库。

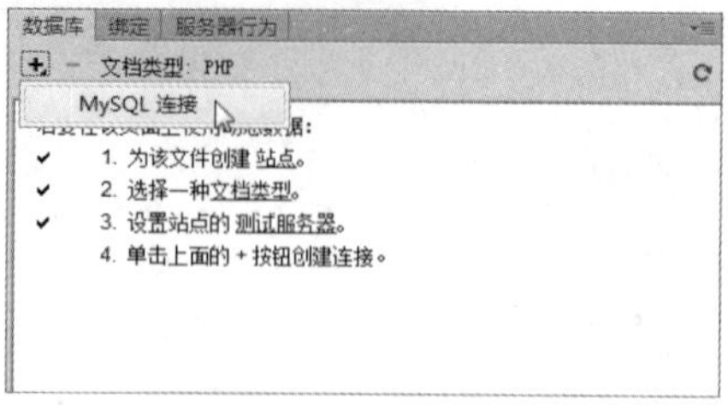

图 9.2　创建 MySQL 连接

图 9.3　设置 MySQL 连接参数

（5）单击“测试”按钮。此时 DW 尝试连接到数据库，如果连接成功，则会显示“成功创建连接脚本”，如图 9.4 所示。如果连接失败，请检查服务器名称、用户名和密码。如果连接仍然失败，请检查 DW 中处理 PHP 动态网页的文件夹设置。

（6）单击“确定”按钮，此时新连接便出现在“数据库”面板上，如图 9.5 所示。这个数据库连接可以在当前站点的所有 PHP 页面中使用。

图 9.4　连接成功

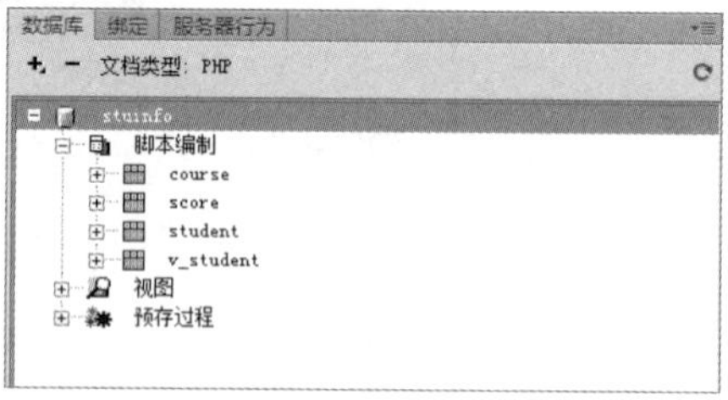

图 9.5　数据库面板上的连接

从“文件”面板可以看出，当成功创建第一个连接时，将会在站点根目录下创建了一个名为 Connections 文件夹并在该文件夹中生成了一个 PHP 文件，文件名与连接名称相同，如图 9.6 所示。

Connections 文件夹中的 PHP 文件即数据库连接文件。在此文件中，首先使用 4 个变量保存数据库连接参数，包括 MySQL 服务器名称、要连接的数据库名称、用户名及密码，然后通过调用 mysql_pconnect()函数创建一个持久连接。PHP 源代码如图 9.7 所示。

图 9.6　保存 MySQL 连接参数的文件

```
<?php
# FileName="Connection_php_mysql.htm"
# Type="MYSQL"
# HTTP="true"
$hostname_stuinfo = "localhost";
$database_stuinfo = "stuinfo";
$username_stuinfo = "root";
$password_stuinfo = "123456";
$stuinfo = mysql_pconnect($hostname_stuinfo,
$username_stuinfo, $password_stuinfo) or
trigger_error(mysql_error(),E_USER_ERROR);
?>
```

图 9.7　创建 MySQL 连接的 PHP 源代码

在数据库连接文件中，通过调用 trigger_error()函数生成一个用户级别的错误、警告或通告信息。该函数的语法如下：

```
bool trigger_error ( string $error_msg[, int $error_type] )
```

其中，error_msg 参数指定该错误的文本信息，限制在 1 024 个字符以内。error_type 参数指定该错误的类型，其取值只能是以下 E_USER 系列常量。

- E_USER_ERROR：报告用户触发的错误。
- E_USER_NOTICE：报告用户触发的通告。
- E_USER_WARNING：报告用户触发的警告。

9.1.3 数据库连接的应用与管理

在 DW 中创建数据库连接之后，如果希望在 PHP 页面中引用数据库连接标识符和其他连接参数，可以在数据库面板上用右键单击该连接并从弹出菜单中选择“插入代码”命令，如图 9.8 所示。

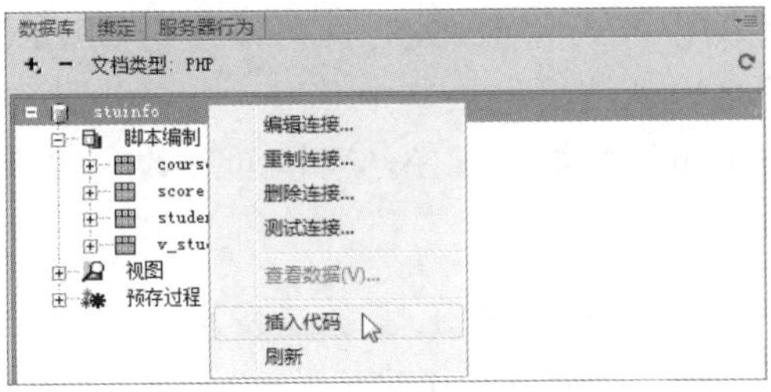

图 9.8 引用数据库连接文件

此时将会生成以下 PHP 代码块：

```
<?php require_once('../Connections/stuinfo.php'); ?>
```

当在 DW 中通过可视化方式创建访问 MySQL 数据库的 PHP 页面时，当前创建的数据库连接将会包含在有关对话框的“连接”列表框中，在完成对话框设置之后也会在当前文档中自动生成上述 require_once 语句。

利用“数据库”面板可以对数据库连接进行管理，主要包括以下操作。

（1）编辑连接。用右键单击一个连接并从弹出菜单中选择“编辑连接”命令，然后在连接对话框中修改连接参数，但不能更改连接名称。

（2）重制连接。用右键单击一个连接并从弹出菜单中选择“重制连接”命令，然后在连接对话框中修改连接参数，也可以更改连接名称。

（3）删除连接。选择一个连接并单击减号按钮-，或者用右键单击该连接并从弹出菜单中选择“删除链接”命令。

（4）测试连接。选择一个连接并从弹出菜单中选择“测试连接”命令。若连接成功，则会看到“成功创建连接脚本”信息，否则将提示失败信息。

任务 9.2 查询记录

打开到某个 MySQL 数据库的连接时，便开始了与该数据库的会话，此时可以通过调用相关的 PHP 函数来发送和执行 SQL 查询语句，以返回所需要的记录集，然后通过 PHP 页把该记录集的内容显示出来。通过本任务将掌握通过 PHP 查询数据库记录的各项操作技能，能够创建记录集、分页显示记录集、创建搜索/结果页及主/详细页。

任务目标

★ 掌握创建记录集的方法
★ 掌握分页显示记录集的方法
★ 掌握创建搜索/结果页的方法
★ 掌握创建主/详细页的方法

9.2.1 以编程方式创建记录集

在 PHP 中，可以通过编程方式向 MySQL 服务器发送 SELECT 查询语句并返回一个结果标识符，根据该标识符可以从结果记录集中获取一行并由此得到一个字符串数组，记录集的各个字段值就存储在相应的数组元素中，可以通过数字索引或字段名来获取字段值。

1. 执行 MySQL 查询

使用 mysql_query()函数可以向 MySQL 服务器发送一条查询语句，语法如下：

```
resource mysql_query ( string $query [, resource $link_identifier ] )
```

其中，参数 query 指定要执行的查询语句，该语句不应以分号结束。参数 link_identifier 指定连接标识符。如果未指定该参数，则使用上一个打开的连接。如果没有打开的连接，则会尝试无参数调用 mysql_connect()函数来建立一个连接并使用之。

mysql_query()函数向与指定的连接标识符关联的服务器中的当前活动数据库发送一条查询语句，查询结果会被缓存。当发送 SELECT，SHOW，EXPLAIN 或 DESCRIBE 语句时，mysql_query()函数返回一个资源标识符，如果查询执行不正确则返回 false。对于其他类型的 SQL 语句，mysql_query()在执行成功时返回 true，出错时返回 false。非 false 的返回值意味着查询是合法的，并且能够被服务器执行。不过这并不说明任何有关影响到的或返回的行数，很有可能执行成功了一条查询但并未影响到或并未返回任何行。

使用 mysql_query()函数时，应当注意以下几点。

（1）如果没有权限访问查询语句中引用的表，mysql_query()也会返回 false。

（2）如果查询成功，可以调用 mysql_num_rows()函数来查看对应于 SELECT 语句返回了多少行，或者调用 mysql_affected_rows()函数来查看对应于 DELETE、INSERT、REPLACE 或 UPDATE 语句影响到了多少行。

（3）对于 SELECT、SHOW、DESCRIBE 或 EXPLAIN 语句，mysql_query()函数将返回一个新的结果标识符，可以将其传递给 mysql_fetch_array()函数或其他处理记录集的函数。处理完记录集后可以调用 mysql_free_result()函数并将结果标识符作为参数传递，以释放与之关联的资源，尽管脚本执行完毕后会自动释放内存。

2. 从记录集中获取行作为数组

使用 mysql_fetch_array()函数可以从结果记录集中取得一行作为关联数组、数字数组或二者兼有（该数组中的一个元素对应于当前记录的一个字段），语法格式如下：

```
array mysql_fetch_array ( resource $result [, int $result_type ] )
```

其中，参数 result 表示 resource 类型的结果集，该结果集来自对 mysql_query()函数的调用；

result_type 为可选参数，指定数组的索引类型，其取值为以下常量值：

- MYSQL_ASSOC：得到包含关联索引的数组。
- MYSQL_NUM：得到包含数字索引的数组。
- MYSQL_BOTH（默认值）：得到一个同时包含关联和数字索引的数组。

该函数返回对应于当前行的字符串数组并指向下一行，如果没有更多行则返回 false。

如果查询结果中有两个或两个以上的字段具有相同字段名，则最后一个字段将优先。如果要访问同名的其他字段，必须使用该字段的数字索引，或者给该字段指定一个别名。对具有别名的字段，不能再用原来的字段名访问其内容。mysql_fetch_array()函数返回的字段名是区分大小写的。

除 mysql_fetch_array()函数外，还可以使用 mysql_fetch_row()函数或 mysql_fetch_assoc()函数，前者从记录集中取得一行并作为枚举数组，后者从记录集中取得一行并作为关联数组，它们都返回根据从记录集取得的行生成的数组，如果没有更多行则返回 false。

3. 获取记录集的行数和列数

为了在 PHP 页中显示一个记录集的内容，通常需要获取该记录集包含的行数和列数。这可以通过调用以下两个函数来实现。

（1）使用 mysql_num_rows()函数可以取得记录集中包含的行数，语法如下：

```
int mysql_num_rows ( resource $result )
```

其中，参数 result 指定结果标识符。

此函数仅对 SELECT 语句有效。若要取得通过 INSERT、UPDATE 或者 DELETE 查询语句所影响到的行的数目，则应当调用 mysql_affected_rows()函数。

（2）使用 mysql_num_fields()函数可以取得记录集中包含的字段数目，语法如下：

```
int mysql_num_fields ( resource $result )
```

其中，参数 result 指定结果标识符。

4. 获取字段信息

使用 mysql_fetch_field()函数可以从记录集中取得字段信息并作为对象返回，语法如下：

```
object mysql_fetch_field ( resource $result [, int $field_offset ] )
```

其中，参数 result 指定结果标识符。参数 field_offset 指定字段的索引值（字段偏移量）。

mysql_fetch_field()函数返回一个包含字段信息的对象，可以用来从某个查询结果中取得字段的信息，字段对象的各个属性在表 9.1 中列出。如果没有指定字段偏移量参数，则提取下一个尚未被 mysql_fetch_field()取得的字段。

表 9.1　字段对象的属性

属　性	说　明	属　性	说　明
name	表示字段名（区分大小写的）	multiple_key	若该字段是非唯一键，则为-1
table	表示该字段所在的表名	numeric	若该字段是 numeric，则为-1
max_length	表示该字段的最大长度	blob	若该字段是 BLOB，则为-1
not_null	若该字段不能为 NULL，则为-1	type	表示该字段的类型
primary_key	若该字段是主键，则为-1	unsigned	若该字段是无符号数，则为-1
unique_key	若该字段是惟一键，则为-1	zerofill	若该字段是 zerofilled，则为-1

5．释放结果内存

完成对记录集的处理后，可以使用 mysql_free_result()函数释放结果内存。语法格式如下：

```
bool mysql_free_result ( resource $result )
```

其中，参数 result 为要释放的结果标识符，该结果标识符是从 mysql_query()返回的结果。

如果成功则返回 true，如果失败则返回 false。

mysql_free_result()通常仅需要在考虑到返回很大的结果集时会占用多少内存时调用。在 PHP 脚本结束后所有关联的内存都会被自动释放。

实战演练 创建一个 PHP 动态网页，用编程方式连接到 stuinfo 数据库，然后创建一个记录集并通过表格显示该记录集的内容，即通过网页列出数据库中存储的课程信息。源文件为/09/09-02.php，源代码如下。

```
<!doctype html>
<html>
<head>
<meta charset="gb2312">
<title>创建记录集</title>
<style type="text/css">
table {
   width: 436px;
   border-collapse: collapse;
   margin: 0 auto;
}
caption {
   margin-bottom: 0.5em;
   font-size: large;
   font-weight: bold;
}
tr:first-child {
   background-color: #0099ff;
   color: white;
}
td, th {
   padding: 3px 6px;
   text-align: center;
}
</style>
</head>

<body>
<?php
$link=mysql_pconnect("localhost", "root", "123456")
   or die("无法连接 MySQL 服务器：" . mysql_error());       //创建 MySQL 连接
mysql_select_db("stuinfo", $link)
   or die("不能选择数据库：" . mysql_error());              //选择数据库
$sql="SELECT couid AS 课程编号, couname AS 课程名称, hours AS 学时 FROM course";
$result=mysql_query($sql, $link)
   or die("不能执行查询语句：".mysql_error());              //执行查询语句并返回记录集
$col_num=mysql_num_fields($result);                        //获取记录集的列数
$row_num=mysql_num_rows($result);                          //获取记录集的行数
if($row_num==0) die("未找到任何记录!");                     //若行数为 0 则退出

printf("<table border=\"1\">");
printf("<caption>课程信息表</caption>");
printf("<tr>");
//在表格标题行中显示每个字段名
for($i=0; $i<$col_num; $i++) {                              //遍历记录集中的所有列
```

```
    $meta=mysql_fetch_field($result);                //取出字段
    printf("<th>%s</th>", $meta->name);               //显示字段名
  }
  printf("</tr>");
  //显示每条记录
  while ($row=mysql_fetch_array($result, MYSQL_NUM)) {  //遍历记录集中的所行
    printf("<tr>");
    //显示每个字段值
    for($j=0; $j<$col_num; $j++) {                  //遍历当前行中的所有列
    printf("<td>%s</td>", $row[$j]);                  //在单元格中显示字段值
    }
    printf("</tr>");
  }
  printf("</table>");

  mysql_free_result($result);                       //释放结果内存
  ?>
  </body>
  </html>
```

在上述源代码中，通过调用 mysql_query()执行 SELECT 查询语句，结果创建了一个记录集；然后通过一个 for 循环语句构成表格的标题行，其中每列显示一个字段名；接着通过 while 循环语句来遍历该记录集中的所有行，并使用 for 循环语句遍历当前行中的所有列，在表格行的各个列中依次显示各个字段的值。网页运行结果如图 9.9 所示。

课程编号	课程名称	学时
1	信息技术基础	72
2	英语	68
3	数学	68
4	Flash动画制作	72
5	Photoshop图像处理	90
6	电路分析基础	90
7	数字电子技术	88
8	会计基础	72
9	电子商务概论	80

图 9.9　创建并显示记录集

9.2.2　在 DW 中创建记录集

在 DW 中，可以使用简单记录集对话框或高级记录集对话框来定义记录集，而不需要编写 PHP 代码。在简单记录集对话框中不用编写 SQL 语句即可创建记录集；如果要实现比较复杂的查询，则需要在高级记录集对话框中通过编写 SQL 语句来创建记录集。

1. 用简单记录集对话框创建记录集

在 DW 中，使用简单记录集对话框很容易定义记录集，而无须手动输入 SQL 语句。设置简单记录集对话框选项后，DW 会自动生成创建记录集的 PHP 代码。但是，使用简单记录集对话框只能实现单表查询，而且筛选条件和排序准则只能包含单个字段。

使用简单记录记录集对话框创建记录集的操作方法如下。

（1）在文档窗口中，打开要使用记录集的 PHP 页。

（2）从“窗口”菜单中选择“绑定”命令，以显示“绑定”面板。

（3）在“绑定”面板中单击加号按钮并选择“记录集（查询）”命令，如图 9.10 所示。

（4）此时将出现如图 9.11 所示的简单记录集对话框。若出现了高级记录集对话框，请通过单击“简单”按钮切换到简单记录集对话框。

（5）在简单记录集对话框中，对以下选项进行设置。

- 在“名称”文本框中，输入记录集的名称。通常可在记录集名称前添加前缀 rs（例如 rsStudent），以便将其与代码中的其他对象名称区分开。
- 在“连接”列表框中选择一个 MySQL 数据库连接。如果列表中未出现连接，可单击“定义”按钮创建一个新的 MySQL 数据库连接。
- 在“表”列表框中选取为记录集提供数据的数据库表。该列表框显示当前选定数据库中的所有表和视图。

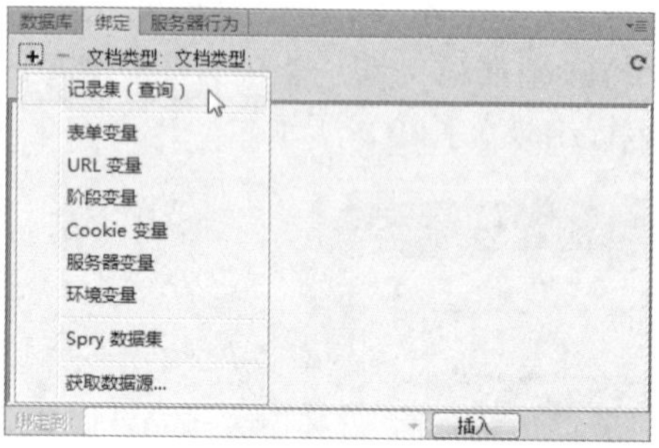

图 9.10 创建记录集

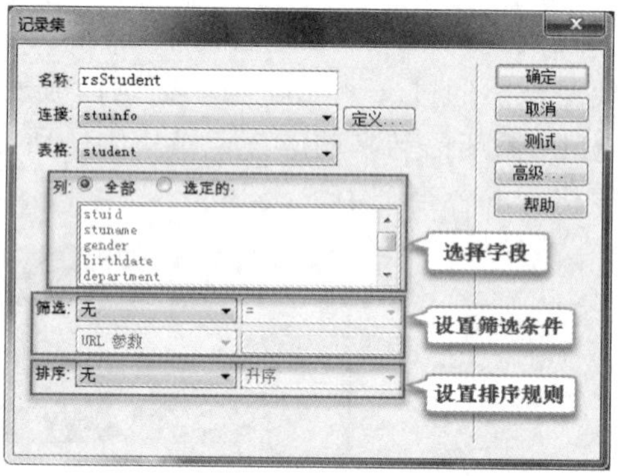

图 9.11 设置简单记录集对话框选项

- 如果要使记录集只包含表中的部分字段，可选择“选定的”选项，然后按住 Ctrl 键同时在“列”列表中依次单击所需要的字段。

（6）如果要使记录集只包含表中的某些记录，可按照下列步骤设置记录筛选条件。

- 在第一个列表框中选取数据库表中的字段，以将其与定义的测试值进行比较。
- 在第二个列表框中选取一个运算符（如=、>、<、>=、<=、<>、“开始于”、“结束于”、“包含”等），以将每个记录中的选定值与测试值进行比较。
- 在第三个列表框中选取一种测试值类型，包括 URL 参数、表单变量、COOKIE、阶段变量（会话变量）、服务器变量及输入的值。
- 在文本框中输入测试值。例如，如果选择了表单变量，则应在这个文本框中输入相应表单控件的名称。

通过以上操作将在 SELECT 语句添加一个 WHERE 子句。如果某条记录中的指定字段值符合所设置的筛选条件，则这条记录将包含在此记录集内。

（7）如果要对记录进行排序，可以选取要作为排序依据的列，然后指定是按升序（1、2、3、…或 A、B、C、…）还是按降序对记录进行排序。这个操作将会在 SELECT 语句中添加一个 ORDER BY 子句。

（8）单击“测试”按钮，连接到 MySQL 数据库并创建数据源实例。此时，出现显示返回数据的表格。每行包含一条记录，而每列表示该记录中的一个域。单击“确定”按钮，以关闭数据源。

（9）单击“确定”按钮。新定义的记录集即会出现在“绑定”面板中，单击加号按钮⊞，会显示出记录集中的所有字段，如图 9.12 所示。此时 DW 将会生成创建记录集的 PHP 脚本。

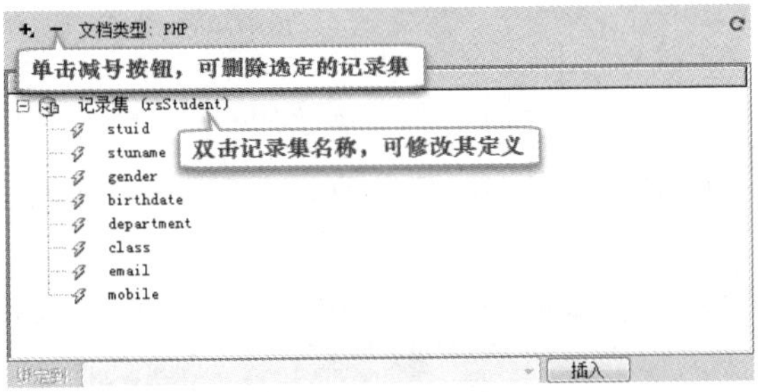

图 9.12　绑定面板中的记录集

（10）如果要修改记录集，在“绑定”面板中双击记录集名称即可。

实战演练　创建一个 PHP 动态网页，用于显示电子商务系所有学生的信息并按出生日期进行升序排序。设计步骤如下：

（1）在 DW 中打开 PHP 站点，在文件夹 09 中创建一个 PHP 动态页并保存为 09-03.php。

（2）在“数据库”面板中创建一个 MySQL 连接并命名为 stuinfo，连接到项目 8 中创建的 stuinfo 数据库，以备后用。

（3）用简单记录集对话框定义一个记录集并命名为 rs，在“连接”列表框中选择连接 stuinfo，将筛选条件设置为 department 字段值等于输入的值“电子商务系”，排序规则设置为按 birthdate 字段升序排列，如图 9.13 所示。

（4）选择“插入”→“数据对象”→“动态数据”→“动态表格”命令，或者在插入面板中选择“数据”类别并单击“动态表格”按钮，然后对“动态表格”对话框选项进行以下设置，如图 9.14 所示。

- 从“记录集”列表框中选择步骤（3）中创建的记录集 rs。
- 对于“显示”，可选择下列选项之一：如果要分页显示记录集，可以单击上方的单选按钮并在文本框中输入每页显示的记录数目；如果要在一个页面上显示所有记录，可以选择“所有记录”，在此选择了后者。
- 根据需要，对表格的边框、单元格边距和单元格间距进行设置。

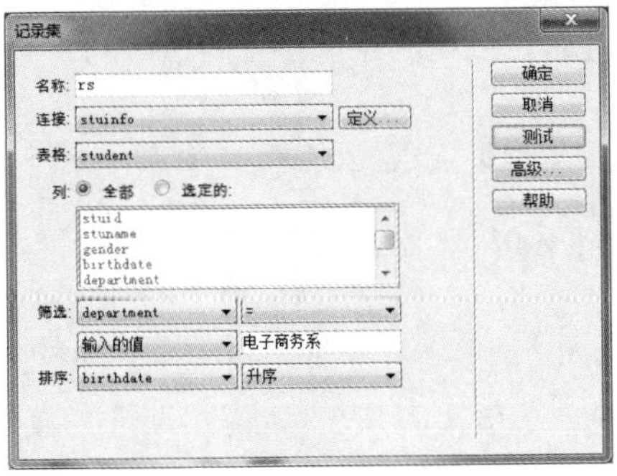

图 9.13　简单记录集对话框

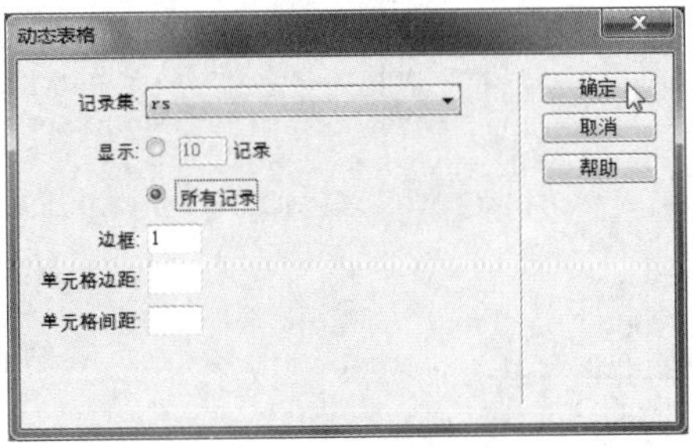

图 9.14　动态表格对话框

完成以上设置后，单击“确定”按钮。此时，一个动态表格插入文档中，如图 9.15 所示。

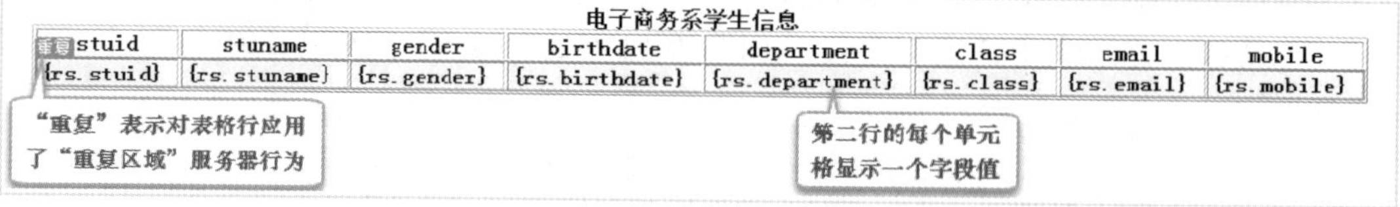

图 9.15　动态表格

（5）将动态表格第一行中的所有字段名都改成中文；在文档中创建 CSS 样式表，以设置表格的外观。

（6）切换到代码视图查看由 DW 生成的 PHP 代码，主要源代码如下：

```
<?php require_once('../Connections/stuinfo.php'); ?>
<?php
//自定义函数 GetSQLValueString 代码从略...
mysql_select_db($database_stuinfo, $stuinfo);      //变量 database_stuinfo 和 stuinfo 定义在包含文件中
$query_rs = "SELECT * FROM student WHERE department = '电子商务系' ORDER BY birthdate ASC";
$rs = mysql_query($query_rs, $stuinfo) or die(mysql_error()); //执行查询语句并返回结果记录集
$row_rs = mysql_fetch_assoc($rs);                    //从结果记录集中获取一行作为关联数组
$totalRows_rs = mysql_num_rows($rs);                 //获取结果记录集包含的行数
?>
<!doctype html>
<html>
<head>
<meta charset="gb2312">
<title>用简单记录集对话框创建记录集</title>
<style type="text/css">
/* CSS 样式代码从略...*/
</style>
</head>

<body>
<h3 style="text-align: center;">电子商务系学生信息</h3>
  <table border="1">
    <tr>
      <th>学号</th> <th>姓名</th> <th>性别</th><th>出生日期</th><th>系部</th>
      <th>班级</th><th>电子信箱</th><th>手机号码</th>
    </tr>
    <?php do { ?>
      <tr>
        <td><?php echo $row_rs['stuid']; ?></td>
        <td><?php echo $row_rs['stuname']; ?></td>
        <td><?php echo $row_rs['gender']; ?></td>
        <td><?php echo $row_rs['birthdate']; ?></td>
        <td><?php echo $row_rs['department']; ?></td>
        <td><?php echo $row_rs['class']; ?></td>
        <td><?php echo $row_rs['email']; ?></td>
        <td><?php echo $row_rs['mobile']; ?></td>
      </tr>
      <?php } while ($row_rs = mysql_fetch_assoc($rs)); ?>
  </table>
</h3>
</body>
</html>
<?php
mysql_free_result($rs);
?>
```

（7）按 F12，在浏览器中对网页进行测试，结果如图 9.16 所示。

学号	姓名	性别	出生日期	系部	班级	电子信箱	手机号码
1700069	郑[illegible]	男	1998-03-06	电子商务系	商1701	z[illegible]@sina.com	180[illegible]
1700068	刘[illegible]	女	1999-05-26	电子商务系	商1701	[illegible]@163.com	156[illegible]
1700066	张[illegible]	女	1999-06-20	电子商务系	商1701	z[illegible]@163.com	1350[illegible]
1700064	赵[illegible]	男	1999-09-09	电子商务系	商1701	z[illegible]@163.com	1360[illegible]
1700063	李[illegible]	男	2000-06-11	电子商务系	商1701	[illegible]@sina.com	159[illegible]
1700062	刘[illegible]	男	2000-07-09	电子商务系	商1701	l[illegible]h@163.com	156[illegible]
1700067	赵[illegible]	男	2000-09-10	电子商务系	商1701	zh[illegible]@sina.com	152[illegible]
1700061	王[illegible]	女	2000-11-09	电子商务系	商1701	w[illegible]t@126.com	156[illegible]
1700065	苏[illegible]	女	2000-12-03	电子商务系	商1701	s[illegible]t@126.com	136[illegible]
1700070	肖[illegible]	男	2001-10-22	电子商务系	商1701	x[illegible]@163.com	189[illegible]

图 9.16　用动态表格显示记录集内容

2．用高级记录集对话框创建记录集

如前所述，用简单记录集对话框创建记录集时只能从一个表中检索数据，而且在筛选条件和排序准则中都只能包含一个字段。如果要创建功能更强的查询，则应当使用高级记录集对话框来完成。使用高级记录集对话框创建记录集时，可以自己动手编写 SQL 语句，也可以使用图形化的“数据库项”树来协助创建 SQL 语句。由于在高级记录集对话框中可以手动输入所需要的 SQL 语句，所以可以通过使用各种各样的子句来创建比较复杂的数据库查询。

使用高级记录集对话框创建记录集的操作方法如下。

（1）在文档窗口中打开要使用记录集的 PHP 页面。

（2）在“绑定”面板中单击加号按钮 +，然后选择“记录集（查询）”命令。

（3）如果出现了简单记录集对话框，请单击【高级】按钮，以切换到高级记录集对话框，如图 9.17 所示。在高级记录集对话框中，对以下选项进行设置。

- 在“名称”文本框中输入记录集的名称。
- 从“连接”列表框中选择一个数据库连接。
- 在 SQL 文本区域中输入一个 SQL 语句。

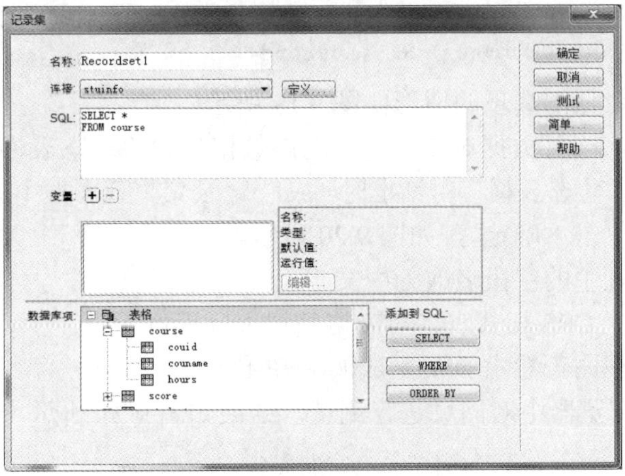

图 9.17　高级记录集对话框

（4）如果要用“数据库项”树生成 SQL 语句，应清空 SQL 文本区域并执行以下操作。

- 展开树分支直到找到所需要的数据库对象，例如数据表中的字段。
- 选取该数据库对象并单击树右侧的按钮之一。例如，如果选取表中的字段，则可用的按钮是“SELECT”、“WHERE”和“ORDER BY”。单击这些按钮可将相关子句添加到 SQL 语句中。

（5）如果 SQL 语句包含变量，则可以在“变量”区域中定义它们的值。操作方法是：单击加号按钮[+]，然后在如图 9.18 所示的“添加变量”对话框中设置变量的名称、类型、默认值和运行时值。如果要修改现有变量，可以单击“编辑”按钮，然后在“编辑变量”对话框中对变量重新进行设置。

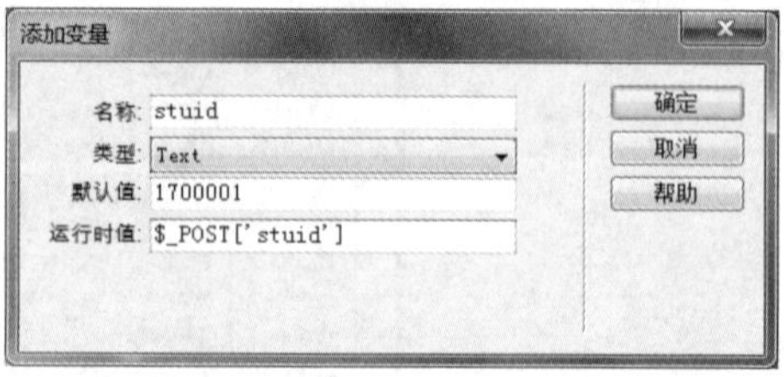

图 9.18　“添加变量”对话框

当 SQL 语句包含变量时，请确保变量的默认值列包含有效的测试值。运行时值通常是 URL 参数或表单变量，这些参数可以通过$_POST 或$_GET 数组求出，例如$_POST["stuid"]。

（6）单击“测试”按钮，以连接到数据库并创建一个记录集实例。如果 SQL 语句包含变量，则在单击“测试”按钮前，应确保变量的默认值列中包含有效的测试值。

如果成功，将以表格形式显示记录集内的数据。表格的每一行包含一条记录，每一列表示该记录中的一个字段。单击“确定”按钮，清除该记录集。

（7）单击“确定”按钮，该记录集即会添加到绑定面板的可用内容源列表中。

实战演练　创建一个 PHP 动态网页，用于显示电子工程系学生的电类课程成绩并按课程名称升序、成绩降序、学号升序排列。设计步骤如下：

（1）在 DW 中打开 PHP 站点，在文件夹 09 中创建一个 PHP 动态页并保存为 09-04.php。

（2）用高级记录集对话框创建一个记录集并将其命名为 rsScore，从“连接”列表框中选择 stuinfo 连接，从 student、course 和 score 表中选择所需要的字段，设置筛选条件和排序规则，所用 SQL 语句如下：

```
SELECT student.department, student.class, student.stuid,
   student.stuname, course.couname, score.score
FROM score INNER JOIN student ON student.stuid=score.stuid
   INNER JOIN course ON course.couid=score.couid
WHERE student.department='电子工程系' AND course.couname LIKE '%电%'
ORDER BY course.couname, score DESC, score.stuid
```

设置高级记录集对话框选项的情形如图 9.19 所示。

（3）选择“插入”→“数据对象”→“动态数据”→“动态表格”命令“数据”单击“动态表格”；当出现“动态表格”对话框时，从“记录集”列表框中选择 rsScore 并对表格选项进行设置，然后单击“确定”，如图 9.20 所示。

（4）将表格第一行中的字段名改为中文。

（5）在文档中创建 CSS 样式表，对表格外观进行设置。

（6）切换到代码视图查看由 DW 生成的 PHP 代码。

（7）按 F12，在浏览器中对网页进行测试，结果如图 9.21 所示。

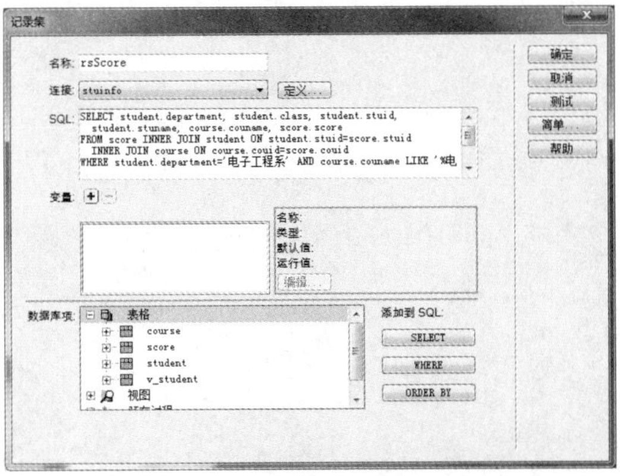

图 9.19　设置高级记录集对话框选项

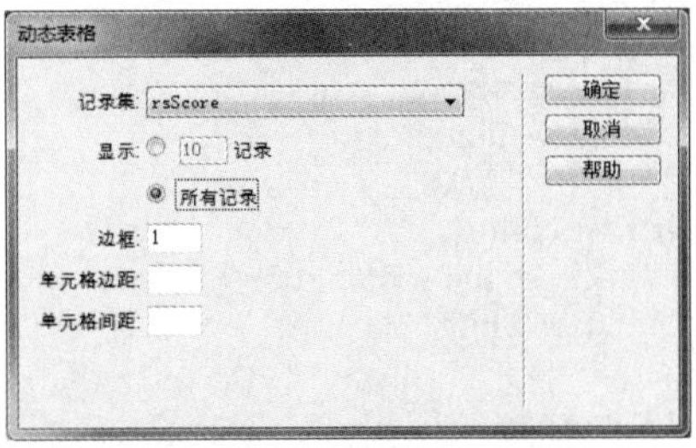

图 9.20　设置动态表格选项

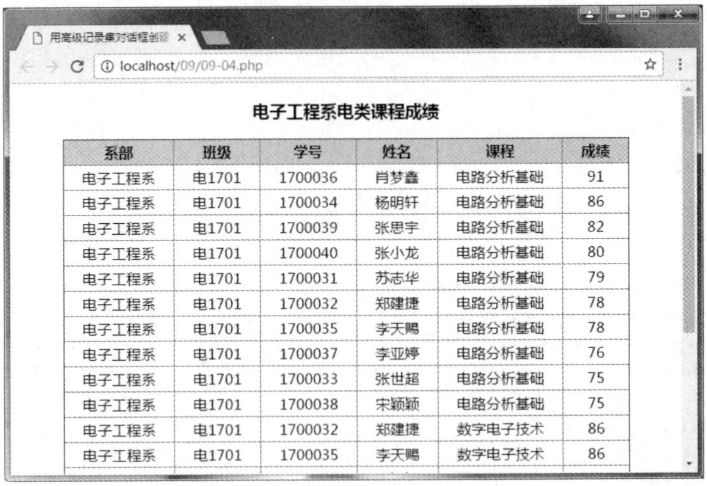

图 9.21　通过动态表格显示记录集内容

9.2.3 分页显示记录集

如果记录集包含的记录比较多，则应当设置每页显示的记录数以缩短页面下载时间，并通过记录导航条在不同页之间移动。下面介绍如何实现记录集的分页显示。

1．以编程方式实现分页显示

对于 MySQL 数据库，通过在 SELECT 语句中添加 LIMIT 子句可以指定要显示的起始记录和终止记录，从而实现记录集的分页显示。在每个页面中显示的所有记录构成一个记录组。通过添加记录集导航条可以在不同记录组之间移动，也可以通过记录计数器来显示总页数、当前页号及记录总数等信息。

实战演练 创建一个 PHP 动态网页，分页显示学生信息并在页面中添加记录集导航条和记录集状态信息。源文件为/09/09–05.php，源代码如下。

```
<!doctype html>
<html>
<head>
<meta charset="gb2312">
<title>分页显示记录集</title>
<style type="text/css">
```

```
table {
   border-collapse: collapse;
   margin: 0 auto;
}
caption {
   margin-bottom: 0.5em;
   font-size: large;
   font-weight: bold;
}
tr:first-child {
   background-color: #0099ff;
   color: white;
}
td, th, span {
   padding: 2px 6px;
   text-align: center;
}
</style>
</head>

<body>
<?php
$page_size=8;                                                    //设置每页显示的记录数
$sql="SELECT stuid AS 学号, stuname AS 姓名, gender AS 性别,
        birthdate AS 出生日期,department AS 系部,class AS 班级 FROM student";
$link=mysql_connect("localhost","root","123456") or die(mysql_error());
mysql_select_db("stuinfo", $link) or die(mysql_error());
$result=mysql_query($sql, $link) or die(mysql_error());
$col_count=mysql_num_fields($result);                            //获取记录集的列数
$row_count=mysql_num_rows($result);                              //获取记录集的行数
if($row_count==0) die("未找到任何记录!");                          //若行数为 0 则退出
$page_count=ceil($row_count/$page_size);                         //计算总页数
$page_index=isset($_GET["page"]) ? $_GET["page"] : 1;            //设置当前页索引
if (!is_numeric($page_index) or ($page_index<1)) $page_index=1;
if($page_index>$page_count)$page_index=$page_count;
$start_row=($page_index-1) * $page_size;                         //设置起始行号
$sql=sprintf("%s LIMIT %d, %d", $sql, $start_row, $page_size);
$result=mysql_query($sql, $link) or die(mysql_error());
                                                                 //以下代码用于显示一页记录
printf("<table border=\"1\">");
printf("<caption>学生信息表</caption>");
printf("<tr>");
                                                                 //在表格标题行中显示每个字段名
for($i=0; $i<$col_count; $i++) {                                 //遍历记录集中的所有列
   $meta=mysql_fetch_field($result);                             //取出字段
   printf("<th>%s</th>", $meta->name);                           //显示字段名
}
printf("</tr>");
                                                                 //显示每条记录
while ($row=mysql_fetch_array($result, MYSQL_NUM)) {             //遍历记录集中的所行
   printf("<tr>");
                                                                 //显示每个字段值
   for($j=0; $j<$col_count; $j++) {                              //遍历当前行中的所有列
   printf("<td>%s</td>", $row[$j]);                              //在单元格中显示字段值
   }
   printf("</tr>");
}
printf("</table>");
```

```
                                          //以下代码用于生成记录集导航条
$url=$_SERVER["PHP_SELF"];
printf("<p style=\"text-align: center;\">");
printf("当前位置：%d/%d  共%d 条记录  每页显示%d 条记录<br>\n",
  $page_index, $page_count, $row_count, $page_size);
                                          //显示页码链接
for ($i=1; $i<=$page_count; $i++) {
  if ($i!=$page_index) {
    printf("<span>[<a href=\"%s?page=%d\">%d</a>]</span>", $url, $i, $i);
  } else {
    printf("<span style=\"color: red;\"><b>%d</b></span>", $i);
    }
}
                                          //显示“首页”、“前页”、“后页”、“末页”
链接
if ($page_index>1 ) {
  printf("<span><a href=%s?page=%d>首页</a></span>", $url, 1);
  printf("<span><a href=%s?page=%d>前页</a></span>", $url, $page_index-1);
} else {
  printf("<span>首页</span><span>前页</span>");
}
if ($page_index<$page_count) {
  printf("<span><a href=%s?page=%d>后页</a></span>", $url, $page_index+1);
  printf("<span><a href=%s?page=%d>末页</a></span>", $url, $page_count);
} else {
  printf("<span>后页</span><span>末页</span>");
}
printf("</p>");
mysql_free_result($result);                   //释放结果内存
?>
</body>
</html>
```

上述网页的运行结果如图 9.22 和图 9.23 所示。

图 9.22 单击页码链接

图 9.23 进入第 2 页

2．快速实现记录集分页显示

在 DW 中，可以使用相关服务器行为来快速实现各种标准的数据库操作。要实现记录集的分页显示，主要用到以下几种服务器行为。

（1）使用“重复区域”服务器行为或“动态表格”服务器行为创建一个动态表格，用于显示记录集内的一组记录。

（2）使用“记录集导航条”服务器行为创建文本或图像形式的导航链接，以便在不同记录组之间切换。

（3）使用“记录集导航状态”服务器行为创建记录集计数器，以显示总记录数目和当前页显示的记录号范围。

实战演练 创建一个 PHP 动态网页，要求分页显示学生成绩并在页面中添加记录集导航条和记录集状态信息。源文件为/09/09-06.php。设计步骤如下：

（1）在 PHP 站点的 09 文件夹中创建一个 PHP 动态页并保存为 09-06.php。

（2）利用高级记录集对话框创建一个记录集并命名为 rsScore，选择 MySQL 连接 stuinfo，从 student、course 和 score 表中检索学生课程成绩，如图 9.24 所示。

（3）在页面中添加一个动态表格，用于记录集内容。在如图 9.25 所示的“动态表格”对话框中设置每页显示 10 条记录，并利用表格工具对动态表格的属性进行设置。

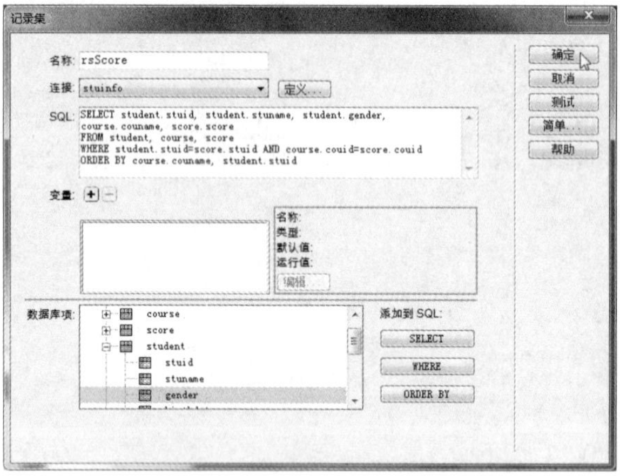

图 9.24　设置高级记录集选项

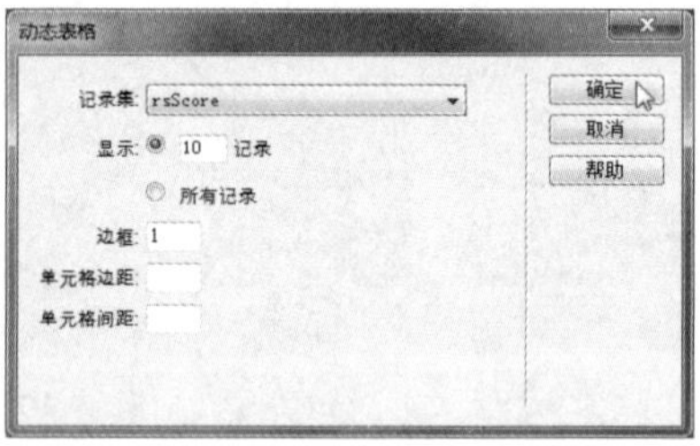

图 9.25　设置动态表格选项

（4）将插入点放在动态表格的右侧，选择“插入”→“数据对象”→“记录集分页”→“记录集导航条”命令，在如图 9.26 所示的“记录集导航条”对话框中选择记录集 rsScore，并指定以文本方式显示记录集导航条，然后单击“确定”按钮。

（5）在记录集导航条表格的左侧增加一列并将插入点置于此列中，选择“插入”→“数据对象”→“显示记录计数”→“记录集导航状态”命令，然后在“记录集导航状态”对话框中选择记录集 rsScore，单击“确定”按钮，如图 9.27 所示。

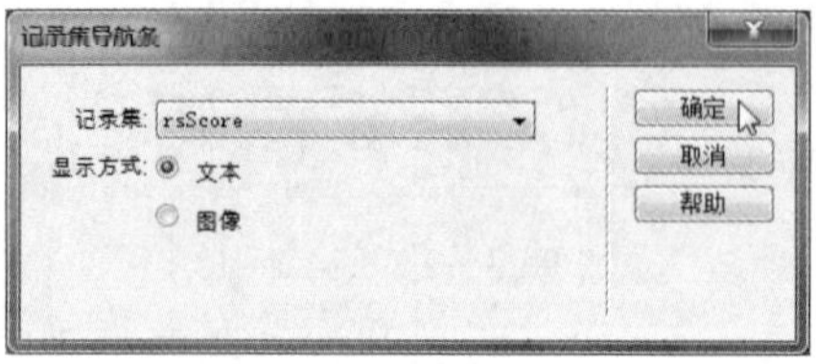

图 9.26　设置记录集导航条选项

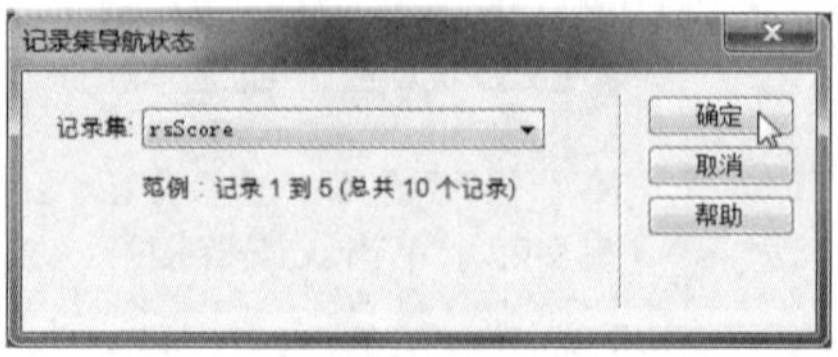

图 9.27　设置记录集导航状态选项

（6）通过 CSS 样式表对动态表格和导航条进行设置，运行结果如图 9.28 和图 9.29 所示。

图 9.28　在第一页上单击“下一页”链接

图 9.29　现在进入了第二页

9.2.4 创建搜索/结果页

为了给动态网站添加搜索功能，通常需要创建一个搜索页和一个结果页。在搜索页中，访问者通过 HTML 表单输入搜索参数并将这些参数传递给服务器上的结果页，由结果页获取搜索参数，连接到数据库并根据搜索参数对数据库进行查询，创建记录集并显示其内容。在实际应用中，往往把搜索页和结果页合并在一起。

1. 以编程方式实现搜索/结果页

通过编程方式在 PHP 页面中实现数据库记录搜索时，主要有以下编程要点：通过超全局变量$_POST 获取通过表单提交的搜索参数，并将该参数应用到 SELECT 查询语句的 WHERE 子句中，从而动态生成搜索条件；通过调用 mysql_query()函数执行查询语句，由此返回一个结果记录集；通过调用 mysql_fetch_array()从该记录集中依次取出每条记录，然后将这些记录的内容显示出来。如果结果记录集为空，则显示相应的提示信息。

实战演练 创建一个 PHP 动态网页，其功能是根据学生姓名对学生信息进行模糊查询。源文件为/09/09-07.php，源代码如下。

```
<!doctype html>
<html>
<head>
<meta charset="gb2312">
<title>按姓名查询学生信息</title>
<style type="text/css">
p {
  text-align: center;
}
table {
  border-collapse: collapse;
  margin: 0 auto;
}
tr:first-child {
  background-color: #f0f0f0;
}
th, td {
  padding: 3px 12px;
```

```
    text-align: center;
}
caption {
    margin-bottom: 0.5em;
    font-size: large;
    font-weight: bold;
}
#not_found {
    font-size: 18px;
    font-weight: bold; color: red;
}
</style>
</head>

<body>
<form method="post" action="">
<p>
<input name="name" type="text" required placeholder="输入姓名或姓名中的一部分">
<input name="query" type="submit" value="查询">
</p>
</form>
<?php
if (isset($_POST["query"])) {
    $link=mysql_connect("localhost", "root", "123456") or die(mysql_error());
    mysql_select_db("stuinfo", $link) or die(mysql_error());
    $name=$_POST["name"];
    $sql=sprintf("SELECT stuid AS 学号, stuname AS 姓名, gender AS 性别,
        birthdate AS 出生日期, department AS 系部, class AS 班级 FROM student
        WHERE stuname LIKE '%%%s%%'", $_POST["name"]);
    $rs=mysql_query($sql) or die(mysql_error());
    $rs_num=mysql_num_rows($rs);
    $col_num=mysql_num_fields($rs);
    if ($rs_num>0) {
        printf("<table border=\"1\">");
        printf("<tr>");
        while ($meta=mysql_fetch_field($rs)) {
            printf("<th>%s</th>", $meta->name);
        }
        printf("</tr>");
        while ($row=mysql_fetch_array($rs, MYSQL_NUM)) {
            printf("<tr>");
            for ($i=0; $i<$col_num; $i++) {
                printf("<td>%s</td>", $row[$i]);
            }
            printf("</tr>");
        }
        printf("<table>");
    } else {
        printf("<p id=\"not_found\">未查到任何记录！</p>");
    }
    mysql_free_result($rs);
}
?>
</body>
</html>
```

上述源文件将搜索页和结果页合在一起，运行结果如图 9.30 和图 9.31 所示。

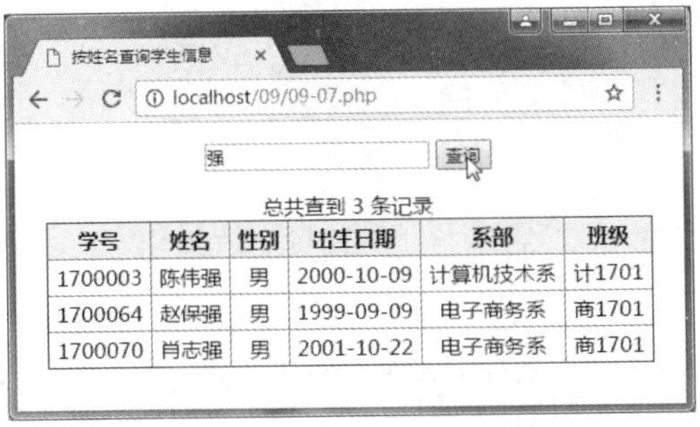

图 9.30　以表格形式显示查询结果

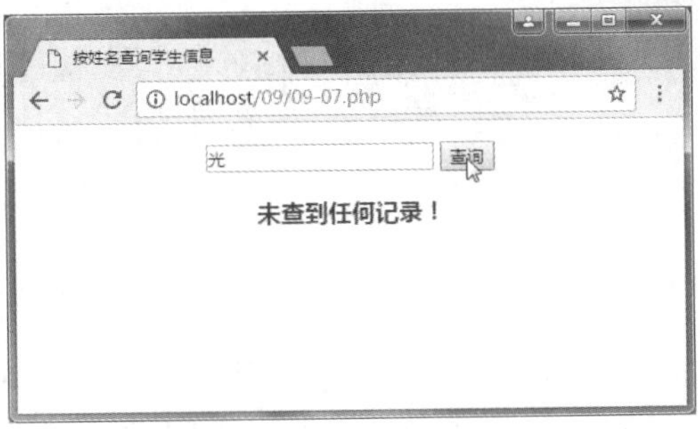

图 9.31　未查到任何记录时的情形

2. 快速生成搜索/结果页

创建显示搜索结果的 PHP 页时，需要获取搜索参数的值并根据其值来构建筛选条件，以生成包含搜索结果的记录集。在 DW 中可以分为以下两种情况来处理：如果只传递了一个搜索参数，则可以用简单记录对话框来创建带有筛选条件的记录集；如果传递了两个或更多搜索参数，则必须使用高级记录集来创建记录集，而且还需要设置一些变量，变量的数目与搜索参数的数目相等。此外，还可以使用相关的服务器行为来处理记录集为空时的情况。

实战演练 创建一个 PHP 动态网页，将列表框绑定到记录集并根据班级和课程查询学生成绩。设计步骤如下：

（1）在 DW 中打开 PHP 站点，在文件夹 09 中创建一个 PHP 页面并保存为 09-08.php。

（2）在该页中创建一个查询表单，在该表单中插入两个下拉式列表框和一个提交按钮，将两个下拉式列表框分别命名为 class 和 course，将提交按钮的值设置为“查询成绩”。

（3）用高级记录集对话框定义记录集 rsClass，从 class 表中查询班级信息，如图 9.32 所示；用简单记录集对话框定义记录集 rsCourse，从 course 表中查询课程信息，如图 9.33 所示。

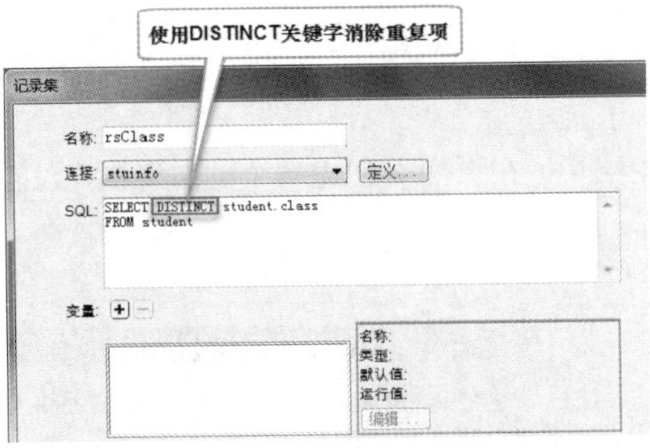

图 9.32　定义记录集 rsClass（获取班级）

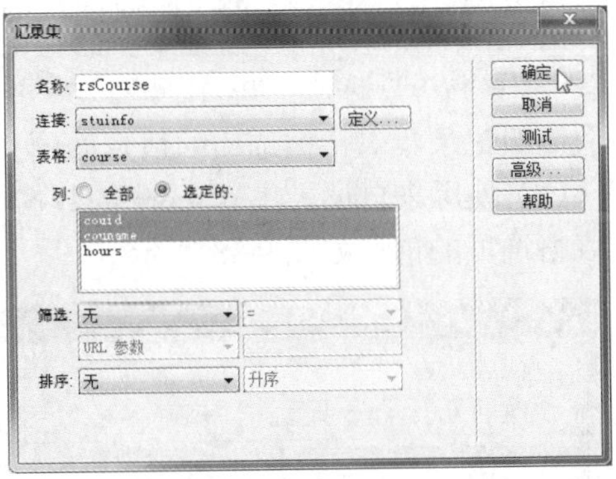

图 9.33　定义记录集 rsCourse（获取课程）

（4）在页面上单击 class 列表框，在属性检查器上单击“动态”按钮，如图 9.34；在“动态列表/菜单”对话框中，设置提供列表项的记录集为 rsClass，列表项的值和标签均取自 class 字段，并在“选取值等于”框中输入 PHP 条件表达式“<?php isset($_POST["class"]) ? $_POST["class"] : "" ?>”，如图 9.35 所示。

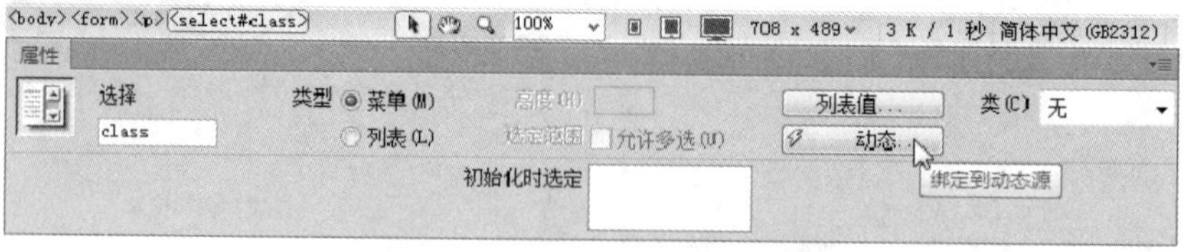

图 9.34　将列表框绑定到动态值

（5）按照步骤（4）中的方法将 course 列表框绑定到记录集 rsCourse。在“动态列表/菜单”对话框中，设置提供列表项的记录集、为列表项提供值和标签的字段等选项，如图 9.36 所示。

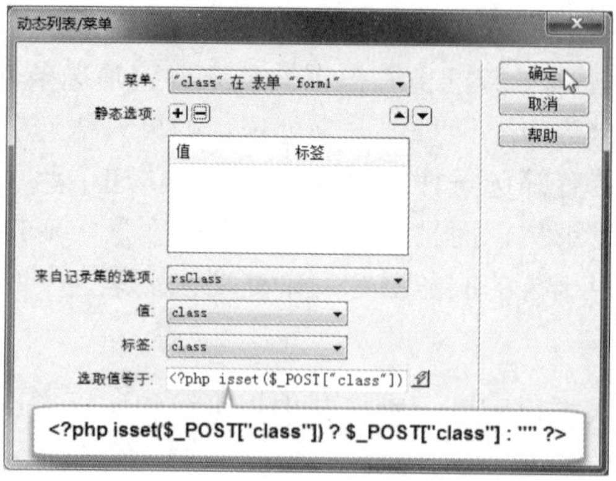

图 9.35　设置动态列表框 class 的选项

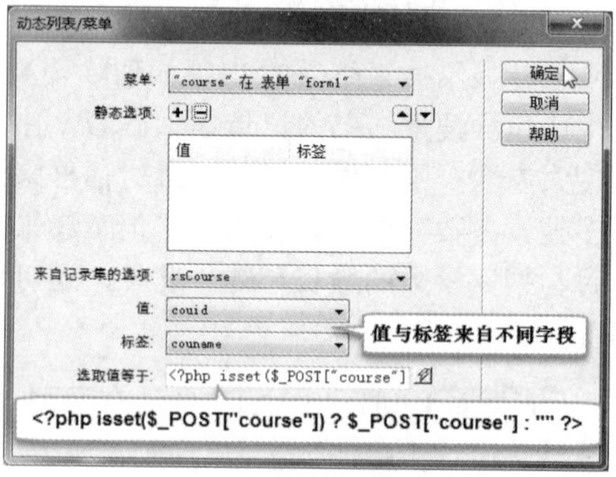

图 9.36　设置动态列表框 course 的选项

（6）用高级记录集对话框定义记录集 rsScore，从 student、course 和 score 表中查询学生成绩信息，设置两个变量 p1（类型为 Text，默认值为“计 1701”，运行时值为$_POST["class"]）和 p2（类型为 Integer，默认值为 1，运行时值为$_POST["course"]），所用 SQL 语句如下：

```
SELECT student.department, student.class, student.stuid,
  student.stuname, course.couname, score.score
FROM score INNER JOIN student ON student.stuid=score.stuid
INNER JOIN course ON course.couid=score.couid
WHERE student.class=p1 AND course.couid=p2
```

设置高级记录集对话框选项的情形如图 9.37 所示。

（7）使用来自记录集 rsScore 的数据（搜索结果）在页面上创建一个动态表格，设置动态表格选项的情形如图 9.38 所示。

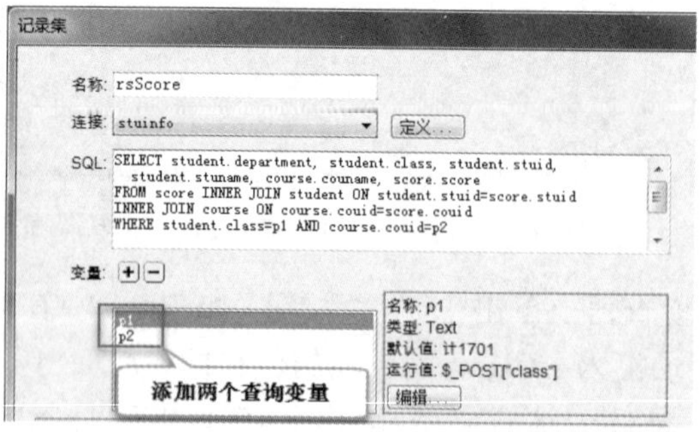

图 9.37　定义记录集 rsScore

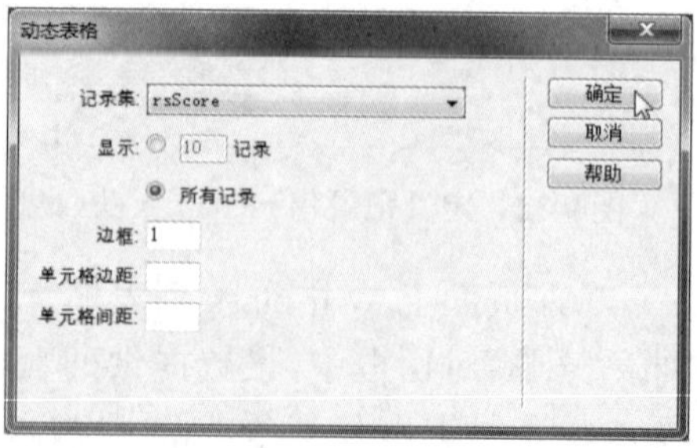

图 9.38　设置动态表格选项

（8）使用 DW 表格工具设置对动态表格进行设置，将字段标题改成中文；在页面上选择该动态表格，选择“插入”→“数据对象”→“显示区域”→“如果记录集不为空则”，对该表格应用“如果记录集不为空则显示”服务器行为，如图 9.39 所示。

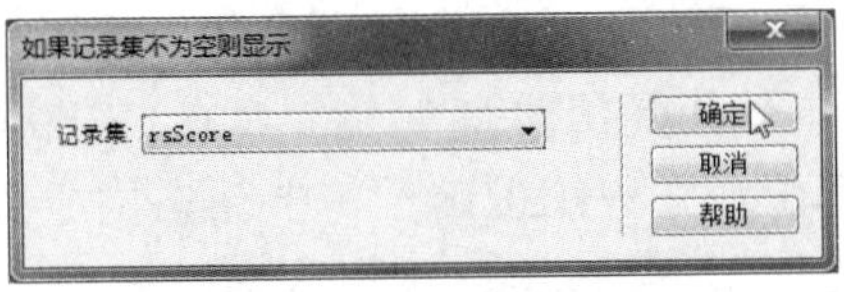

图 9.39　设置服务器行为选项

（9）在动态表格添加一个段落，其文本内容为“指定的班级未开设该课程”，然后对该段落应用“如果记录集为空则显示”服务器行为。最后的页面布局效果如图 9.40 所示。

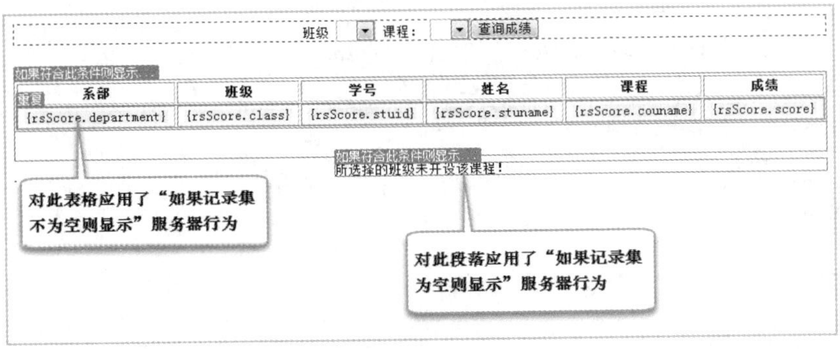

图 9.40　页面布局效果

（10）按 F12 在浏览器中打开该页，对查询功能进行测试，结果如图 9.41 和图 9.42 所示。

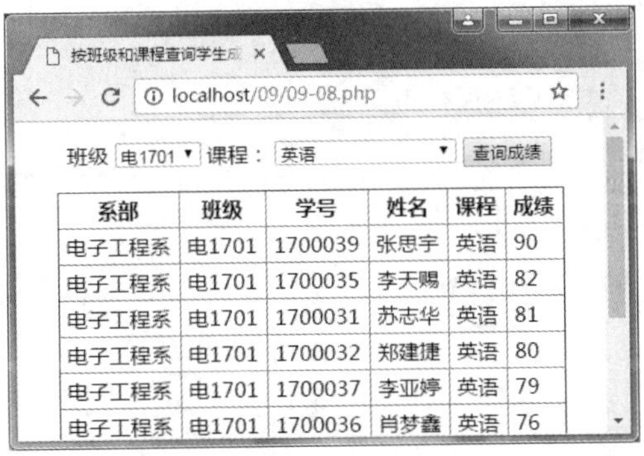

图 9.41　查询到的成绩记录

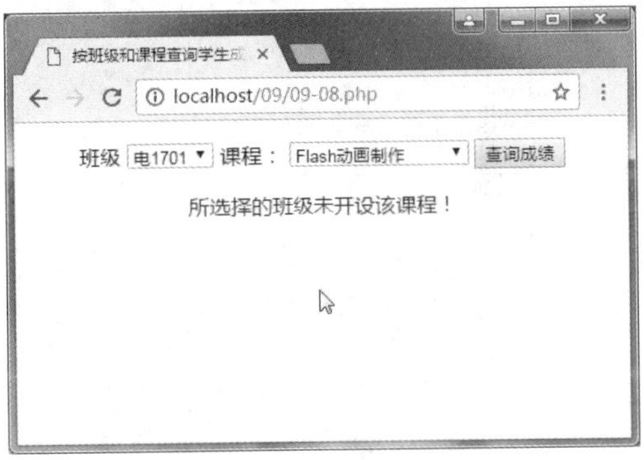

图 9.42　未查询到任何记录

9.2.5　创建主/详细页

主/详细页是一种比较常用的页面集合，它由主页和详细页所组成，通过两个明细级别来显示从数据库中检索的信息。在主页上显示出通过查询返回的所有记录部分信息的列表，而且针对每条记录都创建一个链接，当单击主页上的某个链接时将打开详细页并传递一个或多个 URL 参数，在详细页中读取 URL 参数并根据这些参数的值执行数据库查询，以检索所选记录的更多详细信息并显示出来。

1. 以编程方式实现主/详细页

通过编程方式实现主/详细页时，主要有以下编程要点：在主页上创建一个包含较少字段的记录集，显示该记录集时针对每条记录集创建一个超级链接，该链接的目标 URL 就是详细页面的路径，在该 URL 后面附加一个或多个参数，通常是将表主键字段值作为参数传递到详细页面。在详细页面中使用超级全局变量$_POST 来获取所传递的 URL 参数值，将该参数值用在 SELECT 查询语句的 WHERE 子句中动态构成筛选条件，然后通过执行查询语句得到包含更多字段的记录集，并将该记录集内容显示出来。

实战演练 创建一个主/详细页集合，在主页中列出学生简明信息，当单击“查看详细信息”链接时打开详细页，在此页上显示所选学生的详细信息。主页为/09/09-09-master.php，源代码如下。

```
<?php
$link=mysql_connect("localhost", "root", "123456") or die(mysql_error());
mysql_select_db("stuinfo", $link) or die(mysql_error());
$sql="SELECT stuid AS 学号, stuname AS 姓名, gender AS 性别, birthdate AS 出生日期
FROM student ORDER BY stuid";
$rs=mysql_query($sql, $link) or die(mysql_error());
$row_num=mysql_num_rows($rs);
$col_num=mysql_num_fields($rs);
?>
<!doctype html>
<html>
<head>
<meta charset="gb2312">
<title>学生信息表</title>
<style type="text/css">
table {
   border-collapse: collapse;
   margin: 0 auto;
}
caption {
   margin-bottom: 0.5em;
   font-size: large;
   font-weight: bold;
}
th, td {
   padding: 3px 12px;
}
</style>
</head>

<body>
<table border="1">
<caption>学生信息表</caption>
<tr style="background-color: #cccccc">
<?php
while ($meta=mysql_fetch_field($rs)) {
   printf("<th>%s</th>", $meta->name);
}
printf("<th>操作</th>");
?>
</tr>
<?php while ($row=mysql_fetch_row($rs)) { ?>
<tr>
<?php
for ($i=0; $i<$col_num; $i++) {
```

```
    printf("<td>%s</td>", $row[$i]);
  }
  printf("<td><a href=\"09-09-detail.php?stuid=%s\">查看详细信息</a></td>", $row[0]);
?>
</tr>
<?php } ?>
</table>
</body>
</html>
```

详细页文件名为 09-09-detail.php，源代码如下。

```
<?php
if (isset($_GET["stuid"])) {
  $stuid=$_GET["stuid"];
  $link=mysql_connect("localhost", "root", "123456") or die(mysql_error());
  mysql_select_db("stuinfo", $link) or die(mysql_error());
  $sql="SELECT * FROM student WHERE stuid='" . $stuid . "'" ;
  $rs=mysql_query($sql, $link) or die(mysql_error());
  $row=mysql_fetch_assoc($rs) or die(mysql_error());
}
?>
<!doctype html>
<html>
<head>
<meta charset="gb2312">
<title>学生<?php echo $row["stuname"]; ?>的详细信息</title>
<style type="text/css">
table {
  border-collapse: collapse;
  margin: 0 auto;
}
caption {
  margin-bottom: 0.5em;
  font-size: large;
  font-weight: bold;
}
th, td {
  padding: 3px 12px;
  text-align: left;
}
</style>
</head>

<body>
<table border="1">
  <caption>学生<?php echo $row["stuname"]; ?>的详细信息</caption>
  <tr>
    <th>学号</th>
    <td><?php echo $row["stuid"]; ?> </td>
    <th>系部</th>
    <td><?php echo $row["department"]; ?></td>
  </tr>
  <tr>
    <th>姓名</th>
    <td><?php echo $row["stuname"]; ?></td>
    <th>班级</th>
    <td><?php echo $row["class"]; ?></td>
  </tr>
  <tr>
    <th>性别</th>
    <td><?php echo $row["gender"]; ?></td>
    <th>电子信箱</th>
```

```
            <td><?php echo $row["email"]; ?></td>
        </tr>
        <tr>
            <th>出生日期</th>
            <td><?php echo $row["birthdate"]; ?></td>
            <th>手机号码</th>
            <td><?php echo $row["mobile"]; ?></td>
        </tr>
    </table>
    <?php mysql_free_result($rs); ?>
    <p style="text-align: center;"><a href="09-09-master.php">返回</a></p>
    </body>
    </html>
```

在浏览器中打开主页，然后单击学生信息表中某一行中的“查看详细信息”链接（如图 9.43 所示），此时将进入详细页面，其中列出所选择学生的详细信息，如图 9.44 所示。

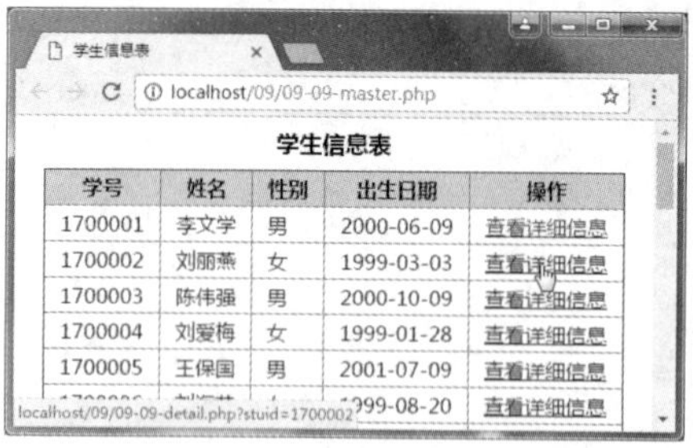

图 9.43　主页上单击转向详细页的链接

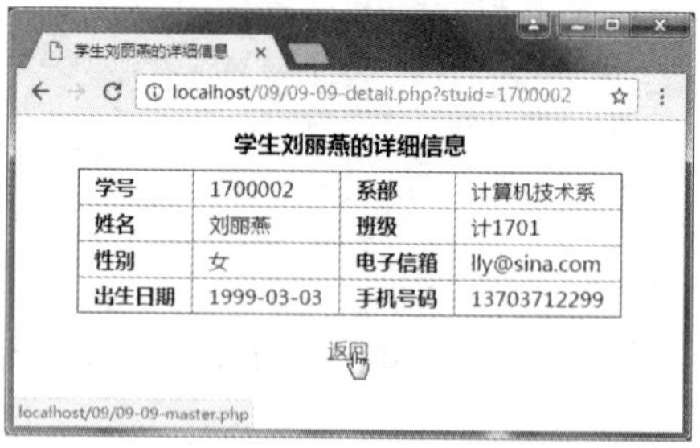

图 9.44　进入详细页

2．快速生成主/详细页

在 DW 中，可通过添加相关的服务器行为来快速成生主/详细页，主要包括以下步骤：创建主页并显示一个记录集；创建到详细页的链接并在链接中附加 URL 参数；创建详细页并根据获取的 URL 参数查找请求的记录；在详细页上显示检索到的记录。也可以使用“插入”→“数据对象”→“主详细页集”命令在一次操作中生成主页和详细页。

实战演练 创建一个主/详细页集合，在主页中列出学生信息，当单击“查看成绩”链接时打开详细页，在此页上显示所选学生的各科成绩。设计步骤如下：

（1）在 PHP 站点的 09 文件夹中创建一个 PHP 页 09-10-master.php 作为主页。

（2）利用简单记录集对话框创建一个记录集并将命名为 rsStudent，设置记录集的情形如图 9.45 所示；创建一个动态表格来显示该记录集，设置此表格的情形如图 9.46 所示。

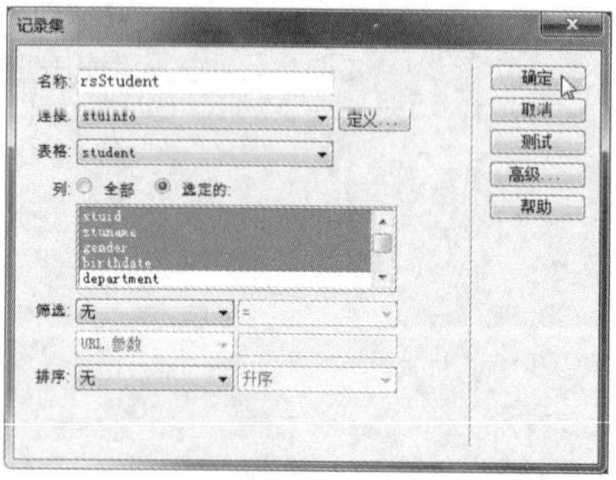

图 9.45　设置记录集选项

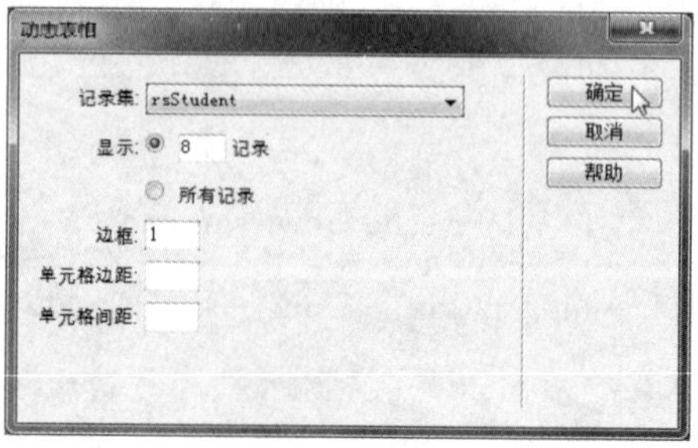

图 9.46　设置动态表格选项

（3）在动态表格下方插入一个记录集导航条，设置相关选项的情形如图 9.47 所示。在记录集导航条所在表格左侧插入一列，在该列中插入一个记录集导航状态，设置相关选项的情形如图 9.48 所示。

（4）在动态表格右侧增加一列，在该列的第一行和第二行分别输入“操作”和“查看成绩”，选取“查看成绩”并在属性检查器的“链接”框中输入 URL 并附加两个参数。

```
09-10-detail.php?sid=<?php echo $row_rsStudent["stuid"]; ?>&name=<?php echo $row_rsStudent ["stuame"]; ?>
```

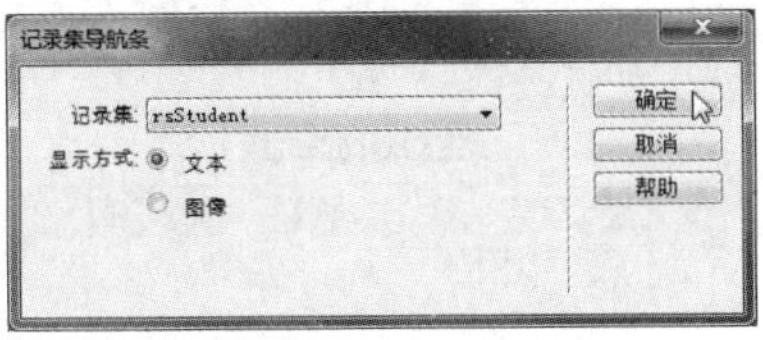

图 9.47　设置记录集导航条

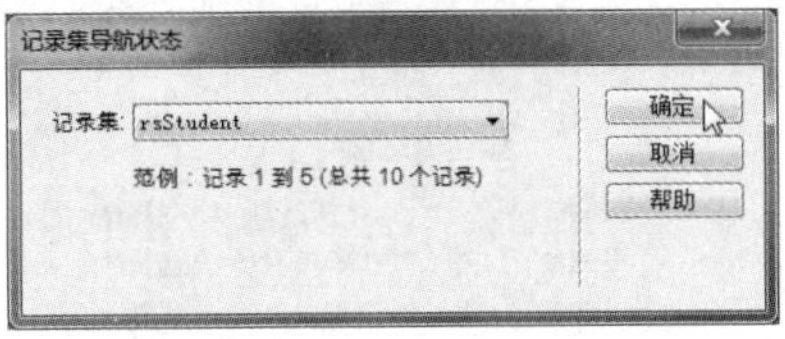

图 9.48　设置记录集导航状态

这样就在主页上创建了到详细页 09-10-detail.php 的链接，每当单击该链接时将会通过 sid 和 name 参数把将生的学号和姓名传递到此详细页。

（5）使用 CSS 样式对动态表格进行设置。主页布局效果如图 9.49 所示。

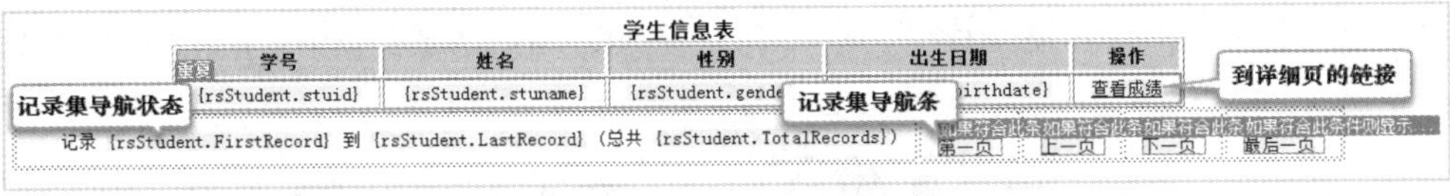

图 9.49　主页布局效果

（6）在 09 文件夹中创建一个 PHP 页并保存为 page9-10-detail.php，它将被用作详细页。

（7）利用高级记录集对话框创建一个记录集并命名为 rsScore，从 student、course 和 score 表中检索所选学生的成绩数据，所使用的 SQL 语句为：

```
SELECT course.couname, score.score
FROM course INNER JOIN score ON course.couid=score.couid
  INNER JOIN student ON score.stuid=student.stuid
WHERE score.stuid=sid
```

上述 SQL 语句中包含一个名为的 sid 变量，因此需要在高级记录集对话框的“变量”区域添加一个变量，该变量的名称和类型分别为 sid 和 Text，默认值和运行时值分别为 1700001 和$_GET["sid"]，如图 9.50 所示。

（8）在该页上插入一个动态表格，用于显示记录集 rsScore 的内容，设置动态表格选项的情形如图 9.51 所示。

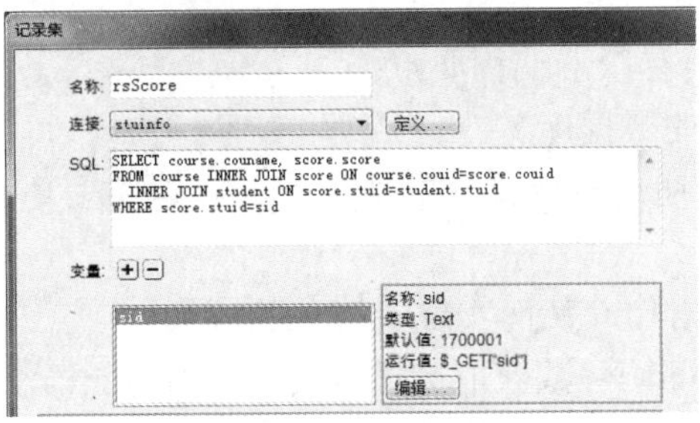

图 9.50　定义记录 rsScore

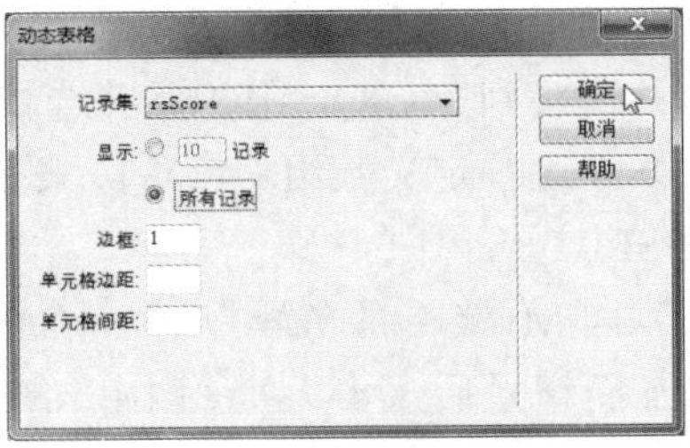

图 9.51　设置动态表格选项

（9）用 CSS 样式表对动态表格进行设置，并将字段标题改为中文；在动态表格下方创建一个返回主页的链接；将动态表格标题和文档标题都设置为以下内容：

```
学生<?php echo $_GET['name']; ?>的成绩单
```

（10）保存所有文件，然后在浏览器中对主/详细页集合进行测试，运行结果如图 9.52 和图 9.53 所示。

图 9.52　在主页中单击“查看成绩”链接

图 9.53　在详细页中查看所选学生的成绩

任务 9.3　添加记录

PHP 动态网站通常应当包含允许用户在数据库中添加新记录的页面。在 PHP 页中添加记录可通过调用 mysql_query()函数执行 INSERT 语句来实现。如果正在使用 DW，则可以通过添加相关服务器行为来快速生成添加新记录的页面。通过本任务掌握通过 PHP 添加新记录的各项操作技能。

任务目标

★ 掌握通过编程方式实现添加记录的方法
★ 掌握在 DW 中快速生成记录添加页的方法

9.3.1　以编程方式实现添加记录

通过编写 PHP 代码实现添加记录时，主要有以下编程要点。

（1）连接到 MySQL 服务器并选择要访问的数据库。

（2）通过预定义数组$_POST 来获取用户通过表单提交的数据，并将这些表单数据应用于 INSERT 语句中。

（3）向 MySQL 服务器发送一条 INSERT 语句，从而实现新记录的添加。

添加新记录后，可以通过调用 mysql_affected()函数获取被插入的记录行数，语法如下：

```
int mysql_affected_rows ( [ resource $link_identifier ] )
```

其中，参数 link_identifier 表示 MySQL 的连接标识符。如果没有指定该参数，默认使用最后由 mysql_connect()打开的连接。

mysql_affected_rows()函数取得最近一次与连接标识符 link_identifier 关联的 INSERT，UPDATE 或 DELETE 查询语句所影响的记录行数。

如果执行成功，则返回受影响的行的数目；如果最近一次查询失败，则返回-1。如果最近一次操作是没有任何条件（WHERE）的 DELETE 语句，则表中所有记录都会被删除。

执行 UPDATE 查询语句时，MySQL 并不会对原值与新值相等的字段进行更新。如果一行记录中所有字段值均未发生改变，则 MySQL 不执行更新操作。因此，mysql_affected_rows()函数返回值不一定就是查询条件所符合的记录数，只有真正被更改的记录数才会被返回。

实战演练 创建一个录入课程的 PHP 动态网页。源文件为/09/09-11.php，源代码如下。

```
<?php
$link=mysql_connect("localhost", "root", "123456") or die(mysql_error());
mysql_select_db("stuinfo", $link) or die(mysql_error());

if (isset($_POST["couname"]) && isset($_POST["hours"])) {
  $sql=sprintf("INSERT INTO course(couname, hours) VALUES ('%s', '%s')",
    $_POST["couname"], $_POST["hours"]);
  mysql_query($sql, $link) or die(mysql_error());
}
$sql="SELECT couid AS 课程编号, couname AS 课程名称, hours AS 学时 FROM course";
$rs=mysql_query($sql, $link) or die(mysql_error());
?>
<!doctype html>
<html>
<head>
<meta charset="gb2312">
<title>录入新课程</title>
<style type="text/css">
table {
  border-collapse: collapse;
  margin: 0 auto;
}
th, td {
  padding: 0 20px;
}
td:first-child, td:last-child {
  text-align: center;
}
</style>
</head>

<body>
<form name="form1" method="post" action="">
  <p style="text-align: center;">
    <input type="text" name="couname" id="couname" autofocus
     required placeholder="课程名称">
    <input name="hours" type="number" id="hours" style="width: 3em;"
     required placeholder="学时">
    <input type="submit" name="add" id="add" value="添加">
  </p>
</form>
```

```
<table border="1">
<tr style="background-color: #cccccc">
<?php
while ($meta=mysql_fetch_field($rs)) {
    printf("<th>%s</th>", $meta->name);
}
?>
</tr>
<?php while ($row=mysql_fetch_row($rs)) { ?>
<tr>
<?php
for ($i=0, $row_num=mysql_num_fields($rs); $i<$row_num; $i++) {
    printf("<td>%s</td>", $row[$i]);
}
?>
</tr>
<?php } ?>
</table>
<?php mysql_free_result($rs); ?>
</body>
</html>
```

在上述源文件中，创建了一个录入表单，可以输入课程名称和学时数（课程编号是自动递增字段，无需录入），单击“添加”按钮时将执行 INSERT INTO 语句，从而新增一条课程记录，此时这条新记录会出现在课程表格中。网页执行结果如图 9.54 和图 9.55 所示。

图 9.54　录入新课程

图 9.55　课程添加成功

9.3.2 快速生成记录添加页

在 DW 中，添加记录的页面由两个功能块组成：用于输入数据的 HTML 表单和用于更新数据库的“插入记录”服务器行为。既可以使用“插入记录表单向导”通过单个操作添加这两个功能块，也可以使用表单工具和服务器行为面板来分别添加它们。

1．使用向导生成记录添加页面

使用插入记录表单向导可通过单个操作创建记录添加页面的基本构造块，即把 HTML 表单和“插入记录”服务器行为同时添加到页面中。操作方法如下：

（1）在 DW 中打开 PHP 动态网页。

（2）选择“插入”→“数据对象”→“插入记录”→“插入记录表单向导”命令。

（3）当出现如图 9.56 所示的“插入记录表单”对话框时，在“连接”列表框中选择一个 MySQL 连接，在“表格”列表框中选择要向其中插入记录的数据库表。

（4）在“表单字段”列表框中指定要在该页面的 HTML 表单中添加哪些表单控件，及每个表单控件应该更新数据库表格中的哪个字段。

默认情况下，DW 将为数据库表中的每个字段创建一个表单控件。如果数据库为创建的每个新记录都自动生成惟一的标识，则应当删除对应于主键字段的表单控件，方法是在列表中选择该表单控件并单击减号按钮。这消除了用户输入已存在的标识的风险。如果要恢复已删除的表单控件，可单击加号按钮。

如果要更改 HTML 表单上表单控件的顺序，可在列表中选中某个表单控件并单击向上按钮的或向下按钮。

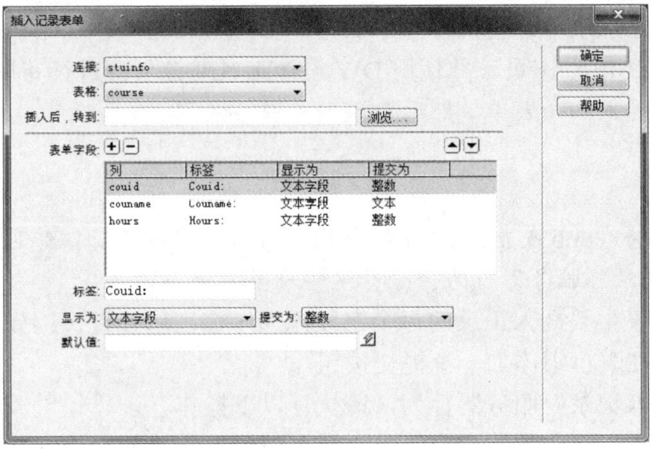

图 9.56 “插入记录表单”对话框

（5）设置每个表单控件在页面上的显示方式。方法是单击“表单字段”列表中的一行，然后设置以下选项。

- 在“标签”框中输入显示在数据输入域旁边的描述性标签文字。在默认情况下，DW 会在该标签中显示字段名称。
- 在“显示为”列表框中选择一种表单控件充当数据输入域。可供选择的有“文本域”、“文本区域”、“菜单”、“复选框”、“单选按钮组”和“文本”。对于只读项，请选择“文本”。此外，根据需要也可以选择“密码域”、“文件域”和“隐藏域”。隐藏域将插入在表单的结尾。
- 在“提交为”列表框中，选择表字段接受的数据格式。例如，如果表字段只接受数字数据，则选择“数字”。
- 设置表单控件的属性。根据表单控件不同，将有不同的选项。对于文本域、文本区域和文本，可以输入初始值；对于列表框和单选按钮组，将打开另一个对话框来设置属性；对于复选框，可以选择“已选中”或“未选中”选项。

（6）在“插入后，转到”文本框中输入将记录插入表格后要打开的页面，或者单击“浏览”按钮找到并选择该文件。如果将该文本框留空，则插入记录后仍打开当前页。

（7）完成设置后，单击“确定”按钮。此时，DW 将一个 HTML 表单和“插入记录”

服务器行为同时添加到页面中。表单控件是在一个基本表格中进行布局的，可以使用 DW 页面设计工具自定义该表格。如果要编辑服务器行为，可以在【服务器行为】面板中双击“插入记录”行为。

注意

记录添加页面一次只能包含一个记录编辑服务器行为。例如，不能将“更新记录”或“删除记录”服务器行为添加到该页面中。

2．逐块生成记录添加页面

也可以使用表单工具和服务器行为面板分别创建记录添加页面的基本构造块。这个过程包括以下两个步骤：首先将表单添加到页面以允许用户输入数据，然后添加“插入记录”服务器行为以便在数据库表中插入记录。

若要在页面中添加表单，请执行以下操作。

（1）创建一个 PHP 动态页，并使用 DW 设计工具对该页面进行布局。

（2）在文档中插入一个表单，然后对该表单进行命名。

注意

不要指定表单的 action 或 method 属性来指示当用户单击提交按钮时向何处及如何发送表单数据。“插入记录”服务器行为会设置这些属性。

（3）为数据库表中要插入记录的每个字段添加一个表单控件，例如文本框、单选按钮及复选框等，然后在表单中添加一个提交按钮。

若要添加“插入记录”服务器行为，请执行以下操作。

（1）选择“插入”→“数据对象”→“插入记录”→“插入记录”命令。

（2）当出现如图 9.57 所示的“插入记录”对话框时，在“提交值，自”列表框中选择用于输入数据的表单。

（3）在“连接”列表框中选择一个 MySQL 连接。

（4）在“插入表格”列表框中，选择要向其中插入记录的数据库表。

（5）从“列”列表框中选择要向其中插入值的表字段，然后从“值”列表中选择为该字段提供值的表单控件，再从“提交为”列表框中为该表单控件选择数据类型。数据类型是表字段所需要的数据种类类型，例如文本、数字或布尔型复选框值等。对 HTML 表单中的每个表单控件重复这个步骤。

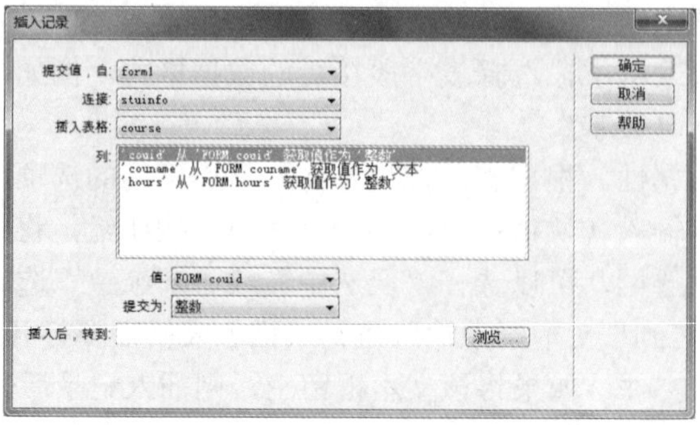

图 9.57 “插入记录”对话框

注意

对于某些不需要提供值的字段（如自动递增字段），可从“值”列表框中选择“无”。

（6）在“插入后，转到”文本框中，输入在将记录插入表格后要打开的页，或者单击“浏览”按钮找到并选择该文件。如果使此文本框留空，则插入记录后仍将打开当前页。完成以上设置后，单击“确定”按钮。

此时，DW 将“插入记录”服务器行为添加到页面中，该页面允许用户通过填写 HTML 表单并单击提交按钮向数据库表中添加记录。如果要修改“插入记录”服务器行为，在服务器行为面板上双击该服务器行为即可。

实战演练 创建一个录入学生信息的 PHP 动态网页，设计步骤如下。

（1）在 DW 中新建一个 PHP 动态页面并保存为 09-12.php。

（2）在该页面中创建一个录入表单，然后在该表单中添加以下控件：用于输入学号的文本框 stuio；用于输入姓名的文本框 stuname；用于选择性别的单选按钮组 gender；用于输入出生日期的日期输入框 birthdate；用于选择系部的列表框 department；用于输入班级的文本框 class；用于输入电子邮件地址的电邮输入框 email；用于输入手机号码的文本框 mobile；用于提交的提交按钮 save；用于重置表单的重置按钮 reset。

（3）选择“插入”→“数据对象”→“插入记录”→“插入记录”命令，然后对“插入记录”对话框选项进行设置，如图 9.58 所示。

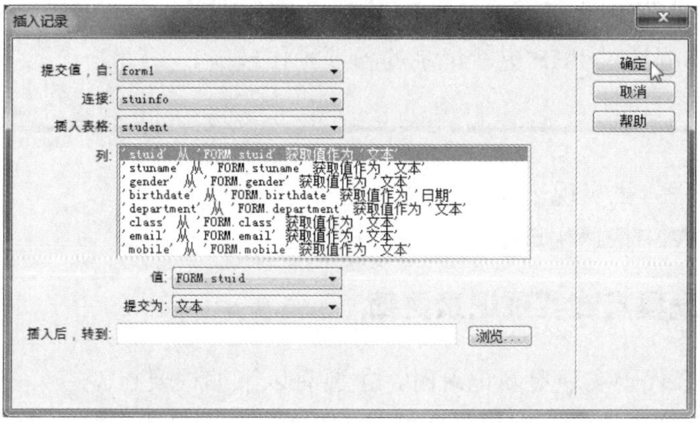

图 9.58　设置“插入记录”服务器行为

（4）切换到代码视图，在表单结束标记</form>下方添加以下内容：

```
<?php if (isset($_POST["save"]) && $Result1) { //若提交表单并成功保存数据 ?>
<script type="text/javascript">
alert("学生信息保存成功！");
document.getElementById("studentId").focus();
</script>
<?php } ?>
```

（5）在浏览器中打开该页，对添加记录功能进行测试，结果如图 9.59 和图 9.60 所示。

图 9.59　填写学生信息

图 9.60　学生信息保存成功

任务 9.4　更新记录

记录更新页面是 PHP 动态网站的常用功能模块之一。创建记录更新页面时，需要从数据库中检索待更新记录并通过 HTML 表单显示该记录的内容；当修改字段值并单击提交按钮时，向 MySQL 服务器发送更新记录的查询语句，将数据更新保存到数据库中。如果正在使用 DW，则可以使用“更新记录”服务器行为快速生成用于更新记录的 PHP 页。通过本任务的实施将掌握通过 PHP 更新记录的各项操作技能。

任务目标

★ 掌握以编程方式实现记录更新的方法

★ 掌握在 DW 中快速生成记录更新页的方法

9.4.1　以编程方式实现记录更新

通过编写 PHP 代码实现更新记录时，主要有以下编程要点。

（1）通过主/详细页集合实现记录的选择和更新，在主页中通过链接选择要更新的记录，通过 URL 参数向详细页传递要更新记录的标识（例如学号），在详细页中获取该记录标识并据此来检索要更新的记录集，将各个表单控件绑定到相关的记录字段上。有时也将主页和详细页合并在一起。

（2）当提交表单时，用预定义数组变量$_POST 获取表单变量的值并将这些值作为字段的值用于 UPDATE 语句，以筛选要更新的记录并为该记录提供新值。

（3）创建 MySQL 连接并选择数据库，然后通过调用 mysql_query()函数来执行 UPDATE 语句，以实现记录的更新。

（4）执行 UPDATE 语句后，通过调用 mysql_affected_rows()来获取被更新的记录行数。

实战演练　创建一个修改学生成绩的 PHP 动态网页，可以在选择班级和课程后进行批量更新。源文件为/09/09-12.php，源代码如下。

```
<?php
session_start();                                                              //启动会话
$link=mysql_connect("localhost", "root", "123456") or die(mysql_error());      //连接 MySQL
mysql_select_db("stuinfo", $link);                                            //选择数据库
//若单击了"保存"按钮，则执行批量更新
if (isset($_POST["save"])) {
  $row_num=count($_POST["score"]);                                            //获取文本框数目
  $num=0;                                                                     //计数变量初始化
  for ($i=0; $i<$row_num; $i++) {
    $sql=sprintf("UPDATE score SET score=%d WHERE stuid='%s' AND couid=%d",
      $_POST["score"][$i], $_POST["stuid"][$i], $_POST["couid"][$i]);
    $result=mysql_query($sql, $link) or die(mysql_error());                   //执行 UPDATE 语句
    $num+=mysql_affected_rows($link);                                         //计数变量加 1
  }
}
?>
<?php
//若单击了"检索"按钮，则查询要更新的成绩数据并将其显示在表单中
if (isset($_POST["class"]) && isset($_POST["course"])) {                      //若提交了班级和课程
  $_SESSION["class"]=$_POST["class"];                                         //将据保存在会话变量中
  $_SESSION["course"]=$_POST["course"];
  $sql=sprintf("SELECT student.stuid AS 学号, student.stuname AS 姓名,student.class AS 班级,
    course.couid AS 课程编号, course.couname AS 课程名称, score.score AS 成绩
    FROM score INNER JOIN student ON score.stuid=student.stuid
    INNER JOIN course ON score.couid=course.couid
    WHERE student.class='%s' AND course.couid=%d", $_POST["class"], $_POST["course"]);
  $_SESSION["sql"]=$sql;
  $rsResult=mysql_query($sql, $link) or die(mysql_error());                   //执行 SELECT 语句
  $row_num_result=mysql_num_rows($rsResult);                                  //获取结果集中的行数
}
?>
<?php
//检索班级和课程信息，为下拉式列表框提供数据源
$rsClass=mysql_query("SELECT DISTINCT class FROM student", $link) or die(mysql_error());
$row_num_class=mysql_num_rows($rsClass);
$rsCourse=mysql_query("SELECT DISTINCT couid, couname FROM course", $link)
  or die(mysql_error());
$row_num_course=mysql_num_rows($rsCourse);
?>
<!doctype html>
<html>
<head>
<meta charset="gb2312">
<title>修改学生成绩</title>
<style type="text/css">
table {
  border-collapse: collapse;
  margin: 0 auto;
}
th, td {
  padding: 2px 6px;
  text-align: center;
}
input[type=text] {
  text-align: center;
  border: 1px outset skyblue;
}
</style>
</head>

<body>
<form name="form1" method="post" action="">
```

```
            <p style="text-align: center;">
                <label for="class">班级：</label>
                <select name="class" id="class">
                  <?php
                  for($i=0; $i<$row_num_class; $i++){
                      $row_class=mysql_fetch_array($rsClass);
                  ?>
                    <option value="<?php echo $row_class["class"] ?>"
                    <?php if ($row_class["class"]==(isset($_SESSION["class"]) ? $_SESSION["class"] : "")) echo "
selected=\"selected\""; ?>><?php echo $row_class["class"] ?></option>
                    <?php } ?>
                </select>
                <label for="course">课程：</label>
                <select name="course" id="course">
                    <?php
                for($i=0;$i<$row_num_course;$i++){
                $row_course=mysql_fetch_array($rsCourse);
                    ?>
                    <option value="<?php echo $row_course["couid"] ?>"
                    <?php if($row_course["couid"] ==(isset($_SESSION["course"]) ? $_SESSION["course"]:""))echo
" selected=\"selected\""; ?>><?php echo $row_course["couname"] ?></option>
                    <?php } ?>
                </select>
                <input type="submit" name="search" id="search" value="检索">
            </p>
        </form>
        <?php
        if (isset($_POST["search"])) {                    //若单击了“检索”按钮，则从结果集中获取行
            $row_result=mysql_fetch_array($rsResult) or die("<p style=\"text-align: center;\">未查询到成绩数据！
</p>");
        ?>
        <form name="form2" method="post" action="">
            <table border="1" style="width: 450px;">
                <caption>
                <?php echo $row_result["班级"]; ?>班《<?php echo $row_result["课程名称"]; ?>》课程成绩
                <input name="save" type="submit" id="save" value="保存">
                </caption>
                <tr style="background-color: #dddddd;">
                    <th>学号</th>
                    <th>姓名</th>
                    <th>成绩</th>
                </tr>
                <?php do{ ?>
                <tr align="center">
                    <td><?php echo $row_result["学号"]; ?>
                        <input type="hidden" name="stuid[]"
                               value="<?php echo $row_result["学号"]; ?>"></td>
                    <td><?php echo $row_result["姓名"]; ?>
                        <input type="hidden" name="couid[]"
                               value="<?php echo $row_result["课程编号"]; ?>"></td>
                    <td><input name="score[]" type="text"
                               value="<?php echo $row_result["成绩"]; ?>"></td>
                </tr>
                <?php }while($row_result=mysql_fetch_array($rsResult)); ?>
            </table>
        </form>
        <?php } ?>
        <?php
        //若单击“保存”按钮，则以表格形式列出成绩
        if (isset($_POST["save"])) {
            $sql=$_SESSION["sql"];
            $rsScore=mysql_query($sql, $link) or die(mysql_error());
```

```
    $col_num=mysql_num_fields($rsScore);
?>
<table border="1">
  <caption>
  学生成绩表
  </caption>
  <tr style="background-color: #dddddd">
    <?php
    while ($meta=mysql_fetch_field($rsScore)) {
       printf("<th>%s</th>", $meta->name);
    }
    ?>
  </tr>
  <?php while ($row=mysql_fetch_row($rsScore)) { ?>
  <tr>
    <?php
    for ($i=0; $i<$col_num; $i++) {
       printf("<td>%s</td>", $row[$i]);
    }
    ?>
  </tr>
  <?php } ?>
</table>
<?php
}
if (isset($num) && $num>0) {
  printf("<p style=\"text-align: center;\"><b>%d 条记录被更新！ </b></p>", $num);
}
?>
</body>
</html>
```

上述源文件将数据查询和数据更新功能合并在一起。在页面上选择一个班级和一门课程后单击“搜索”按钮，可列出这个班级的该课程成绩，此时可以对多个学生的成绩进行修改，然后单击“保存”按钮，如图 9.61 所示。数据保存成功后，将列出更新后的成绩数据并提示更新了几条记录，如图 9.62 所示。

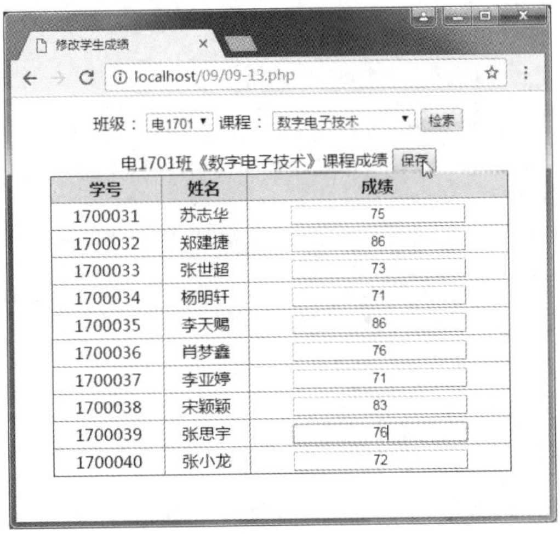

图 9.61　对检索到的成绩进行批量修改

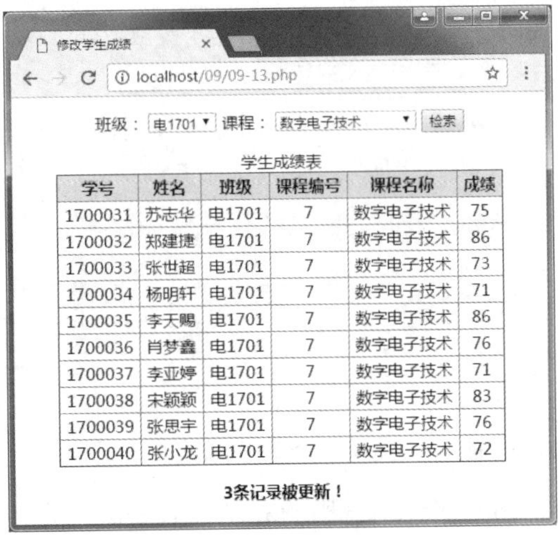

图 9.62　显示更新后的成绩数据

9.4.2 快速生成记录更新页

在 DW 中可以通过可视化方式快速生成记录更新页，不用编写代码或只需编写少量代码。一个记录更新页主要包括以下 3 个构造块：用于从数据库表中检索记录的过滤记录集；允许用户修改记录数据的 HTML 表单；用于更新数据库表的“更新记录”服务器行为。

既可以使用表单工具和服务器行为面板分别添加 HTML 表单和“更新记录”服务器行为，也可以使用“更新记录表单向导”通过单个操作将这些模块添加到页面中。下面结合实战演练说明如何通过添加“更新记录”服务器行为快速生成记录更新页。

实战演练 创建一个主/详细页集合，在主页上选择要修改的学生并转到详细页，然后在详细页上对所选学生进行修改。设计步骤如下：

（1）在 DW 中打开站点，在 09 文件夹中创建一个 PHP 页并保存为 9-14-master.php，以该页面作为主页。

（2）利用简单记录集对话框定义一个记录集并命名为 rs，从 student 表中检索所有学生的部分字段信息，按学号字段升序排列。设置记录集对话框选项的情形如图 9.63 所示。

（3）在页面上插入一个动态表格，用于显示记录集 rs 的内容。设置动态表格对话框选项的情形如图 9.64 所示。

（4）在该动态表格下方添加一个记录集导航条，设置记录集导航条对话框选项的情形如图 9.65 所示。

（5）在该记录集导航左侧添加一个记录集计数器，设置记录集计数器对话框选项的情形如图 9.66 所示。

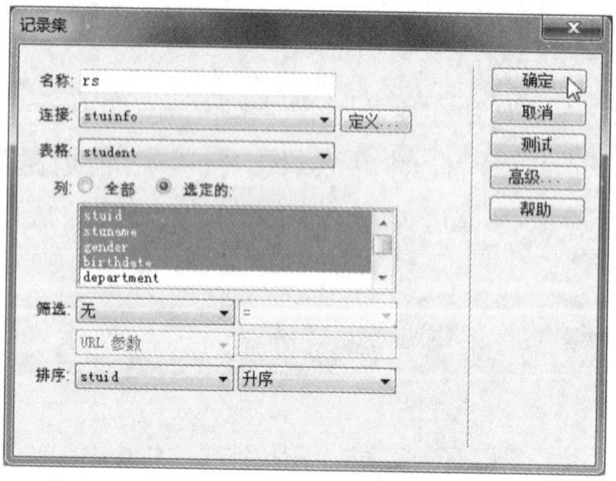

图 9.63 定义记录集 rs

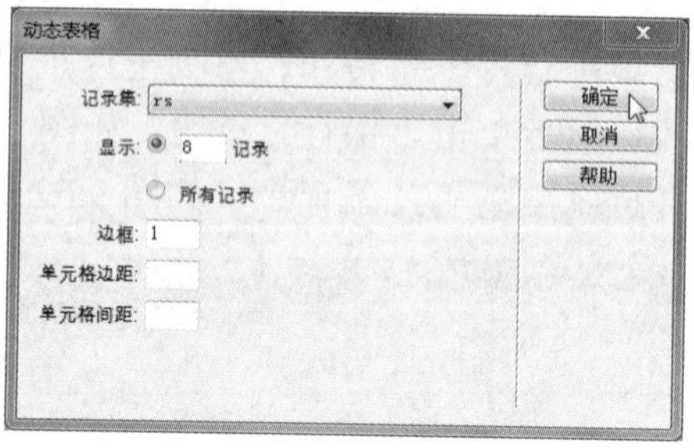

图 9.64 设置动态表格选项

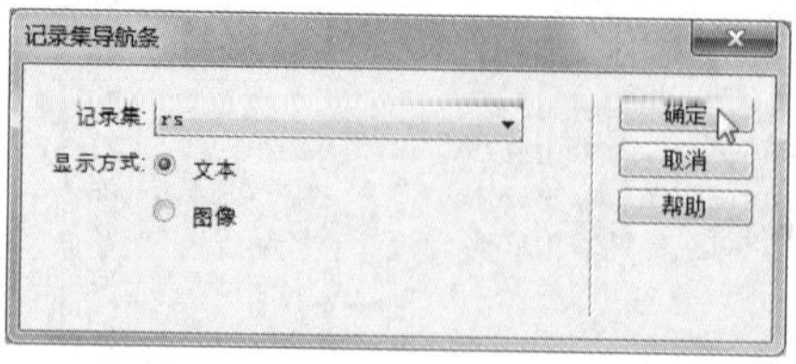

图 9.65 设置记录集导航条选项

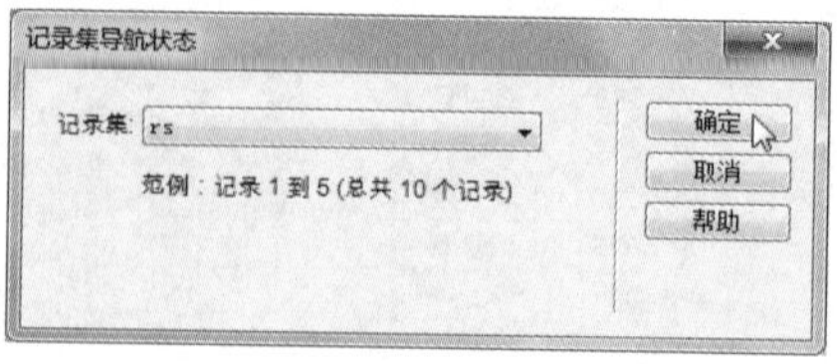

图 9.66 设置记录集导航状态选项

（5）在动态表格的右侧插入一列，在上下单元格中分别键入“操作”和“更新记录”；选择“更新记录”，在属性检查器的“链接”框中输入“09-14-update.php?stuid=<?php echo $row_rs['stuid']; ?>”，以创建动态链接，当单击此链接时将转入 09-14-update.php 页并将学号传递到该页。主页最终布局效果如图 9.67 所示。

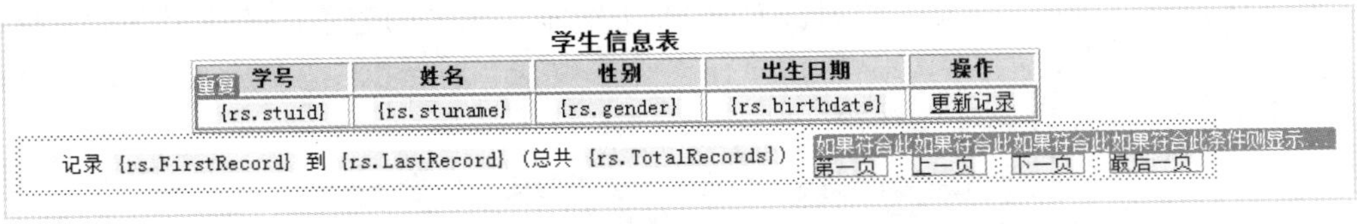

图 9.67　主页布局效果

（6）在文件夹 09 中创建一个 PHP 动态页并保存为 page9-14-update.php，用作详细页。

（7）利用简单记录对话框定义一个记录集并命名为 rsStudent，从 student 表中检索具有指定学号的学生记录，如图 9.68 所示。

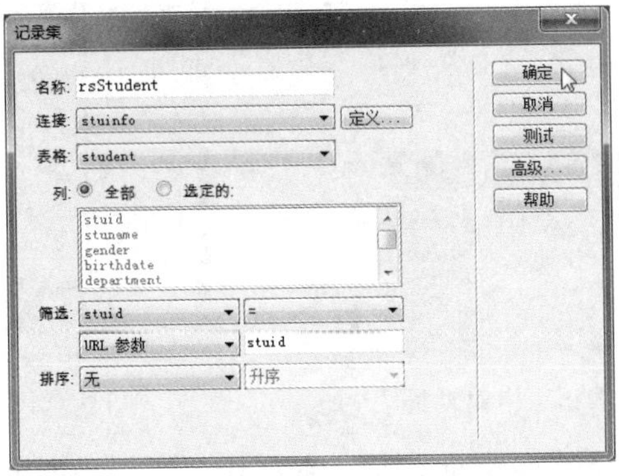

图 9.68　定义记录集 rsStudent

（8）在页面上插入一个表单并在其中插入一个表格，然后在表格中插入一些表单控件和说明性标签，通过以下操作将表单控件绑定到记录集 rsStudent 的相应字段。

- 创建动态文本。单击表格第一行第二列的单元格，在“绑定”面板上单击记录集 rsStudent 中的 stuid 字段，然后单击“插入”按钮，如图 9.69 所示。
- 创建动态隐藏域。在表格第一行第一列中插入隐藏域并命名为 stuid，单击该域，在“绑定”面板上单击记录集中的 stuid 字段再单击“绑定”按钮，如图 9.70 所示。

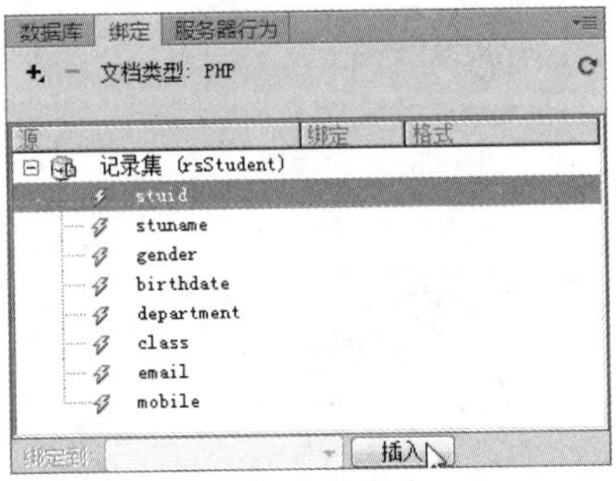

图 9.69　插入记录集字段

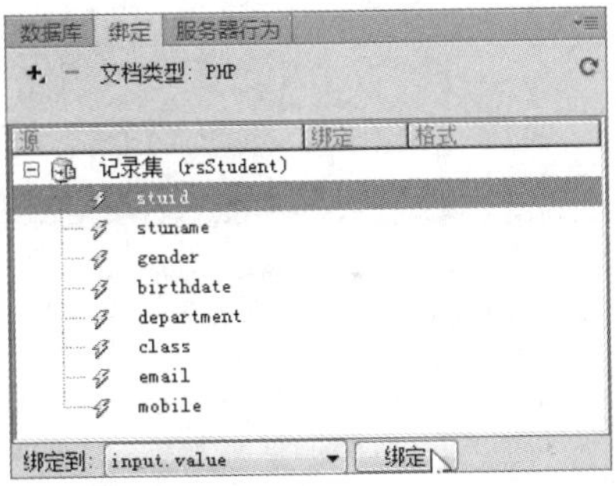

图 9.70　隐藏域绑定到记录集字段

- 创建动态文本框。在表格第二行第二列中插入文本框并命名为 stuname，在页面上单击该文本框，在“绑定”面板上单击记录集中的 stuname 字段再单击“绑定”按钮。
- 创建动态单选按钮组。在表格第三行第二列中插入单选按钮组并命名为 gender，将两个单选按钮的值分别为“男”和“女”；在页面上单击其中的一个单选按钮，在属性检查器上单击“动态”按钮，如图 9.71 所示；在“动态单选按钮组”对话框中单击闪电按钮，如图 9.72 所示；在“动态数据”对话框中，选择记录集 rsStudent 中的 gender 字段，如图 9.73。

图 9.71　在属性检查器中单击“动态”按钮

图 9.72　“动态单选按钮组”对话框

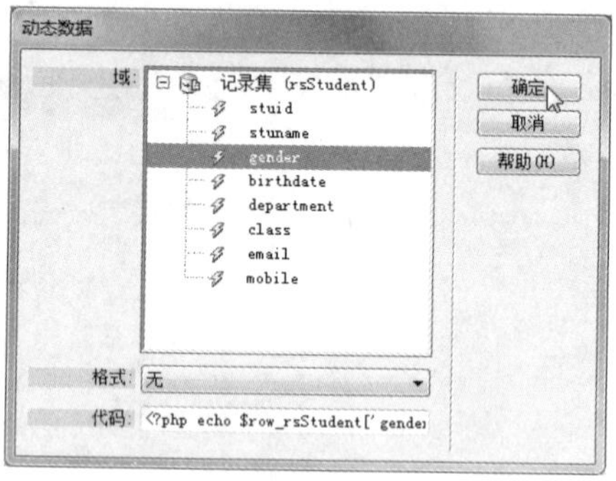

图 9.73　“动态数据”对话框

- 创建动态文本框。在表格第四行第二列中插入文本框并命名为 birthdate，将它绑定到记录集 rsStudent 的 birthdate 字段。
- 创建动态列表框。在表格第五行第二列中插入列表框并命名为 department，为其添加 3 个选项；在页面上单击该列表框，在属性检查器中单击“动态”按钮，如图 9.74 所示；在“动态列表/菜单”对话框中单击闪电按钮，如图 9.75 所示；在“动态数据”对话框中选择记录集 rsStudent 中的 department 字段，如图 9.76 所示。

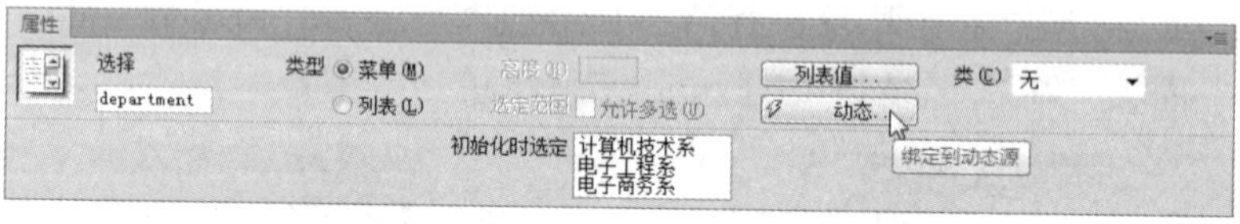

图 9.74　在属性检查器中单击“动态”按钮

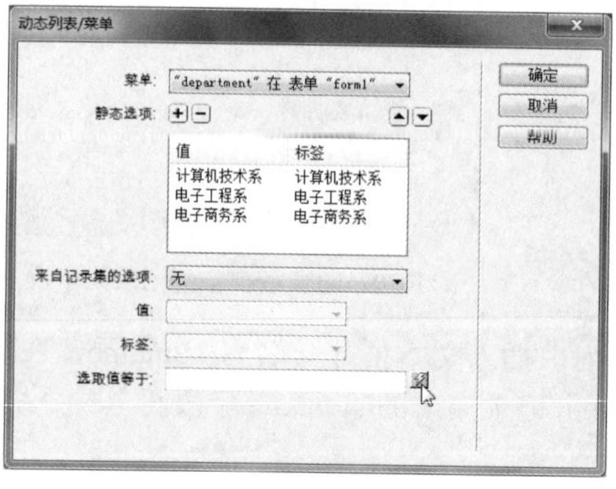

图 9.75　“动态列表/菜单”对话框

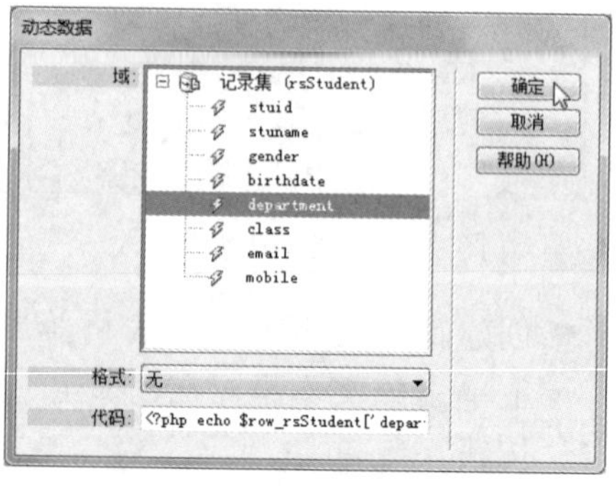

图 9.76　“动态数据”对话框

- 创建另外 3 个动态文本框。分别在表格第六至八行的第二列中插入文本框并命名为 class、email 和 mobile；将这些文本框分别绑定到记录集 rsStudent 的同名字段。

（9）选择“插入”→“数据对象”→“插入记录”→“插入记录”命令，然后在“更新记录”对话框中设置以下选项：从“提交值，自”列表框中选择表单 form1；从“连接”列表框中选择数据库连接 stuinfo；从“更新表格”列表框中选择数据表 student；设置表字段与表单控件之间的对应关系。例如，stuid 字段对应于表单中的隐藏域 stuid，stuname 字段对应于表单中的文本框 stuname 等。设置“更新记录”对话框选项的情形如图 9.77 所示。

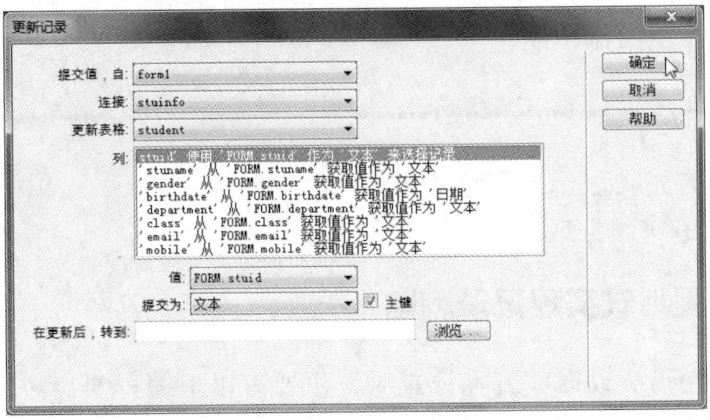

图 9.77 “更新记录”对话框

（10）切换到代码视图，在</body>标记上方输入以下代码：

```
<?php if (isset($Result1)) { ?>
<p style="text-align: center;">记录更新成功！ <a href="09-14-master.php">返回前页</a></p>
<?php } ?>
```

（11）在浏览器中打开 09-14-mastrer.php，通过单击链接选择要修改的学生记录，如图 9.78 所示；进入页面 09-14-update.php 后对选定的学生记录进行修改，然后单击“保存”按钮，如图 9.79 所示。

图 9.78 选择要修改的学生记录

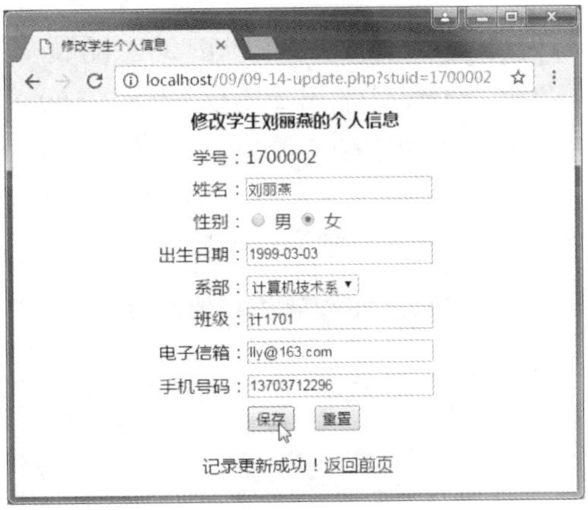

图 9.79 记录更新成功

任务 9.5 删除记录

创建记录删除页面时，首先应选择待删除的记录并将所作选择传递到删除页面，然后通过向 MySQL 服务器发送 DELETE 语句来执行记录删除操作。如果正在使用 DW，则可以通过添加“删除记录”服务器行为快速生成记录删除页面。通过本任务的实施将掌握通过 PHP 删除记录的各项操作技能。

任务目标

★ 掌握以编程方式实现记录删除的方法

★ 掌握在 DW 中快速生成记录删除页的方法

9.5.1 以编程方式实现记录删除

通过编写 PHP 代码从数据库删除记录时，主要有以下编程要点。

（1）连接到 MySQL 服务器并选择要访问的数据库。

（2）编写一个 DELETE 语句，并通过 WHERE 子句来指定要删除哪些记录；通常是列出一个记录列表，让用户通过单击超链接来选择要删除的记录。

（3）如果要删除多条记录，则可以在记录列表为每行记录添加一个复选框并将该复选框的值设置为表的主键字段值。

（4）当用户单击提交按钮时，通过调用 mysql_query()函数向 MySQL 服务器发送一个 DELETE 语句，以完成记录删除操作。

（5）如果需要，可以对提交按钮编写客户端脚本，以便让用户对删除操作进行确认。

（6）通过调用 mysql_affetced_rows()函数获取被删除记录的行数。

实战演练 创建一个 PHP 动态网页，用于批量删除学生记录。设计步骤如下：

（1）在 DW 中打开 PHP 站点，在 09 文件夹中创建一个 PHP 页并保存为 09-15.php。

（2）在页面中插入表单，设置其 id 为 form1；在表单中添加提交按钮并命名为 delete。

（3）利用简单记录集对话框创建记录集 rs，从学生表中获取学生信息；在表单内插入一个动态表格，以显示记录集 rs 的内容。设置相应对话框选项的情形如图 9.80 和图 9.81 所示。

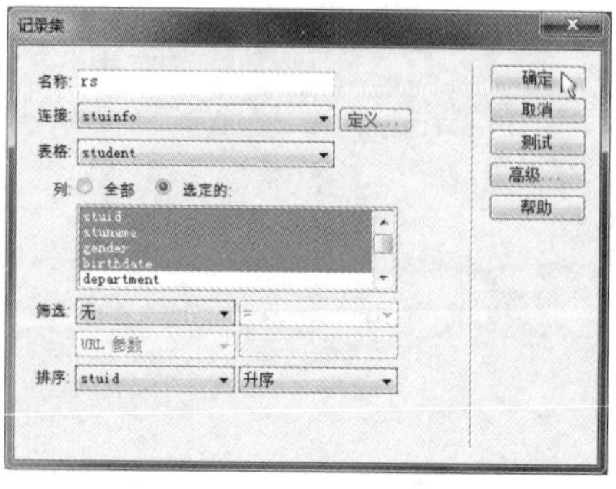

图 9.80　定义记录集 rs

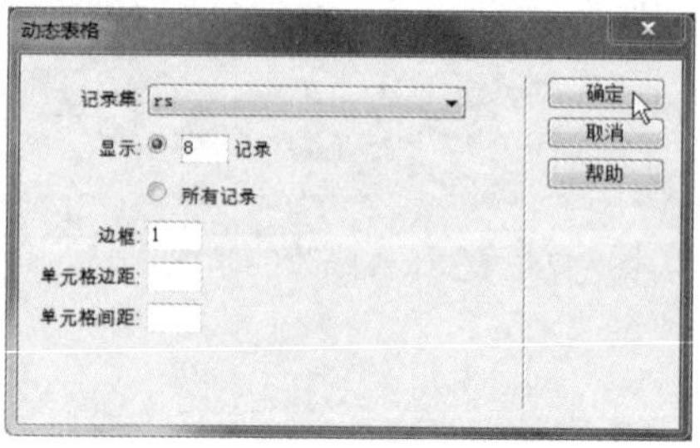

图 9.81　设置动态表格选项

（4）在动态表格上方插入记录集导航状态，在动态表格下方插入记录集导航条。设置相应对话框的情形如图 9.82 和图 9.83 所示。

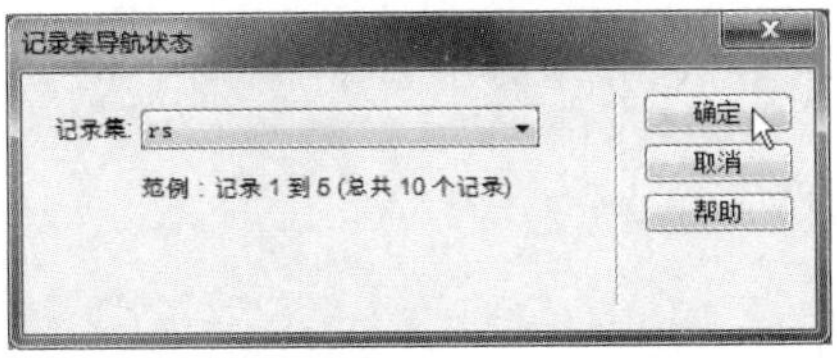

图 9.82　设置记录集导航状态选项

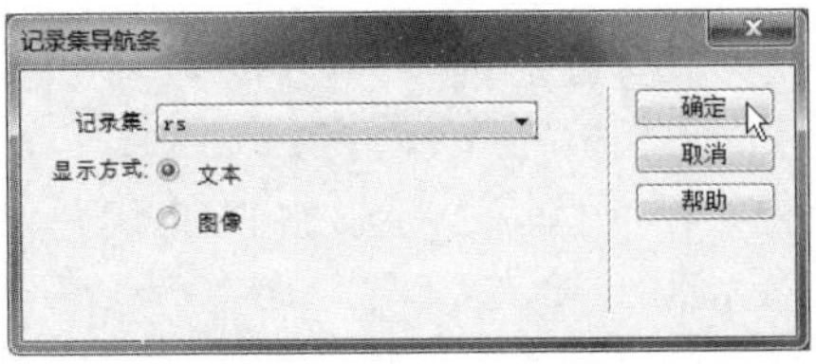

图 9.83　设置记录集导航条选项

（5）将动态表格标题行中的字段名改成中文；在表格左侧增加一列，在该列第一行插入复选框并命名为 sel_all；在该列第二行插入复选框并命名为 stuid[]，将其 class 属性设置为 stu，将其绑定到记录集 rs 的 stuid 字段。该页的最终布局效果如图 9.84 所示。

图 9.84　页面布局效果

（6）在文档首部创建 CSS 样式表，对表格外观进行设置；插入一个脚本块，编写以下客户端 JavaScript 脚本：

```
<script type="text/javascript">
window.onload=function() {
  var form1=document.getElementById("form1");
  var allElem=document.getElementById("sel_all");
  var stuidElems=document.getElementsByClassName("stu");

  form1.onsubmit=function() {
    var n=0;
    for (var i=0; i<stuidElems.length; i++) {
      if (stuidElems[i].checked)n++;
    }
    if (n==0) {
      alert("请选择要删除的记录！");
      return false;
    } else if (n>0) {
      return confirm("您确实要删除选定的这"+n+"条记录吗？");
    }
  };

  allElem.onclick=function() {
    for (var i=0; i<stuidElems.length; i++) {
      stuidElems[i].checked=allElem.checked;
    }
  };

  for(var i=0; i<stuidElems.length; i++) {
    stuidElems[i].onclick=function(e) {
      if (!e.target.checked) {
        allElem.checked=false;
```

```
            return;
        }
    };
  }
};
</script>
```

（7）在文档第 2 行添加 PHP 代码块，编写以下代码：

```
<?php
if (isset($_POST["delete"])) {
  $n=count($_POST["stuid"]);
  $ids=array();
  for ($i=0; $i<$n; $i++) array_push($ids, "'".$_POST["stuid"][$i]."'");
  $str=implode(",", $ids);
  $sql=sprintf("DELETE FROM student WHERE stuid IN (%s)", $str);
  $reslut=mysql_query($sql,$stuinfo) or die("不能删除记录：" . mysql_error());
  header(sprintf("Location: %s", $_SERVER["PHP_SELF"]));
  exit;
}
?>
```

（8）在浏览器中运行该页，对记录批量删除功能进行测试，如图 9.85 和图 9.86 所示。

图 9.85　确认删除记录

图 9.86　记录删除成功

9.5.2　快速生成记录删除页

在 DW 中，可以利用“删除记录”服务器行为快速生成记录删除页面。记录删除页面通常用作主/详细页集合中的详细页。在主页中通过单击链接选择要删除的记录，在记录删除页中从数据库表中检索待删除的记录，以只读方式显示待删除记录。当单击链接或提交按钮时，将 DELETE 删除语句发送给服务器。为了简化操作，也可以将主页和详细页合并在一起。

若要创建记录删除页，可执行以下操作。

（1）在 PHP 动态页中创建一个具有筛选条件的记录集，从数据库表中检索要删除的记录，并以只读方式显示该记录集。

（2）创建一个表单，在该表单中添加一个提交按钮和一个隐藏域，将该隐藏域绑定于数据表的主键字段。也可以创建指向删除页的链接，通过这些链接传递要删除的记录的 ID。

（3）选择“插入”→“数据对象”→“删除记录”命令，在“删除记录”对话框中对以下选项进行设置，如图 9.87 所示。

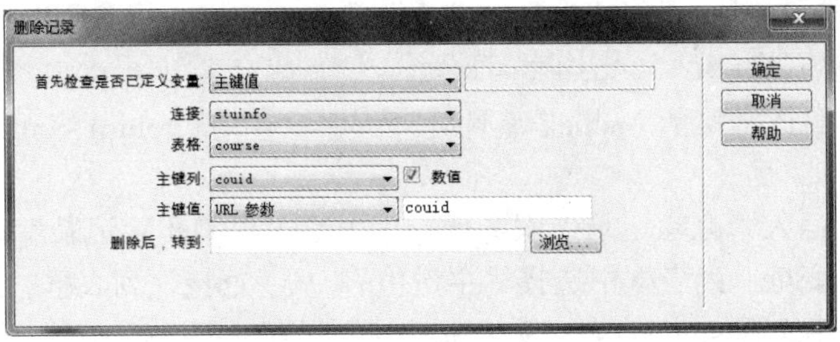

图 9.87　“删除记录”对话框

- 在“首先检查是否已定义变量”列表框中选择“主键值”。
- 在“连接”列表框中选择一个 MySQL 库连接。
- 在“表格”列表框中选择包含待删除记录的数据库表。
- 在“主键列”列表框中选择一个键列在数据库表中标识该记录。“删除记录”服务器行为将在此列搜索匹配值，此列与绑定到页面上的隐藏表单字段的记录集列应包含相同的记录 ID 数据。若该值是一个数字，则选择“数值”复选框。
- 在“主键值”列表框中选择页面上包含记录 ID 的变量，该记录 ID 标识了要删除的记录。该变量是由隐藏域创建的，其名称与隐藏字段的 name 属性相同，可以是一个表单参数或 URL 参数。
- 在“删除后，转到”文本框中，输入在从数据库表格中删除记录后打开的页或单击“浏览”按钮定位到该文件。若将此文本框留空，则删除记录后重新打开当前页。

（4）完成以上设置后，单击“确定”按钮。

此时，DW 将“删除记录”服务器行为添加到当前页，该页允许用户通过单击表单上的提交按钮从数据库表中删除记录。在修改该服务器行为，在服务器面板上双击它即可。

实战演练　创建一个 PHP 动态网页，用于删除单个学生记录。设计步骤如下：

（1）在 DW 中打开 PHP 站点，在 09 文件夹中创建一个 PHP 页并保存为 09-16.php。

（2）用简单记录集对话框定义记录集 rs 并通过动态表格显示该记录集，设置相应对话框的情形如图 9.88 和图 9.89 所示。

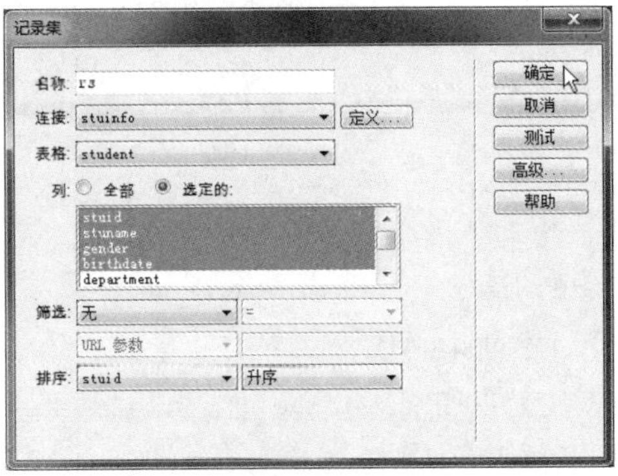

图 9.88　定义记录集 rs

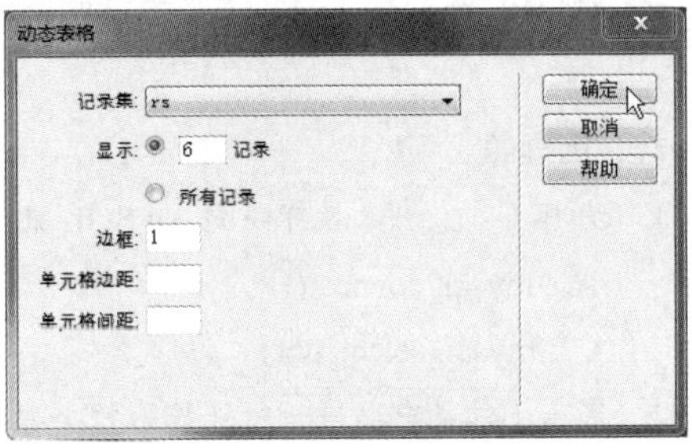

图 9.89　设置动态表格选项

（3）在动态表格上方插入记录集导航状态和记录集导航条。

（4）在动态表格右侧插入一列，在标题行中输入“操作”，在其下方单元格输入“删除记录”；选取“删除记录”，在属性检查器的【链接】框中输入包含 URL 参数的网址如下：

```
09-16.php?stuid=<?php echo $row_rs['stuid']; ?>
```

切换到代码视图，将此链接的 onclick 事件处理程序设置为“return confirm('确实要删除这条记录吗？');”。

（5）在该页中插入“删除记录”服务器行为，当出现“删除记录”对话框时，从“首先检查是否已定义变量”列表框中选择“主键值”，从“连接”列表框中选择 stuinfo 连接，从“表格”列表框中选择 student 表，从“主键列”列表框中选择 stuid，从“主键值”列表框中选择“URL 参数”并指定参数名为 stuid，将“删除后，则转到”文本框留空，设置各个选项的情形如图 9.90 所示。

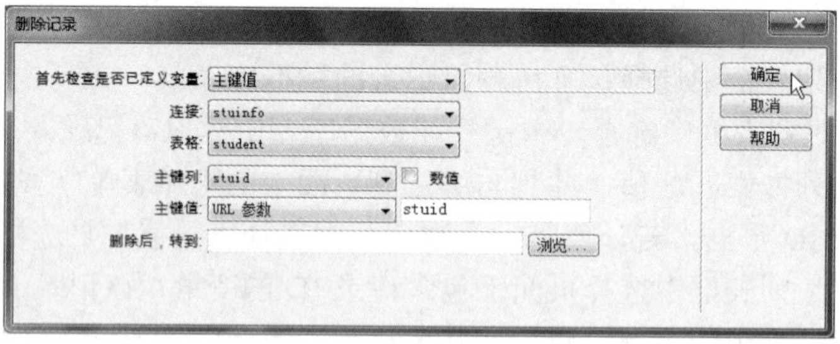

图 9.90　设置删除记录对话框

（6）在浏览器中打开该页，对删除记录功能进行测试，结果如图 9.91 和图 9.92 所示。

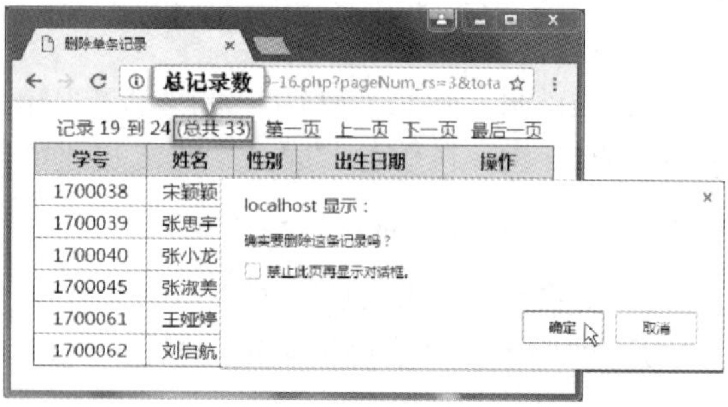

图 9.91　确认记录删除操作

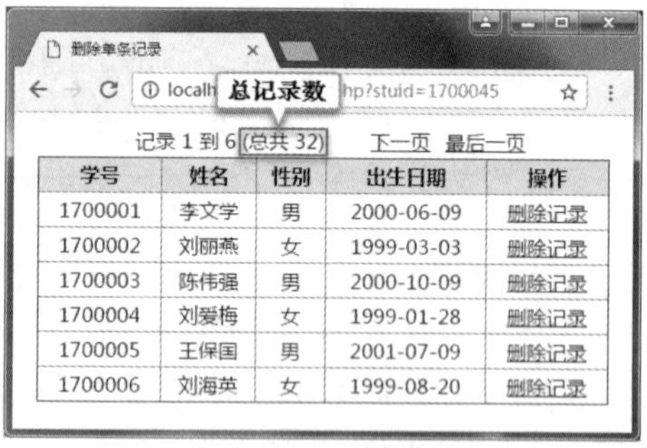

图 9.92　记录删除成功

项目思考

一、选择题

1. 使用（　　）函数可以向 MySQL 服务器发送一条查询语句。

   A. mysql_connect()　　B. mysql_query()

   C. mysql_select_db()　　D. mysql_error()

2. 要从记录集中取得一行并作为枚举数组可调用（　　）函数。

   A. mysql_fetch_array()　　B. mysql_fetch_row()

   C. mysql_fetch_assoc()　　D. mysql_num_rows()

3. 使用（　　）可获取记录集中包含的行数。

A. mysql_num_rows()
B. mysql_num_fields()
C. mysql_fetch_field()
D. mysql_free_result()

二、判断题

1.（　　）如果使用相同的参数第二次调用 mysql_connect()，则永远不会建立新的连接。

2.（　　）使用 mysql_close()函数可以关闭由 mysql_pconnect()建立的持久连接。

3.（　　）如果没有权限访问查询语句中引用的表，则 mysql_query()函数会返回 false。

4.（　　）如果使用 mysql_query()函数查询成功，则可调用 mysql_num_rows()函数来查看对应于 SELECT 语句返回了多少行。

5.（　　）如果使用 mysql_query()函数执行成功，则可调用 mysql_affected_rows()函数来查看对应于 DELETE、INSERT 或 UPDATE 语句影响到了多少行。

6.（　　）使用 mysql_fetch_array()函数从结果记录集中取得一行时只能作为数字数组使用。

三、简答题

1. 非持久连接与持久连接有什么区别？它们分别用什么方法建立？
2. 当在 DW 中创建数据库连接时将生成一个 PHP 文件，它包含哪些内容？存放在何处？
3. 使用简单记录集对话框和高级记录集对话框创建记录集各有什么特点？
4. 在 DW 中创建分页显示记录集的页面，主要包括哪些步骤？
5. 通过编程方式实现添加记录，主要有哪些要点？
6. 在 DW 中创建添加记录页面，需要添加哪些功能块？
7. 通过编程方式实现记录更新，主要有哪些要点？
8. 在 DW 中创建更新记录页面，需要添加哪些功能块？
9. 在 DW 中如何将表单控件绑定到动态数据源？
10. 通过编程方式实现删除记录，主要有哪些要点？
11. 在 DW 中，如何快速生成记录删除页面？

项目实训

1. 创建一个 PHP 动态网页，用编程方式创建到 MySQL 服务器的连接，并选择一个数据库。
2. 创建一个 PHP 动态网页，用编程方式实现记录集的分页显示。
3. 创建一个 PHP 动态网页，用 DW 服务器行为实现记录集的分页显示。
4. 创建一个搜索/结果页集合，用编程方式实现数据的搜索和显示。
5. 创建一个搜索/结果页集合，用 DW 服务器为实现数据的搜索和显示。
6. 创建一个主/详细页集合，要求通过编程方式实现。
7. 创建一个主/详细页集合，要求用 DW 服务器行为实现。
8. 创建一个 PHP 动态网页，要求通过编程方式实现添加新记录。
9. 创建一个 PHP 动态网页，要求用 DW 服务器行为实现添加新记录。
10. 创建一个 PHP 动态网页，要求通过编程方式实现一次更新多条记录。
11. 创建一个 PHP 动态网页，要求用 DW 服务器行为实现更新记录。
12. 创建一个 PHP 动态网页，要求通过编程方式实现一次删除多条记录。
13. 创建一个 PHP 动态网页，要求用 DW 服务器行为实现删除记录。

项目 10

开发新闻发布系统

新闻发布系统是常见的动态网站类型之一，它用于各种时效性较强的新闻信息的动态发布，可以为社会组织、企事业单位构建网络信息发布平台。新闻编辑或信息发布者无论身处何地，都可以登录到新闻发布系统，将最新信息发送到服务器，添加到网站后台数据库中，并按照事先设计好的模板动态生成新闻网页，供大众进行浏览。通过本项目的实施将学会利用 DW 作为开发工具、基于 PHP 技术和 MySQL 数据库构建一个新闻发布系统。

项目目标

★ 掌握系统总体设计的方法
★ 掌握数据库设计与实现的方法
★ 掌握实现各个功能模块的方法

任务 10.1 系统功能设计

通过本任务的实施将学会系统总体设计的方法，能够完成系统功能分析、数据库设计与实现及系统功能模块划分。

任务目标

★ 掌握系统功能分析的方法
★ 掌握设计和实现数据库的方法

10.1.1 系统功能分析

使用新闻发布系统的用户按照权限可以分为匿名用户、新闻编辑和系统管理员。任何人无需注册和登录，均可采用匿名方式访问该系统并通过网页浏览各类新闻；新闻编辑登录后可以发布和编辑新闻信息；系统管理员登录后可以对新闻编辑和新闻信息进行管理。

新闻发布系统应提供以下各项功能。

（1）浏览新闻。按时间顺序显示最新的新闻标题，通过单击标题链接即可查看新闻的详细信息；将新闻划分成各种不同的类别，如国内新闻、国际新闻、军事新闻、体育新闻、娱乐新闻及社会新闻等，以满足不同用户的阅读需要。

（2）用户管理。按按权限用户分为匿名用户、新闻编辑和系统管理员。匿名用户无须注册和登录即可浏览新闻信息，在系统中不必对这类用户进行管理；新闻编辑通过登录后可以发布新闻，也可以修改自己发布的新闻；系统管理员除了拥有新闻编辑的所有权限外，还可以对新闻编辑进行管理，包括创建新用户、修改用户信息及删除用户等。

（3）新闻类别管理。新闻类别管理功能包括添加新的类别、编辑和删除已有类别，这些功能只能由系统管理员使用。

（4）新闻管理。新闻管理功能包括发布新闻、编辑和删除新闻，这些功能可以由新闻编辑和系统管理员使用。但新闻编辑和系统管理员权限有所不同，前者只能对自己发布的新闻进行编辑，后者则可以对所有新闻进行编辑和删除。

10.1.2 数据库设计与实现

在新闻发布系统中，用户信息、新闻类别及新闻信息都存储在一个名为 news 的 MySQL 数据库中。这个数据库包含以下 3 个表。

（1）users 表：用于存储新闻编辑和系统管理员的信息。新闻编辑和系统管理员通过 role 字段来区分，该字段为枚举类型 ENUM('新闻编辑', '系统管理员')，默认值为“新闻编辑”。

（2）categories 表：用于存储新闻类别编号和新闻类别名称。

（3）articles 表：用于存储每条新闻的编号、标题、发布时间、类别、编辑和来源信息。其中新闻编辑通过用户名表示，该列的值应存在于 users 列中。

categories 与 news 两个表之间存在着一对多关系，对于 categories 表中的一条记录，news 表可以有多条记录与之对应。当从 categories 表中删除一个新闻类别后，news 表中与该类别相关的所有新闻也应该随之删除。为了实现这种关联性，可以在 categories 表中创建一个触发程序。users 与 news 表之间也存在一对多关系，因为一个新闻编辑可以发布许多条新闻。

此外，在 DW 中创建多表查询时需要通过高级记录集对话框来实现，为了简化编写 SQL 语句的过程，可以在数据库中创建一些视图。

下面编写一个 SQL 脚本文件并保存为 create_news.sql，用于创建新闻发布系统的后台数据库、表、视图和触发器，源代码如下。

```
-- 创建 news 数据库
CREATE DATABASE IF NOT EXISTS news;
USE news;
-- 创建 users 表
CREATE TABLE IF NOT EXISTS users (
   userid smallint(6) unsigned NOT NULL AUTO_INCREMENT COMMENT '用户编号',
   username varchar(20) NOT NULL COMMENT '用户姓名',
   password varchar(20) NOT NULL COMMENT '密码',
   email varchar(30) NOT NULL COMMENT '电子信箱',
   role enum('新闻编辑', '系统管理员') NOT NULL DEFAULT '新闻编辑' COMMENT '角色',
   PRIMARY KEY ( userid )
```

```
);
-- 创建 categories 表
CREATE TABLE IF NOT EXISTS categories (
  catgid tinyint(3) unsigned NOT NULL AUTO_INCREMENT COMMENT '类别编号',
  catgname varchar(20) NOT NULL COMMENT '类别名称',
  PRIMARY KEY ( catgid )
);
-- 在 categories 表中创建触发器
CREATE TRIGGER delete_categoriey_trigger
AFTER DELETE ON categories
FOR EACH ROW
DELETE FROM articles WHERE articles.catgid=OLD.catgid;
-- 创建 articles 表
CREATE TABLE IF NOT EXISTS articles (
  artid int(10) unsigned NOT NULL AUTO_INCREMENT COMMENT '文章编号',
  title varchar(60) NOT NULL COMMENT '文章标题',
  content longtext NOT NULL COMMENT '文章内容',
  issuetime timestamp NOT NULL DEFAULT CURRENT_TIMESTAMP COMMENT '发布时间',
  catgid tinyint(6) unsigned NOT NULL COMMENT '类别编号',
  editor varchar(20) NOT NULL COMMENT '编辑姓名',
  source varchar(30) DEFAULT NULL COMMENT '新闻来源',
  PRIMARY KEY ( artid )
);
-- 创建 catgview 视图
CREATE ALGORITHM=UNDEFINED DEFINER=root@localhost
SQL SECURITY DEFINER VIEW catgview
AS
SELECT categories.catgid, categories.catgname, COUNT(articles.artid) AS artcount
FROM categories LEFT JOIN articles
ON categories.catgid = articles.catgid
GROUP BY categories.catgid;
-- 创建 artview 视图
CREATE ALGORITHM=UNDEFINED DEFINER=root@localhost
SQL SECURITY DEFINER VIEW artview
AS
SELECT articles.artid, articles.title, articles.catgid, categories.catgname,
articles.content, articles.issuetime, articles.editor, articles.source
FROM articles INNER JOIN categories ON categories.catgid = articles.catgid
ORDER BY articles.issuetime DESC;
```

10.1.3 系统功能模块划分

新闻发布系统按照功能可以划分成以下 5 个模块，每个模块各由若干个页面组成。其中有一些页面允许所有用户访问，另一些页面则只能由注册用户访问，还有一些页面仅限系统管理管理员访问。各个模块包含的主要页面及其文件名在表 10.1 中列出。

表 10.1 系统功能模块划分

模　块	页　面	文 件 名	说　明
用户管理	系统登录页面	login.php	任何用户都可以访问
	创建用户页面	createuser.php	仅限系统管理员访问
	修改用户页面	alteruser.php	仅限系统管理员访问
	删除用户页面	deleteuser.php	仅由其他页面调用
	管理用户页面	userlist.php	仅限系统管理员访问

（续表）

模　块	页　面	文 件 名	说　明
新闻类别管理	添加新闻类型页面	addcatg.php	仅限系统管理员访问
	修改新闻类别页面	altercatg.php	仅限系统管理员访问
	删除新闻类别页面	deletecatg.ph	仅由其他页面调用
	管理新闻类别页面	catglist.php	仅限系统管理员访问
新闻管理	发布新闻页面	releaseart.php	仅限注册用户访问
	编辑新闻页面	editart.php	仅限注册用户访问
	删除新闻页面	deleteart.ph	仅限系统管理员访问
	管理新闻页面	artlist.php	仅限系统管理员访问
新闻浏览	新闻首页	index.php	任何用户都可以访问
	按类别显示新闻页面	classify.php	任何用户都可以访问
	新闻详细页面	detail.php	任何用户都可以访问
	新闻搜索结果页面	result.php	任何用户都可以访问
其他	登录成功时执行的页面	switch.php	仅由其他页面调用
	出错信息显示页面	message.php	仅由其他页面调用

任务 10.2 实现用户管理

在新闻发布系统中，发布新闻、管理新闻和浏览新闻都是由各类用户来实现的。用户管理是该系统后台管理的重要组成部分。通过本任务的实施将学会实现用户管理的各项推操作技能，能够实现系统登录和设置页面的访问权限，并能够创建与用户管理相关的其他页面。

任务目标

★ 掌握实现网站登录的方法
★ 掌握实现用户管理功能的方法
★ 掌握设置页面访问权限的方法

10.2.1 系统登录

系统管理员或新闻编辑使用后台管理功能时，首先必须经过如图 10.1 所示的系统登录页 login.php 对用户名和密码进行验证。如果提交的用户名和密码与存储在数据库中的信息匹配，则登录成功，继续执行 switch.php 并最终转入相应的管理页面，否则登录失败，将被重定向到到出错信息显示页 message.php，如图 10.2 所示。

图 10.1　在登录页输入输入用户名和密码

图 10.2　登录失败时显示的出错信息

1．制作系统登录页 login.php

系统登录页的主要功能是对输入的用户名和密码进行检查，即以用户名和密码作为筛选条件从 users 表中查询记录，如果所得到的记录集不为空，则将用户名和用户角色保存到会话变量中，然后转向登录成功页，否则转向登录失败页。在 DW 中制作登录页时，首先制作一个用于输入用户名和密码的登录表单，然后使用“登录用户”服务器行为来实现账户信息验证功能。设计步骤如下：

（1）在 PHP 站点中创建一个名为 news 的文件夹，在该文件夹中创建一个 PHP 页并保存为 login.php；在站点的 style 文件夹中创建 CSS 样式表文件 news.css 并定义一些 CSS 样式。

（2）创建导航条。在页面中链接到样式表 news.css；添加一个 nav 元素，在该 nav 元素中插入一个一行三列表格，在该表格的三列中分别插入基于 logo 图像的链接、指向首页 index.php 的超文本链接和当前系统日期（用 PHP 代码实现）；在表格下方输入文字以指示当前位置。

（3）创建登录表单。在导航条下插入表单 form1，在该表单中插入一个表格，利用该表格来分布一些表单控件。这些表单控件包括：用于输入用户名的文本框 username；用于输入密码的密码框 password；提交按钮 submit 和重置按钮 reset；系统登录页的最终布局效果如图 10.3 所示。

图 10.3　系统登录页布局

（4）在数据库面板中创建一个 MySQL 连接，连接到 news 数据库。

（5）添加“登录用户”服务器行为。选择“插入”→“数据对象”→“用户身份验证”→“登录用户”，在如图 10.4 所示的“登录用户”对话框中对以下选项进行设置。

● 设置访问者在输入登录信息时所使用的表单为 form1，而且用户名和密码分别来自表单控件 username 和 password。

- 设置使用 MySQL 连接 news 来验证用户信息；指定包含所有注册用户的数据库表为 users，而且用户名和密码字段分别来自该表的 username 和 password 字段。
- 设置在登录成功时所打开的页为 switch.php。
- 选中“转到前一个 URL（如果它存在）”复选框。
- 设置在登录失败时所打开的页为 message.php，并且向该页传递一个 URL 参数，参数的名称为 errno，参数的值为 2。
- 根据用户名、密码和访问级别来授予对页的访问权，并选择访问级别来自 role 字段。

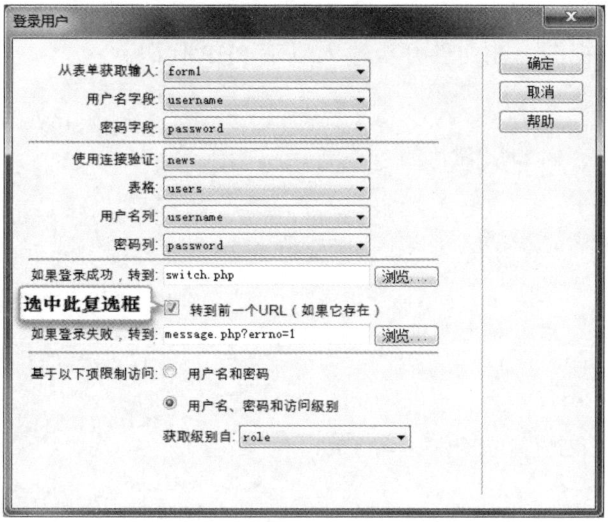

图 10.4 “登录用户”对话框

（5）完成以上设置后，单击“确定”按钮。

2. 制作登录成功页 switch.php

如果用户名和密码与存储在数据库中的用户名和密码匹配，则登录成功，转到 switch.php 页执行，并根据用户角色不同进入不同的后台管理页。如果是新闻编辑，则进入新闻管理页；如果是系统管理员则进入新闻类别管理页。switch.php 页仅包含以下 PHP 代码：

```
<?php
<?php
session_start();
$username = $_SESSION['MM_Username'];              //获取保存在会话变量中的用户名
if ( !isset($username) ) {                         //若不存在该变量
  header ( "Location: login.php" );                //则重定向到系统登录页
}

$usergroup = $_SESSION['MM_UserGroup'];            //获取保存在会话变量中的角色
if ( $usergroup=="新闻编辑" ) {                    //若是新闻编辑
  header ( "Location: artlist.php" );              //则转入新闻管理页
} elseif ( $usergroup=="系统管理员") {             //若是系统管理员
  header ( "Location: catglist.php" );             //则转入新闻类别管理页
}
?>
```

3．制作出错信息显示页 message.php

如果提交的用户名和密码与存储在数据库中的信息不匹配，则登录失败，将被重定向到出错信息显示页 message.php。该页经常在访问受限页被拒绝时被引用。设计步骤如下：

（1）在 message.php 页中制作导航条。

（2）插入一个 3 行 3 列的表格，然后在第二行第一列中插入一个感叹号图像，在第二行第二列中插入 PHP 代码块“<?php echo $errmsg; ?>”；合并第三行的二列，然后插入一个<input type="button">按钮，将其标题设置为“返回前页”，将其 onclick 事件属性设置为语句“history.back();”。插入另一个<input type="button">按钮，将其标题设置为“登录系统”，将其 onclick 事件句柄属性为“location.href='login.php';”。

（3）切换到代码视图，在文件开头输入以下 PHP 代码。

```
<?php
$errno = $_GET["errno"];                                    //获取错误编号
//根据不同情况显示不同的出错信息
switch( $errno ) {
case "1":                                                   //登录时输入的用户名或密码出错
  $errmsg = "用户名或密码错误，请核实后重新登录！";
  break;
case "2":                                                   //创建新用户时提交的用户名已存在
  $errmsg = sprintf( "用户%s 已被创建，请重新输入！",
    $_GET["requsername"] );                                 //获取发送的 URL 参数（表示用户名）
  break;
case "3":                                                   //试图访问仅限注册用户访问的页面
  $errmsg = "你无权访问注册用户专属区域！";
  break;
case "4":                                                   //试图访问仅限系统管理页访问的页面
  $errmsg = "你无权访问管理员专属区域！";

}
?>
```

（4）将文档标题设置为以下动态内容。

```
<title><?php echo $errmsg; ?></title>
```

（5）对登录页进行测试，如果登录成功则进入新闻或新闻类别管理页；如果登录失败，则进入错误信息显示页。

10.2.2 创建用户

在新闻发布系统中，系统管理员拥有创建其他用户的权限，不允许匿名用户自己直接提交注册信息。当在用户管理页 userlist.php 上单击“创建用户”链接时，将会进入创建用户页 createuser.php，如图 10.5 所示。在该页上可以创建新的用户，通过输入用户名、密码和电子信箱并单击“添加”按钮，将表单数据被提交到服务器端进行处理。如果提交的用户名尚未使用，则成功创建新用户，然后转到用户管理页，否则转到出错信息显示页 message.php 并传递 URL 参数 errno（其值为 2)。创建用户页是一个受限页，只能由系统管理员访问，如果匿名用户或新闻编辑试图访问该页，则会被重定向到出错信息显示页。

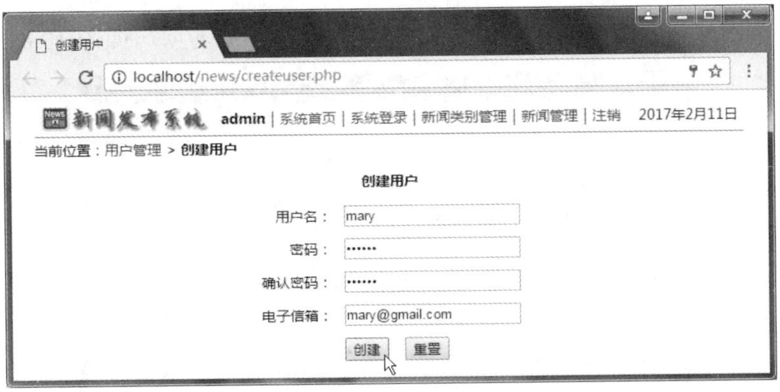

图 10.5　创建用户

创建用户页 createuser.php 主要包括以下几个部分：用于输入和提交用户信息的插入表单；用于向表中添加记录的“插入记录”服务器行为；用于检查提交的用户名是否可用的“检查新用户名”服务器行为；用于销毁会话变量并结束当前会话的“注销用户”服务器行为；用于设置访问权限的“限制对页的访问”服务器行为。设计步骤如下：

（1）在站点的 news 文件夹中创建一个 PHP 动态网页并保存为 createuser.php，然后将该页链接到 CSS 样式表文件 newse.css。

（2）创建导航条。在页面中添加一个 nav 元素，在其中添加以下内容：基于 logo 图像的链接；当前用户名（<?php echo $_SESSION["MM_Username"]; ?>）；一些指向其他页面的超文本链接；“注销”链接（其 href 属性设为“#”）；当前系统日期（用 PHP 代码块实现）。导航条效果如图 10.6 所示。

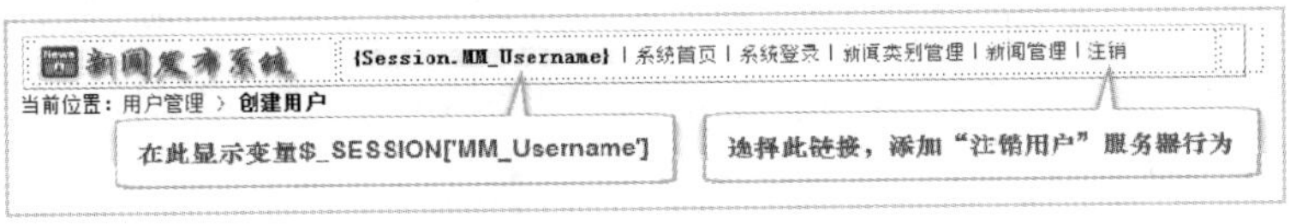

图 10.6　导航条设计效果

（3）添加“注销”服务器行为。选择“注销”链接，选择“插入”→“数据对象”→“用户身份验证”→“注销用户”命令，在“注销”对话框中设置完成注销后转到系统首页，如图 10.7 所示。

图 10.7　设置“注销用户”服务器行为

（4）创建插入表单。在页面上插入表单 form1，在该表单中插入两个 Spry 验证文本域（文本框 username 和 password）、一个 Spry 验证密码构件（密码框 password）、一个 Spry 验证确认构件、一个提交按钮和一个重置按钮。

（5）添加“插入记录”服务器行为。选择“插入”→“数据对象”→“插入记录”→

“插入记录”命令，然后在“插入记录”对话框中设置相关选项，如图 10.8 所示。

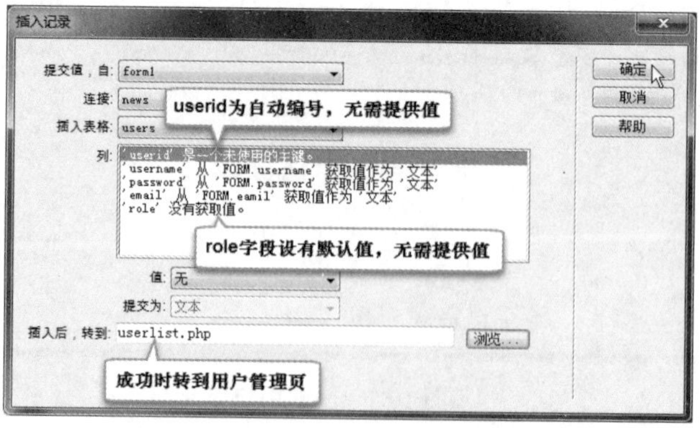

图 10.8　设置“插入记录”服务器行为

（6）添加“检查用户名”服务器行为。选择“插入”→“数据对象”→“用户身份验证”→“检查新用户名”命令，然后在“检查新用户名”对话框中设置相关选项，如图 10.9 所示。

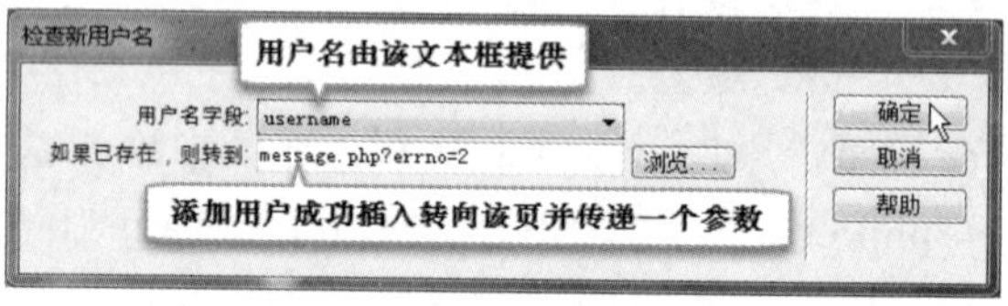

图 10.9　设置“检查新用户名”服务器行为

（7）添加“限制对页的访问”服务器行为。选择“插入”→“数据对象”→“用户身份验证”→“限制对页的访问”命令，然后在“限制对页的访问”对话框中对相关选项进行设置，如图 10.10 所示。

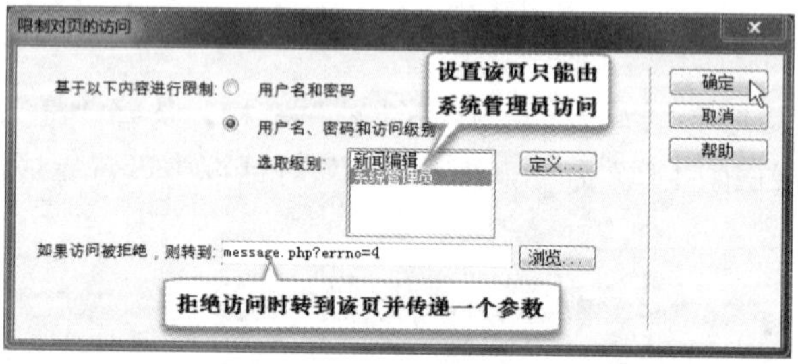

图 10.10　设置“限制对页的访问”服务器行为

（8）在浏览器中打开创建用户页 createuser.php，对其功能进行测试。

10.2.3　管理用户

管理用户页 userlist.php 仅限系统管理员访问。当在新闻类别管理页 catglist.php 上单击“管理用户”链接时，即可进入用户管理页，如图 10.11 所示。

图 10.11　管理用户页

管理用户页 userlist.php 的主要功能是显示当前所有用户信息。制作该页时，需要创建一个记录集并通过动态表格来分页显示该记录集，在表格中添加一些指向修改用户页和删除用户页的动态链接，通过单击这些链接可对选定用户进行修改或删除操作。此外，还需要在该页中添加“限制对页的访问”服务器行为。用户管理页的设计步骤如下：

（1）在站点的 news 文件夹中创建一个 PHP 动态网页并保存为 userlist.php，然后将该页链接到 CSS 样式表文件 newse.css。

（2）创建导航条。在 createuser.php 页中复制 nav 元素，将其粘贴到 userlist.php 页中；在导航条中增加一个“创建用户”链接，指向创建用户页 createuser.php；然后选择“注销”链接，添加“注销用户”服务器行为。

（3）创建记录集和动态表格。创建一个记录集并命名为 rs，从 users 表中获取所有用户的信息；创建动态表格用于分页显示记录集 rs 的内容；为记录集 rs 添加记录集导航条和记录集导航状态。设置相应对话框的情形如图 10.12 和图 10.13 所示。

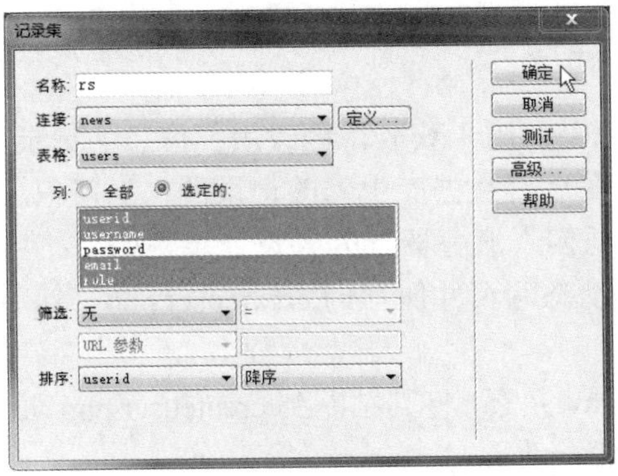

图 10.12　定义记录集 rs

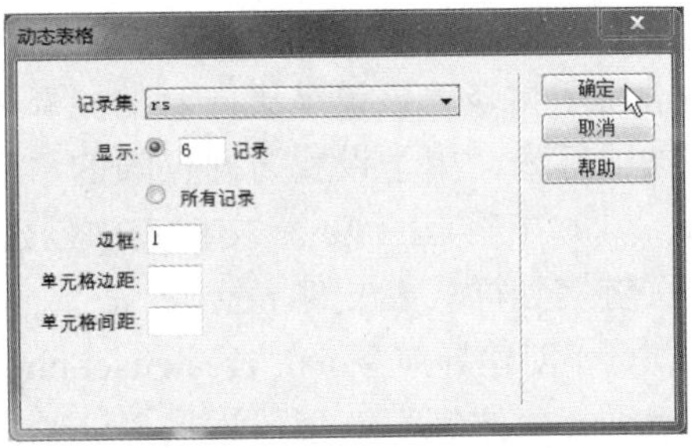

图 10.13　设置动态表格选项

（4）修改动态表格。将表格中的 email 列改为电子邮件链接；在表格右侧增加两列，分别添加“修改用户”和“删除用户”链接，源代码如下。

```
<a href="alteruser.php?userid=<?php echo $row_rs['userid']; ?>">修改用户</a>
<a href="deleteuser.php?userid=<?php echo $row_rs['userid']; ?>" onclick="return confirm('确实要删除该用户吗？')">删除用户</a>
```

（5）添加“限制对页的访问”服务器行为，在相关对话框中进行设置，如图 10.14 所示。

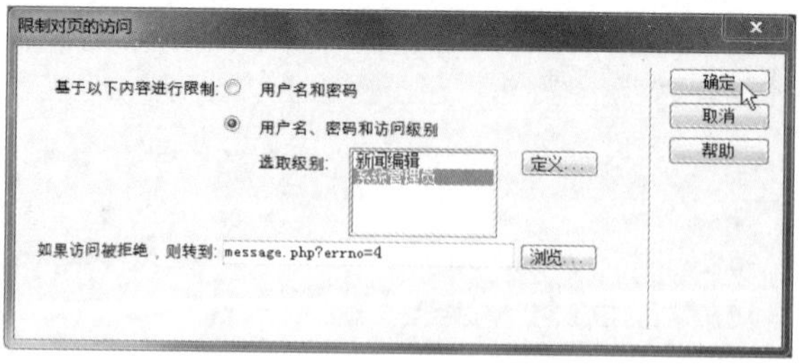

图 10.14 设置“限制对页的访问”服务器行为

（6）在浏览器中打开用户管理页 userlist.php，对各个链接进行测试。

10.2.4 修改用户

在用户管理页上单击“修改用户”链接时将进入用户管理页 alteruser.php。在该页上可以修改用户的密码、电子信箱及角色值（但不能修改用户名），如图 10.15 所示。当单击“更新”按钮时，修改后的用户信息将被保存到后台数据库中，然后转到用户管理页。

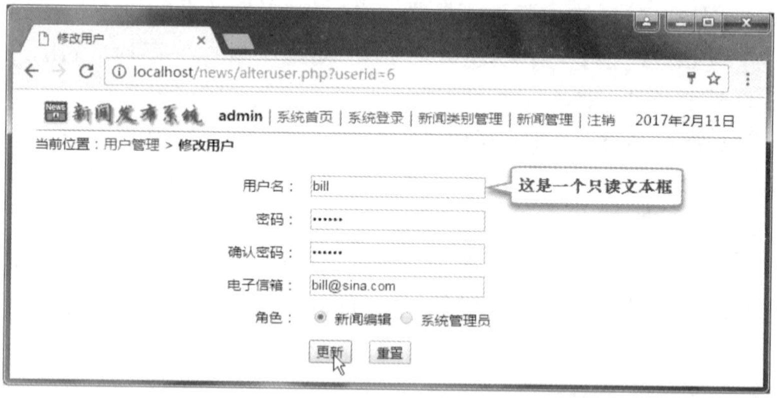

图 10.15 修改用户

修改用户页 alteruser.php 主要包括以下几个部分：用于获取待修改用户信息的记录集；用于显示和修改该记录集内容的更新表单；用于在后台数据库中修改记录的“更新记录”服务器行为；用于设置访问权限的“限制对页的访问”服务器行为。设计步骤如下：

（1）在站点的 news 文件夹中创建一个 PHP 动态网页并保存为 createuser.php，然后将该页链接到样式表文件 news.css。

（2）创建导航条。在 createuser.php 页中复制 nav 元素，将其粘贴到 createuser.php 页中；然后选择“注销”链接，添加“注销用户”服务器行为。

（3）创建记录集。利用简单记录集对话框创建一个记录集并命名为 rs，用于获取待修改用户的信息，设置相关对话框选项的情形如图 10.16 所示。

（4）创建更新表单。插入表单 form1，在该表单中插入表格，在该表格中插入以下表单控件：用于显示用户名的只读文本框 username；用于显示和修改密码的密码框 password；用于显示和修改电子信箱的文本框 email；用于显示和修改角色的单选按钮组 role；用于保存主键值（用户编号）的隐藏域 userid；提交按钮和重置按钮。

（5）添加“更新记录”服务器行为，设置相关对话框选项的情形如图 10.17 所示。

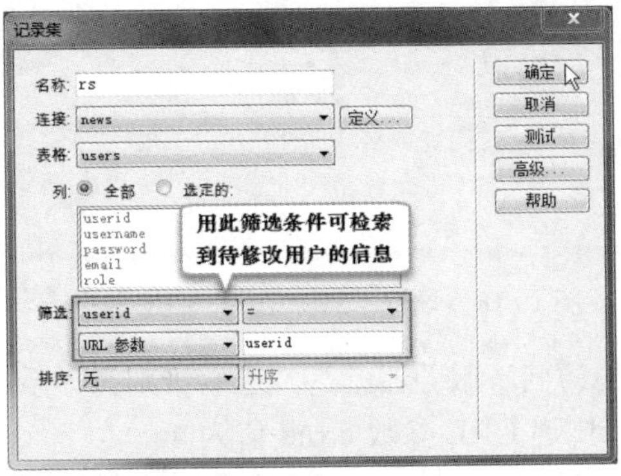

图 10.16　定义记录集 rs

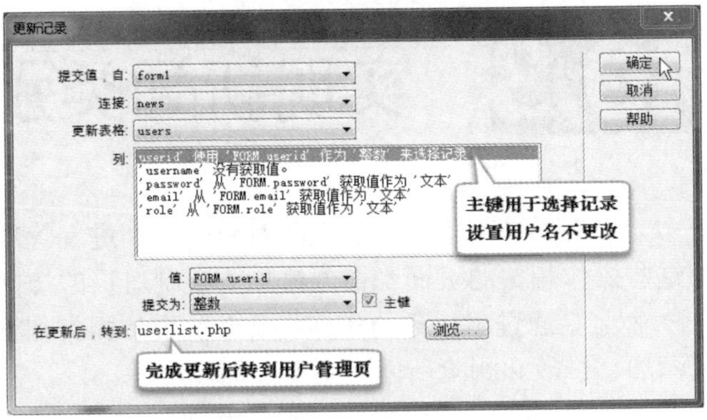

图 10.17　设置“更新记录”服务器行为

（6）添加“限制对页的访问”服务器行为，选取级别为“系统管理员”，设置访问被拒绝时转到 message.php 页，并传递 URL 参数值为 4。

（7）在浏览器中打开用户修改页 alteruser.php，对其功能进行测试。

10.2.5 删除用户

当在用户管理页中单击“删除用户”链接时，将会弹出一个确认框，如果单击“确定”按钮，则会执行用户删除页 deleteuser.php，从而将所选用户从数据库中删除，然后转到用户管理页。用户删除页 deleteuser.php 的功能是删除选定的用户，该页仅包含“删除记录”和“限制对页的访问”服务器行为，不包含任何可见的内容。设计步骤如下：

（1）在站点的 new 文件夹中创建一个 PHP 动态页并保存为 deleteuser.php；然后切换到代码视图，删除所有源代码。

（2）添加“删除记录”服务器行为。选择“插入”→“数据对象”→“删除记录”命令，在“删除记录”对话框中对以下选项进行设置：从“首先检查是否已定义变量”列表框中选择“主键值”；从“连接”列表框中选择 MySQL 连接 news；从“表格”列表框中选择数据库表 users；从“主键列”列表框中选择 userid 列并选取“数值”复选框；从“主键值”列表框中选择“URL 参数”并指定该参数名称为 userid；在“删除后，转到”文本框中输入 userlist.php。完成设置后，单击“确定”按钮，如图 10.18 所示。

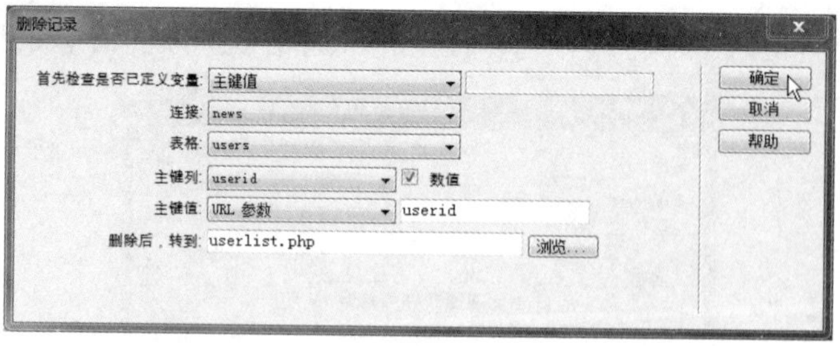

图 10.18　设置“删除记录”服务器行为

（3）添加“限制对页的访问”服务器行为，选取级别为“系统管理员”，设置访问被拒绝时转到 message.php 页并传递 URL 参数 errno 值为 4。

（4）在用户管理页 userlist.php 页中单击“删除用户”链接，对删除用户功能进行测试。

任务 10.3　实现新闻类别管理

在新闻发布系统中，只有系统管理员才有权限对新闻类别进行管理，可以添加、修改和删除新闻类别，与这些操作相关的页面都需要添加“限制对页的访问”服务器行为，而且选取级别为“系统管理员”。通过本任务的实施将学会实现新闻类别管理功能所需的各项操作技能，能够创建添加、修改和删除新闻类别的页面。

任务目标

★ 掌握实现添加新闻类别功能的方法

★ 掌握实现管理新闻类别功能的方法

10.3.1　添加新闻类别

新闻类别添加页 addcatg.php 只能由系统管理员访问。当在新闻类别管理页 catglist.php 上单击“添加新闻类别”链接时，将进入该页，如图 10.19 所示。当在该页输入新闻类别名称并单击“添加”按钮时，会将新的类别添加到后台数据库中，然后转到新闻类别管理页。

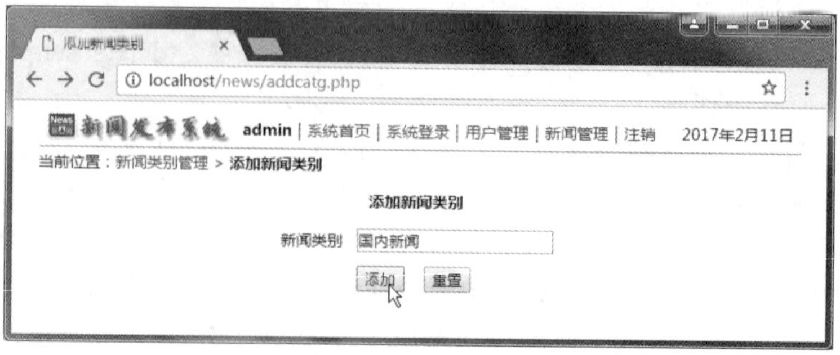

图 10.19　添加新闻类别

新闻类别添加页 addcatg.php 主要包括以下几个部分：用于输入和提交新闻类别的表单；用于将新闻类别保存到后台数据库的“插入记录”服务器行为；用于设置访问权限的“限制页的访问”服务器行为。设计步骤如下：

（1）在站点的 news 文件夹中创建一个 PHP 动态网页并保存为 addcatg.php，然后将该页链接到样式表文件 newse.css。

（2）创建导航条。在 createuser.php 页中复制 nav 元素，将其粘贴到 addcatg.php 页中；在导航条中创建“用户管理”链接，移除“新闻类别管理”链接；修改当前位置指示文字；然后选择“注销”链接，添加“注销用户”服务器行为。

（3）创建插入记录表单。在页面中插入表单 form1，在该表单中插入一个表格，用于放置一些表单控件，包括文本框 catgname、提交按钮和重置按钮。

（4）添加“插入记录”服务器行为。选择“插入”→“数据对象”→“插入记录”→“插入记录”命令，然后在“插入记录”对话框设置相关选项，如图 10.20 所示。

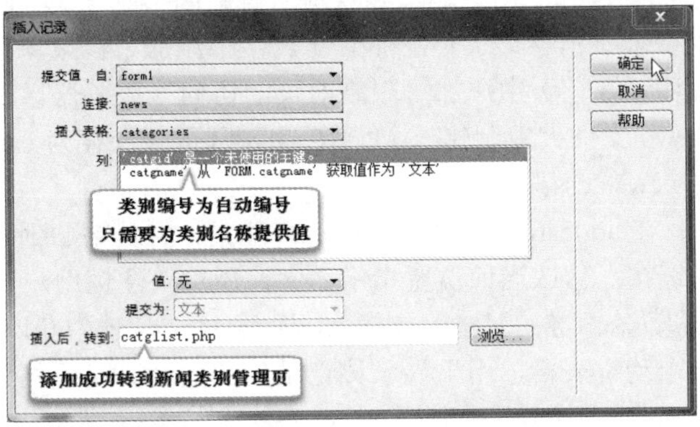

图 10.20　设置“插入记录”服务器行为

（5）添加“限制对页的访问”服务器行为，对相关选项进行设置，如图 10.21 所示。

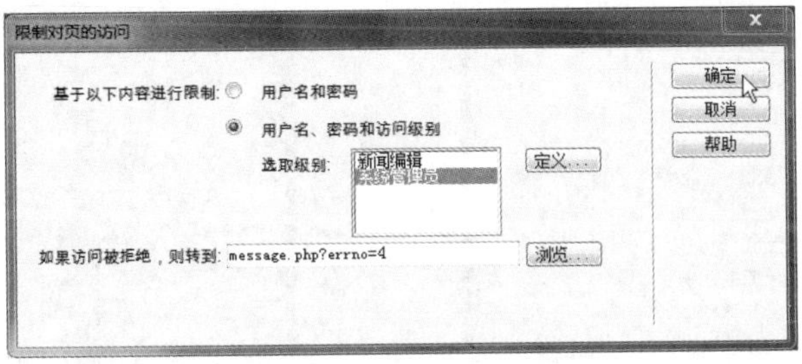

图 10.21　设置“限制对页的访问”服务器行为

（6）在浏览器中打开新闻类别添加页，对其功能进行测试。

10.3.2 管理新闻类别

当用户以系统管理员身份登录后，将进入新闻类别管理页 catglist.php，如图 10.22 所示。该页列出当前添加到系统中的所有新闻类别，并允许通过单击相应的链接添加新闻类别、修改或删除新闻类别，或者通过单击相应的链接进入用户管理页。新闻类别管理页只能由系统管理员访问。

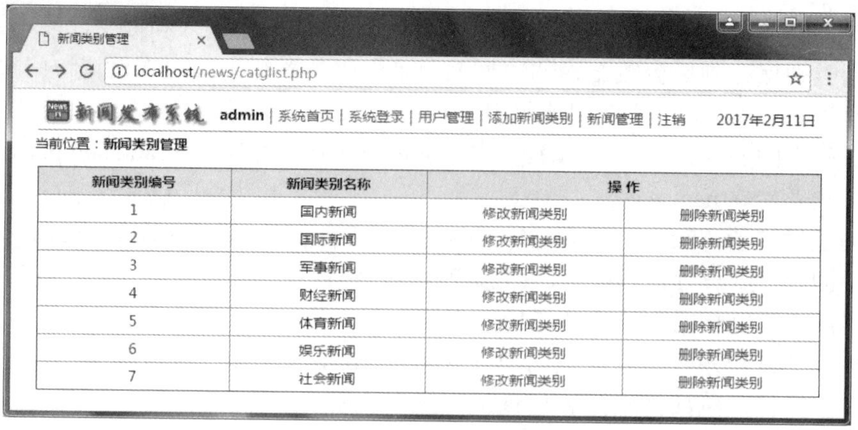

图 10.22　新闻类别管理页

新闻类别管理页 catglist.php 用于显示和管理所有新闻类别信息。设计时需要创建一个记录集并通过动态表格来显示该记录集，然后在表格中添加“修改新闻类别”和“删除新闻类别”链接，最后还要在该页中添加“限制对页的访问”服务器行为。设计步骤如下：

（1）在站点的 news 文件夹中创建一个 PHP 动态网页并保存为 catglist.php，然后将该页链接到样式表文件 newse.css。

（2）创建导航条。在 addcatg.php 页中复制 nav 元素，将其粘贴到 catglist.php 页中；创建“添加新闻类别”链接；修改当前位置指示文字；添加“注销用户”服务器行为。

（3）创建记录集和动态表格。创建记录集 rs，从 categories 表中获取所有新闻类别信息；在导航条下方插入一个动态表格，用于显示该记录集的内容。设置相关对话框的情形如图 10.23 和图 10.24 所示。

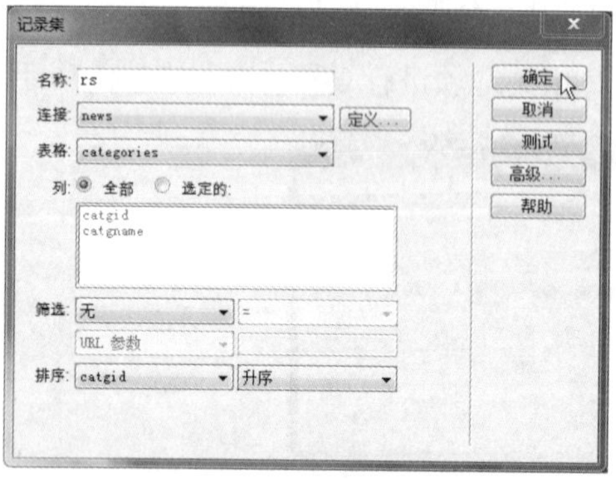

图 10.23　定义记录集

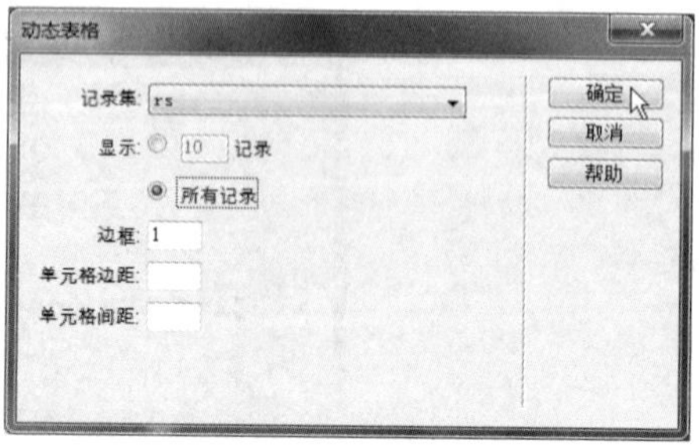

图 10.24　设置动态表格

（4）修改动态表格。在动态表格右侧增加两列，分别创建“修改新闻类别”和“删除新闻类别”链接，源代码如下。

```
<a href="altercatg.php?catgid=<?php echo $row_rs['catgid']; ?>">修改新闻类别</a>
<a href="deletecatg.php?catgid=<?php echo $row_rs['catgid']; ?>" onclick="return confirm('确实要删除这个新闻类别吗？');">删除新闻类别</a>
```

（5）添加“限制对页的访问”服务器行为。设置该页只能由系统管理员访问，访问被拒绝时转到 message.php 页并传递 URL 参数 errno，其值为 4。

（6）在浏览器中打开新闻类别管理页 cagtlist.php，对其功能进行测试。

10.3.3 修改新闻类别

在新闻类别管理页上单击“修改新闻类别”链接时将进入新闻类别修改页 altertcatg.php，如图 10.25 所示。在该页上可以对新闻类别名称进行修改，单击“更新”按钮会将更改保存到后台数据库中并再次转到新闻类别管理页。

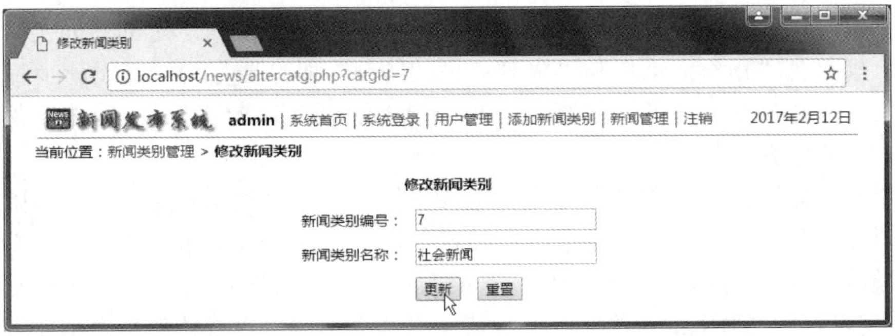

图 10.25　修改新闻类别

制作新闻类别修改页的主要步骤包括：根据传递的新闻类别编号创建一个记录集；创建一个表单来显示和修改该记录集的内容；添加“更新记录”服务器行为来实现字段值的修改；添加“限制对页的访问”服务器来设置访问权限（仅限系统管理员访问）。设计步骤如下：

（1）在站点的 news 文件夹中创建一个 PHP 动态网页并保存为 altertcatg.php，然后将该页链接到样式表文件 newse.css。

（2）创建导航条。在 catglist.php 页中复制 nav 元素，将其粘贴到 altertcatg.php 页中；修改当前位置指示文字；添加“注销用户”服务器行为。

（3）创建记录集。利用简单记录集对话框创建记录集 rs，根据传递的 URL 参数 catgid 来获取待修改的记录，如图 10.26 所示。

（4）创建更新表单。在页面中插入表单 form1，在该表单中插入表格，在该表格中添加以下表单控件：用于显示和修改新闻类别名称的动态文本框 catgname；用于保存新闻类别编辑的动态隐藏域 catgid；提交按钮和重置按钮。

（5）添加“更新记录”服务器行为，在“更新记录”对话框中对相关选项进行设置，如图 10.27 所示。

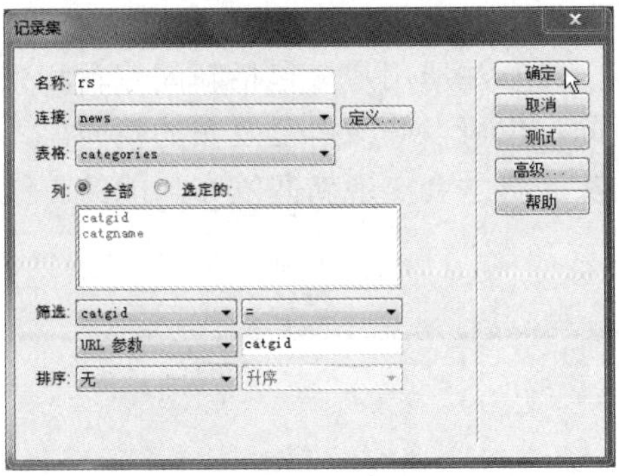

图 10.26　定义记录集 rs

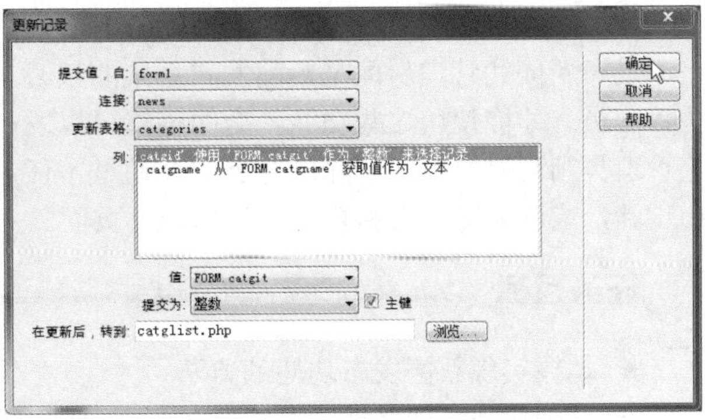

图 10.27　设置“更新记录”服务器行为

（6）添加“限制对页的访问”服务器行为，然后对新闻类别修改页的功能进行测试。

10.3.4 删除新闻类别

当在新闻类别管理页中单击“删除新闻类别”链接时，会弹出一个确认框，如果单击“确定”按钮，则会执行新闻类别删除页 deleteuser.php，从而将所新闻类别从数据库中删除，然后转到用户管理页。新闻类别删除页 deleteuser.php 的功能是对选定的新闻类别执行删除操作，该页仅包含“删除记录”和“限制对页的访问”服务器行为。其设计步骤如下：

（1）在站点的 new 文件夹中创建一个 PHP 动态页并保存为 deletecatg.php；然后切换到代码视图，删除所有源代码。

（2）添加“删除记录”服务器行为。选择“插入”→“数据对象”→“删除记录”命令，然后对“删除记录”对话框选项进行设置：从“首先检查是否已定义变量”列表框中选择“主键值”；从“连接”列表框中选择 news；从“表格”列表框中选择 categories；从“主键列”列表框中选择 catgit 并选取“数值”复选框；从“主键值”列表框中选择“URL 参数”并指定该参数名为 catgid；在“删除后，转到”文本框中输入 catglist.php。如图 10.28 所示。

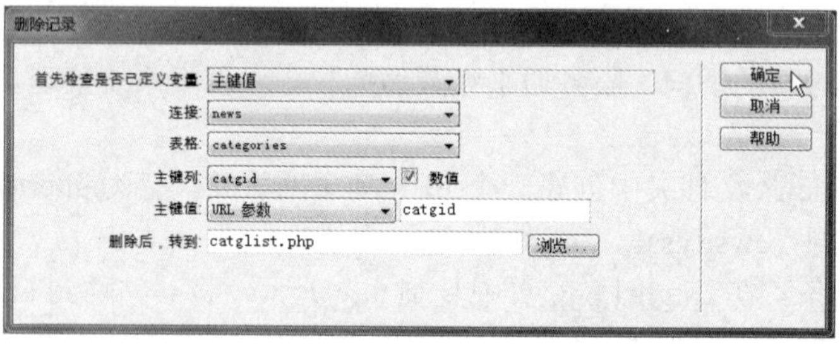

图 10.28　设置“删除记录”服务器行为

（3）添加“限制对页的访问”服务器行为，设置该页仅限系统管理员访问。

（4）在新闻类别管理页中单击“删除新闻类别”链接，对新闻类别删除功能进行测试。

任务 10.4　实现新闻管理

发布新闻和管理新闻是新闻发布系统的核心功能，只有注册用户（包括新闻编辑和系统管理员）才能使用这些功能。新闻编辑可以发布新闻，也可以修改自己发布的新闻。系统管理员则可以修改和删除所有新闻。通过本任务的实施将学会实现新闻发布功能的方法和步骤，能够创建发布和管理新闻的相关页面。

任务目标

★ 掌握实现新闻发布功能的方法

★ 掌握实现新闻管理功能的方法

10.4.1 发布新闻

当用户在新闻管理页上单击“发布新闻”链接时，即可进入新闻发布页 releaseart.php，如图 10.29 所示。该页只能由注册用户访问，如果匿名用户试图通过输入网址来访问该页，将被重定向到错误信息显示页。当用户在该页上输入新闻标题、选择新闻类别、输入新闻来源和新闻内容并单击“发布”按钮时，提交的新闻信息将被添加到后台数据库中，然后转到新闻管理页。

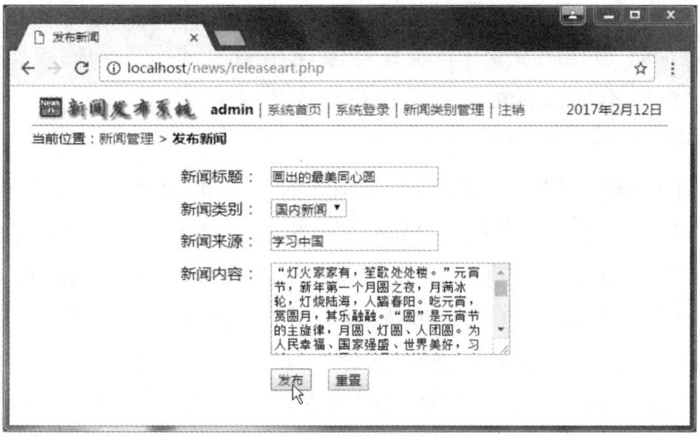

图 10.29 发布新闻

新闻发布页 releaseart.php 主要包括以下几个部分：用于输入和提交数据的插入表单；用于获取新闻类别并为列表框提供条目的记录集；用于保存数据库记录的“插入记录”服务器行为；用于设置访问权限的“限制对页的访问”服务器行为。设计步骤如下：

（1）在站点的 news 文件夹中创建一个 PHP 动态网页并保存为 releaseart.php，然后将样式表文件 newse.css 链接到该页。

（2）创建导航条。在 altertcatg.php 页中复制 nav 元素，将其粘贴到 releaseart.php 页中；对导航条进行修改，使其中包含以下内容：基于站点 logo 图像的链接；当前用户名；“系统登录”链接；“新闻类别管理”链接；“注销”链接（需要重新添加“注销用户”服务器行为）；指示当前位置的文字。

（3）创建记录集。利用简单记录集对话框创建记录集 rs，从 categories 表中获取所有新闻类别信息，设置相应对话框选项的情形如图 10.30 所示。

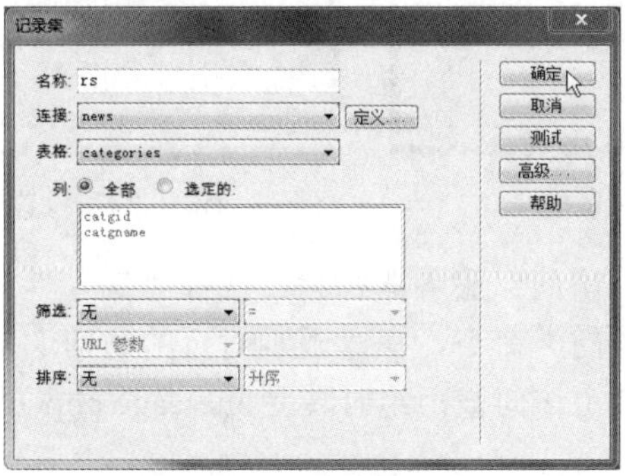

图 10.30 定义记录集 rs

（4）创建插入记录表单。在页面中插入表单 form1，在该表单中插入一个表格；在该表格中插入以下表单控件：用于输入新闻标题的文本框 title；用于选择新闻类别的列表框 catgid；用于输入新闻来源的文本框 source；用于输入新闻内容的文本区域 content；用于保存当前用户名的隐藏域 editor；提交按钮和重置按钮。

提示

> 由于 artid 字段具有自动递增属性，issuetime 字段以当前系统时间为默认值，因此不需要通过表单控件为这两个字段提供值。editor 字段的值应为当前用户名，可从会话变量$_SESSION['MM_Username']中获取并保存在隐藏域中。制作表单时，表单验证功能可以通过 Spry 表单验证构件或 HTML5 新增属性来实现。

（5）实现表单控件动态化。将隐藏域 source 的值设置为登录成功后保存的用户名，亦即会话变量的值，可用 PHP 代码块“<?php echo $_SESSION['MM_Username']; ?>”表示。用记录集 rs 为列表框 catgid 提供条目，方法是：在页面上单击该列表框，在如图 10.31 所示的属性检查器中单击“动态”按钮，然后设置相关对话框选项，如图 10.32 所示。

（6）添加“插入记录”服务器行为。选择“插入”→“数据对象”→“插入记录”→“插入记录”命令，在“插入记录”对话框中设置提交值来自表单 form1，使用 MySQL 连接 news，设置向表 articles 表中插入记录，字段值来自相应的表单控件（未给字段 artid 和 issuetme 提供值），添加记录成功后转到新闻管理页 artlist.php，如图 10.33 所示。

图 10.31　将列表框绑定到动态源

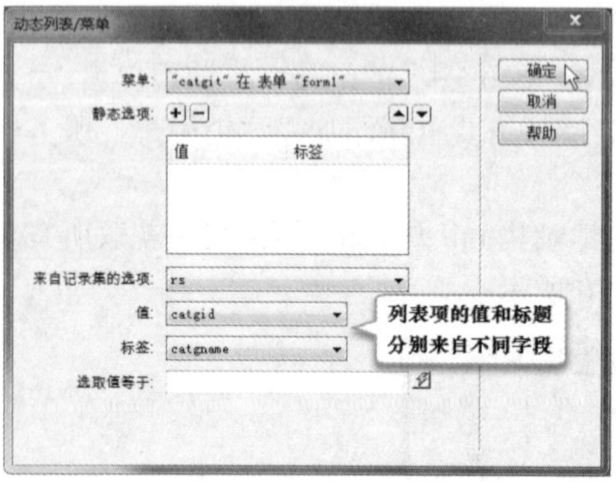

图 10.32　设置动态列表框

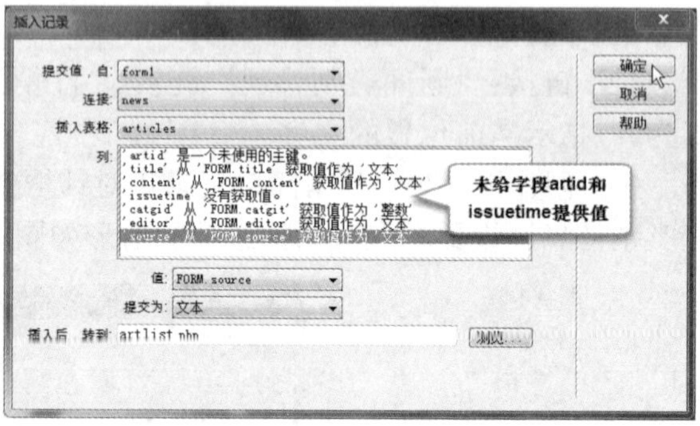

图 10.33　设置“插入记录”服务器行为

（7）添加“限制对页的访问”服务器行为。选择“插入”→“数据对象”→“用户身份验证”→“限制对页的访问”命令，在“限制对页的访问”对话框中选择基于用户名和密码限制对该页的访问，指定访问被拒绝时转到 message.php 页并传递 URL 参数 errno 值为 3，如图 10.34 所示。

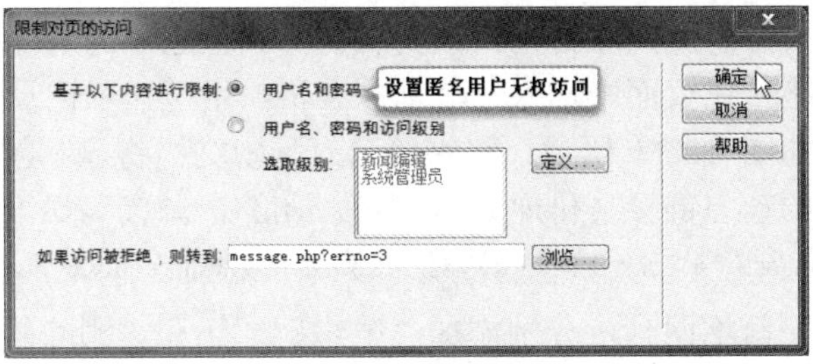

图 10.34　设置“限制对页的访问”服务器行为

（8）登录到新闻发布系统，对新闻发布页的功能进行测试。

10.4.2　管理新闻

新闻管理页 artlist.php 可由新闻编辑和系统管理员访问，但新闻编辑只能管理自己发布的新闻，系统管理员则可以管理所有的新闻。系统管理员可以在新闻类别管理页上单击“新闻管理”链接进入新闻管理页，如图 10.35 所示；如果以新闻编辑身份登录到系统，则会自动进入新闻管理页。该页以分页显示列出新闻的标题、类别、发布时间，通过单击新闻标题可以浏览新闻的详细信息，而且允许编辑和删除新闻。

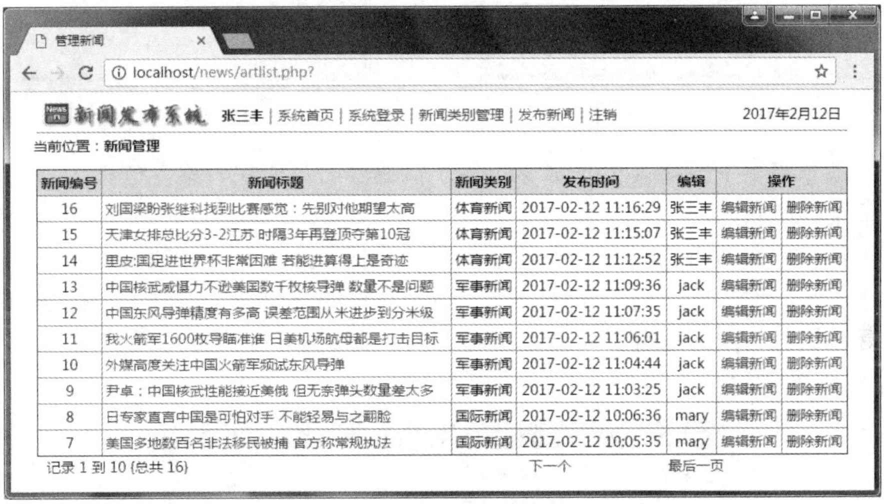

图 10.35　新闻管理

新闻管理页主要包括以下几个部分：用于获取所有新闻信息的记录集；用于显示该记录集的动态表格及记录集导航条和记录集导航状态；“编辑新闻”和“删除记录新闻”动态链接；用于设置访问权限的“限制对页的访问”服务器行为。设计步骤如下：

（1）在站点的 news 文件夹中创建一个 PHP 动态网页并保存为 artlist.php，然后将该页链接到样式表文件 ncwsc.css。

（2）创建导航条。在 releaseart.php 页中复制 nav 元素，将其粘贴到 releaseart.php 页中；对导航条进行修改，使其中包含以下内容：基于站点 logo 图像的链接；当前用户名；“系统登录”链接；“新闻类别管理”链接；“发布新闻”链接；“注销”链接（需要重新添加“注销用户”服务器行为）；指示当前位置的文字。

（3）创建记录集。利用简单记录集对话框创建记录集 rs，从 artview 视图中获取所有新闻的相关信息，并按发布时间降序排列，设置相关对话框选项的情形如图所 10.36 所示。

（4）创建动态表格。在页面中插入一个动态表格，用于显示记录集 rs 的内容，设置相关对话框选项的情形如图 10.37 所示；将字段名改为中文；将显示新闻标题的单元格内容改为指向新闻详细页的动态链接（传递 URL 参数 artid），源代码如下。

```
<a href="details.php?artid=<?php echo $row_rs['artid']; ?>"><?php echo $row_rs['title']; ?></a>
```

在该动态表格右侧新增两列，分别添加“编辑新闻”和“删除新闻”链接，单击这些链接链接时将转到相应页面并传递 URL 参数 artid（其值为新闻编号），源代码如下。

```
<a href="editart.php?artid=<?php echo $row_rs['artid']; ?>">编辑新闻</a>
<a href="deleteart.php?artid=<?php echo $row_rs['artid']; ?>" onclick="return confirm('确实要删除这条新闻吗？')">删除新闻</a>
```

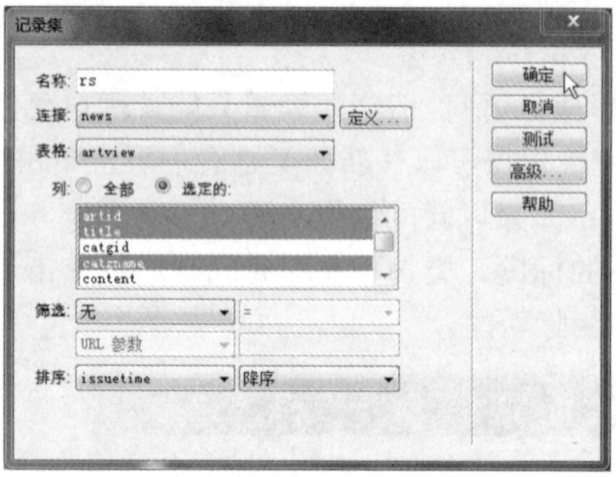

图 10.36　定义记录集

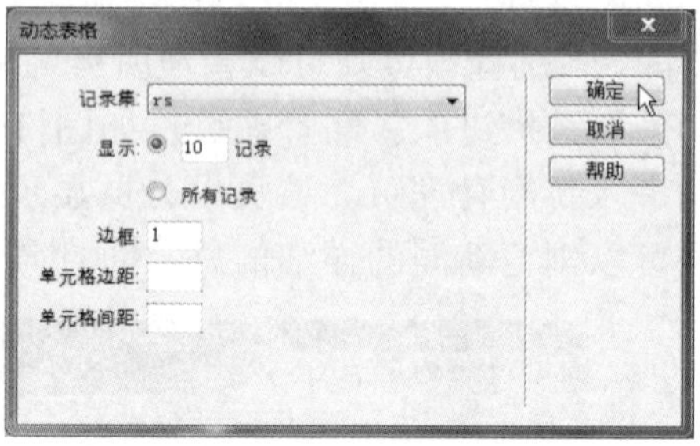

图 10.37　设置动态表格

（5）在动态表格下方插入记录集导航条，在该导航条所在表格左侧插入一列，在该列中插入记录集导航状态。

（6）添加“限制对页的访问”服务器行为。选择“插入”→“数据对象”→“用户身份验证”→“限制对页的访问”命令，在“限制对页的访问”对话框中选择基于用户名和密码限制对该页的访问，设置访问被拒绝时转到 message.php 页并传递 URL 参数 errno 值为 3，如图 10.38 所示。

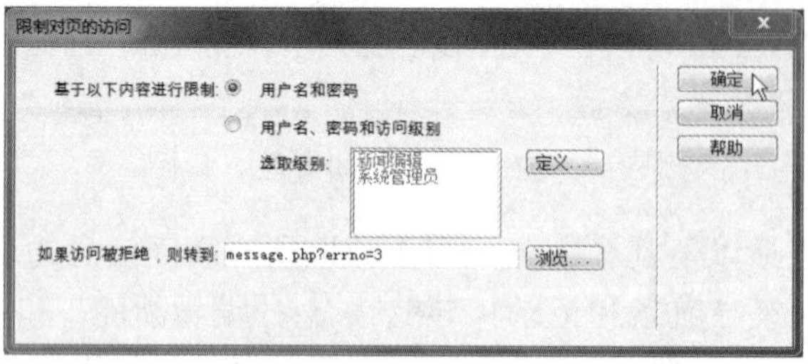

图 10.38　设置“限制对页的访问”服务器行为

（7）登录到新闻发布系统，对新闻管理功能进行测试。

10.4.3　编辑新闻

在新闻管理页中单击“编辑新闻”链接时将进入新闻编辑页 editart.php，如图 10.39 所示。新闻编辑和系统管理员都可以访问该页，不过两者的权限有所不同，新闻编辑只能修改自己发布的新闻，系统管理员则可以修改所有新闻。如果检测到当前用户角色为新闻编辑，而且不是当前所选定文章的作者，则转到 message.php 页并传递 errno 参数值为 4。

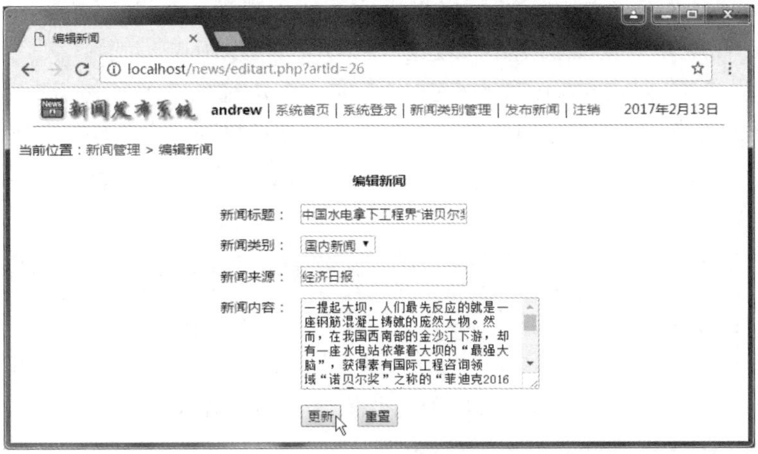

图 10.39　编辑新闻

新闻编辑页主要包括以下几个部分：用于获取待修改新闻稿内容的记录集 rsArt；用于获取新闻类别并为列表框提供条目的记录集 rsCatg；用于显示和修改选定记录的更新表单；用于在数据库中保存更改的“更新记录”服务器行为；用于设置访问权限的“限制对页的访问”服务器行为。设计步骤如下：

（1）在站点的 news 文件夹中创建一个 PHP 动态网页并保存为 artlist.php，然后将该页链接到样式表文件 newse.css。

（2）创建导航条。在 artlist.php 页中复制 nav 元素，将其粘贴到 editart.php 页中；重新添加“注销用户”服务器行为；修改指示当前位置的文字。

（3）创建记录集。利用简单记录集对话框创建记录集 rsArt，根据传递的 URL 参数 artid 从 articles 表中获取待修改新闻稿内容的信息，如图 10.40 所示；利用简单记录集对话框创建记录集 rsCatg，从 categories 表中获取所有新闻类别的信息，如图 10.41 所示。

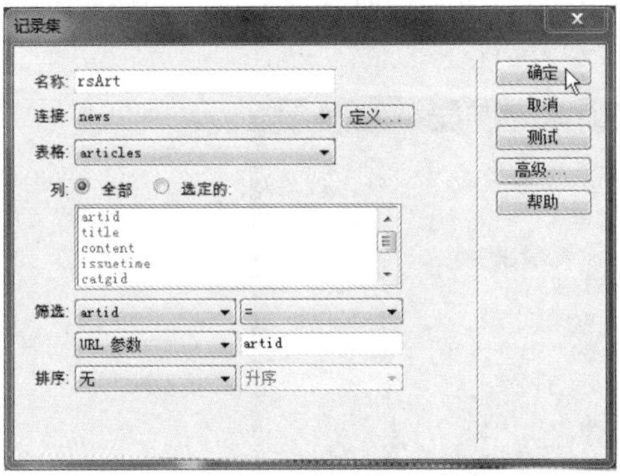

图 10.40　定义记录集 rsArt

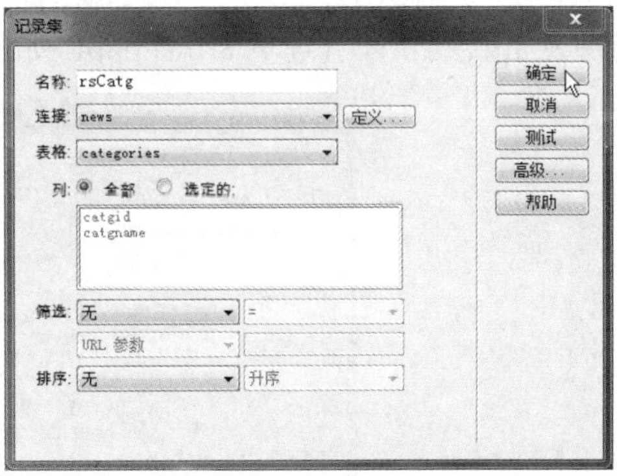

图 10.41　定义记录集 rsCatg

（4）创建更新表单。插入表单 form1，在该表单中插入表格，在该表格中插入以下表单控件：用于显示和修改新闻标题的文本框 title；用于列出和修改新闻类别的列表框 catgid；用于显示和修改新闻来源的文本框 source；用于显示和修改新闻内容的文本区域 content；

用于保存新闻编号的隐藏域 artid；提交按钮和重置按钮。

（5）实现表单控件动态化。将文本框 title、文本框 source、文本区域 content 及隐藏 artid 绑定到记录集 rsArt 的相应字段。通过以下操作实现列表框 catgid 的动态化：在页面上单击列表框 catgid，在属性检查器中单击“动态”按钮，如图 10.42 所示；在“动态列表/菜单”对话框中设置记录集 rsCatg 为该列表框提供选项，指定选项的值和标签分别来自该记录集的 catgid 和 catgname 字段，如图 10.43 所示；单击“选取值等于”文本框右侧的闪电按钮，在“动态数据”对话框中展开记录集 rsArt，选择该记录集中的 catgid 字段，然后单击“确定”按钮，如图 10.44 所示。

图 10.42　将列表框绑定到动态源

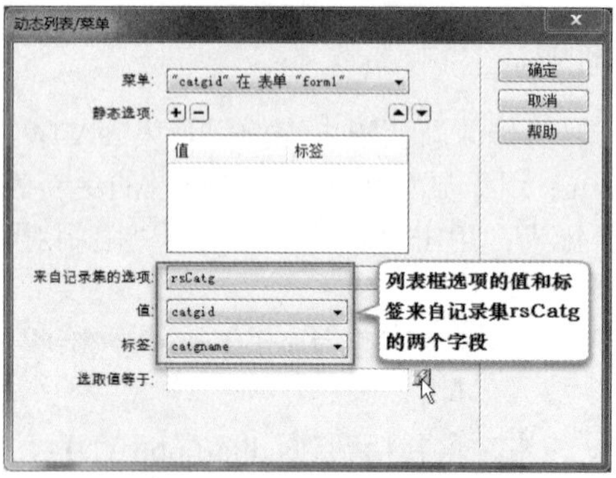

图 10.43　“动态列表/菜单”对话框

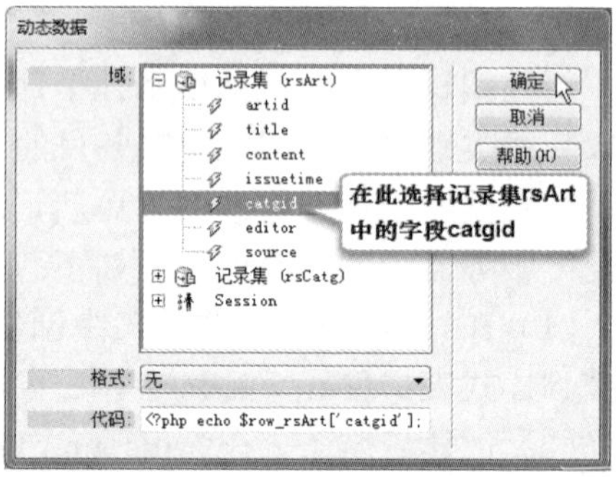

图 10.44　“动态数据”对话框

（6）添加“更新记录”服务器行为。选择“插入”→“数据对象”→“更新记录”→“更新记录”命令，在“更新记录”对话框中设置以下选项：指定从表单 form1 为更新记录提供值，使用 MySQL 连接 news，更新的表为 articles，指定为各个字段提供值的表单控件，设置更新后转到新闻管理页 artlist.php，如图 10.45 所示。

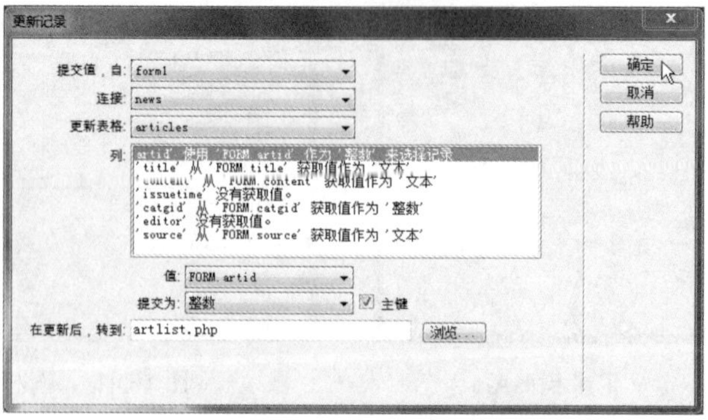

图 10.45　设置“更新记录”服务器行为

（7）添加“限制对页的访问”服务器行为，设置相关对话框选项的情形如图 10.46 所示。

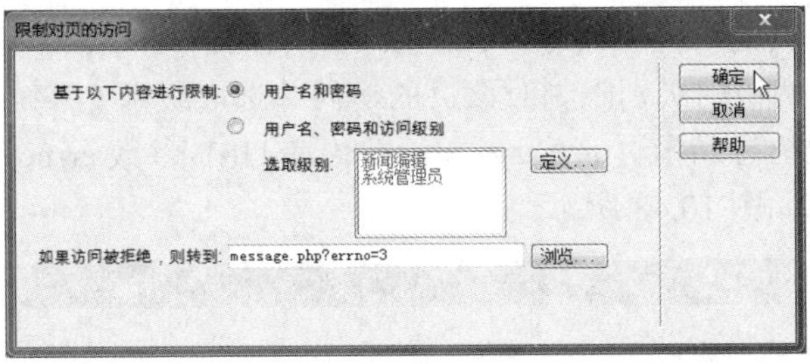

图 10.46　设置“限制对页的访问”服务器行为

（8）在文档指令<!doctype html>上方添加一个 PHP 代码块，源代码如下：

```
<?php
if ($_SESSION['MM_UserGroup']=="新闻编辑" && $_SESSION['MM_Username']!=$row_rsArt['editor'] ) {
  header("Location: message.php?errno=3");
}
?>
```

（9）对新闻编辑页 editart.php 的功能进行测试。

10.4.4 删除新闻

以系统管理员身份登录到新闻发布系统，如果在新闻管理页单击“删除新闻”链接，将会弹出一个确认框，此时单击“确定”按钮，则执行新闻删除页 deleteart，从数据库中删除所选定新闻记录，然后转到新闻管理页。

新闻删除页具有以下两个特点：其一是该页仅执行删除记录功能，不需要在页面中添加任何可见的内容；其二是该页仅限系统管理员访问，如果访问被拒绝则重定向到出错信息显示页 message.php 并传递 URL 参数 errno 值为 4。设计步骤如下：

（1）在站点的 news 文件夹中创建一个 PHP 动态网页并保存为 deleteart.php。

（2）切换到代码视图，删除所有源代码。

（3）添加“删除记录”服务器行为。选择“插入”→“数据对象”→“删除记录”命令，然后在如图 10.47 所示的“删除记录”对话框中对以下选项进行设置：从【首先检查是否已定义变量】列表框中选择“主键值”；从【连接】列表框中选择数据库连接 news；从【表格】列表框中选择数据库表 articles；从“主键列”列表框中选择 artid 列并选取“数据”复选框；从“主键值”列表框中选择“URL 参数”并指定该参数名为 artid；在“删除后，转到”文本框中输入 artlist.php。完成以上设置后，单击“确定”按钮。

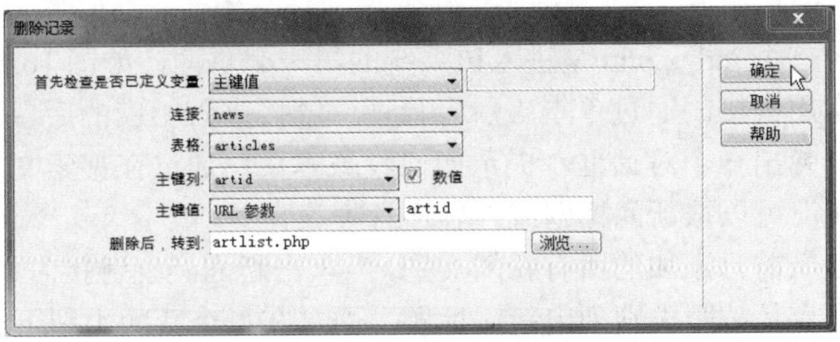

图 10.47　设置“删除记录”服务器行为

（4）添加“限制对页的访问”服务器行为。选择“插入”→“数据对象”→“用户身份验证”→“限制对页的访问”命令，在“限制对页的访问”对话框中设置以下选项：选择基于用户名、密码和访问级别限制对该页的访问并选取级别“系统管理员”，指定访问被拒绝时重定向到错误信息显示页 message.php 并传递 URL 参数 errno 值为 4。完成设置后，单击“确定”按钮，如图 10.48 所示。

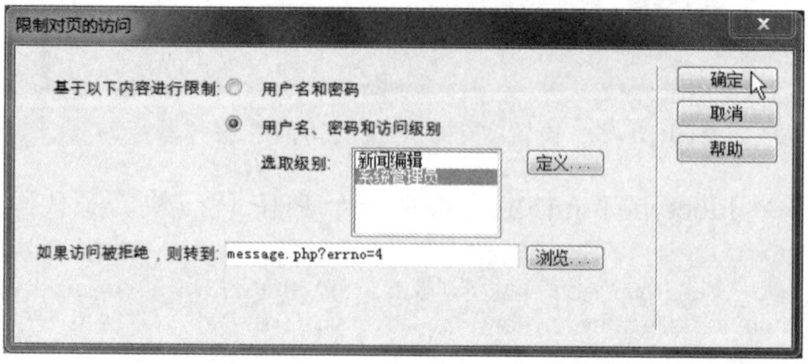

图 10.48　设置“限制对页的访问”服务器行为

（5）在新闻管理页上单击“删除新闻”链接，对删除新闻功能进行测试。

任务 10.5　实现新闻浏览

新闻浏览属于新闻发布系统的前台部分，相关页面主要包括系统首页、新闻浏览页、新闻分类浏览页及新闻搜索页等。这些页面主要用于查询和显示数据库记录，不包含数据的增删改操作，它们对所有用户开放，不需要设置访问权限。通过本任务的实施将掌握实现新闻浏览功能的方法步骤，能够创建系统首页并实现新闻浏览和新闻搜索功能。

任务目标

★ 掌握创建系统首页的方法
★ 掌握实现新闻浏览功能的方法
★ 掌握实现新闻搜索功能的方法

10.5.1　系统首页

新闻发布系统首页 index.php 是进入该系统的第一个页面，如图 10.49 所示。首页的导航条中包含一些常用链接。通过单击“后台管理”链接进入相应的后台管理页；单击“设为书签”链接时会弹出一个对话框，提示如何收藏本页；通过在搜索文本框中输入关键字并单击“搜索按钮”可以按新闻标题或内容进行搜索。

系统首页列出当前已添加的所有新闻类别，当单击新闻类别链接时将进入分类浏览页。系统首页的主要内容是按照类别列出新闻标题，而且在每个新闻类别下面只列出 5 个最新的新闻标题。如果单击某个新闻标题上的超文本链接，则进入相应的新闻浏览页。当在某个类别中发布了一条新闻时，这条新闻的标题就会出现在该类别的顶部。如果原来已经显示了 5 个新闻标题，则最下方的那个新闻标题将被“挤出”系统首页。通过单击“更多”

链接将进入新闻分类浏览页。系统首页的设计步骤如下：

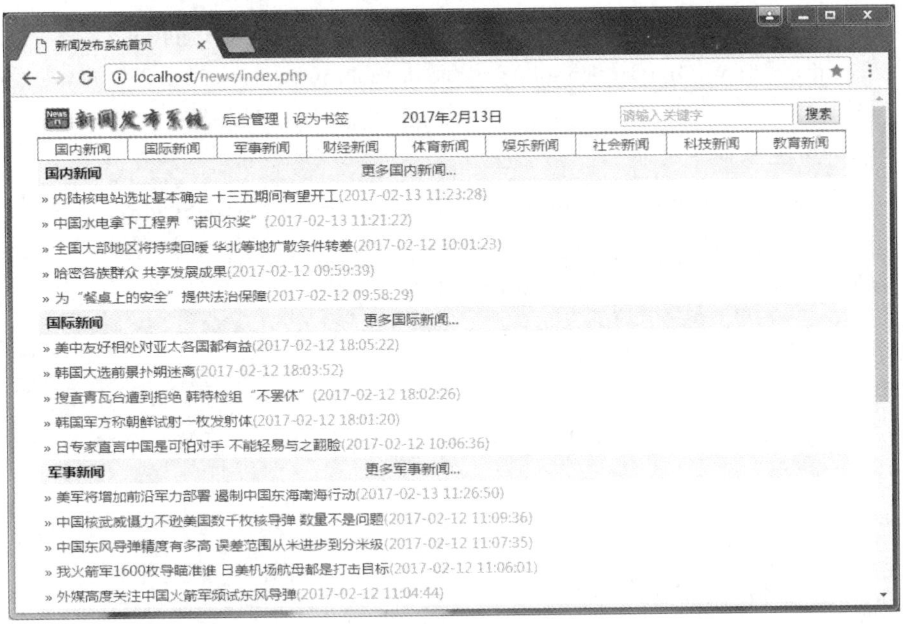

图 10.49　新闻发布系统首页

（1）在站点的 news 文件夹中创建一个 PHP 动态网页并保存为 index.php，然后将该页链接到 CSS 样式表文件 news。

（2）创建顶部导航条。在页面中插入一个 nav 元素，在该 nav 元素中插入一个表格，在该表格的各个单元格中添加链接或表单控件，源代码如下：

```
<nav>
<nav>
  <table>
    <tr>
      <td><a href="index.php"><img src="../images/logo.png" width="166" height="28"></a></td>
      <td><a href="switch.php">后台管理</a> | <a href="javascript:void(0);" onclick="alert('按Ctrl+D 将本页保存为书签，全面了解最新资讯，方便快捷。');">设为书签</a></td>
      <td><?php echo date("Y 年 n 月 j 日"); ?></td>
      <td><form method="post" action="result.php">
          <input type="text" name="key" required placeholder="请输入关键字">
          <input type="submit" value="搜索">
      </form></td>
    </tr>
  </table>
</nav>
</nav>
```

（3）创建新闻分类导航条。切换到代码视图，在文档类型标签<doctype>之前输入添加一个 PHP 代码块，源代码如下：

```
<?php
//包含并执行数据库连接文件 news.php
require_once ( '../Connections/news.php' );
//创建记录集$rsCatgy
mysql_select_db ( "news" );
$sql1 = "SELECT catgid, catgname FROM categories";
$rsCatg = mysql_query ( $sql1 ) or die ( mysql_error() );
$row_rsCatg = mysql_fetch_assoc( $rsCatg );
```

```
$totalRows_rsCatg = mysql_num_rows ( $rsCatg );
?>
```

（4）通过编写代码创建分类导航条。在顶部导航条结束标签</nav>之后输入以下内容：

```
<table border="1" style="border:thin solid grey; border-collapse: collapse; width: 96%">
<tr align="center">
<?php
if ( $totalRows_rsCatg > 0 ) {
  do {
  printf ( "<td><a href=\"classify.php?catgid=%d&catgname=%s\">%s</a></td>",
     $row_rsCatg['catgid'],
     urlencode ( $row_rsCatg['catgname'] ), $row_rsCatg['catgname'] );
  } while ($row_rsCatg = mysql_fetch_assoc($rsCatg));
}
?>
</tr>
</table>
```

（5）创建按类别显示的新闻标题链接列表。在上述</table>标签之后插入一个 PHP 代码块，源代码如下：

```
<?php
//将记录指针重新移动到首记录
mysql_data_seek ( $rsCatg, 0 );
//从记录集中提取一条记录
$row_rsCatg = mysql_fetch_assoc($rsCatg);
//由于 DW 的“重复区域”服务器行为不能嵌套使用
//这里通过一个双重循环创建按类别显示的新闻标题链接列表
//每执行一次外层循环对一个新闻类别创建一个新闻标题连接列表（一个表格）
do {
  //创建记录集 rsNews
  $sql2 = sprintf ( "SELECT * FROM articles WHERE catgid=%d
     ORDER BY issuetime DESC LIMIT 5",
     $row_rsCatg['catgid'] );
  $rsNews = mysql_query ( $sql2 ) or die ( mysql_error() );
  $row_rsNews = mysql_fetch_assoc ( $rsNews );
  $totalRows_rsNews = mysql_num_rows ( $rsNews );

  if ( $totalRows_rsNews > 0 ) {
     printf ( "<table id=\"list\">" );
     printf ( "<tr style=\"background-color: #eeeeee\">" );
     printf ( "<td> <strong>%s</strong></td>", $row_rsCatg['catgname'] );
     printf ( "<td><a href=\"classify.php?catgid=%d&catgname=%s\">更多%s...</a></td>",
        $row_rsCatg['catgid'],
        urlencode ( $row_rsCatg['catgname'] ),
        $row_rsCatg['catgname'] );

     //执行一次内层循环针对当前新闻类别显示一个新闻标题链接（一个表格行）
     do {
        printf ( "<tr>" );
        printf ( "<td colspan=\"2\">" );
        printf ( "&raquo; <a href=\"details.php?artid=%d\" target=\"_blank\">%s</a>",
        $row_rsNews["artid"], $row_rsNews["title"] );
        printf ( "<span style=\"color: #aaaaaa\">(%s)</span></td>", $row_rsNews["issuetime"] );
        printf ( "</tr>" );
     } while ( $row_rsNews = mysql_fetch_assoc ( $rsNews ) );
     printf ( "</table>" );
  } else {       // 如果记录集为空
     continue;
  }
} while ($row_rsCatg = mysql_fetch_assoc($rsCatg));
?>
```

（6）保存文件，在浏览器中打开系统首页，对其功能进行测试。

10.5.2 浏览新闻

当用户在系统首页或新闻分类浏览页上单击一个新闻标题链接时，都会进入新闻浏览页 details.php，该页列出所选新闻的标题、发布时间、编辑、来源及详细内容，如图 10.50 所示。通过对 content 字段值进行处理，换行符\n 前后的新闻内容使用<p>和</p>标签环绕起来，从而转换为一个段落，并且通过应用 CSS 样式形成每个段落首行缩进二字的效果。

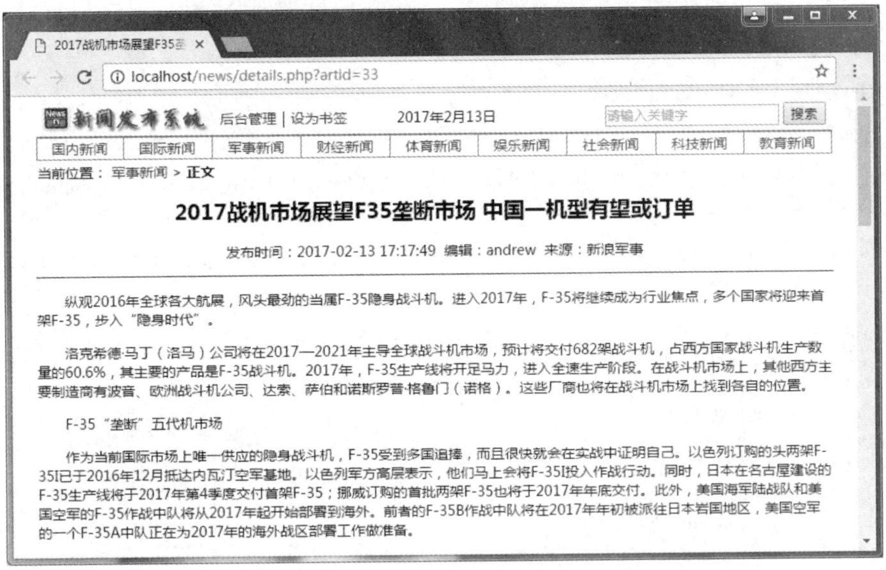

图 10.50 浏览新闻

新闻浏览页的设计步骤如下：

（1）在"新闻发布系统"站点的根目录中创建一个 PHP 动态网页并保存为 details.php，然后将该页链接到 CSS 样式表文件 news.css。

（2）利用简单记录集对话框创建记录集 rsCatg 和 rsArt，前者从 categories 表中检索所有新闻类别信息，后者通过对 artid 字段值与 URL 参数 artid 的值进行比较，从 artview 视图中检索通过链接所选择的那条新闻的信息，如图 10.51 和图 10.52 所示。

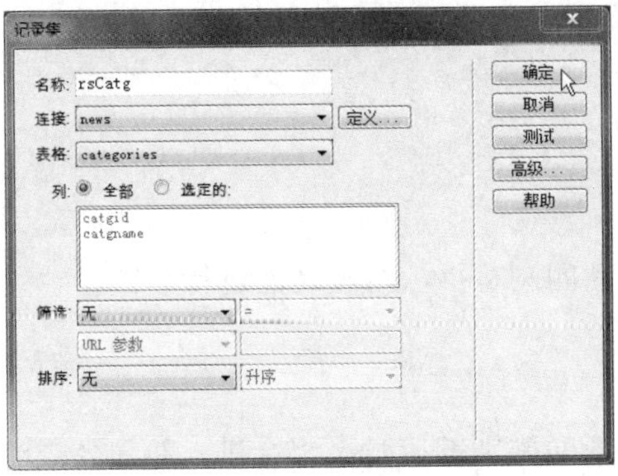

图 10.51 定义记录集 rsCatg

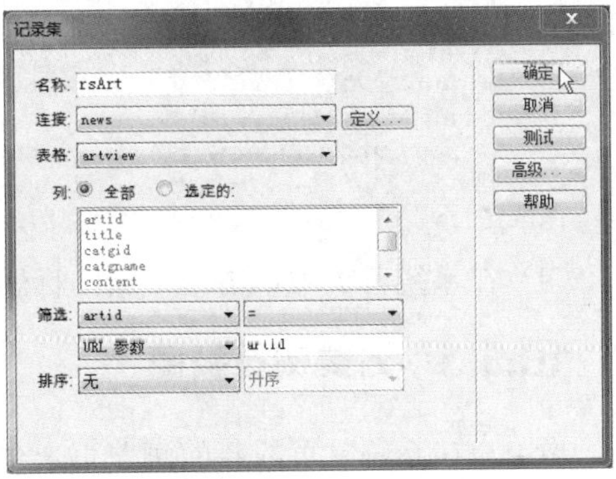

图 10.52 定义记录集 rsArt

（3）创建导航条。在系统首页中复制导航条源代码，然后粘贴到当前文档中。

（4）创建 CSS 样式表。在文档首部添加一个 CSS 样式表，源代码如下：

```
<style type="text/css">
#current {
    margin-top: 3px; text-indent: 18px;
}
#content {
    text-indent: 2em; width: 96%; margin: 0 auto;
}
</style>
```

（5）设置动态文档标题。在代码视图中，在文档标题标签<title>与</title>标签之间插入以下 PHP 代码块：

```
<?php echo $row_rsArt['title']; ?>
```

（6）设置当前位置信息。切换到代码视图，在导航条表格下方输入以下代码：

```
<p id="current">当前位置： <a href="classify.php?catgid=<?php echo $row_rsArt['catgid']; ?>"> <?php
echo $row_rsArt['catgname']; ?></a> &gt; <strong>正文</strong></p>
```

（7）定义函数 showtext()。切换到代码视图，在文档类型标签<!doctype>上方插入一个 PHP 代码块，源代码如下：

```
<?php
//定义函数 showtext()
//将以换行符\n 分割的文本转换为一系列段落
function showtext( $text ) {
    $text = str_replace ( "　", "" , $text);        //从文本中删除全角空格
    $a = explode ( "\n", $text );
    $str = "";
    for ( $i = 0; $i < count ( $a ); $i++ ) {
        $str .= sprintf( "<p>%s</p>\n", $a[$i] );
    }
    echo $str;
}
?>
```

（8）在页面中显示新闻详细信息，源代码如下：

```
<article>
    <header>
        <h1><?php echo $row_rsArt['title']; ?></h1>
        <p>发布时间：<?php echo $row_rsArt['issuetime']; ?> 
            编辑：<?php echo $row_rsArt['editor']; ?> 
            来源：<?php echo $row_rsArt['source']; ?>
        </p>
    </header>
    <hr width="96%" size="1" noshade="noshade" color="#003366">
    <div id="content">
        <?php showtext ( $row_rsArt['content'] ); ?>
    </div>
</article>
```

（9）在系统首页中单击一个新闻标题，进入新闻浏览页，对其功能进行测试。

10.5.3 分类浏览新闻

当用户在系统首页或新闻浏览页上单击某个新闻类别链接时，将会进入新闻分类浏览页 classify.php，如图 10.53 所示。该页以分页形式列出所选择新闻类别包含的所有新闻标题和发布时间，通过单击新闻标题链接即可查看新闻的详细信息。

图 10.53　新闻分类浏览

新闻分类浏览页的设计步骤如下：

（1）在站点的 news 文件夹中创建一个 PHP 动态网页并保存为 classify.php，然后将该页链接到 CSS 样式表文件 news.css。

（2）利用简单记录集对话框创建记录集 rsCatg 和 rsArt，前者从 categories 表中检索所有新闻类别信息，后者通过对 catgid 字段的值与 URL 参数 catgid 的值进行比较，从 artview 视图中检索所选类别包含的新闻信息，如图 10.54 和图 10.55 所示。

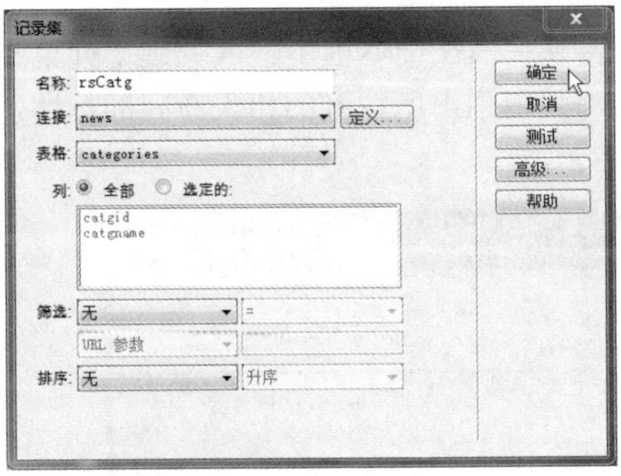

图 10.54　定义记录集 rsCatg

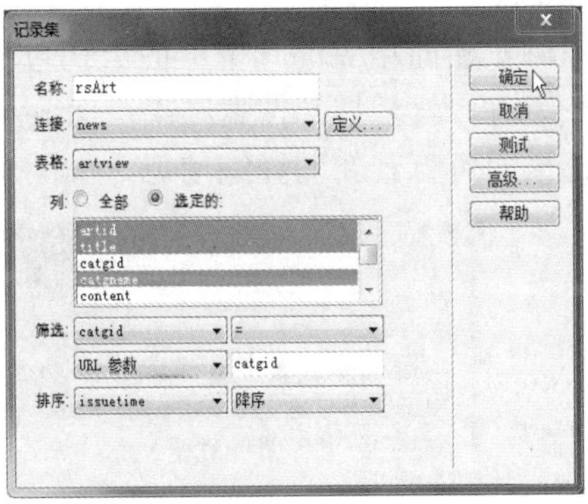

图 10.55　定义记录集 rsArt

（3）创建导航条。在系统首页中复制导航条源代码，然后粘贴到当前文档中。

（4）设置动态文档标题。在代码视图中，在文档标题标签<title>与</title>标签之间插入以下 PHP 代码块：

```
<title><?php echo $row_rsCatg['catgname']; ?></title>
```

（5）设置当前位置信息，源代码如下：

```
<p id="current">当前位置： <strong><?php echo $row_rsCatg['catgname']; ?></strong></p>
```

（6）插入动态表格以分页显示记录集 rsArt，插入记录集导航条和记录集导航状态，设置相应对话框的情形如图 10.56 和图 10.57 所示。

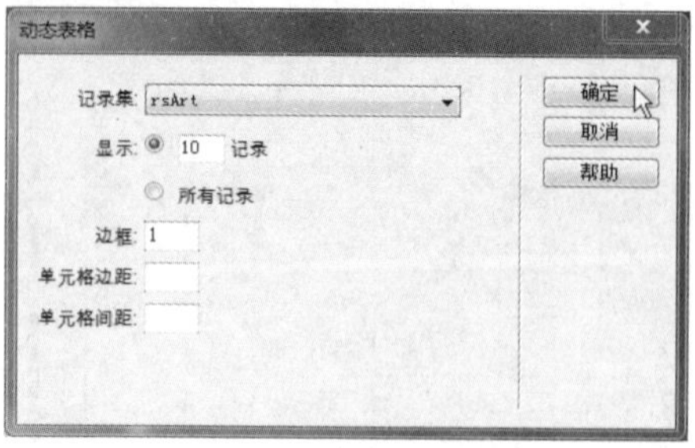

图 10.56　设置动态表格

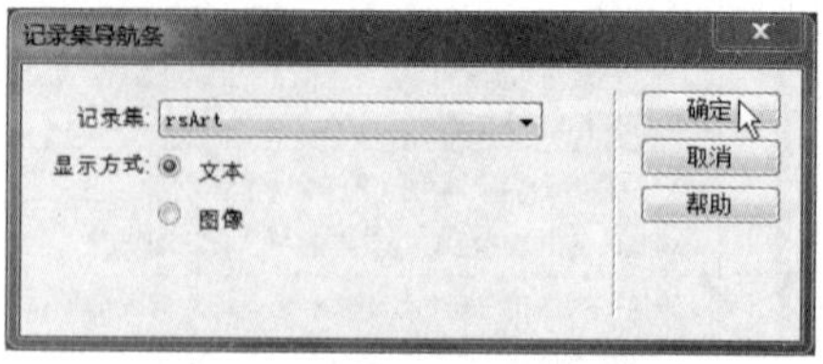

图 10.57　设置记录集导航条

（7）切换到代码视图，对动态表格进行修改，源代码如下：

```
<table border="1" cellpadding="4">
  <tr style="background-color: #dddddd">
    <th>新闻标题</th><th>发布时间</th><th>新闻来源</th>
  </tr>
  <?php do { ?>
    <tr>
      <td>&raquo; <a href="details.php?artid=<?php echo $row_rsArt['artid']; ?>">
          <?php echo $row_rsArt['title']; ?></a></td>
      <td><?php echo $row_rsArt['issuetime']; ?></td>
      <td><?php echo $row_rsArt['source']; ?></td>
    </tr>
    <?php } while ($row_rsArt = mysql_fetch_assoc($rsArt)); ?>
</table>
```

（8）在浏览器中打开新闻分类浏览页，对其功能进行测试。

10.5.4　搜索新闻

与浏览新闻相关的几个页面上均包含搜索表单。当在文本框中输入关键字并单击“搜索”按钮时，就会打开搜索结果页面 result.php，其中列出所找到的相关新闻的标题，单击标题链接即可查看新闻详细信息，如图 10.58 所示。

图 10.58　新闻搜索

新闻搜索结果页面的设计步骤如下：

（1）在站点的 news 文件夹中创建一个 PHP 动态网页并保存为 result.php，然后将该页 CSS 链接到样式表文件 news.css。

（2）利用简单记录集对话框创建记录集 rsCatg，以获取所有新闻类别信息，如图 10.59 所示；利用高级记录集对话框创建记录集 rsArt，将所提交的搜索关键字与新闻标题或新闻内容进行比较，通过模糊搜索来获取相关新闻信息，如图 10.60 所示。

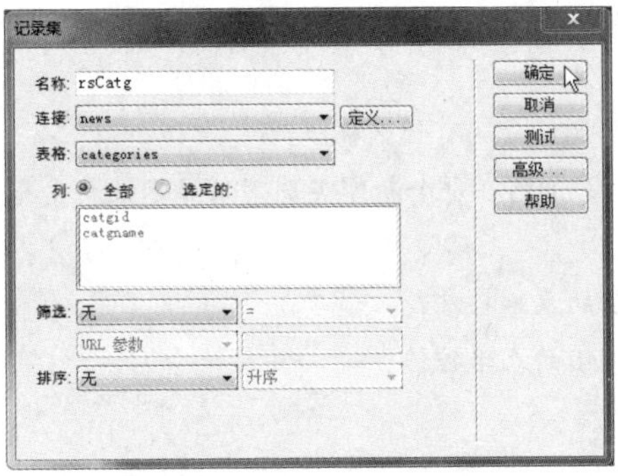

图 10.59　定义记录集 rsCatg

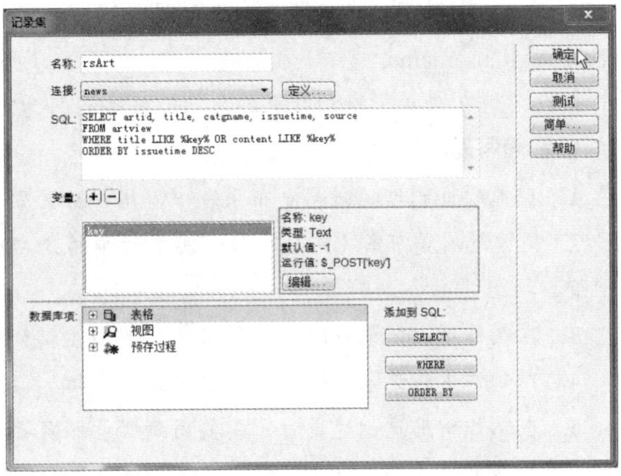

图 10.60　定义记录集 rsArt

（3）创建动态标题，源代码如下：

```
<title>搜索“<?php echo $_POST['key']; ?>”的结果</title>
```

（4）创建导航条。在系统首页中复制导航条源代码，然后粘贴到当前文档中。设置当前位置指示器，源代码如下：

```
<p id="current">当前位置： <strong>搜索“<?php echo $_POST['key']; ?>”的结果</strong></p>
```

（5）插入动态表格以显示来自记录集 rsArt 的全部记录。对动态表格进行修改，删除新闻编辑所在列，并在新闻标题所在单元格中创建动态链接，源代码如下：

```
<a href="details.php?artid=<?php echo $row_rsArt['artid']; ?>"><?php echo $row_rsArt['title']; ?>
```

在动态表格添加表格标题元素，源代码如下：

```
<caption>找到相关新闻<?php echo $totalRows_rsArt; ?>篇</caption>
```

（6）在浏览器中打开系统首页、新闻浏览页或新闻分类浏览页，然后在文本框中输入关键字并单击“搜索”按钮，对新闻搜索功能进行测试。

项目思考

一、选择题

1. 如果登录成功，则“登录用户”服务器行为将用户名保存在（　　）中。

   A. $Username　　　　　　　　B. $MM_Username

   C. $_SESSION['MM_Username']　　　　D. $_SESSION['Username']

2. 在本项目开发新闻发布系统中，页面（　　）只能由系统管理员访问。

A. 系统登录页　　B. 用户创建页

C. 新闻发布页　　D. 新闻浏览页

二、判断题

1. (　　) 使用“登录用户”服务器行为可以对提交的用户名和密码进行验证并设置登录成功和失败时重定向的页面。

2. (　　) 使用“注销用户”服务器行为可以销毁所有会话变量并结束当前会话。

3. (　　) 使用“检查新用户名”服务器行为可以对提交的用户名进行验证并在用户存在时生成一个 URL 参数 username。

4. (　　) 使用“限制对页的访问”服务器行为可以为 PHP 页设置访问权限。

三、简答题

1. 在本项目制作的新闻发布系统中，用户分为哪几类？他们分别有什么权限？

2. 制作新闻发布系统首页时如何实现新闻的分类别显示？如何在每个新闻类别下只显示最新发布的若干条新闻？

3. 在制作插入记录页时，为什么不指定为主键列提供值的表单控件？

4. 在制作更新记录页时，为什么必须为主键列设置提供值的表单控件？

5. 在制作新用户创建页时，需要用到哪些服务器行为？

6. 如果要设置一个 PHP 页只能由注册用户访问，应如何设置“限制对页的访问”服务器行为？如果在设置该页只能由管理员访问，应如何设置“限制对页的访问”服务器行为？

项目实训

参照本项目设计一个新闻发布系统，首先进行系统功能分析、设计和创建数据库，然后设计和制作每个页面，最后对整个设计过程进行总结并写出报告。